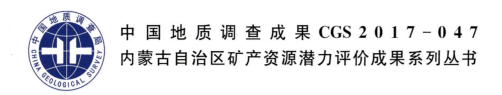

中国地质调查成果 CGS 2017-047
内蒙古自治区矿产资源潜力评价成果系列丛书

内蒙古自治区钼矿资源潜力评价

NEIMENGGU ZIZHIQU MUKUANG ZIYUAN QIANLI PINGJIA

张 明 等著

图书在版编目(CIP)数据

内蒙古自治区钼矿资源潜力评价/张明等著. —武汉:中国地质大学出版社,2017.11
(内蒙古自治区矿产资源潜力评价成果系列丛书)
ISBN 978-7-5625-4136-3

Ⅰ.①内⋯
Ⅱ.①张⋯
Ⅲ.①钼矿床-资源潜力-资源评价-内蒙古
Ⅳ.①P618.650.622.6

中国版本图书馆 CIP 数据核字(2017)第 271160 号

内蒙古自治区钼矿资源潜力评价		张 明 等著
责任编辑:舒立霞	选题策划:毕克成 刘桂涛	责任校对:周 旭
出版发行:中国地质大学出版社(武汉市洪山区鲁磨路388号)		邮编:430074
电 话:(027)67883511	传 真:(027)67883580	E-mail:cbb@cug.edu.cn
经 销:全国新华书店		Http://cugp.cug.edu.cn
开本:880毫米×1230毫米 1/16		字数:563千字 印张:17.75
版次:2017年11月第1版		印次:2017年11月第1次印刷
印刷:武汉中远印务有限公司		印数:1—900册
ISBN 978-7-5625-4136-3		定价:268.00元

如有印装质量问题请与印刷厂联系调换

《内蒙古自治区矿产资源潜力评价成果》
出版编撰委员会

主　　任：张利平

副 主 任：张　宏　赵保胜　高　华

委　　员：（按姓氏笔画排列）

于跃生　王文龙　王志刚　王博峰　乌　恩　田　力
刘建勋　刘海明　杨文海　杨永宽　李玉洁　李志青
辛　盛　宋　华　张　忠　陈志勇　邵和明　邵积东
武　文　武　健　赵士宝　赵文涛　莫若平　黄建勋
韩雪峰　路宝玲　褚立国

项目负责：许立权　张　彤　陈志勇

总　　编：宋　华　张　宏

副 总 编：许立权　张　彤　陈志勇　赵文涛　苏美霞　吴之理
方　曙　任亦萍　张　青　张　浩　贾金富　陈信民
孙月君　杨继贤　田　俊　杜　刚　孟令伟

《内蒙古自治区钼矿资源潜力评价》

主　　编：张　明

编写人员：张　明　张玉清　肖剑伟　贺宏云　韩建刚　郭仁吐

　　　　　许　展　康小龙　韩宗庆　魏雅玲　左玉山　孙景浩

　　　　　李　扬

项目负责单位：中国地质调查局　内蒙古自治区国土资源厅

编撰单位：内蒙古自治区国土资源厅

主编单位：内蒙古自治区地质调查院

　　　　　内蒙古自治区煤田地质局

　　　　　内蒙古自治区地质矿产勘查院

　　　　　内蒙古自治区第十地质矿产勘查开发院

　　　　　内蒙古自治区国土资源勘查开发院

　　　　　内蒙古自治区国土资源信息院

　　　　　中化地质矿山总局内蒙古自治区地质勘查院

序

2006年，国土资源部为贯彻落实《国务院关于加强地质工作决定》中提出的"积极开展矿产远景调查评价和综合研究，科学评估区域矿产资源潜力，为科学部署矿产资源勘查提供依据"的精神要求，在全国统一部署了"全国矿产资源潜力评价"项目，"内蒙古自治区矿产资源潜力评价"项目是其子项目之一。

"内蒙古自治区矿产资源潜力评价"项目2006年启动，2013年结束，历时8年，由中国地质调查局和内蒙古自治区政府共同出资完成。为此，内蒙古自治区国土资源厅专门成立了以厅长为组长的项目领导小组和技术委员会，指导监督内蒙古自治区地质调查院、内蒙古自治区地质矿产勘查开发局、内蒙古自治区煤田地质局以及中化地质矿山总局内蒙古自治区地质勘查院等7家地勘单位的各项工作。我作为自治区聘请的国土资源顾问，全程参与了该项目的实施，亲历了内蒙古自治区新老地质工作者对内蒙古自治区地质工作的认真与执着。他们对内蒙古自治区地质的那种探索和不懈追求精神，给我留下了深刻的印象。

为了完成"内蒙古自治区矿产资源潜力评价"项目，先后有270多名地质工作者参与了这项工作，这是继20世纪80年代完成的《内蒙古自治区地质志》《内蒙古自治区矿产总结》之后集区域地质背景、区域成矿规律研究，物探、化探、自然重砂、遥感综合信息研究以及全区矿产预测、数据库建设之大成的又一巨型重大成果。这是内蒙古自治区国土资源厅高度重视、完整的组织保障和坚实的资金支撑的结果，更是内蒙古自治区地质工作者八年辛勤汗水的结晶。

"内蒙古自治区矿产资源潜力评价"项目共完成各类图件万余幅，建立成果数据库数千个，提交结题报告百余份。以板块构造和大陆动力学理论为指导，建立了内蒙古自治区大地构造构架。研究和探讨了内蒙古自治区大地构造演化及其特征，为全区成矿规律的总结和矿产预测奠定了坚实的地质基础。其中提出了"阿拉善地块"归属华北陆块，乌拉山岩群、集宁岩群的时代及其对孔兹岩系归属的认识、索伦山-西拉木伦河断裂厘定为华北板块与西伯利亚板块的界线等，体现了内蒙古自治区地质工作者对内蒙古自治区大地构造演化和地质背景的新认识。项目对内蒙古自治区煤、铁、铝土矿、铜、铅锌、金、钨、锑、稀土、钼、银、锰、镍、磷、硫、萤石、重晶石、菱镁矿等矿种，划分了矿产预测类型；结合全区重力、磁测、化探、遥感、自然重砂资料的研究应用，分别对其资源潜力进行了科学的潜力评价，预测的资源潜力可信度高。这些数据有力地说明了内蒙古自治区地质找矿潜力巨大，寻找国家急需矿产资源，内蒙古自治区大有可为，成为国家矿产资源的后备基地已具备了坚实的地质基础。同时，也极大地鼓舞了内蒙古自治区地质找矿的信心。

"内蒙古自治区矿产资源潜力评价"是内蒙古自治区第一次大规模对全区重要矿产资源现状及潜力进行摸底评价，不仅汇总整理了原1∶20万相关地质资料，还系统整理补充了近年来1∶5万区域地质调查资料和最新获得的矿产、物化探、遥感等资料。期待着"内蒙古自治区矿产资源潜力评价"项目形成的系统的成果资料在今后的基础地质研究、找矿预测研究、矿产勘查部署、农业土壤污染治理、地质环境治理等诸多方面得到广泛应用。

2017年3月

前　言

为贯彻落实《国务院关于加强地质工作的决定》提出的"积极开展矿产远景调查和综合研究,科学评估区域矿产资源潜力,为科学部署矿产资源勘查提供依据"的要求和精神,国土资源部部署了全国矿产资源潜力评价工作,并将该项工作纳入国土资源大调查项目。内蒙古自治区矿产资源潜力评价是该计划项目下的一个工作项目,工作起止年限为2007—2013年,项目由内蒙古自治区国土资源厅负责,承担单位为内蒙古自治区地质调查院,参加单位有内蒙古自治区地质矿产勘查开发局、内蒙古地质矿产勘查院、内蒙古自治区第十地质矿产勘查开发院、内蒙古自治区煤田地质局、内蒙古自治区国土资源信息院、中化地质矿山总局内蒙古自治区地质勘查院6家单位。

项目目标:全面开展内蒙古自治区重要矿产资源潜力预测评价,在现有地质工作程度的基础上,基本摸清本自治区重要矿产资源"家底",为矿产资源保障能力和勘查部署决策提供依据。

项目具体任务:①在现有地质工作程度的基础上,全面总结内蒙古自治区基础地质调查和矿产勘查工作成果及资料,充分应用现代矿产资源预测评价的理论方法和GIS评价技术,开展本自治区非油气矿产:煤炭、铁、铜、铝、铅、锌、钨、锡、金、锑、稀土、磷、银、铬、锰、镍、锡、钼、硫、萤石、菱镁矿、重晶石等的资源潜力预测评价,估算本自治区有关矿产资源潜力及其空间分布,为研究制定本自治区矿产资源战略与国民经济中长期规划提供科学依据。②以成矿地质理论为指导,深入开展本自治区范围的区域成矿规律研究;充分利用地质、物探、化探、遥感和矿产勘查等综合成矿信息,圈定成矿远景区和找矿靶区,逐个评价成矿远景区资源潜力,并进行分类排序;编制本自治区成矿规律与预测图,为科学合理地规划和部署矿产勘查工作提供依据。③建立并不断完善本自治区重要矿产资源潜力预测相关数据库,特别是成矿远景区的地学空间数据库、典型矿床数据库,为今后开展矿产勘查的规划部署研究奠定扎实的信息基础。

项目共分为3个阶段实施,第一阶段为2007—2011年3月,2008年完成了全区1:50万地质图数据库、工作程度数据库、矿产地数据库及重力、航磁、化探、遥感、重砂等基础数据库的更新与维护;2008—2009年开展典型示范区研究;2010年3月,提交了铁、铝两个单矿种资源潜力评价成果;2010年6月编制完成了全区1:25万标准图幅建造构造图、实际材料图,全区1:50万、1:150万物探、化探、遥感及自然重砂基础图件;2010—2011年3月完成了铜、铅、锌、金、钨、锑、稀土、磷及煤等矿种的资源潜力评价工作。经过验收后修改、复核,已将各类报告、图件及数据库向全国项目组和天津地质调查中心进行了汇交。第二阶段为2011—2012年,完成银、铬、锰、镍、锡、钼、硫、萤石、菱镁矿、重晶石10个矿种的资源潜力评价工作及各专题成果报告。第三阶段为2012年6月—2013年10月,以Ⅲ级成矿区带为单元开展了各专题研究工作,并编写地质背景、成矿规律、矿产预测、重力、磁法、遥感、自然重砂、综合信息专题报告,在各专题报告的基础上,编写内蒙古自治区矿产资源潜力评价总体成果报告及工作报告。2013年6月,完成了各专题汇总报告及图件的编制工作,6月底,由内蒙古国土资源厅组织对各专题综合研究及汇总报告进行了初审,7月,全国项目办召开了各专题汇总报告验收会议,项目组提交了各专题综合研究成果,均获得优秀。

内蒙古自治区钼矿资源潜力评价工作为第二阶段工作。项目下设成矿地质背景,成矿规律,矿产预测,物、化、遥、自然重砂应用,综合信息集成等5个课题,各课题完成实物工作量见表1。

表1 内蒙古自治区钼矿资源潜力评价各课题完成工作量统计表

课题名称		工作内容	单位	数量
成矿地质背景		预测区图件	张	30
		说明书	份	30
成矿规律		全区性图件	张	2
		典型矿床图件	张	26
		预测工作区图件	张	15
		内蒙古自治区钼矿成矿规律报告	份	1
矿产预测		全区性图件	张	5
		典型矿床图件	张	13
		预测工作区图件	张	30
		内蒙古自治区钼矿预测报告	份	1
物、化、遥、自然重砂	磁法	典型矿床图件	张	91
		预测工作区图件	张	60
		内蒙古自治区磁测资料应用综合研究成果报告	份	1
	重力	典型矿床图件	张	13
		预测工作区图件	张	45
		内蒙古自治区钼单矿种重力资料应用成果报告	份	1
	化探	全区性图件	张	38
		典型矿床图件	张	26
		预测工作区图件	张	105
		内蒙古自治区钼矿化探资料应用成果报告	份	1
	遥感	典型矿床图件	张	52
		预测工作区图件	张	60
		内蒙古自治区遥感专题单矿种研究报告	份	1
	自然重砂	预测工作区图件	张	15
		全区性图件	张	1
		内蒙古自治区自然重砂异常解释与评价报告	份	1
综合信息集成		各专题数据库	个	554
内蒙古自治区钼单矿种成果报告			份	2

除编委会列出的钼矿预测成果部分主要编写人员外，内蒙古自治区地质调查院许立权及张彤负责项目人员调配、技术指导和内外协调工作，贾和义、贺锋主要编写编图说明书，郝先义、柳永正编制典型矿床图件，张婷婷、佟卉、胡雯、陈晓宇、安艳丽主要完成了相应数据库的建设工作。预测区地质背景图件主要由内蒙古自治区地质矿产勘查院吴之理、内蒙古自治区第十地质矿产勘查院方曙提供，物化探、遥感资料及图件主要由内蒙古自治区地质调查院赵文涛、苏美霞、张青、任亦萍、内蒙古自治区国土资源勘查开发院贾金福及内蒙古自治区国土资源信息院张浩等提供，在此一并向以上参与本次工作的人员表示衷心感谢。

著者

2017年6月

目 录

第一章 内蒙古钼矿资源概况 ·· (1)
 一、时空分布规律 ··· (1)
 二、控矿因素 ·· (1)
 三、钼查明资源量-成矿时代-矿床类型关系 ·· (2)

第二章 内蒙古钼矿床类型 ·· (3)
 第一节 钼矿床成因类型及主要特征 ·· (3)
  一、斑岩型钼矿 ··· (3)
  二、热液型钼矿 ··· (7)
  三、矽卡岩型钼矿床 ··· (8)
  四、沉积变质型钼矿 ··· (8)
 第二节 预测类型、矿床式及预测工作区的划分 ·· (9)

第三章 乌兰德勒式侵入岩体型钼矿预测成果 ··· (11)
 第一节 典型矿床特征 ·· (11)
  一、典型矿床及成矿模式 ·· (11)
  二、典型矿床地球物理特征 ··· (16)
  三、典型矿床地球化学特征 ··· (17)
  四、典型矿床预测模型 ··· (18)
 第二节 预测工作区研究 ··· (20)
  一、区域地质特征 ··· (20)
  二、区域地球物理特征 ··· (20)
  三、区域地球化学特征 ··· (22)
  四、区域遥感影像及解译特征 ·· (22)
  五、区域预测模型 ··· (22)
 第三节 矿产预测 ·· (24)
  一、综合地质信息定位预测 ··· (24)
  二、综合信息地质体积法估算资源量 ··· (27)

第四章 乌努格吐山式侵入岩体型铜钼矿预测成果 ··· (29)
 第一节 典型矿床特征 ·· (29)
  一、典型矿床及成矿模式 ·· (29)

二、典型矿床地球物理特征 …………………………………………………………………………（32）
　　三、典型矿床地球化学特征 …………………………………………………………………………（34）
　　四、典型矿床预测模型 ………………………………………………………………………………（34）
第二节　预测工作区研究 …………………………………………………………………………………（36）
　　一、区域地质特征 ……………………………………………………………………………………（36）
　　二、区域地球物理特征 ………………………………………………………………………………（38）
　　三、区域地球化学特征 ………………………………………………………………………………（39）
　　四、区域遥感影像及解译特征 ………………………………………………………………………（40）
　　五、区域预测模型 ……………………………………………………………………………………（40）
第三节　矿产预测 …………………………………………………………………………………………（41）
　　一、综合地质信息定位预测 …………………………………………………………………………（41）
　　二、综合信息地质体积法估算资源量 ………………………………………………………………（46）

第五章　太平沟式斑岩型铜钼矿预测成果 ……………………………………………………（48）

第一节　典型矿床特征 ……………………………………………………………………………………（48）
　　一、典型矿床及成矿模式 ……………………………………………………………………………（48）
　　二、典型矿床地球物理特征 …………………………………………………………………………（50）
　　三、典型矿床地球化学特征 …………………………………………………………………………（51）
　　四、典型矿床预测模型 ………………………………………………………………………………（53）
第二节　预测工作区研究 …………………………………………………………………………………（54）
　　一、区域地质特征 ……………………………………………………………………………………（54）
　　二、区域地球物理特征 ………………………………………………………………………………（56）
　　三、区域地球化学特征 ………………………………………………………………………………（58）
　　四、区域遥感影像及解译特征 ………………………………………………………………………（59）
　　五、区域预测模型 ……………………………………………………………………………………（59）
第三节　矿产预测 …………………………………………………………………………………………（60）
　　一、综合地质信息定位预测 …………………………………………………………………………（60）
　　二、综合信息地质体积法估算资源量 ………………………………………………………………（69）

第六章　曹家屯式侵入岩体型钼矿预测成果 …………………………………………………（73）

第一节　典型矿床特征 ……………………………………………………………………………………（73）
　　一、典型矿床及成矿模式 ……………………………………………………………………………（73）
　　二、典型矿床地球物理特征 …………………………………………………………………………（74）
　　三、典型矿床地球化学特征 …………………………………………………………………………（75）
　　四、典型矿床预测模型 ………………………………………………………………………………（76）
第二节　预测工作区研究 …………………………………………………………………………………（77）
　　一、区域地质特征 ……………………………………………………………………………………（77）
　　二、区域地球物理特征 ………………………………………………………………………………（78）
　　三、区域地球化学特征 ………………………………………………………………………………（79）
　　四、区域遥感影像及解译特征 ………………………………………………………………………（79）
　　五、区域预测模型 ……………………………………………………………………………………（80）

第三节　矿产预测 ………………………………………………………………………………… (82)
　　一、综合地质信息定位预测 ……………………………………………………………………… (82)
　　二、综合信息地质体积法估算资源量 …………………………………………………………… (83)

第七章　大苏计式侵入岩体型钼矿预测成果 ………………………………………………… (88)

第一节　典型矿床特征 …………………………………………………………………………… (88)
　　一、典型矿床及成矿模式 ………………………………………………………………………… (88)
　　二、典型矿床地球物理特征 ……………………………………………………………………… (91)
　　三、典型矿床地球化学特征 ……………………………………………………………………… (91)
　　四、典型矿床预测模型 …………………………………………………………………………… (91)

第二节　预测工作区研究 ………………………………………………………………………… (93)
　　一、区域地质特征 ………………………………………………………………………………… (93)
　　二、区域地球物理特征 …………………………………………………………………………… (95)
　　三、区域地球化学特征 …………………………………………………………………………… (95)
　　四、区域遥感影像及解译特征 …………………………………………………………………… (96)
　　五、区域预测模型 ………………………………………………………………………………… (96)

第三节　矿产预测 ………………………………………………………………………………… (98)
　　一、综合地质信息定位预测 ……………………………………………………………………… (98)
　　二、综合信息地质体积法估算资源量 …………………………………………………………… (101)

第八章　小狐狸山式侵入岩体型钼矿预测成果 ……………………………………………… (105)

第一节　典型矿床特征 …………………………………………………………………………… (105)
　　一、典型矿床及成矿模式 ………………………………………………………………………… (105)
　　二、典型矿床地球物理特征 ……………………………………………………………………… (108)
　　三、典型矿床地球化学特征 ……………………………………………………………………… (109)
　　四、典型矿床预测模型 …………………………………………………………………………… (109)

第二节　预测工作区研究 ………………………………………………………………………… (110)
　　一、区域地质特征 ………………………………………………………………………………… (110)
　　二、区域地球物理特征 …………………………………………………………………………… (111)
　　三、区域地球化学特征 …………………………………………………………………………… (112)
　　四、区域遥感影像及解译特征 …………………………………………………………………… (113)
　　五、区域预测模型 ………………………………………………………………………………… (113)

第三节　矿产预测 ………………………………………………………………………………… (114)
　　一、综合地质信息定位预测 ……………………………………………………………………… (114)
　　二、综合信息地质体积法估算资源量 …………………………………………………………… (118)

第九章　敖仑花式侵入岩体型钼矿预测成果 ………………………………………………… (121)

第一节　典型矿床特征 …………………………………………………………………………… (121)
　　一、典型矿床及成矿模式 ………………………………………………………………………… (121)
　　二、典型矿床地球物理特征 ……………………………………………………………………… (123)
　　三、典型矿床地球化学特征 ……………………………………………………………………… (124)

四、典型矿床预测模型 ……………………………………………………………………… (124)
　第二节　预测工作区研究 …………………………………………………………………… (127)
　　一、区域地质特征 ………………………………………………………………………… (127)
　　二、区域地球物理特征 …………………………………………………………………… (131)
　　三、区域地球化学特征 …………………………………………………………………… (131)
　　四、区域遥感影像及解译特征 …………………………………………………………… (132)
　　五、区域预测模型 ………………………………………………………………………… (132)
　第三节　矿产预测 …………………………………………………………………………… (134)
　　一、综合地质信息定位预测 ……………………………………………………………… (134)
　　二、综合信息地质体积法估算资源量 …………………………………………………… (136)

第十章　小东沟式侵入岩体型钼矿预测成果 …………………………………………… (141)

　第一节　典型矿床特征 ……………………………………………………………………… (141)
　　一、典型矿床及成矿模式 ………………………………………………………………… (141)
　　二、典型矿床地球物理特征 ……………………………………………………………… (143)
　　三、典型矿床地球化学特征 ……………………………………………………………… (144)
　　四、典型矿床预测模型 …………………………………………………………………… (144)
　第二节　预测工作区研究 …………………………………………………………………… (145)
　　一、区域地质特征 ………………………………………………………………………… (145)
　　二、区域地球物理特征 …………………………………………………………………… (146)
　　三、区域地球化学特征 …………………………………………………………………… (147)
　　四、区域遥感影像及解译特征 …………………………………………………………… (148)
　　五、区域预测模型 ………………………………………………………………………… (148)
　第三节　矿产预测 …………………………………………………………………………… (150)
　　一、综合地质信息定位预测 ……………………………………………………………… (150)
　　二、综合信息地质体积法估算资源量 …………………………………………………… (152)

第十一章　必鲁甘干式侵入岩体型钼矿预测成果 ……………………………………… (156)

　第一节　典型矿床特征 ……………………………………………………………………… (156)
　　一、典型矿床及成矿模式 ………………………………………………………………… (156)
　　二、典型矿床地球物理特征 ……………………………………………………………… (159)
　　三、典型矿床地球化学特征 ……………………………………………………………… (159)
　　四、典型矿床预测模型 …………………………………………………………………… (160)
　第二节　预测工作区研究 …………………………………………………………………… (161)
　　一、区域地质特征 ………………………………………………………………………… (161)
　　二、区域地球物理特征 …………………………………………………………………… (161)
　　三、区域地球化学特征 …………………………………………………………………… (162)
　　四、区域遥感影像及解译特征 …………………………………………………………… (163)
　　五、区域预测模型 ………………………………………………………………………… (163)
　第三节　矿产预测 …………………………………………………………………………… (165)
　　一、综合地质信息定位预测 ……………………………………………………………… (165)

二、综合信息地质体积法估算资源量 ……………………………………………………………… (166)

第十二章 查干花式侵入岩体型钼矿预测成果 ……………………………………………… (170)

第一节 典型矿床特征 ……………………………………………………………………… (170)
一、典型矿床及成矿模式 ……………………………………………………………………… (170)
二、典型矿床地球物理特征 …………………………………………………………………… (172)
三、典型矿床地球化学特征 …………………………………………………………………… (173)
四、典型矿床预测模型 ………………………………………………………………………… (173)

第二节 预测工作区研究 …………………………………………………………………… (175)
一、区域地质特征 ……………………………………………………………………………… (175)
二、区域地球物理特征 ………………………………………………………………………… (177)
三、区域地球化学特征 ………………………………………………………………………… (178)
四、区域遥感影像及解译特征 ………………………………………………………………… (178)
五、区域预测模型 ……………………………………………………………………………… (178)

第三节 矿产预测 …………………………………………………………………………… (180)
一、综合地质信息定位预测 …………………………………………………………………… (180)
二、综合信息地质体积法估算资源量 ………………………………………………………… (183)

第十三章 岔路口式侵入岩体型钼矿预测成果 ……………………………………………… (187)

第一节 典型矿床特征 ……………………………………………………………………… (187)
一、典型矿床及成矿模式 ……………………………………………………………………… (187)
二、典型矿床地球物理特征 …………………………………………………………………… (189)
三、典型矿床地球化学特征 …………………………………………………………………… (190)
四、典型矿床预测模型 ………………………………………………………………………… (190)

第二节 预测工作区研究 …………………………………………………………………… (193)
一、区域地质特征 ……………………………………………………………………………… (193)
二、区域地球物理特征 ………………………………………………………………………… (194)
三、区域地球化学特征 ………………………………………………………………………… (195)
四、区域遥感影像及解译特征 ………………………………………………………………… (195)
五、区域预测模型 ……………………………………………………………………………… (196)

第三节 矿产预测 …………………………………………………………………………… (196)
一、综合地质信息定位预测 …………………………………………………………………… (196)
二、综合信息地质体积法估算资源量 ………………………………………………………… (199)

第十四章 梨子山式复合内生型钼矿预测成果 ……………………………………………… (204)

第一节 典型矿床特征 ……………………………………………………………………… (204)
一、典型矿床及成矿模式 ……………………………………………………………………… (204)
二、典型矿床地球物理特征 …………………………………………………………………… (207)
三、矿区遥感矿产地质特征 …………………………………………………………………… (208)
四、典型矿床预测模型 ………………………………………………………………………… (208)

第二节 预测工作区研究 …………………………………………………………………… (209)

  一、区域地质特征 ……………………………………………………………………………………(209)
  二、区域地球物理特征 ………………………………………………………………………………(210)
  三、区域地球化学特征 ………………………………………………………………………………(211)
  四、区域遥感影像及解译特征 ………………………………………………………………………(211)
  五、区域预测模型 ……………………………………………………………………………………(212)
 第三节 矿产预测 ……………………………………………………………………………………(212)
  一、综合地质信息定位预测 …………………………………………………………………………(212)
  二、综合信息地质体积法估算资源量 ………………………………………………………………(218)

第十五章 元山子式沉积(变质)型钼矿预测成果 ……………………………………………(221)

 第一节 典型矿床特征 ………………………………………………………………………………(221)
  一、典型矿床及成矿模式 ……………………………………………………………………………(221)
  二、典型矿床地球物理特征 …………………………………………………………………………(222)
  三、典型矿床预测模型 ………………………………………………………………………………(223)
 第二节 预测工作区研究 ……………………………………………………………………………(224)
  一、区域地质特征 ……………………………………………………………………………………(224)
  二、区域地球物理特征 ………………………………………………………………………………(226)
  三、区域遥感影像及解译特征 ………………………………………………………………………(227)
  四、区域预测模型 ……………………………………………………………………………………(228)
 第三节 矿产预测 ……………………………………………………………………………………(230)
  一、综合地质信息定位预测 …………………………………………………………………………(230)
  二、综合信息地质体积法估算资源量 ………………………………………………………………(232)

第十六章 白乃庙式沉积(变质)型铜矿伴生钼矿预测成果 …………………………………(236)

 第一节 典型矿床特征 ………………………………………………………………………………(236)
  一、典型矿床及成矿模式 ……………………………………………………………………………(236)
  二、典型矿床地球物理特征 …………………………………………………………………………(238)
  三、典型矿床地球化学特征 …………………………………………………………………………(239)
  四、典型矿床预测模型 ………………………………………………………………………………(239)
 第二节 预测工作区研究 ……………………………………………………………………………(241)
  一、区域地质特征 ……………………………………………………………………………………(241)
  二、区域地球物理特征 ………………………………………………………………………………(242)
  三、区域地球化学特征 ………………………………………………………………………………(242)
  四、区域遥感影像及解译特征 ………………………………………………………………………(243)
  五、区域预测模型 ……………………………………………………………………………………(243)
 第三节 矿产预测 ……………………………………………………………………………………(244)
  一、综合地质信息定位预测 …………………………………………………………………………(244)
  二、共伴生钼矿估算资源量 …………………………………………………………………………(247)

第十七章 内蒙古自治区钼单矿种资源总量潜力分析 …………………………………………(248)

 第一节 钼单矿种估算资源量与资源现状对比 ………………………………………………………(248)

第二节　预测资源量潜力分析 (248)
　　第三节　内蒙古自治区钼矿勘查工作部署建议 (251)
　　　一、部署原则 (251)
　　　二、找矿远景区工作部署建议 (251)
　　　三、开发基地的划分 (258)

第十八章　结　论 (262)
　　一、主要成果 (262)
　　二、质量评述 (263)
　　三、存在问题 (263)

主要参考文献 (264)

第一章　内蒙古钼矿资源概况

至 2010 年底,全区钼矿上表(指 2010 年内蒙古自治区矿产资源储量表)单元为 52 个,其中单一和以钼为主矿产的钼矿产地有 21 处,共生钼上表单元 18 个,伴生钼上表单元 13 个。全区累计查明钼金属资源储量为 $113.42×10^4$ t,其中基础储量 $75.25×10^4$ t,资源量 $38.17×10^4$ t,基础储量和资源量分别占全区查明资源总量的 66.4% 和 33.6%。截至 2010 年底,全区钼保有资源量 $111.46×10^4$ t,居全国第三位。全区钼矿产资源主要分布于呼伦贝尔市、赤峰市和锡林郭勒盟,3 个地区储量合计占全区钼金属保有资源储量的 87.2%。

一、时空分布规律

内蒙古钼矿床分布广泛,至 2009 年全区已探明储量的钼矿床约有 55 处。其中,大型、超大型矿床 4 个,中型 14 个。多数为共生和伴生矿床,独立钼矿床很少,且多为小型矿床、矿点及矿化点。空间上,大、中型钼矿床主要分布在得尔布干、大兴安岭北段、华北地台北缘及大兴安岭中南段 4 个成矿区带内,这些地区同时也是贵金属和多金属集中分布区,构成了全区最重要的矿床密集区。时间上,全区钼矿床的形成主要形成于三叠纪至白垩纪,古生代形成钼矿床规模较小、数量少。三叠纪形成的钼矿床集中分布在华北陆块北缘西段及宝音图隆起,侏罗纪、早白垩世形成的钼矿床主要集中分布在得尔布干、大兴安岭成矿带。

二、控矿因素

(一)构造对成矿的控制作用

矿床形成过程中,成矿流体的运移和成矿物质的沉淀、定位空间以及其形成的保存条件都与构造息息相关,因此构造是成矿控制地质因素中的首要因素。

(1)不同的成矿构造环境,产生不同类型的矿产。新元古代至早中寒武世,在华北古陆块与秦祁昆造山系过渡带的陆缘弧盆区内形成沉积变质型钼镍矿床;三叠纪华北陆块北缘及其北侧基底构造活化,中酸性浅成斑岩体侵位,形成斑岩型钼矿床;中生代滨西太平洋活动大陆边缘构造环境形成了大兴安岭火山-岩浆构造带,并形成与陆相中酸性火山-侵入岩相关的斑岩型、热液型钼多金属矿床。

(2)区域性深断裂构造带对成矿的控制作用。区域性深断裂构造带是地幔物质上涌的通道。而与其有成生联系的次断裂或裂隙构造带往往就是成矿物质沉淀定位的空间,如伊列克得-鄂伦春断裂控制着岔路口超大型钼铅锌矿的产出,得尔布干深断裂带控制着乌努格吐山大型铜钼矿的产出,北北东向的狼山断裂带控制着查干花大型斑岩型钼铋矿的产出。另一方面,这些深断裂构造带具有活动时间长的特点,所以在其一侧或两旁常分布形成不同时代的矿床。例如伊列克得-鄂伦春断裂两侧既有晚古生代成矿的梨子山接触交代型铁钼矿,又有燕山期成矿的岔路口斑岩型钼铅锌矿;华北板块北缘深断裂带两侧分布着不同时代形成的钼、铜、铅、锌、金、钨等矿床。大兴安岭弧盆系中北北东向中生代多期复活断裂为印支期—燕山期热液型铜多金属矿形成提供了运移通道和就位空间。

(二)地层对成矿的控制作用

内蒙古钼矿赋存于一定的地层层位,受岩相古地理及沉积环境的控制,为典型的同生沉积矿床。经成岩、区域变质等作用成矿,如元山子钼镍矿床,就是在地层岩石形成的同时成矿物质大量富集而形成的。

(三)岩浆岩对成矿的控制作用

太平沟钼矿床、岔路口钼铅锌矿均是与陆相潜火山岩及高位酸性斑岩体有直接关系的斑岩型钼矿床;乌努格吐山铜钼矿、小东沟钼矿、乌兰德勒铜钼矿、查干花及大苏计等斑岩型矿床主要受中酸性侵入岩成分控制,印支期花岗岩及燕山期浅成斑岩体是其含矿母岩。

三、钼查明资源量-成矿时代-矿床类型关系

根据内蒙古自治区矿产资源储量表(截至2010年底)统计,包括已完成勘探且正在评审的累计查明钼金属为3 391 987t,结合已知的矿床矿石同位素测年资料及矿床成因类型,其对应关系如图1-1所示,可知我区已探明资源量主要形成于燕山期和印支期,矿床成因类型主要为斑岩型。

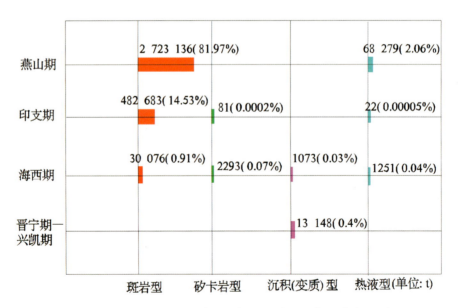

图1-1 内蒙古自治区钼矿床查明资源量(成矿时代-矿床类型)关系图

第二章 内蒙古钼矿床类型

第一节 钼矿床成因类型及主要特征

内蒙古钼矿床成因类型较多,有斑岩型、热液型、接触交代型和沉积变质型4种类型,其中以斑岩型为主要类型,其他成因类型多为小型矿床或矿点。各种成因类型的钼矿床多为复合矿床,很少形成独立矿床。斑岩型钼矿床以新巴尔虎右旗乌努格吐山铜钼矿、岔路口钼铅锌矿、大苏计钼铅锌矿及查干花钼铋矿为代表;热液型钼矿以曹家屯钼矿为代表,梨子山铁钼矿为接触交代型代表,元山子钼镍矿为沉积变质型,典型矿床分布见图2-1。

一、斑岩型钼矿

斑岩型矿床又称细脉浸染型矿床,是我区最为重要也是最主要的钼矿成因类型之一。斑岩型铜(钼)矿一类分布在前寒武纪以后地槽中,特别是中新生代地槽褶皱带中,多位于地槽回返固化期靠近地台一侧的大断裂中,或地台活化的断裂构造形成的隆起与坳陷交接带中,特别是隆起边缘存在长期活动深断裂,而坳陷又属于火山岩断陷盆地的地区。我区该类型铜矿床主要有乌努格吐山式铜钼矿、岔路口钼铅锌矿、八八一铜钼矿、车户沟式铜钼矿、乌兰德勒铜钼矿、敖仑花铜钼矿、小东沟钼矿和太平沟钼铜矿等。这类矿床主要形成于燕山期。

另一类是分布于华北陆块或其早期分离出去的微陆块上的斑岩型钼床。这类矿床主要形成于印支期。主要有曹四夭钼矿、大苏计钼矿、西沙德盖钼矿及查干花钼矿等。

(一)乌努格吐山式铜钼矿

大地构造上位于额尔古纳岛弧,矿区位于北东向的额尔古纳-呼伦深断裂的西侧。该类型矿床的形成与早侏罗世火山-侵入活动有关,与次火山斑岩体关系密切。主矿体主要赋存在斑岩体的内接触带中,受围绕斑岩体的环状断裂控制。在剖面上矿体向北西倾斜,钼矿体向下分支。南矿带矿体形态不规则,以钼为主。矿带为一长环形,总体倾向北西,倾角从东向西由85°变为75°,南北两个转折端均内倾,倾角60°。北矿段环形中部有宽达900m的无矿核部,南矿段环形中部有宽达150~850m的无矿核部。整个矿带呈哑铃状、不规则状、似层状。矿石矿物有黄铜矿、辉钼矿、黝铜矿、黄铁矿、闪锌矿、磁铁矿等。

(二)岔路口式钼铅锌矿

所处大地构造单元古生代属天山兴蒙造山系大兴安岭弧盆系Ⅰ-1-3海拉尔-呼玛弧后盆地(Pz);中生代属环太平洋巨型火山活动带、大兴安岭火山岩带、陈巴尔虎旗-根河火山喷发带、阿里河晚侏罗世—早白垩世火山盆地。

成矿带区划属Ⅰ-4滨太平洋成矿域(叠加在古亚洲成矿域之上),Ⅱ-12大兴安岭成矿省,Ⅲ-5新巴尔虎右旗(拉张区)Cu-Mo-Pb-Zn-Au萤石煤(铀)成矿带,Ⅲ-5-②陈巴尔虎旗-根河Au-Fe-

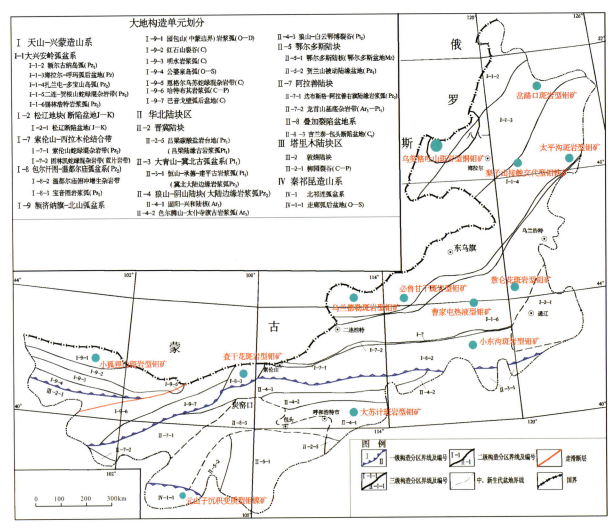

图 2-1 内蒙古自治区钼典型矿床分布图

Zn-萤石成矿亚带，Ⅴ岔路口钼成矿远景区。

矿区出露地层有新元古界—下寒武统倭勒根群大网子组($Pt_3\text{-}\epsilon_1 d$)浅变质沉积岩及变质海相中基性火山岩及下白垩统光华组流纹岩、流纹质晶屑岩屑凝灰熔岩、流纹质角砾凝灰熔岩、英安岩、英安质凝灰熔岩及少量含杏仁安山岩等。燕山期石英斑岩、花岗斑岩及隐爆角砾岩是本区主要赋矿岩层。

该矿床以穹状钼矿为主体，上部边缘共(伴)生有脉状铅锌银矿(化)体。

钼矿体总体呈北东向拉长穹隆状，主体隐伏，长1800m，两端延长未尖灭；宽200～1000m，延深815m；向四周倾伏，倾角25°～50°。铅锌矿化体赋存在钼矿体外侧，矿脉走向30°～50°，倾向北西，倾角30°～40°，控制长度100m，平均真厚度1.69～7.76m，矿脉产于大网子组变质砂岩地层中。钼矿体以穹状为主，局部为层状、似层状、透镜状，局部有膨胀及收缩。铅锌银矿体呈脉状产出。主要矿石矿物为黄铁矿、闪锌矿、磁黄铁矿、方铅矿，少量黄铜矿、辉钼矿等。闪锌矿和磁黄铁矿是最主要的金属硫化物。蚀变类型有硅化、钾化、绢云母化、萤石化、碳酸盐化、高岭土化，次有高岭石化、蒙脱石化、绿泥石化、绿帘石化、硬石膏化等。按蚀变矿物共生组合关系，由内向外大致分4个带：钾化带(石英-绢云母-钾长石化组合)，石英绢云母化带(石英-绢云母-萤石化等组合)，泥化带(石英-蒙脱石-高岭石等)，青磐岩化带(石英-绿泥石化-绿帘石化-碳酸盐-黄铁矿化)。钼最高品位2.10%，平均品位0.091%，伴生锌品位0.66%～1.07%，铅品位0.01%～0.25%，银品位2.268×10^{-6}～12.717×10^{-6}。

(三) 小东沟式钼矿床

矿区所处大地构造单元为天山-兴蒙造山系（Ⅰ），包尔汗图-温都尔庙弧盆系（Ⅰ-8），温都尔庙俯冲增生杂岩带（Ⅰ-8-2）。中生代属大兴安岭火山岩带、突泉-林西火山喷发带、小东沟-天桥沟晚侏罗世—早白垩世火山断陷盆地。成矿带区划属Ⅱ-12 大兴安岭成矿省，Ⅲ-8 林西-孙吴 Pb-Zn-Cu-Mo-Au 成矿带，Ⅲ-8-④小东沟-小营子钼、铅、锌、铜成矿亚带，Ⅴ-30 小东沟-柳条沟铜远景区。

矿区地层出露中二叠统于家北沟组砂砾岩夹中性火山岩、上侏罗统满克头鄂博组酸性火山岩。本区铅锌矿化主要赋存于于家北沟组火山岩中。燕山晚期小东沟斑状花岗岩为主要的钼矿赋矿地质体。断裂构造有北北西向及北西向两组。本区断裂构造与成矿关系密切，断裂构造控制着岩体内钼矿化体的分布。

主矿体地表呈向北开口的半环状，主体隐伏于岩体中，赋矿标高为 1565～1090m。控制矿体东西长约 800m，南北宽约 600m。沿走向和倾向有分支复合现象。总体走向北东，倾向北西，倾角 70°左右。矿体埋深 0～475m。矿石自然类型为硫化矿石，工业类型为蚀变斑状花岗岩型钼矿石。矿石矿物主要为辉钼矿，其他有黄铜矿、闪锌矿、黄铁矿、磁黄铁矿、磁铁矿、方铅矿、赤铁矿、白钨矿及黑钨矿等。矿石结构主要为鳞片状结构；矿石构造主要为浸染状构造、细脉-浸染状构造，少数脉状构造。矿体直接围岩主要有钾长石化-绢云母化斑状花岗岩。围岩蚀变类型有钾长石化-绢云母化、石英-绢云母化、硅化、萤石化及镜铁矿化，还有绿泥石化、绿帘石化、碳酸盐化、阳起石化。全矿床钼平均品位为 0.111%。

(四) 太平沟式钼铜矿

矿床所处大地构造单元古生代属天山-兴蒙造山系大兴安岭弧盆系扎兰屯-多宝山岛弧；中生代属环太平洋巨型火山活动带、大兴安岭火山岩带、阿荣旗-大杨树火山喷发带、阿荣旗晚侏罗世—早白垩世火山断陷盆地。成矿带区划属Ⅰ-4 滨太平洋成矿域（叠加在古亚洲成矿域之上），Ⅱ-12 大兴安岭成矿省，Ⅲ-6 东乌珠穆沁旗-嫩江（中强挤压区）Cu-Mo-Pb-Zn-Au-W-Sn-Cr 成矿带，Ⅲ-6-②朝不楞-博克图 W-Fe-Zn-Pb 成矿亚带，Ⅴ太平沟-甘河镇钼成矿远景区。

矿区地层出露上侏罗统满克头鄂博组流纹岩、凝灰质砾岩、流纹质凝灰岩、砂岩、火山角砾岩等。早白垩世花岗斑岩与铜钼矿化关系密切，为主要控矿因素和赋矿地质体。北东向挤压破碎带对岩浆的侵位及矿液的运移富集起到了控制作用，是主要的控矿构造。

矿床以钼矿为主，共生铜矿，钼主矿体延长 100～700m，厚 4～100m，平均 28.92m。总体走向北东，倾向北西，倾角 5°～15°，多数小于 10°。矿体形态呈层状、似层状、透镜状，局部有膨胀及收缩。为隐伏矿体，地表无露头，氧化带不发育，埋深 36.4m。矿石自然类型为原生矿石（细脉状、浸染状硫化物矿石），矿石工业类型为铜矿石、钼矿石，主要矿石矿物为辉钼矿，其他矿物除黄铜矿、黄铁矿外，还有少量的辉铜矿、斑铜矿、方铅矿、闪锌矿、磁铁矿、赤铁矿、次生孔雀石、蓝铜矿、褐铁矿等。主要矿物的生成顺序依次为磁铁矿—黄铁矿—辉钼矿—斑铜矿—方铅矿—闪锌矿—黄铜矿。矿石结构有半自形结构，他形粒状结构，片状、星点状及薄膜状结构。矿石构造为细脉状构造及浸染状结构。容矿围岩为花岗斑岩，主要蚀变类型为绢云母化、绿泥石化、碳酸盐化、硅化、绿帘石化和钾化等。在时间上，绿帘石化-绢云母化、硅化与成矿的关系最为密切。钼品位为 0.03%～1.436%，铜品位为 0.405%～0.42%。

(五) 大苏计式钼矿

大苏计式钼矿所处大地构造单元属华北陆块区狼山-阴山陆块（大陆边缘岩浆弧 Pz_2）固阳-兴和陆核；中生代属环太平洋巨型火山活动带、大兴安岭火山岩带、李清地-明星沟火山喷发带、明星沟晚侏罗世—早白垩世火山断陷盆地。成矿带区划属Ⅰ-4 滨太平洋成矿域（叠加在古亚洲成矿域之上），Ⅱ-12 华北成矿省，Ⅲ-11 华北地台北缘西段 Au-Fe-Nb-REE-Cu-Pb-Zn-Ag-Ni-Pt-W-Mo-石墨-白云母成矿带，Ⅲ-11-③乌拉山-集宁 Au-Ag-Fe-Cu-Pb-Zn-Mo-石墨-白云母成矿亚带，沙德盖-大苏计-兴和成矿远景区。

矿床位于中太古界集宁群片麻岩组及太古宙晚期碎裂斜长花岗岩、碎裂钾长花岗岩组成的前寒武纪基底隆起区中的印支期石英斑岩、花岗斑岩、正长花岗(斑)岩内。(碎裂)石英斑岩亦是矿区主要赋矿岩体。构造上处于明星沟火山盆地的东缘。北西向断裂构造是矿区控制含矿斑岩体的主导性构造,矿化赋存于斑岩体顶部碎裂构造带和接触角砾构造带中。

矿床产在石英斑岩、正长花岗(斑)岩体内,受斑岩体的严格控制,向东南侧伏。地表均为氧化矿,硫化矿沿走向东西最长480m;倾向延深中间最大为440m,东西两侧变小,最小为80m。矿体空间形态为顶部两边较薄,深部中间变厚的立钟状,矿体呈巨厚层状产出。矿床分带表现为1350m标高以上至地表为钼氧化矿体,自地表厚70~130m,氧化矿平均品位0.082%;1350m标高以下为钼原生硫化矿体,硫化矿矿化带厚度达150~230m,钼达到工业品位的矿体有3~5层,单层厚最小为1~5m,平均厚度可达45m,矿体埋深0~54m,钼平均品位0.128%。矿石自然类型为辉钼矿矿石(原生硫化矿石)及钼华、钼酸铅矿石(氧化矿石),矿石工业类型为花岗斑岩型钼矿。

矿石矿物有辉钼矿、黄铁矿、褐铁矿、方铅矿、闪锌矿、硬锰矿、软锰矿、磁铁矿等。矿石结构保留有斑岩成因的原始特征,主要结构特征有半自形粒状结构、片状结构、碎裂结构等。矿石构造有脉状、细脉状、细网脉状、角砾状构造、浸染状构造、蜂窝状构造、块状构造等。围岩蚀变规模较大,有硅化、高岭土化、绢云母化、绢英岩化、云英岩化、绿帘石化、黄铁矿、褐铁矿化、锰矿化等。局部见以方铅矿为特征的大脉状矿体,钼品位最高0.089%,最低0.058%;铅品位最高5.00%,最低0.90%;锌品位最高16.50%,最低2.38%;银品位最高$225×10^{-6}$,最低$60×10^{-6}$。

(六)乌兰德勒式钼矿

乌兰德勒铜钼矿所处大地构造单元古生代属天山-兴蒙造山系大兴安岭弧盆系扎兰屯-多宝山岛弧;中生代属环太平洋巨型火山活动带、大兴安岭火山岩带、乌日尼图-查干敖包火山喷发带、查干敖包晚侏罗世火山盆地。成矿带区划属Ⅰ-4滨太平洋成矿域(叠加在古亚洲成矿域之上),Ⅱ-12大兴安岭成矿省,Ⅲ-6东乌珠穆沁旗-嫩江(中强挤压区)Cu-Mo-Pb-Zn-Au-W-Sn-Cr成矿带,Ⅲ-6-②朝不愣-博克图W-Fe-Zn-Pb成矿亚带,Ⅴ乌日尼图-乌兰德勒铜钼乌成矿远景区。

矿床构造上位于二连-贺根山蛇绿岩带北侧,区域上北部有查干敖包-东乌旗大断裂,这些大断裂均属区域控岩、控矿断裂;与之对应的北西向次级断裂为该区的主要储矿空间,本区多数矿化与之相关。

上部矿体产于石英闪长岩与花岗闪长岩的裂隙中,呈脉状产出,北西向展布,产状与地表矿化硅质脉一致,走向330°,倾向南西,倾角62°。矿体总体呈脉带或脉群产出,矿脉带东西长约2km,南北宽约1km。下部矿体赋存于中细粒二长花岗岩顶边部,从西到东矿体埋深逐渐变深,局部伴生铜。浸染状或细脉浸染状矿体呈厚层状、巨厚层状或似桶状、柱状产出。矿石自然类型为原生矿石(细脉状、浸染状硫化矿石),矿石工业类型为花岗岩型钼矿石。矿石矿物有辉钼矿、黄铜矿、闪锌矿、辉铋矿、钨矿、磁铁矿、黄铁矿。矿石结构为半自形—自形鳞片状结构,矿石构造为细脉状、浸染网脉状及稀疏浸染状、细脉浸染状构造。

围岩蚀变以云英岩化、硅化、钾长石化、钠长石化、高岭土化、青磐岩化为主,次有褐铁矿化、绿泥石化、绿帘石化、绢云母化、碳酸盐化、萤石化。矿化与云英岩化和硅化关系密切,云英岩化强的地段辉钼矿化、黄铜矿化、黄铁矿化及萤石化较强。钼平均品位为0.0832%,铜平均品位为0.22%。

(七)查干花式钼矿

查干花钼矿所处大地构造单元古生代属天山-兴蒙造山系、包尔汗图-温都尔庙弧盆系、宝音图岩浆弧。成矿带区划属Ⅰ-4滨太平洋成矿域(叠加在古亚洲成矿域之上);Ⅱ-12大兴安岭成矿省;Ⅲ-7阿巴嘎-霍林河Cr-Cu(Au)-Ge煤天然碱芒硝成矿带,Ⅲ-7-②查干此老-巴音杭盖金成矿亚带、查干花-巴音杭盖钼、铜、金成矿远景区。

矿区出露地层主要为古元古界宝音图岩群，岩性组合为浅灰色—灰绿色千枚岩、绢云石英片岩、浅变质粉砂岩等。矿区内岩浆岩发育，查干花-查干德尔斯晚二叠世—早三叠世花岗岩体大面积分布，岩性为中细粒二长花岗岩（花岗闪长岩）。该花岗岩与钼矿化关系密切，为主要控矿因素之一。

钼矿体呈不规则厚层状产于云英岩化二长花岗岩内，有分支复合现象，控制长约1400m，宽300～800m，厚2.73～280.00m。矿体走向北西约330°，倾向北东，倾角10°～26°。矿体形态为透镜状、似层状和脉状。区内钼矿体主要隐伏于地表以下，沿中细粒二长花岗岩（花岗闪长岩）与宝音图岩群地层的北东向接触带展布。矿体埋深一般在13.77～160.22m之间，控矿标高780～1413m。自然类型为原生硫化矿石，矿石工业类型为蚀变花岗岩型及石英脉型。矿石矿物组合有辉钼矿、磁铁矿、黄铁矿、黄铜矿和方铅矿，矿石结构为半自形—自形粒状结构、鳞片状结构，矿石构造为浸染状、细（网）脉状、团块状构造。

主要围岩蚀变有云英岩化、硅化、绢云母化、钾长石化、绢英岩化、高岭土化、绿泥石化、绿帘石化及碳酸盐化等。主成矿元素钼品位0.06%～0.89%，平均值0.129%，伴生W、Bi。

（八）小狐狸山式钼矿

小狐狸山钼铅锌矿大地构造分区属天山-兴蒙造山系大兴安岭弧盆系红石山裂谷。成矿带区划属Ⅰ-1古亚洲成矿域，Ⅱ-2准噶尔成矿省，Ⅲ-1觉罗塔格-黑鹰山Cu-Ni-Fe-Au-Ag-Mo-W-石膏成矿带，Ⅲ-1-①黑鹰山-雅干Fe-Au-Cu-Mo成矿亚带，Ⅴ-1小狐狸山钼铅锌远景区。

矿区出露地层有下奥陶统咸水湖组安山质岩屑晶屑凝灰岩及蚀变安山岩。总体产状北西倾，倾角在38°～60°之间。侵入岩为二叠纪花岗岩，也是本区的含矿岩体，主要岩性有边缘相中细粒似斑状花岗岩和过渡相中粗粒似斑状黑云母花岗岩。矿区构造主要有北西向及北东向两组断裂，它们控制着上述含矿岩体的分布，是本区的主要控岩、控矿构造。

铅锌钼矿产于晚二叠世花岗岩边缘相中的中细粒似斑状花岗岩内，钼矿体总厚度170m，主矿体总平均厚度80～100m，东西长800m，矿体走向北西，倾向南西，倾角25°。矿体形态多呈椭圆状、脉状，为隐伏矿体。氧化带位于地表—向下垂深15m，品位很低，其余均为原生矿。矿体埋深300～600m。矿石自然类型为硫化矿石；矿石工业类型为斑岩型铅锌钼矿石和单一钼矿石。矿石金属矿物主要为辉钼矿，次为方铅矿、闪锌矿等。矿石结构呈半自形—自形鳞片结构、半自形—他形粒状结构、交代残留结构及半自形交代假象结构。矿石构造主要有块状构造、网脉状构造、细脉状构造及浸染状构造。围岩蚀变类型主要有云英岩化（次生石英岩化，岩浆后期叠加蚀变）、钠长石化、钾长石化、硅化、黄铁矿化、绿帘石化及萤石化。主要有用成分为钼品位0.06%～0.19%，铅平均品位0.85%，锌平均品位1.08%。

除上述典型矿床外，还有分布于大兴安岭弧盆系锡林浩特岩浆弧早白垩世斜长花岗斑岩体岩体中的敖仑花式斑岩型铜钼矿床和冀北大陆边缘岩浆弧中侏罗世—白垩纪正长斑岩体中的车户沟式斑岩型钼矿床。

二、热液型钼矿

热液型钼矿床对围岩基本无或有一定的选择性，主要受不同时代侵入岩（花岗岩）及断裂构造控制。成矿时代为燕山期，空间上主要分布在锡林浩特岩浆弧上。

曹家屯式钼矿所处大地构造单元古生代属天山-兴蒙造山系大兴安岭弧盆系锡林浩特岩浆弧；中生代属环太平洋巨型火山活动带、大兴安岭火山岩带、突泉-林西火山喷发带。成矿带区划属Ⅰ-4滨太平洋成矿域（叠加在古亚洲成矿域之上），Ⅱ-12大兴安岭成矿省，Ⅲ-6林西-孙吴Pb-Zn-Cu-Mo-Au成矿带，Ⅲ-8-①索伦镇-黄岗铁（锡）、铜、锌成矿亚带，Ⅴ-21黄岗铜钼多金属成矿远景区。

该矿床赋矿围岩为下二叠统寿山沟组砂板岩，沿北东向断裂构造破碎带内石英脉分布，燕山期黑云母二长花岗岩提供了热源，寿山沟组提供了成矿物质。区内古生代地层受北东向构造控制，其中北北东向断裂为矿区内唯一含钼矿断裂构造带。钼矿体产于砂板岩断裂破碎带中，为隐伏陡倾斜钼矿，平面上矿体矿化强度及元素不具明显水平分带,在纵向上地表矿化相对较贫,在深部矿化增强。矿石自然类型为块状、浸染状、网脉状石英型钼矿石;矿石工业类型为原生硫化钼矿石。矿石矿物主要为辉钼矿、黄铁矿及黄铜矿等;脉石矿物主要为石英。矿石结构以他形粒状、半自形粒状、镶嵌结构为主;矿石构造主要为致密块状、浸染状,次为网脉状、团块状构造。矿区围岩为砂质板岩夹粉砂岩及凝灰质砂岩,局部夹灰岩透镜体。

围岩蚀变沿矿化蚀变带呈线性分布,见于砂质板岩和砂岩中的破碎带、断裂带内,主要有云英岩化、硅化,次为钾长石化、绿泥石化、碳酸盐化、高岭土化及萤石化。云英岩化、硅化及钾长石化与钼矿化关系密切。钼品位0.08%～0.14%(平均0.11%)。

三、矽卡岩型钼矿床

该类型矿床是我区分布较少的一种钼矿成因类型。这类铁矿床成矿时代为晚古生代。

梨子山式铁钼矿位于扎兰屯-多宝山岛弧。矿区出露地层主要有奥陶系多宝山组、石炭系—二叠系新南沟组、侏罗系上兴安岭组。与矿床关系密切的为奥陶系多宝山组大理岩及砂板岩,以及呈近东西向条带状断续出露于矿区中东部,倾向南偏东,倾角65°左右的单斜构造层。海西晚期白岗质花岗岩与矿化活动有着密切的成因联系。矿区断裂对成矿控制作用十分明显。北东东和转北东向的张扭-压扭性层间断裂带是矿区的控矿构造带。

矿体分布在东西长1100m,南北宽20～70m的狭长矽卡岩带内。矿体分布与矿区构造方向一致。钼矿体主要赋存于960～1040m标高范围内,矿体顶、底板围岩及铁矿体内,尤以顶板围岩中钼矿体规模相对较大,最大延长290m,最大水平厚度19.60m,最高品位0.562%;底板围岩及铁矿体内的钼矿体规模较小。矿体存在垂直分带,地表为低硫富铁矿,深部为高硫富铁矿,钼矿标高最低。

矿石矿物为磁铁矿、赤铁矿、辉钼矿、黄铁矿、闪锌矿、镜铁矿、褐铁矿、针铁矿、黄铜矿、方铅矿等。矿石结构为他形—半自形粒状结构、他形晶粒状结构、细脉填充结构、交代残余结构、乳滴状结构、斑状角砾结构。矿石构造为块状构造、条带状构造、浸染状构造、细脉状构造、蜂窝状构造和土状构造。

广泛发育矽卡岩化,从南西向北东矽卡岩化变弱,随之矿化减弱。本区矽卡岩属于简单钙质矽卡岩,当出现石榴石矽卡岩与透辉石矽卡岩时,磁铁矿化随之出现;出现符山石石榴石矽卡岩时,有色金属钼、铅、锌等发生矿化。钼、铁矿石中钼的含量一般为0.001%～0.022%,最高0.64%;矽卡岩中钼含量一般为0.05%～0.16%,最高0.785%;近矿蚀变花岗岩中的钼含量一般为0.008%～0.032%,最高0.66%。

四、沉积变质型钼矿

沉积变质型钼矿是钼矿床类型之一,区内有元山子钼镍矿和白乃庙铜金钼矿,矿床形成的时代为新元古代—寒武纪。

(一)元山子式沉积变质型钼矿

元山子式沉积变质型钼矿主要分布在秦祁昆造山带北祁连弧盆系内。矿区位于昆仑-秦岭地槽走廊过渡带与中朝地台鄂尔多斯西缘坳陷带接壤的走廊过渡带一侧,地层区划属祁连-北秦岭地层分区的北祁连地层小区。加里东早期所沉积的巨厚的中寒武统香山群碎屑岩及碳酸盐岩,具海相类复理石建造特征。含矿岩系为中寒武统香山群黑色含碳石英绢云母千枚岩。矿体与围岩产状完全一致(走向北西,倾向42°,倾角11°),矿体呈似层状(板状)产出,层位比较稳定。埋深为180～300m(顶板),厚度为0～62m。矿石自然类型为黑色含碳质板岩型辉钼矿、硫化镍(镍黄铁矿、辉铁镍矿、二硫镍矿);矿石工业类型为硫化镍钼贫矿石。矿石矿物主要为辉钼矿、辉砷镍矿、针镍矿、辉铁镍矿;脉石矿物主要由石英、绢云母及碳质物组成。矿石结构以粒状结构为主,同时具交代结构、胶状结构、生长结构等,矿石构造为细脉浸染状构造及浸染状构造。全矿区矿层镍最高品位 1.61%,最低品位 0.20%,平均品位 0.37%,变化系数 47.57%;钼最高品位 0.564%,最低品位 0.011%,平均品位 0.097%,变化系数 52.52%。

(二)白乃庙式沉积变质型铜钼矿

白乃庙式沉积变质型铜钼矿位于温都尔庙俯冲增生杂岩带上,赋矿围岩为新元古界白乃庙组岛弧火山-沉积岩系,受区域变质作用底部形成绿片岩建造,其原岩为海底喷发的基性—中酸性火山熔岩、凝灰岩夹正常沉积的碎屑岩和碳酸盐岩。

主矿体呈似层状较稳定产出,一般走向为东西向,倾向南,倾角一般为 45°~65°。Ⅱ-1 矿体长 160m,厚 0.87~18.41m,矿体最大控制斜深 760m,垂深 570m,还有延伸趋势。矿石类型有花岗闪长斑岩型钼矿石(铜矿石)、绿片岩型钼矿石(铜矿石)。绿片岩型矿石结构有晶粒状结构、交代溶蚀结构,矿石构造主要是条带状构造、浸染状构造、脉状构造。花岗闪长斑岩型矿石结构有半自形晶粒状、他形晶粒结构、包含结构、交代结构、压碎结构,主要构造为浸染状、细脉浸染状、脉状、片状构造。矿石矿物为黄铜矿、黄铁矿、辉钼矿。矿床成因为海相火山沉积变质+斑岩复成因矿床。

第二节 预测类型、矿床式及预测工作区的划分

根据《重要矿产预测类型划分方案》(陈毓川等,2010),内蒙古自治区钼矿共划分了 14 个矿产预测类型,确定 3 种预测方法类型。根据矿产预测类型及预测方法类型共划分了 16 个预测工作区(表 2-1,图 2-2)。

表 2-1 内蒙古自治区钼单矿种预测类型及预测方法类型划分一览表

预测方法类型	矿床式及矿产预测类型	预测工作区
侵入岩体型	乌兰德勒式斑岩型钼矿	达来庙预测工作区
	乌努格吐山式斑岩型铜钼矿	乌努格吐预测工作区
	太平沟式斑岩型钼矿	太平沟预测工作区
		原林林场预测工作区
	敖仑花式斑岩型钼矿	孟恩陶勒盖预测工作区
	大苏计式斑岩型钼矿	凉城-兴和预测工作区
	小狐狸山式斑岩型钼矿	甜水井预测工作区
	小东沟式斑岩型钼矿	克什克腾旗-赤峰预测工作区
	查干花式斑岩型钼矿	查干花预测工作区
	比鲁甘干式斑岩型钼矿	阿巴嘎旗预测工作区
	岔路口式斑岩型钼矿	金河镇-劲松镇预测工作区
	曹家屯式岩浆热液型钼矿	拜仁达坝预测工作区
复合内生型	梨子山式接触交代型钼铁矿	梨子山预测工作区
沉积(变质)型	元山子式沉积(变质)型钼矿	元山子预测工作区
		营盘水北预测工作区
	白乃庙沉积(变质)型钼矿	白乃庙预测工作区

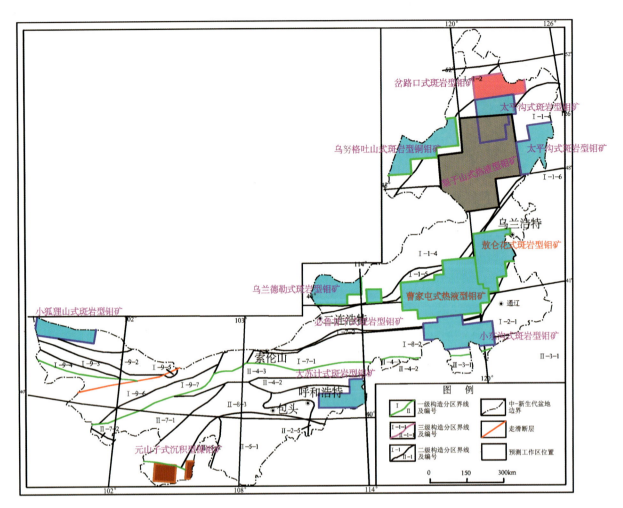

图 2-2 内蒙古自治区钼矿预测工作区分布图

第三章 乌兰德勒式侵入岩体型钼矿预测成果

第一节 典型矿床特征

一、典型矿床及成矿模式

(一)典型矿床特征

1. 矿区地质

乌兰德勒钼矿所处大地构造单元古生代属天山-兴蒙造山系大兴安岭弧盆系扎兰屯-多宝山岛弧。

地层:矿区东部出露少部分上石炭统—下二叠统(C_2—P_1)宝力高庙组一段[(C_2—P_1)bl^1],为一套陆相正常碎屑岩-火山岩沉积地层,主要为粉砂质板岩、粉砂岩,灰褐色,变余粉砂状结构,板状构造,岩石外部被燕山期花岗岩侵入,局部具糜棱岩化、绿泥石化、绿帘石化、碳酸盐化、高岭土化,分布面积小于 1km²,厚度小于 600m。矿区中心有少量的第四系全新统风成砂及第四系全新统湖积物覆盖,分布有 3 块,面积不到 21km²,厚度小于 10m。

侵入岩:二叠纪中粗粒黑云花岗岩($P\gamma\beta$)呈面状展布,面积较大,椭圆状。岩石为灰黑色、灰褐色,半自形粒状结构,块状构造。岩石地表普遍见有水平节理,多风化成片状、蘑菇状。主要矿物成分有钾长石、斜长石、石英及黑云母。钾长石含量 35%,斜长石含量 30%,石英 25%,黑云母 10%,磷灰石微量。岩体内部相带明显,根据岩石结构特征可分为内部相、过渡相及边缘相。岩体原生构造较清晰,流动构造在岩体边缘相和过渡相均较发育,可见清晰的流面产状,倾向为 110°～130°,倾角为 0°～5°,多为水平风化层理,形成蘑菇状石林景观。厚度在 2000m 以上,面积分布大,基本占勘查区的 70%(表 3-1,图 3-1)。

二叠纪石英闪长岩($P\delta o$)、花岗闪长岩($P\gamma\delta$)、闪长岩($P\delta$)及花岗岩($P\gamma$),为同期、不同相岩体,呈不规则椭圆状产出。岩体与围岩接触处,普遍发生绿帘石化、绿泥石化及绢云母化蚀变。岩石为灰黑色,半自形粒状结构,块状构造。主要矿物成分为斜长石、钾长石、角闪石、石英、黑云母。斜长石具有绢云母化、帘石化,角闪石部分变为绿泥石、绿帘石。

侏罗纪细粒二长花岗岩($J\eta\gamma$)在勘查区没有出露,为后期侵入,从现有工程控制来看为南西向侵入的小岩株,面积 2km²,岩石为灰白色—浅紫色,花岗结构,块状构造,主要矿物为钾长石占 35%,斜长石占 35%,石英占 30%,黑云母少量。内接触带具强的辉钼矿化、黄铜矿化、黄铁矿化,局部具绿泥石化、绿帘石化、高岭土化及钠长石化、硅化。岩体在南东及东部、北东接触部位较直立,南西及西部较平缓。岩体外接触带,普遍具青磐岩化、云英岩化。

表 3-1 矿区岩浆岩一览表

侵入期	代号	岩体名称	主要岩性	产状	脉岩
侏罗纪	$J\eta\gamma$		中细粒二长花岗岩	岩株	花岗岩、花岗细晶岩
二叠纪	$P\gamma$		中细粒花岗岩	岩株	花岗伟晶岩、细粒花岗岩
	$P\delta$		闪长岩		花岗斑岩、石英斑岩、细粒花岗岩、石英脉、正长斑岩、闪长玢岩
	$P\delta o$		石英闪长岩	岩株	
	$P\gamma\delta$		花岗闪长岩		
	$P\gamma\beta_1$	准苏吉敖包	中粗粒似斑状黑云母花岗岩	岩基	花岗斑岩、花岗细晶岩、闪长岩

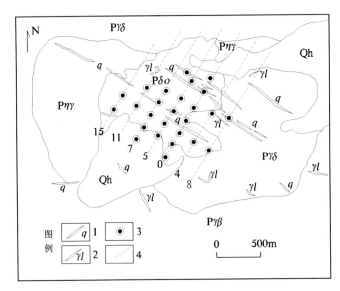

图 3-1 苏尼特左旗乌兰德勒铜钼矿床地质略图

Qh.第四系洪冲积及湖积物；$P\eta\gamma$.二叠纪二长及碱长花岗岩；$P\gamma\beta$.二叠纪斑状黑云母花岗岩；
$P\delta o$.二叠纪石英闪长岩；$P\gamma\delta$.二叠纪花岗闪长岩；1.石英脉、钼矿化硅质脉；2.花岗细晶岩脉；
3.钻孔位置及编号；4.勘探线位置及编号

构造：区内受二连-东乌旗大断裂控制，次级构造较为发育，矿区多为北西向、北北向张性裂隙，走向290°～310°，倾向南西，倾角55°～85°。1∶2000地质填图中在矿区北西侧外围有较大的北东向断层，呈北东向展布，断层宽约20m，长近2km。其余次生构造大多为北西向300°左右方向延伸大小不等的石英脉，脉宽从几厘米到十几米不等，长1m～2km不等，也是主要储矿空间，辉钼矿多富集在北西向构造裂隙中。钻探工程控制在ZK254、ZK052、ZK401、ZK302中见到规模较小的断层，宽度在2m以内，初步判断呈北西向展布，与地表石英脉走向相近。

变质特征：①区域变质。区内古生代地层中区域变质较弱，表现为石炭纪—二叠纪的变质粉砂岩、粉砂质板岩。②动力变质。矿区动力变质以韧性应力为主，表现为岩石的构造角砾、破碎带、断层泥。在两岩体接触部位岩石一定程度上具片理化，岩石中见到广泛的绿帘石化。③接触变质。本区接触变质作用不太明显，只在填图过程中发现有角岩转石。矿区内钻探工程中未见接触变质岩。④热液变质。矿区中热液变质主要集中于矿体中心部位，石英闪长岩、花岗闪长岩中充填的硅质脉两侧具云英岩化、萤石矿化、黄铁矿化、黄铜矿化、辉钼矿化，二长花岗岩具大面积的硅化，燕山期中细粒二长花岗岩与石英闪长岩、花岗闪长岩外接触带具绢云母化、碳酸盐化、高岭土化、青磐岩化等。

围岩蚀变：矿区内围岩蚀变主要为云英岩化、钾化、硅化、碳酸盐化、萤石矿化、青磐岩化及黄铁矿

化、黄铜矿化。一定程度上有分带现象,分述如下:

(1)云英岩化。主要在石英闪长岩、花岗闪长岩中呈面状分布,表现为次生石英及白云母呈粒状变晶结构或鳞片变晶结构。云英岩化较强的地段,辉钼矿化、黄铜矿化、黄铁矿化、萤石化较强。

(2)钾化。主要分布于花岗闪长岩中次生裂隙带内,岩石呈淡红色及肉红色,变余斑状结构,块状构造。岩石中钾长石汲出及黑云母聚集成星点状细颗粒结构,交代斜长石后形成。

(3)硅化。硅化分布有两种形态:上部早期岩体中硅质的汲出形成与成矿有关的硅质细脉或石英细脉,具细脉状网脉状,细粒隐晶质结构,块状构造、似层状构造;晚期花岗岩岩体中局部的硅化,花岗岩被后期热液交代,斜长石及黑云母被石英细小颗粒交代嵌布于钾长石中,基质由细粒石英、钾长石、斜长石、黑云母组成强硅化二长花岗岩。上部早期岩体中的硅化大多数与辉钼矿成正相关;下部晚期岩体中硅化与含矿不成正比关系。

(4)青磐岩化。主要分布在含矿岩体的外接触带。

2. 矿床地质

矿体分为上部矿体和下部矿体两部分。上部矿体在石英闪长岩与花岗闪长岩的次生裂隙硅质脉两侧,呈脉状分布;下部为黑云二长花岗岩浸染状矿体(图3-2)。

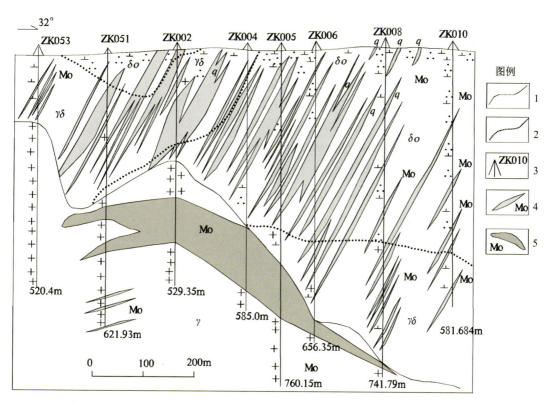

图3-2 苏尼特左旗乌兰德勒钼矿床0线剖面图(据陶继雄,2007)

γ.白垩纪斑状黑云母花岗岩;δo.二叠纪中细粒石英闪长岩;γδ.二叠纪花岗闪长岩;q.石英脉;1.地质界线;
2.岩相界线;3.钻孔位置及编号;4.脉状辉钼矿体;5.浸染状辉钼矿体

1)矿体特征

乌兰德勒铜钼矿体外围为大面积的中粗粒黑云母花岗岩。地表主要为扁豆状石英闪长岩、花岗闪长岩及二长花岗岩小岩株出露,硅质脉或石英脉沿北西向展布,与成矿有直接关系。矿体北西向展布与之相吻合,东西长约2km,南北宽约1km;在形态上,上部多为发状、细脉状、网脉状矿体分布在石英闪长岩、花岗闪长岩的岩株中,燕山期中细粒花岗岩为含矿母岩,后期侵入,在地表没有出露,形成下部拱

(桥)形或瓢壳状、半握的拳头状矿体分布在花岗岩内接触带。总体形成较为复杂的上、下两种形态的矿带。上部矿体为S矿带，下部矿体为X矿带。

S矿带为与石英脉(硅质脉)有关的脉状、网脉状矿体，形成多层状、细脉状矿体，钼矿体主要赋存于石英闪长岩与花岗闪长岩次生裂隙中，呈北西向约300°方向延伸，倾向南西，倾角约62°，局部具较强的绿泥石化、绿帘石化、高岭土化、云英岩化、硅化、碳酸盐化、萤石矿化。矿石均为硫化矿石，埋深30～850m，分布较均匀。赋矿标高475～1286m，矿带形态为发状、细脉状、网脉状、不规则状，总体南西倾向，陡倾，倾角62°，组成矿带。共分为234个矿体，矿为北西向展布的细脉状、似层状矿体，较均匀分散。矿体形态与下部岩体侵入有关，在北部及东部逐渐变深，西部及南西部抬升，矿带中心在2线、0线、1线、3线、5线间，形成较为复杂的网脉状、细脉状矿体。0线ZK051、ZK002、ZK003、ZK004见矿垂直厚度分别为52m、123m、88m、37m，并伴生铜。

矿体品位为0.03%～0.73%不等，特高品位矿样厚度达到0.8%～3.5%的近百米。矿层品位分布不均匀，局部有较富矿层。按品位，钼品位大于或等于0.06%的为工业矿体，品位低于0.06%的矿体为矿化体。S工业矿带(体)：品位在0.06%～3.78%之间，平均品位0.0933%，平均厚度38.11m；矿带最长延伸长达900m，3/4的矿段长为400m左右，近1/3为透镜状单工程控制矿体，延长不到200m；矿石量占总矿量的70%以上。平均品位变化系数为21%～332%，厚度变化系数31%～162%。

伴生铜较为普遍，在上部S矿带，大多为单矿层，多为伴生矿，分布不均匀。

(1) S-1号矿体。

矿体赋存于石英闪长岩的次生裂隙构造中，地表没有出露。矿体走向为北西向，约300°，南西倾，倾角约60°，矿体长约398m，控制深度约151m，平均厚度为6.81m，平均品位0.0721%，厚度变化系数104.51%，品位变化系数28.12%，矿体形态为似层状、不规则板状，矿体在5勘探线为低品位矿化体。

(2) S-5号矿体。

矿体赋存于石英闪长岩、花岗闪长岩的构造裂隙中，形成板状、似层状矿体，矿体走向与地表构造线基本相同，为300°左右，倾角约62°，延长约560m，埋深为350m，地表没有出露，工业矿段为11—3勘探线之间，矿体夹石厚度小于1m，矿体平均厚度2.98m，厚度变化系数为163.12%，平均品位0.0707%，品位变化系数为66.14%。

(3) S-9号矿体。

矿体位于花岗闪长岩、石英闪长岩岩株的构造裂隙中，矿体规模较大，主体控制标高954～1297m，有10个钻孔控制。矿体赋存在花岗闪长岩与石英长岩的构造裂隙中，多与石英脉(硅质)有关，辉钼矿多富集在硅质脉两侧，为细脉状、薄膜状，矿体形状大多为不规则层状或板状，走向300°，倾向南西，倾角60°，矿体延长约800m，矿体延伸350m，矿体工业品位在9—0线，矿体两边为低品位矿化体，矿体厚度6.61m，厚度变化系数101.43%，矿体平均品位0.128%，品位变化系数27.37%，为上部主要矿体。

(4) S-10号矿体。

矿体为似层状，主要赋存在花岗闪长岩、石英闪长岩的构造裂隙中，薄脉状分布。矿体长760m，最大延伸353m，矿体走向基本与勘探线垂直，为300°，倾向南西，倾角60°左右，矿体连续性较好，在1号及0号勘探线较宽，两边变薄，矿体厚9.97m，厚度变化系数119.42%，矿体平均品位0.0968%，品位变化系数69.02%。

(5) S-15号矿体。

矿体主要在花岗闪长岩、石英闪长岩中，为薄膜状、细脉状，矿体形态为不规则状，矿体走向300°，倾向南西，倾角62°，矿体长780m，最大延伸523m，矿体为似层状，矿体厚12.60m，厚度变化系数93.42%，平均品位0.0879%，品位变化系数13.19%。

(6) S-32号矿体。

矿体位于石英闪长岩、花岗闪长岩的次生裂隙中，为网脉状、细脉状矿，并与石英细脉有关，多富集在石英脉两侧，成似层状、板状矿体，矿体走向300°，倾向南西，倾角62°，赋矿标高952～1283m，最大延伸376m。矿体平均厚5.19m，厚度变化系数69.85%，矿体平均品位0.08%，品位变化系数131.34%。

X矿带，主要分布于石英闪长岩、花岗闪长岩下部中细粒二长花岗岩及细粒花岗岩含矿母岩中，多富集在与石英闪长岩内接触带部位。下部X矿带分为81个小矿体，形成拱（桥）状、瓢壳状矿体，远离接触带部位矿层品位逐渐降低，形成矿化体。但总体矿层较为稳定，矿层为厚层、巨厚层或似桶状、柱状矿体。矿体从西到东逐渐变深，西部25线在埋深200m开始见花岗岩含矿层，5线、3线埋深160m见含矿花岗岩母岩。在2线呈互层穿插于花岗闪长岩中，到4线、6线、8线、10线的钻孔深度达850m处已见不到含矿花岗岩岩体。

钻孔资料统计，X矿带连续有200多米可目察到辉钼矿，但品位不均匀，根据工业指标，钼品位大于或等于0.06%为工业矿体，可分为几个不规则层状矿层，最厚有67.33m，主矿体平均品位为0.083 2%，平均厚度26.03m，占总矿量的22%左右；低于0.06%工业品位矿体为矿化体。下部X矿带矿物单一，基本为单体钼矿，品位变化系数为19%~467%，厚度变化系数21%~142%，只在局部有伴生铜，品位不高。

(1) X-1号矿体。

矿体位于矿区中心下部花岗岩含矿母岩中，主体控制标高为677~1164m，矿体赋存于中细粒花岗岩岩体中，为隐伏矿体，埋深在160~240m不等，在2线矿体陡倾，埋深最深约为820m，矿体变薄，品位不均匀，其他部位依次北西向抬升，矿体品位变低，较稳定，厚度变小。远离中心厚度变薄，品位逐渐变小。矿体从剖面上来看为拱形，水平断面图上来看为壳状，矿体总体为不规则的壳状或半握的拳头状，内含夹石2~3层，厚度小于2m，矿体具尖灭再现特征，顶部接近接触带部位矿化连续，深部矿体变薄，矿化不连续。矿体壳直径约为350m，厚大层矿体延伸约为300m。

(2) X-2号矿体、X-3号矿体、X-4号矿体、X-5号矿体。

矿体形态基本同于上部的X-1矿体，是X-1矿体的内同心壳体，中心部位品位稳定，远离中心矿化较弱，直径依次变小，矿化向核部变弱。夹石厚度为1~2m，个别地段有几十米，并有分支复合现象，向下为不规则弱矿化。

矿体总的平均品位为0.089 2%，平均厚度23m左右，品位变化系数为18%，厚度变化系数为65%。

2) 矿石特征

(1) 结构与构造。矿石结构主要为自形、半自形晶结构，其次为他形晶镶嵌结构、花岗变晶结构、不等粒结构、包含结构、放射状结构；构造为块状构造、浸染状构造、网脉状构造、脉状构造。

(2) 矿石金属矿物成分。矿石矿物中金属矿物主要为辉钼矿、黄铜矿，其中以辉钼矿为主，其余为闪锌矿、辉铋矿、磁铁矿、黄铁矿。

辉钼矿：矿物特征为半自形—自形板状、鳞片状，灰白色，辉钼矿晶体为板状、鳞片状，呈分散状，局部集中呈斑点状、放射状集合体。

黄铜矿：淡硫黄色，他形不规则状，均质性，黄铜矿不显内反射，无内反射色内部分布有乳滴状黄铜矿固溶体，粒径小于0.5mm，嵌布在脉石中。

黄铁矿：浅白黄色，半自形—他形粒状，均质性，粒径为1.8~0.05mm，呈集合体或分散状嵌布于脉石中，部分黄铁矿被脉石交代呈骸晶状。少量黄铁矿与辉钼矿连生。在黄铁矿中分布有浑圆状黄铜矿包裹体，大小为0.05~0.01mm。

闪锌矿：深灰色、茶绿色、黄绿色，自形、他形粒状，碎块状，粒径在0.05~0.4mm之间。星点状散状分布，部分集合体呈斑晶状分布，局部呈细脉状、尖角状交代黄铁矿。反射色为灰色带淡蓝色，未见双反射，均质性，内反射色为红棕色—黄褐色。

(3) 矿石脉石矿物成分。脉石矿物为石英、斜长石、钾长石、角闪石、黑云母、白云母，萤石、磷灰石。

3. 矿床成因及成矿时代

达来庙铜钼矿床属中型矿床，矿物组分较简单，认为是晚侏罗世含矿岩浆上升过程中，成矿物质赋存于内外接触带,并有热液作用,同期硅化作用及含矿花岗岩分异出钼矿物随热液充填在次生裂隙中,形成两层楼形式,即上部为热液充填型,下部为岩浆热液型的复合式,整体认为是斑岩型铜钼矿床。成矿母岩灰白色—浅紫色细粒二长花岗岩,岩石中辉钼矿的 Re-Os 同位素等时线年龄值为 134.1±3.3Ma(内蒙古自治区地质调查院,2008),成矿时代为燕山晚期(早亚纪世)。

（二）矿床成矿模式

根据乌兰德勒铜钼矿床的成因类型、成矿特征及成矿地质背景,初步建立该矿床成矿模式(图 3-3)。

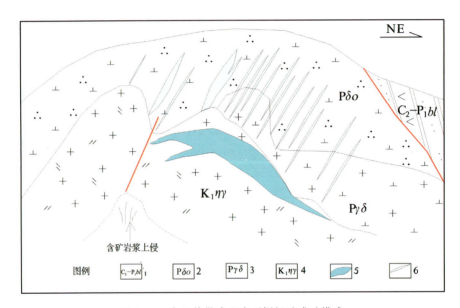

图 3-3 乌兰德勒式斑岩型铜钼矿成矿模式
1.宝力高庙组;2.二叠纪石英闪长岩;3.二叠纪花岗闪长岩;4.早白垩世黑云母二长花岗岩;5.浸染状钼矿体;6.脉状钼矿体

二、典型矿床地球物理特征

（一）矿床所在位置航磁特征

据 1∶5 万高精度磁法测量成果,区内高磁异常呈等轴状分布于早石炭世斑状花岗岩中,面积约 4km^2,场值变化范围在 100~1143nT 之间,异常北部梯度大并出现负值。

对矿区内进行 1∶1 万磁法测量,平面等值线图显示,正磁异常背景区呈面形分布,约为 2.5km^2,与花岗闪长岩的分布范围相吻合,在正磁异常背景区内分布北东向的带状或串球状局部正异常,最高强度为 1 667.8nT。北部、东部等值线宽缓,较为平稳,异常值一般为 500~1000nT,而西部等值线较为密集,呈南北向平行排列,与南北向负磁背景带相伴,说明该磁异常受构造控制,与区内主构造方向一致。

（二）矿床激电异常特征

1∶1 万激电中梯视极化率等值线平面图显示,以 5% 的视极化率,圈定出 2 个激电异常,北部异常宽 111m,长 432m,呈椭圆形东西向分布,视极化率峰值高达 7.3%,视电阻率为 1000~2000Ω·m,位于北部一组蚀变带的北侧;南部异常带宽 200m,长 540m,呈北西向展布,视极化率峰值高达 7.25%,视电阻率为 1000~2000Ω·m,位于南部一组蚀变带的南侧。

(三)矿床所在区域重力特征

乌兰德勒钼矿在布格重力异常图上显示其处于一向北未封闭的局部低值区边部,$\Delta g_{max} \approx -152 \times 10^{-5} \, m/s^2$,剩余布格重力异常低的北东侧,该剩余重力低异常呈不规则形态,是花岗岩体的表现,异常区地表主要出露大面积花岗闪长岩,说明乌兰德勒钼矿在成因上与重力推断的花岗岩体有关。

三、典型矿床地球化学特征

矿床主要指示元素为 Mo、Cu、Ag、W、As、Sb、Au、Pb、Zn、U,除 Au、Pb 异常小面积零星分布外,其余元素均呈北东向条带状展布。

Mo 异常面积大,强度较高,浓集中心部位与地层和岩体的接触带、矿体相吻合;Ag、As、Sb 异常面积较大,Cu、Zn、U、Au 异常面积较小,各元素强度均不高,但套合较好,显示以 Mo 为主的中心带和以 Ag、As、Sb、Cu、Zn、U、Au 为主的边缘带水平分带特征;W 异常面积大,强度高,在中心带和边缘带均有显示(图 3-4)。

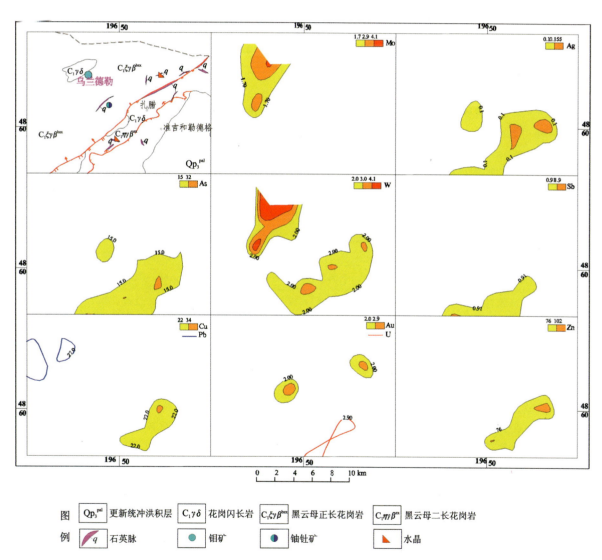

图 3-4 乌兰德勒式斑岩型钼矿综合异常剖析图

四、典型矿床预测模型

根据典型矿床成矿要素和矿区 1:1 万综合物探详查资料以及区域化探、重力资料,确定典型矿床预测要素,编制了典型矿床预测要素图。其中高精度磁测、激电中梯资料以等值线形式标在矿区地质图上;由于只有 1:20 万比例尺化探资料,因此,编制矿床所在地区 Ag、Pb、Zn、As、Sb、Mo、Cu、W、Au、U 综合异常剖析图作为角图表示;为表达典型矿床所在地区的区域物探特征,利用 1:50 万航磁 ΔT 等值线平面图、航磁 ΔT 化极等值线平面图、航磁 ΔT 化极垂向一阶导数等值线平面图、布格重力异常图、剩余重力异常图及重力推断地质构造图编制了乌兰德勒典型矿床所在区域地质矿产及物探剖析图(图 3-5)。

以典型矿床成矿要素图为基础,综合研究重力、航磁、化探、遥感、自然重砂等综合致矿信息,总结典型矿床预测要素表(表 3-2)。

表 3-2 内蒙古苏尼特左旗乌兰德勒式斑岩型钼矿典型矿床预测要素表

成矿要素		描述内容			要素类别
储量		铜(金属量):5 319.42t	平均品位	铜:0.22%	
		钼(金属量):53 442t(332+333)		钼:0.083 2%	
特征描述		矿床成因类型为斑岩型(中型)			
地质环境	构造背景	所处大地构造单元古生代属天山-兴蒙造山系大兴安岭弧盆系扎兰屯-多宝山岛弧;中生代属环太平洋巨型火山活动带、大兴安岭火山岩带、乌日尼图-查干敖包火山喷发带、查干敖包晚侏罗世火山盆地			必要
	成矿环境	成矿带区划属Ⅰ-4 滨太平洋成矿域(叠加在古亚洲成矿域之上)、Ⅱ-12 大兴安岭成矿省、Ⅲ-6 东乌珠穆沁旗-嫩江(中强挤压区)Cu-Mo-Pb-Zn-Au-W-Sn-Cr 成矿带、Ⅲ-6-②朝不愣-博克图 W-Fe-Zn-Pb 成矿亚带、Ⅴ乌日尼图-乌兰德勒铜钼钨成矿远景区			必要
	成矿时代	燕山晚期			必要
矿床特征	矿体形态	上部矿体为脉状或脉群状;下部矿体为厚层状、巨厚层状或似桶状、柱状			重要
	岩石类型	砂板岩;灰红色中粗粒黑云母花岗岩、深灰色细粒黑云母花岗闪长岩及石英脉			重要
	岩石结构	变余粉砂结构,中粗粒、中细粒花岗结构			次要
	矿物组合	矿石矿物有辉钼矿、黄铜矿、闪锌矿、辉铋矿、钨矿、磁铁矿、黄铁矿			主要
	结构构造	矿石结构为半自形—自形鳞片状结构			次要
		矿石构造为细脉状、浸染网脉状及稀疏浸染状、细脉浸染状构造			
	围岩蚀变	围岩蚀变以云英岩化、硅化、钾长石化、钠长石化、高岭土化、青磐岩化为主,次有褐铁矿化、绿泥石化、绿帘石化、绢云母化、碳酸盐化、萤石化。矿化与云英岩化和硅化关系密切,云英岩化强的地段辉钼矿化、黄铜矿化、黄铁矿化及萤石化较强			重要
	控矿构造	矿区构造主要表现为北东向线性糜棱岩带和北西向构造破碎带。后者为容矿构造			必要
地球物理特征	重力异常	异常值 Δg 为 $-165\times 10^{-5} \sim -155\times 10^{-5}\,\text{m/s}^2$			重要
	磁法异常	异常值一般为 500~1000nT			重要
地球化学特征		Mo 异常面积大,强度较高,浓集中心部位与地层和岩体的接触带、矿体相吻合			重要

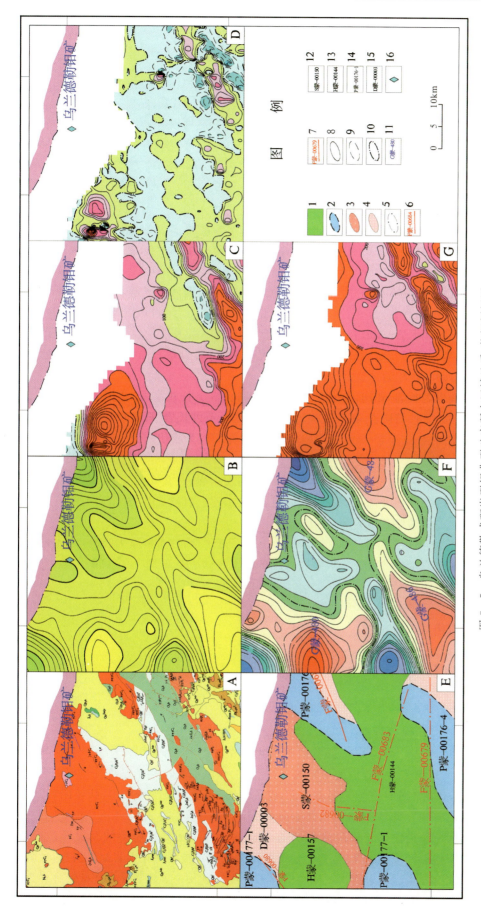

图 3-5 乌兰德勒式斑岩型钼典型矿床所在区域地质-物探剖析图

1. 古生代地层;2. 盆地及边界;3. 酸性-中酸性岩体;4. 酸性-中酸性岩浆岩带;5. 半隐伏岩体及岩浆岩带边界;6. 出露重力推断三级断裂构造及编号;7. 半隐伏重力推断三级断裂构造及编号;8. 航磁正等值线;9. 航磁负等值线;10. 零等值线;11. 剩余异常等值线;12. 盆地编号;13. 酸性-中酸性岩体编号;14. 岩浆岩带编号;15. 岩浆岩带编号;16. 钼矿点。A. 地质矿产图;B. 布格重力异常图;C. 航磁 ΔT 等值线平面图;D. 航磁 ΔT 化极等值线平面图;E. 重力推断地质构造图;F. 剩余重力异常图;G. 航磁 ΔT 化极垂向一阶导数等值线平面图(重力单位:×10⁻⁵ m/s²,地质矿产图(重力单位:×10⁻⁵ m/s²;航磁单位:nT,下同)

第二节 预测工作区研究

一、区域地质特征

1. 成矿地质背景

本区所处大地构造单元古生代属天山-兴蒙造山系大兴安岭弧盆系扎兰屯-多宝山岛弧;中生代属环太平洋巨型火山活动带、大兴安岭火山岩带、乌日尼图-查干敖包火山喷发带、查干敖包晚侏罗世火山盆地。

预测工作区晚古生代沉积建造主要有大石寨组杂砂岩-海相火山碎屑岩建造,哲斯组石英砂岩建造及生物碎屑灰岩建造,林西组杂砂岩-粉砂岩-泥岩建造。二连-贺根山蛇绿岩带以北乌宾敖包组为泥岩建造,巴彦呼舒组为石英砂岩-泥岩-火山岩建造;中下泥盆统泥鳅河组为粉砂岩-泥岩-沉凝灰岩-生物碎屑灰岩建造;中泥盆统塔尔巴格特组为凝灰质粉砂岩-泥岩建造;石炭系—二叠系宝力高庙组为长石砂岩-粉砂岩-泥岩夹火山碎屑沉积岩建造。

侵入岩主要有早石炭世闪长岩-花岗闪长岩-斑状花岗闪长岩-二长花岗岩-花岗岩组合,晚二叠世为闪长岩-石英二长闪长岩-正长花岗岩-碱长花岗岩,二叠纪为石英闪长岩-石英二长斑岩-石英二长岩-花岗闪长岩-二长花岗岩-花岗岩-碱性花岗岩,晚白垩世花岗岩为隐伏细粒二长花岗岩,为主要含矿岩体之一。

中生代晚侏罗世玛尼吐组为中性火山岩建造,岩性组合为安山岩、玄武安山岩、安山质角砾凝灰岩,局部为粗安岩。晚侏罗世晚期为白音高老组酸性火山熔岩-火山碎屑岩建造,岩性组合为流纹质角砾屑晶屑凝灰岩、流纹岩、流纹质熔结凝灰岩等。

构造上本区位于二连-贺根山蛇绿岩带北侧,区域上北部有查干敖包-东乌旗大断裂,这些大断裂均属区域控岩、控矿断裂,与之对应的北西向次级断裂为该区的主要储矿空间,本区多数矿化与之相关。

2. 区域成矿模式

预测工作区区域成矿模式见图 3-6。

二、区域地球物理特征

(一)磁法

苏尼特左旗达来庙地区乌兰德勒式斑岩型钼矿预测工作区范围为东经 111°20′—114°00′,北纬 44°00′—45°10′。在 1:10 万航磁 ΔT 等值线平面图上,预测工作区磁异常幅值范围为 $-625\sim625$nT,背景值为 $-100\sim100$nT,预测工作区磁异常形态杂乱,正负相间,多为不规则带状、片状及团状,纵观预测工作区磁异常轴向及 ΔT 等值线延伸方向,以北东向为主。

预测工作区磁法推断断裂构造以北东向为主,磁场标志多为不同磁场区分界线及磁异常梯度带。预测区内主要出露火山岩地层和侵入岩体,北部大范围的低缓磁异常推断为火山岩地层引起,预测区内大部分幅值较高的异常均为侵入岩体引起。预测区中部条带状异常及北部椭圆形异常推断解释为酸性侵入岩体引起;预测区西北角的不规则带状及团状异常推断为中酸性侵入岩体引起。预测工作区磁法

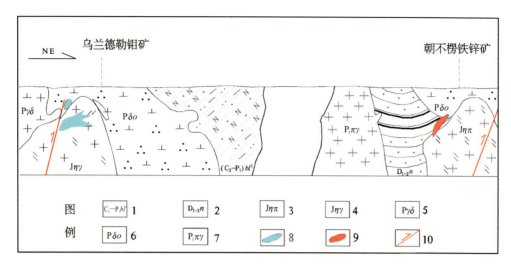

图 3-6 陆缘增生带上与燕山期侵入岩有关的斑岩型-矽卡岩型多金属矿区域成矿模式

1. 宝力高庙组；2. 泥鳅河组；3. 侏罗纪二长斑岩；4. 侏罗纪细粒二长花岗岩；5. 二叠纪花岗闪长岩；6. 二叠纪石英闪长岩；7. 早二叠世斑状花岗岩；8. 斑岩型钼矿体；9. 矽卡岩型铁锌矿体；10. 正断层

共推断断裂 12 条，中酸性岩体 33 个，火山岩地层 3 个，火山构造 1 个。

(二) 重力

预测工作区位于内蒙古中部二连-贺根山-乌拉盖重力高值带。区域重力场总体反映东部重力高、中西部重力低的特点。预测工作区重力异常值在 $-165.55\times10^{-5}\sim-118.74\times10^{-5}$ m/s^2 之间变化。预测工作区西部的布格重力高值区呈明显的北北东走向，而东部则表现为不规则的面状异常。剩余重力异常多数范围较大，形态则呈条带状，以北北东向展布为主，且正、负异常相间排列。

预测工作区内面积较大的局部高重力异常区，大多对应北东走向的条带状剩余重力正异常。结合地质资料，这类异常区地表一般局部出露上石炭统—下二叠统及泥盆系，推断为密度相对较高的古生代地层的反映；G 蒙-490 的正异常区，有较明显的航磁异常，推断为基性岩引起。预测工作区条带状展布的重力低异常带，对应剩余重力负异常，负异常形态与重力低异常近似，地表主要被第四系覆盖或断续出露白垩系，多为中新生代沉积盆地引起。宽缓面状分布的重力低、剩余重力负异常，推测由规模较大的隐伏或半隐伏花岗岩体所致。

预测工作区东南边部有一布格重力异常等值线密集带，在卫星影片解译图上线性构造清晰明显，推断为二连-东乌珠穆沁旗断裂，编号 F 蒙-02006，北东走向。预测工作区中西部的重力低异常，边缘等值线密集，推断为一系列与重力等值线走向相同的断裂构造所引起。在该预测区选取一条通过已知矿床的重力剖面进行 2.5D 反演计算，根据剖面拟合结果可知该花岗岩体浅部深度在 1.2km 左右，底界面最大深度大约为 8.2km。

乌兰德勒钼矿地处布格重力局部低值区边部，表明钼矿与重力推断的花岗岩体有关。区内的已知矿床、矿点基本都处在布格重力异常的边部、梯级带或剩余重力正负异常交界的零值线附近及异常边部，伴有明显的 Mo、Cu 多金属化探异常；这反映了矿床赋存的成矿地质环境，同时也指明了预测区内钼矿找矿靶区。

预测工作区内推断解释断裂构造 46 条，中-酸性岩体 6 个，基性-超基性岩体 1 个，地层单元 9 个，中-新生代盆地 9 个。

三、区域地球化学特征

区域上分布有 Mo、Cu、Ag、W、Sb、As、U 等元素组成的高背景区带,在高背景区带中有以 Mo、Cu、Ag、W、Sb、As、U、Au、Pb、Zn 为主的多元素局部异常。预测区内共有 51 个 Mo 异常,38 个 Ag 异常,56 个 As 异常,39 个 Au 异常,25 个 Cu 异常,27 个 Pb 异常,50 个 Sb 异常,30 个 U 异常,49 个 W 异常,35 个 Zn 异常。

预测区内 Mo、As、Sb、W、Ag、U 异常多,强度高,面积大,具明显的浓度分带和浓集中心。其中 Mo、As、Sb、W 高值区主要分布在台吉乌苏—阿拉担宝拉格以北,异常呈不规则面状或北东向、东西向条带状展布;Ag 高值区主要分布在台吉乌苏—阿拉担宝拉格一带,异常呈不规则面状或北西向、北东向条带状展布;U 高值区主要分布在预测区西南—西北中间带上,异常呈不规则面状或北东向条带状展布。Pb、Zn 异常相对较少,多数具明显的浓度分带和浓集中心,高值区主要集中在准苏吉花矿点附近,呈串珠状分布。Cu、Au 以中等异常为主,Cu 异常面积大,高值区少,主要集中在西北部;Au 异常面积都较小,呈星散状或串珠状分布,局部有高值区出现。乌兰德勒典型矿床与 Mo、W 异常吻合较好。

预测区内规模较大的 Mo 局部异常上,Cu、Pb、Zn、Ag、As、Sb、W、U 等主要成矿元素及伴生元素在空间上相互重叠或套合,其中元素异常套合较好的编号为 Z-1、Z-2、Z-3、Z-4。Z-1 内异常元素 Mo、Cu、Zn、Ag、Au、As、Sb 呈同心环状,Mo、Au、Ag 分布于环状异常中心地带,W 元素异常为外带;Z-2、Z-4 内异常元素 Mo、Pb、Zn、Ag、As、Sb、W 呈同心环状,As、Sb 与 Mo 重叠较好,Cu、Ag 分布于环状外带;Z-3 内异常元素 Mo、Cu、Pb、Zn、Ag、As、Sb、W、U 在空间上相互重叠或套合,Ag、As、Sb、W 呈条带状与 Mo、Pb、Zn 套合,Cu、Au 异常为中带,U 异常为外带。

四、区域遥感影像及解译特征

预测区内共解译出中小型构造 500 多条,其中,中型构造 30 多条,小型构造 480 多条。中型构造主要为北东走向,断层主要发育于石炭系、侏罗系和二叠系等地质体中,断层线清晰并有明显线状影纹;小型断层主要发育于二叠纪、奥陶纪、侏罗纪及石炭纪花岗岩中。

预测工作区内的环形构造比较发育,共解译出环形构造 47 个,其成因为:中生代花岗岩类引起的环形构造、古生代花岗岩类引起的环形构造、与隐伏岩体有关的环形构造、火山机构或通道。环形构造主要分布在本区的西部、西南部和东南部。在西部查干敖包苏木周边有 1 条巨型环形构造即达来环状构造,该环内发育有侏罗纪正长斑岩、玛尼吐组、满克头鄂博组、宝力高庙组等地质单元,据影像并结合地质资料分析为环形火山机构且特征明显,地貌特征表现突出,环状纹理清晰。

五、区域预测模型

根据预测工作区区域成矿要素和航磁、重力、遥感及自然重砂等特点,建立了本预测区的区域预测要素,并编制预测工作区预测要素图和预测模型图。

区域预测要素图以区域成矿要素图为基础,综合研究重力、航磁、化探、遥感、自然重砂等综合致矿信息,总结区域预测要素表(表3-3),并将综合信息各专题异常曲线或区全部叠加在成矿要素图上。

预测模型图的编制,以地质剖面图为基础,叠加区域化探、航磁及重力剖面图而形成,简要表示预测要素内容及其相互关系,以及时空展布特征(图3-7)。

表 3-3 乌兰德勒斑岩型钼矿苏尼特左旗达来庙预测工作区预测要素表

区域成矿要素		描述内容	要素类别
地质背景	大地构造位置	所处大地构造单元古生代属天山-兴蒙造山系大兴安岭弧盆系扎兰屯-多宝山岛弧；中生代属环太平洋巨型火山活动带、大兴安岭火山岩带、乌日尼图-查干敖包火山喷发带、查干敖包晚侏罗世火山盆地	必要
成矿环境	成矿区带	成矿带区划属Ⅰ-4滨太平洋成矿域（叠加在古亚洲成矿域之上），Ⅱ-12大兴安岭成矿省，Ⅲ-6东乌珠穆沁旗-嫩江（中强挤压区）Cu-Mo-Pb-Zn-Au-W-Sn-Cr成矿带，Ⅲ-6-②朝不楞-博克图W-Fe-Zn-Pb成矿亚带，V乌日尼图-乌兰德勒铜钼乌成矿远景区	必要
区域成矿类型及成矿期		斑岩型，燕山期	必要
控矿地质条件	赋矿地质体	燕山期细粒二长花岗岩	重要
	控矿侵入岩	燕山期细粒二长花岗岩	必要
	主要控矿构造	北东向断裂构造对花岗斑岩体的侵位、热液活动及成矿起着控制作用	必要
区内相同类型矿产		成矿区带内有3个钼矿点	重要
地球物理特征	磁法异常	异常值一般为500~1000nT	重要
	重力异常	异常值Δg在$-165\times 10^{-5} \sim -155\times 10^{-5}$ m/s^{2}之间	重要
地球化学特征		Mo、As、Sb、W、Ag、U异常多，强度高，面积大，具明显的浓度分带和浓集中心	重要
遥感特征		环形构造比较发育，古生代、中生代花岗岩类引起的环形构造与隐伏岩体有关的环形构造和火山机构或通道	次要

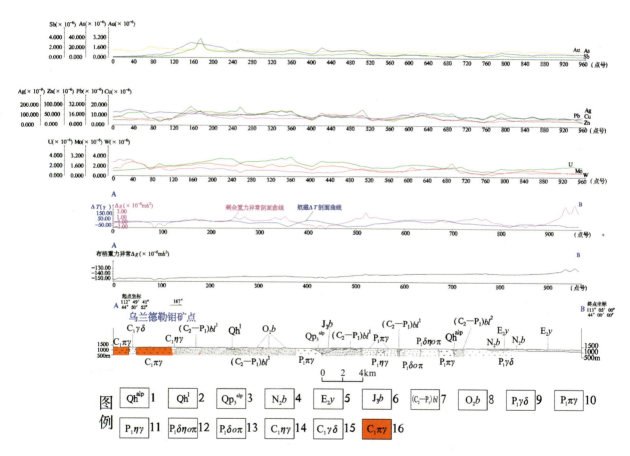

图 3-7 乌兰德勒钼矿预测工作区预测模型图

1.冲洪积；2.湖积；3.冲洪积砂砾；4.宝格达乌拉组；5.伊尔丁曼哈组；6.白音高老组；7.宝力高庙组；8.布龙山组；9.中粗粒花岗闪长岩；10.粗粒似斑状角闪花岗岩；11.粗粒二长花岗岩；12.石英二长闪长斑岩；13.石英闪长斑岩；14.中粗粒二长花岗岩；15.中粗粒花岗闪长岩；16.中细粒斑状花岗岩

第三节 矿产预测

一、综合地质信息定位预测

(一) 变量提取及优选

根据典型矿床及预测工作区成矿规律研究,通过综合信息预测要素提取,本次选择网格单元法作为预测单元,本次预测底图比例尺为1:10万,利用规则网格单元作为预测单元,网格单元大小为1.0km×1.0km。

地质体、断层、遥感环状要素进行单元赋值时采用区的存在标志;化探、剩余重力、航磁化极则求起始值的加权平均值,在变量二值化时利用异常范围值人工输入变化区间。

(二) 最小预测区圈定及优选

本次利用证据权重法,采用1.0km×1.0km规则网格单元,在MRAS2.0下进行预测区的圈定与优选。然后在MapGIS下,根据优选结果圈定为不规则形状(图3-8)。

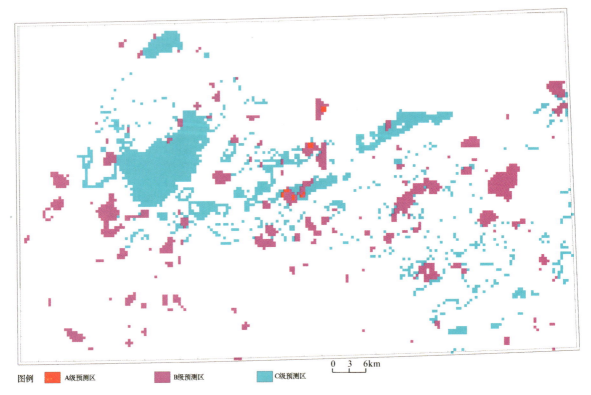

图3-8 乌兰德勒侵入岩体型钼矿预测工作区预测单元图

(三) 最小预测区圈定结果

最终圈定12个最小预测区,其中A级预测区3个,B级预测区4个,C级预测区5个(表3-4,图3-9)。

达来庙预测工作区预测底图精度为 1:10 万,并根据成矿有利度[含矿地质体、控矿构造、矿(化)点、找矿线索及物化探异常]、地理交通及开发条件和其他相关条件,将工作区内最小预测区级别分为 A、B、C 3 个等级(图 3-9,表 3-4)。

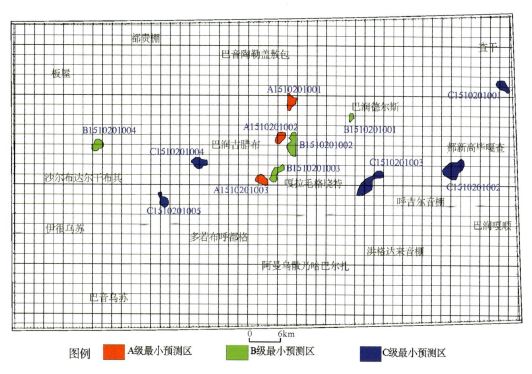

图 3-9 乌兰德勒钼矿最小预测区优选分布图

表 3-4 乌兰德勒钼矿预测工作区最小预测区一览表

序号	名称	实际面积(m^2)	远景区级别
1	达来庙	17 049 495	A
2	达来敖包	14 450 653	A
3	准苏吉花	15 445 717	A
4	巴润德尔斯	5 052 409	B
5	巴润吉和勒德格西	25 391 131	B
6	嘎拉毛格晓特西	18 848 491	B
7	格德勒哈沙西	15 812 490	B
8	巴润尚德北	16 724 685	C
9	德尔斯沃博勒卓	45 429 226	C
10	阿拉戈乌拉北	43 526 059	C
11	S巴润古腊布南	20 424 045	C
12	斋勒托	15 012 731	C

各级别面积分布合理,且已知矿床(点)分布在 A 级预测区内,说明预测区优选分级原则较为合理;最小预测区圈定结果表明,预测区总体与区域成矿地质背景和物化探异常等吻合程度较好。

(四)最小预测区地质评价

达来庙预测工作区位于内蒙古中西部区,行政区划主要属于锡林郭勒盟苏尼特左旗,最小预测区面积约 253 167 132m²。主要位于苏尼特左旗北部中蒙边境处,地貌上为中纬度低山丘陵区,为构造剥蚀堆积与干旱荒漠区。

依据最小预测区地质矿产、物化探及遥感异常等综合特征,并结合预测区优选结果,将最小预测区划分为 A 级、B 级和 C 级 3 个等级,且已知矿床均分布在 A 级预测区内,说明预测区优选分级原则较为合理;最小预测区圈定结果表明,预测区总体与区域成矿地质背景和物化探异常吻合程度较好。各最小预测区成矿条件及找矿潜力见表 3-5。

表 3-5 乌兰德勒钼矿最小预测区成矿条件及找矿潜力一览表

预测区编号	最小预测区名称	综合信息
A1510201001	达来庙	出露有石炭纪花岗闪长岩,大面积分布二长花岗岩。位于剩余重力高值区。航磁化极值不高,整体处于负值区,据典型矿床推测,存在隐伏的燕山期二长花岗岩体。区内发现中型钼矿床 1 处,找矿潜力巨大
A1510201002	达来敖包	出露有石炭纪二长花岗岩,剩余重力梯度带明显。有航磁甲类异常 1 处,钼矿床 1 处。据典型矿床推测,存在隐伏的燕山期二长花岗岩体,找矿潜力巨大
A1510201003	准苏吉花	出露有石炭纪二长花岗岩,剩余重力梯度带。在侵入岩接触带附近发育矽卡岩化,有航磁乙类异常 1 处,钼矿床、矿点 2 处。据典型矿床推测,存在隐伏的燕山期二长花岗岩体,找矿潜力巨大
B1510201001	巴润德尔斯	出露有石炭纪二长花岗岩,在侵入岩接触带附近发育矽卡岩化。位于剩余重力低值区。有隐伏岩体存在,区内见矿化蚀变现象,有较好的找矿潜力
B1510201002	巴润吉和勒德格西	出露石炭纪二长花岗岩、花岗闪长岩。位于剩余重力梯度带,航磁正值区。有北西向构造蚀变带通过,有隐伏岩体存在,在侵入岩接触带附近发育矽卡岩化,有较好的找矿潜力
B1510201003	嘎拉毛格晓特西	出露有石炭纪二长花岗岩。接触带附近见云英岩化。见 1 个航磁乙类异常。有隐伏岩体存在,剩余重力梯度带,有较好的找矿潜力
B1510201004	格德勒哈沙西	出露的石炭纪二长花岗岩、花岗闪长岩分布于最小预测区边部,位于剩余重力梯度带,有隐伏岩体存在,航磁高值区有较好的找矿潜力
C1510201001	巴润尚德北	出露斑岩脉较多,有隐伏岩体存在,分布有北东向断层。位于剩余重力梯度带,找矿潜力一般
C1510201002	德尔斯沃博勒卓	出露二长花岗岩分布于北侧,有隐伏岩体存在。位于剩余重力梯度带,找矿潜力一般
C1510201003	阿拉戈乌拉北	重力值显示有隐伏岩体存在,分布有北东向断层。位于剩余重力梯度带,找矿潜力一般
C1510201004	巴润古腊布南	重力值显示有隐伏岩体存在,成矿要素及色块图组合较好,找矿潜力一般
C1510201005	斋勒托	重力值显示有隐伏岩体存在,成矿要素及色块图组合较好,找矿潜力一般

二、综合信息地质体积法估算资源量

（一）典型矿床深部及外围资源量估算

查明资源储量、延深等数据来源于 2009 年 6 月内蒙古自治区地质矿产勘查开发局编写的《内蒙古自治区苏尼特左旗乌兰德勒矿区铜钼矿详查报告》。乌兰德勒钼矿典型矿床深部及外围资源量估算参数及结果见表 3-6。

表 3-6 乌兰德勒钼矿典型矿床深部及外围资源量估算一览表

典型矿床		深部及外围		
已查明资源量(t)	53 442	深部	面积(m^2)	1 358 953
面积(m^2)	1 358 953		深度(m)	20
深度(m)	740	外围	面积(m^2)	1 358 953
品位(%)	0.083 2		深度(m)	760
密度(t/m^3)	2.7	预测资源量(t)		1444
体积含矿率(t/m^3)	0.000 053 14	典型矿床资源总量(t)		54 886

（二）模型区的确定、资源量及估算参数

模型区为典型矿床所在的最小预测区。乌兰德勒典型矿床查明资源量 53 442t，按本次预测技术要求计算模型区资源总量为 54 886t。模型区内无其他已知矿点存在，则模型区总资源量等于典型矿床总资源量，模型区面积为依托 MRAS 软件采用少模型工程神经网络法优选后圈定，延深根据典型矿床最大预测深度确定。模型区圈定时参照了含矿建造地质体，因此含矿地质体面积参数为 1。由此计算出含矿地质体含矿系数见表 3-7。

表 3-7 乌兰德勒钼矿模型区预测资源量及其估算参数表

编号	名称	模型区总资源量(t)	模型区面积(m^2)	延深(m)	含矿地质体面积(m^2)	含矿地质体面积参数	含矿地质体含矿系数
A1510201001	乌兰德勒	54 886	17 049 495	760	17 049 495	1	4.236×10^{-6}

（三）最小预测区预测资源量

乌兰德勒钼矿预测工作区最小预测区资源量定量估算采用地质体积法进行估算。

1. 估算参数的确定

最小预测区面积是依据综合地质信息定位优选的结果；延深的确定是在研究最小预测区含矿地质体地质特征、含矿地质体的形成深度、断裂特征、矿化类型的基础上，并对比典型矿床特征综合确定的；相似系数的确定，主要依据 MRAS 生成的成矿概率及与模型区的比值，参照最小预测区地质体出露情况、化探及重砂异常规模及分布、物探解译隐伏岩体分布信息等进行修正。

2. 最小预测区预测资源量估算结果

求得最小预测区资源量。本次预测资源总量为130 425t,其中不包括预测工作区已查明资源总量53 442t,详见表3-8。

表3-8 乌兰德勒钼矿预测工作区最小预测区估算成果表

最小预测区编号	最小预测区名称	$S_{预}(m^2)$	$H_{预}(m)$	$K(t/m^3)$	α	$Z_{预}(t)$	资源量级别
A1510201001	达来庙	17 049 495	760		1	1444	334-1
A1510201002	达来敖包	14 450 653	700		0.6	25 708	334-3
A1510201003	准苏吉花	15 445 717	700		0.6	17 312	334-2
B1510201001	巴润德尔斯	5 052 409	800		0.2	3424	334-3
B1510201002	巴润吉和勒德格西	25 391 131	800		0.2	17 208	334-3
B1510201003	嘎拉毛格晓特西	18 848 491	800	4.236×10^{-6}	0.2	12 774	334-3
B1510201004	格德勒哈沙西	15 812 490	800		0.2	10 716	334-3
C1510201001	巴润尚德北	16 724 685	700		0.1	4958	334-3
C1510201002	德尔斯沃博勒卓	45 429 226	700		0.1	13 470	334-3
C1510201003	阿拉戈乌拉北	43 526 059	700		0.1	12 905	334-3
C1510201004	巴润古腊布南	20 424 045	700		0.1	6055	334-3
C1510201005	斋勒托	15 012 731	700		0.1	4451	334-3

注:$S_{预}$.最小预测区面积;$H_{预}$.最小预测区预测深度;K.体积含矿率;α.相似系数;$Z_{预}$.预测资源量(下同)。

(四)预测工作区资源总量成果汇总

乌兰德勒钼矿预测工作区地质体积法预测资源量,依据资源量级别划分标准,根据现有资料的精度,划分为334-1、334-2和334-3三个资源量精度级别;根据各最小预测区内含矿地质体、物化探异常及相似系数特征,预测延深参数均在1000m以浅。

根据矿产潜力评价预测资源量汇总标准,乌兰德勒钼矿预测工作区按精度、预测深度、可利用性、可信度统计分析结果见表3-9。

表3-9 乌兰德勒钼矿预测工作区预测资源量估算汇总表(单位:t)

按深度			按精度			按可利用性		按可信度		
500m以浅	1000m以浅	2000m以浅	334-1	334-2	334-3	可利用	暂不可利用	$x \geq 0.75$	$0.75 > x \geq 0.5$	$x < 0.5$
89 140	130 425	—	1444	17 312	111 669	18 756	111 669	44 464	44 122	41 839
合计:130 425			合计:130 425			合计:130 425		合计:130 425		

第四章 乌努格吐山式侵入岩体型铜钼矿预测成果

第一节 典型矿床特征

一、典型矿床及成矿模式

（一）典型矿床特征

1. 矿区地质背景

乌努格吐山大型—超大型铜钼矿床位于内蒙古自治区新巴尔虎右旗呼伦镇，满洲里市南西22km，矿床地理坐标为东经117°15′00″—117°20′00″，北纬49°24′00′—49°26′30′。

矿区位于北东向的额尔古纳-呼伦深断裂的西侧，是两个大地构造单元——外贝加尔褶皱系与大兴安岭褶皱系的衔接处，外侧中生代火山岩带相对隆起区，额尔古纳-呼伦深断裂的发育控制了本区火山岩带沿北东向分布，并且为矿产的形成提供了场所。区域构造受上述深断裂的影响，主要构造线为北东向，褶皱主要有白灰厂-乌努格吐山背斜，受燕山早期花岗岩侵入，出露不完整。北西向为张性断裂，火山构造表现为与火山作用有关的环形和放射状断裂或裂隙，其热液成矿作用十分有利。北西向与北东向断裂构造交叉部位，形成切割地壳较深的贯通火山口，其隆起部位成为导矿的主要通道（图4-1）。

区域上额尔古纳-呼伦断裂带是控制区域地质发展及成矿作用的主导因素，该深断裂是外贝加尔褶皱系与大兴安岭褶皱系两个不同大地构造单元的界线，沿此断裂两侧分布有不同时代产出的一系列斑岩型铜钼矿床及其他类型矿产。燕山期成矿的乌努格吐山钼矿床位于深断裂西侧。

沿满洲里—新巴尔虎右旗一带钙碱系列火山深成岩浆活动的广泛发育，是形成区内有色金属矿产的重要条件。在火山岩带隆起部位，岩浆多期次喷发-侵入旋回，为岩浆分异、成矿热液的迁移、聚集提供了良好的成矿物质来源。

本区燕山期火山岩浆活动与成矿关系最为密切的至少有两个旋回：一是燕山运动早期以塔木沟组中基性火山岩开始逐步演化到酸碱性火山岩组的一套偏碱性火山-侵入岩组合；二是以玛尼吐组及满克头鄂博组这两套中性至中酸性火山岩建造为代表。乌努格吐山矿床的形成与早旋回火山-侵入活动有关，与次火山斑岩体关系密切。

2. 矿床地质

全矿区共探明33个铜矿体，13个钼矿体。北矿段矿体主要赋存在斑岩体的内接触带，受围绕斑岩体的环状断裂控制。在剖面上矿体向北西倾斜，铜矿体向下分支。南矿带矿体形态不规则，以钼为主。

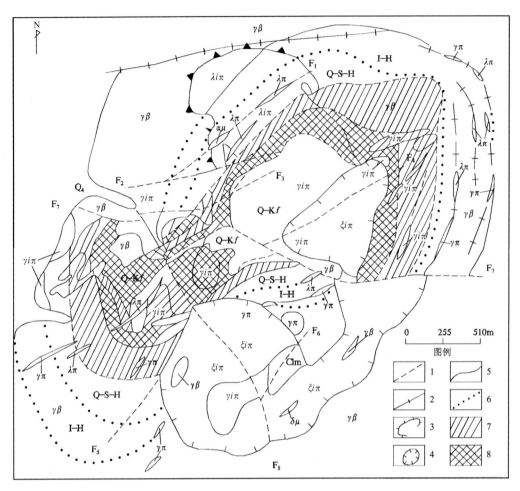

图 4-1 乌努格吐山铜钼矿床地质略图(据王之田,1988)

Q.第四系;Clm.古生代安山岩、结晶灰岩;$\varepsilon i\pi$.次英安质角砾熔岩;$\gamma i\pi$.二长花岗斑岩;$\lambda i\pi$.次流纹质晶屑凝灰熔岩;$\gamma\beta$.黑云母花岗岩;$\alpha\mu/\delta\mu$.安山玢岩/闪长玢岩;$\lambda\pi$.流纹斑岩;$\gamma\pi$.花岗斑岩;t-H.伊利石水白云母化带;Q-S-H.石英绢云母水白云母化带;Q-Kf.石英钾长石化带;1.断层;2.环状断裂系统;3.火山通道;4.爆发角砾岩筒;5.地质界线;6.蚀变带界线;7.铜矿化;8.钼矿化

矿带为一长环形,长轴长 2600m,短轴长 1350m,走向 50°,总体倾向北西,倾角从东向西由 85°到 75°,南北两个转折端均内倾,倾角为 60°,北矿段环形中部有宽达 900m 的无矿核部,南矿段环形中部有宽达 150~850m 的无矿核部。整个矿带呈哑铃状、不规则状、似层状。铜金属资源量 223.2×10^4t,品位 0.46%;钼资源量 25.8×10^4t,品位 0.019%。

本矿床矿化分带明显受热液蚀变分带制约,由热源中心向外随温度梯度的变化形成了较明显的金属元素水平分带,从蚀变中心向外,依次可划分为 4 个金属矿物组合带:①黄铁矿-辉钼矿带,是钼矿体的主要赋存部位,金属矿物呈细脉浸染状;②辉钼矿-黄铁矿-黄铜矿带,是铜矿体的赋存部位,金属矿物以浸染状为主,细脉次之;③黄铁矿-黄铜矿带;④黄铁矿-方铅矿-闪锌矿带(图 4-2)。

矿体赋存标高为 160~820m。工业类型属于细脉浸染型贫硫化物矿石。矿石中矿物组成有黄铜矿、辉铜矿、黝铜矿、辉钼矿、黄铁矿、闪锌矿、磁铁矿、方铜矿、石英、长石、绢云母、伊利石、少量方解石、萤石。矿体围岩主要有 3 种岩性:黑云母花岗岩、流纹质晶屑凝灰熔岩、次斜长花岗斑岩。前两种岩性为铜矿体的上、下盘围岩,具有伊利石化、水白云母化蚀变,与矿体呈渐变过渡关系;次斜长花岗斑岩为钼矿体上、下盘围岩,由于在蚀变矿化的中心部位,岩石具有石英钾长石化,与矿体呈渐变过渡关系。矿床具有从高温-气液直到中-低温热液成矿阶段多期次脉动式连续的成矿过程。李伟实(1994)将该矿床

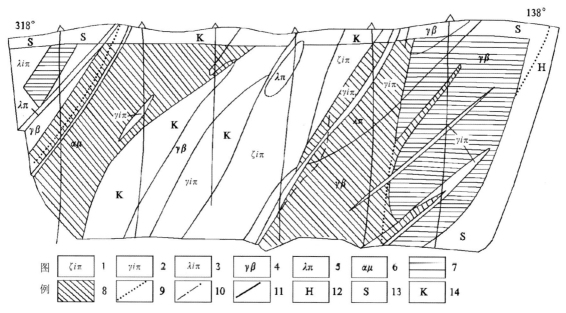

图 4-2 乌努格吐山斑岩型铜钼矿床北矿段地质剖面图（据金力夫，1990）

1.次英安质角砾熔岩；2.斜长花岗斑岩；3.次流纹质晶屑凝灰熔岩；4.黑云母花岗岩；5.流纹斑岩；6.安山玢岩；7.铜矿体；8.钼矿体；9.蚀变带界线；10.氧化淋滤带界线；11.断层；12.伊利石-水白云母带；13.石英-绢云母-水白云母化带；14.石英-钾长石化带

划分为4个成矿阶段：

(1) 石英-铁硫分化阶段，主要形成石英和黄铁矿。

(2) 石英-硫化物阶段，产于石英-钾长石带，主要形成石英、钾长石、黄铁矿、辉钼矿和黄铜矿，为钼矿的主要成矿阶段。

(3) 石英-绢云母-硫化物阶段，主要形成石英、绢云母、黄铁矿、黄铜矿、辉钼矿、方铅矿和闪锌矿等，为铜矿主成矿阶段，产于石英-绢云母化带。

(4) 方解石-硫化物阶段，主要形成方解石和黄铁矿带。

磁性特征：矿体及蚀变岩体为一片平稳的 $-100\sim 200\gamma$ 的低磁场区，向外黑云母花岗岩范围内为一片中等强度的杂乱 $-100\sim 1000\gamma$ 磁场区，再外侧即为由中生代火山岩引起的高磁场区。

本区蚀变岩石具有高的地球化学背景场，经表生地球化学作用后，Cu在地表淋失，Mo较稳定，Pb、Ag可形成局部表生富集。

元素组合及分布特征：北矿段为Cu、Mo组合异常，南矿段为Cu、Mo、Pb、Ag组合异常。异常分布面积为 $5km^2$，异常划分三级浓度中带，Cu、Pb、Mo、Zn、Ag异常有明显的浓集中心，表明了斑岩型矿床的成矿特点，是矿致异常的重要标志。

3. 乌努格吐山铜钼矿床成岩成矿时间

乌努格吐山含矿二长斑岩单颗粒锆石 U-Pb 年龄为 $188.3\pm0.6Ma$，二长花岗斑岩的全岩 Rb-Sr 等时线年龄为 $183.9\pm1.0Ma$，明显低于单颗粒锆石的 U-Pb 年龄，但与蚀变岩中的绢云母 K-Ar 年龄 $183.5\pm1.7Ma$ 在误差范围内完全一致，很可能代表含矿岩体冷凝结晶与流体成矿之间的混合年龄。李诺等(2007)获得辉钼矿 Re-Os 年龄为 $178\pm10Ma$，该年龄为流体成矿年龄，因此乌努格吐山斑岩流体成矿系统的发育时间限定在 $188.3\pm0.6Ma$ 与 $178\pm10Ma$ 之间，即 $183\pm6Ma$。因此，此次预测将二长斑岩所侵入的黑云母花岗岩时代定为早-中侏罗世是合理的(表4-1)。由此引起的原认为黑云母花岗岩侵入大兴安岭地区大面积分布的满克头鄂博组、玛尼吐组及白音高老组是不合适的，但本次工作将不考虑黑云母花岗岩与其的接触关系，故其成矿时代应为早—中侏罗世(J_1—J_2)。

表4-1 乌努格吐山斑岩铜钼矿床同位素年龄值一览表

测试对象		同位素方法	年龄(Ma)	资料来源
二长花岗斑岩	单颗粒锆石	U-Pb年龄	188.3±0.6	秦克章等,1999
二长花岗斑岩	全岩	Rb-Sr等时线年龄	183.9±1.0	秦克章等,1999
(含矿)蚀变岩	绢云母	K-Ar年龄	183.5±1.7	秦克章等,1999
矿石	辉钼矿	Re-Os模式年龄	155±17	赵一鸣等,1997
矿石	辉钼矿	Re-Os等时线年龄	178±10	李诺等,2007

资料来源：李诺等(2007)内蒙古乌努格吐山斑岩型钼矿床辉钼矿铼锇等时线年龄及其成矿地球动力学背景。

（二）矿床成矿模式

乌努格吐山斑岩铜钼矿床的成矿模式如图4-3所示。印支期—燕山早期，受太平洋板块向西推挤，得尔布干深断裂复活，黑云母花岗岩侵位，带来Cu、Mo等成矿元素的富集。燕山早期受与得尔布干深断裂带相对应北西向拉张断裂的影响，形成许多中心式火山喷发机构，二长花岗斑岩沿火山管道相侵位，带来Cu、Mo等成矿元素的富集。

由于本区多期次的构造岩浆活动，引发了深源岩浆水与下渗的天水对流循环，这种混合热流体由于既富挥发分又富碱质，同时对围岩具强烈的萃取和交代反应能力，从而导致围绕斑岩体形成环带状蚀变分布的矿化分带。蚀变分带表现为石英-钾长石化带—绢云母化带。

上述矿床地质特征表明，乌努格吐山铜钼矿为较典型的斑岩型矿床。

二、典型矿床地球物理特征

（一）矿床所在位置航磁特征

据1:5万航磁化极图显示：整体表现为零值附近低缓的磁场，异常特征不明显。据1:5000地磁图显示为平稳的负磁场。

矿区岩矿石磁性：矿区内蚀变岩石一般属弱磁性及微磁性。未蚀变的黑云母花岗岩磁性较蚀变花岗岩及火山岩强2~3倍，平均磁化率κ为767×10^{-5}SI，剩磁为1160×10^{-3}A/m。

（二）矿区激电异常特征

矿区岩矿石电性：本区岩石电阻率普遍较高，地表岩石电阻率为1000~2000Ω·m，电阻率随着硅质成分增高而增高，矿体在潜水面以下部分电阻率显著降低，仅为数十至数百欧姆·米。

矿区未见高极化率岩石，矿体氧化露头极化率η值在1%~5%之间，从氧化带下部极化率开始增高，铜矿体部分平均极化率值20%。

岩矿石电位跳跃和极化率有正消长关系，地表矿石一次场电压不超过20mV，至氧化带下部，铜矿体部分平均为150mV。

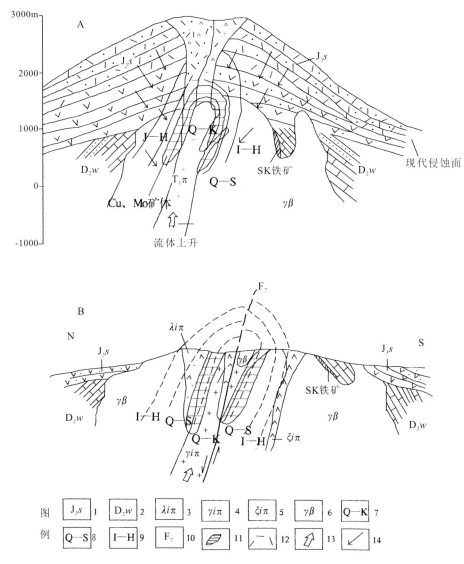

图4-3 乌努格吐山斑岩型铜钼矿成矿模式(据王之田,1988)

A.矿体形成模式图;B.断层及侵入角砾熔岩破坏、现代剥蚀面示意图;1.晚侏罗世火山岩;2.中泥盆统乌努尔组;3.流纹质晶屑凝灰熔岩;4.斜长花岗斑岩;5.正长斑岩;6.黑云母花岗岩;7.第四系—白垩系;8.第四系—志留系;9.伊利石水白云母化蚀变带;10.断层;11.铜钼矿体;12.蚀变带界线;13.流体上升方向;14.天水运动方向

(三)矿床所在区域重力特征

乌努格吐铜钼矿在布格重力异常图上,位于低重力异常边部的梯级带处,布格重力异常值 Δg 变化范围为 $(-112.32 \sim -77.11) \times 10^{-5} m/s^2$。变化率每千米约为 $4 \times 10^{-5} m/s^2$。依据地质资料,梯级带对应于北东向的额尔古纳-呼伦深断裂及近东西向的断裂带,乌努格吐铜矿恰好处在断裂交会处。在剩余重力异常图上,乌努格吐铜矿处在编号为 L蒙-88 的负异常边界处,该异常走向呈北东向,对应于中生代盆地的分布区。区域航磁等值线平面图显示,矿区位于负磁或低缓磁场区域。

三、典型矿床地球化学特征

据 1∶5 万化探资料,乌努格吐山铜钼矿床主要指示元素为 Mo、Cu、Pb、Zn、Ag、W、Au、Bi、Cd,其中 Mo、Au、Cd、W、Zn 呈北东向串珠状展布,Cu、Pb、Ag、Bi 呈北东向条带状展布,受北东向断裂构造控制明显。

Mo、Pb、Ag 异常面积大,强度高,套合好,浓集中心部位与矿体吻合好;Cu、Au、Bi、Cd 异常面积较大,在矿体周围表现为高异常;W、Zn 在矿体周围表现为低缓异常(图 4-4)。

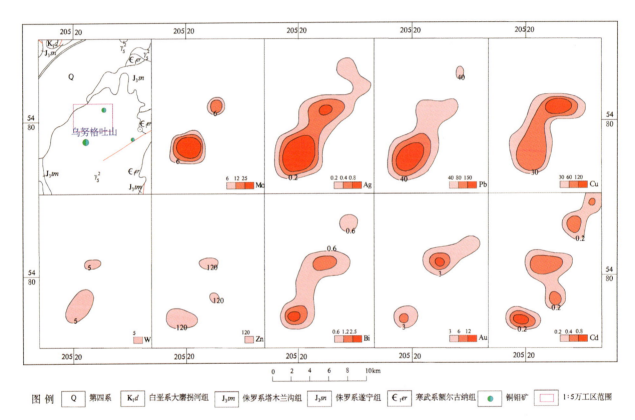

图 4-4 乌努格吐山式斑岩型铜钼矿综合异常剖析图

(Au 单位为 $\times 10^{-9}$,其余元素为 $\times 10^{-6}$,下同)

四、典型矿床预测模型

根据典型矿床成矿要素、矿区航磁资料以及区域重力、化探资料(图 4-4),确定典型矿床预测要素,编制典型矿床预测要素图。矿床所在地区的系列图表达典型矿床预测模型见图 4-5。总结典型矿床综合信息特征,编制典型矿床预测要素表(表 4-2)。

第四章 乌努格吐山式侵入岩体型铜钼矿预测成果

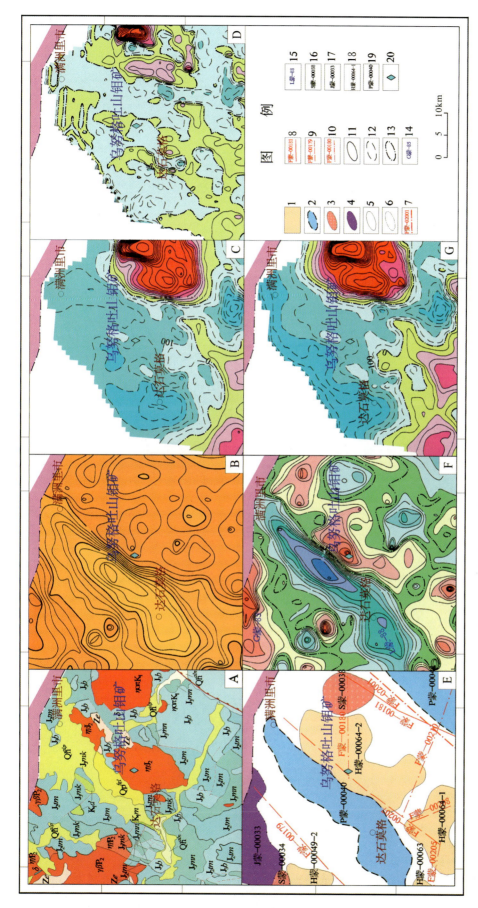

图 4-5 乌努格吐山铜钼矿典型矿床所在区域地质矿产及物探剖析图

A. 地质矿产图；B. 布格重力异常图；C. 航磁 ΔT 等值线平面图；D. 航磁 ΔT 化极平面图；E. 剩余重力异常图；F. 重力推断地质构造图；G. 航磁 ΔT 化极等值线平面图；1. 元古代地层；2. 盆地及边界；3. 酸性一中酸性岩体；4. 超基性岩体；5. 出露岩体边界；6. 半隐伏岩体边界；7. 重力推断盆缘断裂构造及编号；8. 重力推断二级断裂构造及编号；9. 重力推断三级断裂构造及编号；10. 重力推断四级断裂构造及编号；11. 航磁正等值线；12. 航磁负等值线；13. 零等值线；14. 剩余正异常编号；15. 剩余负异常编号；16. 重力推断岩体编号；17. 基性一超基性岩体编号；18. 地层编号；19. 盆地编号；20. 铜钼矿床

表 4-2 乌努格吐山式斑岩型铜钼矿典型矿床预测要素

成矿要素		描述内容			要素类别
		钼(储量):404 004t	平均品位	钼:0.038 5%	
特征描述		斑岩型铜钼矿床			
地质环境	大地构造位置	Ⅰ天山-兴蒙造山系、Ⅰ-1大兴安岭弧盆系、Ⅰ-1-2额尔古纳岛弧(Pz_1)、Ⅰ-1-3海拉尔-呼玛弧后盆地(Pz)			必要
	成矿环境	铜钼多金属成矿主要与燕山早期的中性—酸性及燕山晚期酸性、中酸性侵入岩和次火山岩有密切的成因关系;区内金属成矿带的展布严格受北东向得尔布干深大断裂的控制			必要
	成矿时代	燕山早期			重要
矿床特征	矿体形态	矿带为长环形,长轴长2600m,短轴长1350m,走向50°,总体倾向北西,整个矿带呈哑铃状、不规则状、似层状。北矿段矿体主要赋存在斑岩体的内接触带,矿体向北西倾斜,铜矿体向下分支。南矿带矿体形态不规则,以钼为主,铜相对少			次要
	岩石类型	黑云母花岗岩、流纹质晶屑凝灰熔岩、斜长花岗斑岩			重要
	岩石结构	半自形—他形粒状为主,斑状结构			次要
	矿物组合	金属矿物:黄铜矿、辉铜矿、黝铜矿、辉钼矿、黄铁矿、闪锌矿、磁铁矿、方铜矿			重要
	结构构造	矿石结构:粒状结构、交代结构、包含结构、固溶体分离结构、镶边结构。矿石构造:浸染状和细脉状为主,局部见有角砾状构造			次要
	蚀变特征	主要蚀变类型有硅化、钾长石化、绢云母化、水白云母化、伊利石化、碳酸盐化,次为黑云母化、高岭土化、白云母化、硬石膏化,少见绿泥石化、绿帘石化和明矾石化等			重要
	控矿条件	①携矿岩体是成矿的主导因素;②火山机构是成矿和矿化富集的有利空间;③矿化明显受蚀变控制;④矿化富集的物理化学条件			必要
区域成矿类型及成矿期		早—中侏罗世侵入岩体型铜(钼)矿床			必要
地球物理、化学特征	重力	位于北东向负的剩余重力梯带向小于$-100 \times 10^{-5} m/s^2$一侧的梯度带上,剩余重力异常值介于$(-100 \sim -86) \times 10^{-5} m/s^2$之间			重要
	航磁	据1:5万航磁化极图显示:整体表现为零值附近低缓的磁场,异常特征不明显			重要
	化探	Mo异常与铜钼矿赋矿围岩吻合好,Mo异常最高值为118×10^{-6},为矿致异常			重要

第二节 预测工作区研究

一、区域地质特征

(一)成矿地质背景

工作区大地构造位置一级属天山-兴蒙造山系,二级属大兴安岭弧盆系,三级属额尔古纳岛弧(Pz_1),中生代属乌努格吐-克尔伦侏罗纪—白垩纪火山喷发带。

额尔古纳岛弧是大兴安岭弧盆系最北部的构造单元。这是一个在兴凯运动发育成熟的岛弧。其最老的地层为新元古界佳疙瘩组，为一套片岩、千枚岩、大理岩夹酸性火山岩，系海相碎屑岩夹火山岩沉积。下寒武统额尔古纳河群为一套浅变质的浅海相类复理石建造、碳酸盐岩建造，志留系为海相砂页岩建造。

该区断裂构造极发育，一般为北东向断裂，活动时间长，并造成强烈的构造破碎或糜棱岩化带，褶皱构造为北西向、北东东向的紧密线形和倒转褶皱，侵入岩浆活动以海西中期的后造山大面积花岗岩岩基侵入为主。

该区成矿期主要为燕山期，形成乌努格吐山式斑岩型铜钼矿、甲乌拉式火山热液型铅锌银矿、比利亚古式铅锌银矿、额仁陶勒盖式银锰矿、小伊诺盖沟热液型金矿和四五牧场火山岩型金矿。

预测区古生代地层区划属北疆-兴安地层大区兴安地层区，跨额尔古纳地层分区（预测区西北部）和达来-兴隆地层分区（预测区东南区）。中新生代地层区划属滨太平洋地层区大兴安岭-燕山地层分区博克图-二连浩特地层小区。区内出露地层有新元古界青白口系佳疙瘩组绢云石英片岩、斜长角闪片岩类；震旦系额尔古纳河组白云质灰岩-大理岩建造；中侏罗统万宝组长石岩屑砂岩-凝灰质砂砾岩-砂质板岩建造，塔木兰沟组为玄武岩、安山玄武岩、安山质凝灰岩及安山岩；上侏罗统玛尼吐组、满克头鄂博组及白音高老组为安山岩-英安岩-流纹岩中酸性陆相火山岩建造；下白垩统梅勒图组以玄武岩、玄武安山岩、安山岩为主，下白垩统大磨拐河组为湖相砂砾岩-泥岩建造。

预测区侵入岩属大兴安岭构造岩浆岩带，岩浆活动活动期次分为海西晚期、燕山早期和燕山晚期，以燕山早期最为发育，岩体的分布明显受区域性北东向额尔古纳-呼伦深断裂控制，呈北东向展布。乌努格吐山斑岩型钼矿产于燕山早期黑云母花岗岩中。

前燕山期侵入岩有新元古代斜长花岗岩；海西期侵入岩有晚石炭世黑云母花岗岩，晚期侵入岩有中二叠世二长花岗岩和黑云母花岗岩。前燕山期侵入岩出露面积小。

燕山期侵入岩广泛分布于北东向大兴安岭构造岩浆岩带、额尔古纳汇聚型火山侵入岩亚带内。燕山早期发育中酸性—酸性侵入岩，岩性有黑云母花岗岩、花岗闪长岩、二长花岗岩、正长花岗岩和花岗斑岩；燕山晚期侵入岩主要为次火山岩体，与火山活动关系密切，主要岩性有石英闪长玢岩、石英二长（斑）岩、花岗斑岩、（石英）正长斑岩、石英二长岩及碱性花岗岩，它们往往对前期矿体起破坏作用。燕山期侵入岩岩石类型属高钾钙碱性系列和碱性系列，属壳幔混合源。

乌努格吐山矿区岩浆岩均属高钾钙碱性铝过饱和系列岩石，成矿组分主要来源于二长花岗斑岩。矿区自中生代早期开始构造岩浆活动渐强，沿北东向形成一系列钙碱性铝过饱和系列的中酸性岩浆杂岩体，矿床的形成与该区最强的一期次火山岩浆活动有关。实际上，成矿岩体为同源多期喷发和浅成侵位的复式岩体，平面上呈北西向拉长的椭圆形，剖面近于陡立略向北西侧伏，出露面积大约为 0.12km²，呈一岩株，分 3 个时期侵位：①成矿早期为充填于火山通道中的流纹质角砾凝灰岩；②主成矿期为沿火山管道侵位的二长花岗斑岩；③成矿期后为侵入英安角砾岩。此外，还有花岗斑岩、石英斑岩及闪长玢岩等脉岩充填于四周环状裂隙中。

预测区内分布有北东向的额尔古纳-呼伦深断裂，是区内两个大地构造单元——外贝加尔褶皱系与大兴安岭褶皱系界线，外侧中生代火山岩带相对隆起区，额尔古纳-呼伦深断裂的发育控制了本区火山岩带沿北东向分布，并且为矿产的形成提供了场所。区域构造受上述深断裂的影响，主要构造线为北东向，褶皱主要有白灰厂-乌努格吐山背斜，受燕山早期花岗岩侵入，出露不完整。北西向为张性断裂，火山构造表现为与火山作用有关的环形和放射状断裂或裂隙，其热液成矿作用十分有利。北西向与北东向断裂构造交叉部位，形成切割地壳较深的贯通火山口，其隆起部位成为导矿的主要通道。

沿满洲里—新巴尔虎右旗一带钙碱系列火山深成岩浆活动的广泛发育，形成区内有色金属矿产的重要条件。在火山岩带隆起部位，岩浆多期次喷发-侵入旋回，为岩浆分异、成矿热液的迁移、聚集提供了良好的成矿物质来源。

预测区内已发现的斑岩型铜钼矿床有乌努格吐山大型—超大型铜钼矿、八大关铜钼矿、八八一铜钼矿和黄花菜沟铜钼矿点。典型矿床为乌努格吐山大型—超大型铜钼矿斑岩型铜钼矿床。

(二)区域成矿模式

预测区燕山早期的含矿花岗岩受断裂、火山机构控制生成就位;成矿组分来源于地壳深部,围岩对铜、钼的补给起到了一定的作用;成矿热液是来自岩浆分异的产物,后期又有天水加入;得尔布干深断裂(额尔古纳深断裂)控制了本区燕山早期的火山岩浆活动,也为下地壳的成矿物质提供了上升通道。北东向、北西向次一级断裂的交会处为成矿的有利场所(图4-6)。

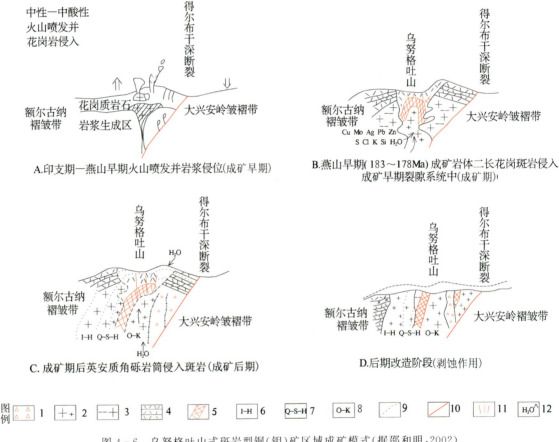

图4-6 乌努格吐山式斑岩型铜(钼)矿区域成矿模式(据邵和明,2002)

1.火山角砾岩;2.二长花岗斑岩;3.黑云母花岗岩;4.前侏罗纪地质体(盖层);5.铜(钼)矿体;6.伊利石-水云母化带;7.石英-绢云母-水云母化带;8.石英钾长石化带;9.蚀变带分界线;10.得尔布干深断裂;11.矿体顶部裂隙;12.水介质流动方向

二、区域地球物理特征

(一)磁异常特征

新巴尔虎右旗乌努格吐地区乌努格吐山式斑岩型铜钼矿预测工作区范围为东经$115°45'—119°45'$,北纬$48°30'—50°20'$。在1:10万航磁ΔT等值线平面图上,预测工作区磁异常幅值范围为$-500\sim1250nT$,背景值为$-100\sim100nT$,预测区东北部磁异常幅值相对西南部高,磁异常形态杂乱,正负相间,多为不规则带状、片状,西南部磁异常较平缓,相对规则,成条带状及团状。纵观预测工作区磁异常轴向及ΔT等值线延伸方向,以北东向为主。乌努格吐山式斑岩型铜钼矿床位于预测区西北部,处在平稳负磁场上,异常值$-125nT$附近,其东侧不远处有一较大的圆团状正磁异常。

预测工作区磁法推断断裂构造以北东向及北西向为主,磁场标志多为不同磁场区分界线及磁异常梯度带。预测区内除东北部大面积的杂乱异常为火山岩地层引起外,其他异常均为侵入岩体引起,预测区南部椭圆形异常推断为酸性侵入岩体引起。

乌努格吐山式斑岩型铜钼矿预测工作区磁法共推断断裂 7 条,中酸性岩体 19 个,火山岩地层 1 个。

(二)重力异常特征

预测区区域重力场反映东、西部重力低,中部布格重力高异常呈条带状沿北东向展布的特点。中部布格重力高异常带沿八大牧场—西乌珠尔—嵯岗镇、干珠花一线呈条带状北东向展布,区域重力场最低值为 $-116.78\times10^{-5}\mathrm{m/s^2}$,最高值为 $-46\times10^{-5}\mathrm{m/s^2}$。在航磁图上可见正航磁异常带与其对应。高异常带两侧为北东向重力梯级带,其中东部密集带在布格重力异常水平一阶导数(275°)图中表现为明显的狭长线性异常带,推断为一级断裂得尔布干断裂引起。预测区东部布格重力高低异常多为条带状以北东向相间排列,在剩余重力异常图上则呈现出正、负异常交替出现的特点,正、负异常呈条带状北东向展布,地表大多为第四系覆盖,仅零星出露地层或岩体。预测区西部布格重力高低异常多呈不规则形态,且场值较东部平稳。区内布格重力高异常带推断为元古宙地层及基性岩体的反映;局部布格重力低异常在剩余重力异常图中对应为负异常,依据物性资料,推断为酸性岩体及中生代盆地的反映。

乌努格吐山铜钼矿位于西部布格重力低异常边界等值线密集处,推测该梯度带由中生代陆相火山盆地边缘的老基底隆起及断裂构造所致,表明该矿床与中酸性次火山侵入岩有关。

本区控矿要素为与北东向构造-岩浆活动带的侵入接触带及其附近形成多金属矿产,成矿作用与斜长花岗斑岩有关,并受火山机构控制。基于此认识,在该区截取一条横穿已知矿床的重力剖面进行 2.5D 反演计算,计算结果反映了中酸性侵入岩体的空间分布状态,岩体向北西方向延深,最大深度达 6km。

预测工作区的乌努格吐山铜钼矿位于额尔古纳-呼伦断裂带西侧,该深断裂是外贝加尔褶皱系与大兴安岭褶皱系两个不同大地构造单元的界线,沿此断裂两侧分布有不同时代产出的一系列斑岩型铜钼矿床及其他类型矿产。剩余重力负异常边部的梯级带这样的区域是该类矿床成矿最有利地段。

预测工作区内推断解释断裂构造 102 条,中-酸性岩体 4 个,基性—超基性岩体 9 个,地层单元 25 个,中-新生代盆地 29 个。

三、区域地球化学特征

区域上分布有 Mo、Cu、Pb、Zn、Ag、W、As、Sb、U 等元素组成的高背景区带,在高背景区带中有以 Mo、Cu、Pb、Zn、Ag、Au、W、As、Sb、U 为主的多元素局部异常。预测区内共有 71 个 Mo 异常,39 个 Ag 异常,49 个 As 异常,80 个 Au 异常,65 个 Cu 异常,47 个 Pb 异常,47 个 Sb 异常,42 个 U 异常,85 个 W 异常,64 个 Zn 异常。

Mo、Pb、Zn、Ag、As、Sb 异常在预测区西部大面积连续分布,东部异常相对较少呈不规则面状展布,各元素异常强度高,浓度分带和浓集中心明显;Au 异常规模较小,仅乌努格吐山矿床附近有大面积异常出现,异常主要呈串珠状展布,多数异常具明显的浓度分带和浓集中心;Cu 异常在预测区东部大面积连续分布,异常强度很高,具明显的浓度分带和浓集中心,西部异常相对较少,异常强度中等,少数异常具明显的浓度分带和浓集中心;W、U 在整个预测区大面积连续分布,呈不规则面状或条带状,异常强度高,浓度分带和浓集中心明显。乌努格吐山铜钼矿床与 Mo、Cu、Pb、Zn、Ag、Au、As、Sb 异常吻合较好。

预测区内规模较大的 Mo 局部异常上,Cu、Pb、Zn、Ag、Au、As、Sb、W、U 等主要成矿元素及伴生元素在空间上相互重叠或套合,其中元素异常套合较好的异常编号为 Z-1、Z-2、Z-3。Z-1 内异常元素

Mo、Pb、Ag、Au、As、Sb、U 呈同心环状,Zn 异常位于环状外部;Z-2 内异常元素 Mo、Cu、Pb、Zn、Ag、Au、As、Sb、W 相互套合,Cu、Pb、Ag、Au、As、Sb 呈条带状,Zn 与 Mo 形状较吻合,U 位于异常外部;Z-3 内异常元素 Mo、As、Sb、Zn、W 在空间上相互套合,形状相似,Au、Pb 异常较小,均位于 Mo 高值区中心位置,Cu 异常为中带,U 异常为外带。

四、区域遥感影像及解译特征

预测工作区内解译出巨型断裂带即得尔布干断裂带共 2 段,该断裂带纵穿预测区东北部,为北东走向,线性影像,串珠状湖泊及水系分布,负地形,沿沟谷、凹地延伸影像。

本工作区内共解译出大型构造即额尔古纳断裂带共 3 段,为北北东走向,纵穿图幅呈对角线,线性影像,串珠状湖泊及水系分布,负地形,沿沟谷、凹地延伸影像。

本预测区内共解译出中小型构造 270 个,其中中型构造 15 条,小型构造 255 条。中型构造均匀分布于整图幅,大多数为北西走向,断层主要发育在白垩系、二叠系与侏罗系中;小型构造集中分布在预测区西部,东北部及中部有少量分布,断层主要发育在侏罗系、白垩系和第四系中。

本预测工作区内的环形构造比较发育,共解译出环形构造 35 个,其成因多为中生代花岗岩类引起的环形构造、古生代花岗岩类引起的环形构造、与隐伏岩体有关的环形构造、火山机构或通道。环形构造在空间分布上有明显的规律:大部分环形构造集中在西部地区,且西部地区的环形构造大部分集中在测区西南部靠近国界,其中就有巨型环构造即查干布拉根-甲乌拉环状构造,环内发育有侏罗纪花岗岩、二叠纪花岗岩、玛尼吐组、灰绿色、紫褐色中性火山熔岩、中酸性火山碎屑岩夹火山碎屑,影像中环形特征明显,与附近构造有相互作用,环状纹理清晰。图幅中部吉布胡郎图苏木附近也有 1 个巨型环构造即哈达乃浩来环形构造,环内发育有第四纪水体以及更新统,影像结合地质资料分析为火山机构且环形特征明显,地貌的圈闭特征显著,构造规模很大。

已知与本预测区中羟基异常基本吻合的钼矿点有达来淖苏木长岭钼矿、新巴尔虎右旗乌努格吐山铜钼矿、黄花菜沟钼矿、陈巴尔虎旗八大关铀钼矿。

已知其他与本预测区中羟基异常基本吻合的矿点有新巴尔虎右旗乌努格吐山铜矿、黄花菜沟铜矿和陈巴尔虎旗八大关铜矿。

已知与本预测区中铁染异常基本吻合的钼矿点有嘎巴特敖包特钼矿、陈巴尔虎旗八大关铜钼矿。

已知其他与本预测区中铁染异常基本吻合的矿点有陈巴尔虎旗八大关铜矿。

五、区域预测模型

根据预测工作区区域成矿要素、化探、航磁、重力、遥感及自然重砂,建立了本预测区的区域预测要素,并编制了预测工作区预测要素图和预测模型图。

区域预测要素图以区域成矿要素图为基础,综合研究重力、航磁、化探、遥感、自然重砂等综合致矿信息,总结区域预测要素表(表4-3),并将综合信息各专题异常曲线或区全部叠加在成矿要素图上,在表达时可以作出单独预测要素如航磁的预测要素图。

预测模型图的编制,以地质剖面图为基础,叠加区域化探、航磁及重力剖面图而形成,简要表示预测要素内容及其相互关系,以及时空展布特征(图4-7)。

表4-3 乌努格吐山斑岩型铜钼矿乌努格吐山预测工作区预测要素表

区域成矿要素		描述内容	要素类别
地质环境	大地构造位置	Ⅰ天山-兴蒙造山系、Ⅰ-1大兴安岭弧盆系、Ⅰ-1-2额尔古纳岛弧(Pz_1)、Ⅰ-1-3海拉尔-呼玛弧后盆地(Pz)	必要
	成矿区(带)	Ⅲ-5新巴尔虎右旗(拉张区)Cu-Mo-Pb-Zn-Au-萤石煤(铀)成矿带,Ⅲ-5-①额尔古纳Cu-Mo-Pb-Zn-Ag-Au-萤石成矿亚带,Ⅴ八大关-乌努格吐山铜(钼)矿集区	必要
	区域成矿类型及成矿期	早-中侏罗世斑岩型铜(钼)矿床	重要
控矿地质条件	赋矿地质体	侏罗纪岩体	重要
	控矿侵入岩	二长花岗斑岩、正长花岗岩、花岗闪长岩、花岗斑岩等(J_{1-3})	重要
	主要控矿构造	得尔布干深大断裂两侧及区域北东向、北西向断裂两侧或断裂构造交会部位	重要
区内相同类型矿产		成矿区带内6个矿床、矿化点	重要
地球物理、地球化学特征	重力异常	区域重力场处在南北向的重力梯度带上,呈现西部重力低、东部重力高的特点。布格重力值最低$-135\times10^{-5}m/s^2$,最高$-80\times10^{-5}m/s^2$左右。区内重力梯度带上叠加局部重力异常及重力等值线扭曲,剩余重力负异常值一般在$(-5\sim0)\times10^{-5}m/s^2$之间,剩余重力正异常值则在$(0\sim15)\times10^{-5}m/s^2$之间	重要
	航磁异常	少部分资料,规律不明显。据1:50万航磁平面等值线图显示,磁场总体表现为低缓的负异常,西北部出现正异常,极值达300nT	次要
	地球化学特征	①Mo元素异常值多在$(2.9\sim118.8)\times10^{-6}$之间,具有较好的浓集中心,较强的异常值;②Mo、W、U综合异常的分布也是重要的指示标志	重要
遥感特征		位于额尔古纳断裂带与北西向达赉东苏木以北构造及乌努格吐山东同心环状构造复合部位。遥感解译的北东向断裂构造及隐伏斑岩体(环状要素)	次要

第三节 矿产预测

一、综合地质信息定位预测

(一)变量提取及优选

根据典型矿床及预测工作区研究成果,进行综合信息预测要素提取,本次选择网格单元法作为预测单元,本次预测底图比例尺为1:10万,利用规则网格单元作为预测单元,网格单元大小为1.0km×1.0km。

地质体、断层、遥感环要素进行单元赋值时采用区的存在标志;依据典型矿床含矿岩体为早中侏罗世花岗岩,本次将1:10万预测底图中侏罗纪岩体均提取作为含矿层,并将与其相邻第四系揭盖1km。化探、剩余重力、航磁化极则求起始值的加权平均值,在变量二值化时利用异常范围值人工输入变化区间。

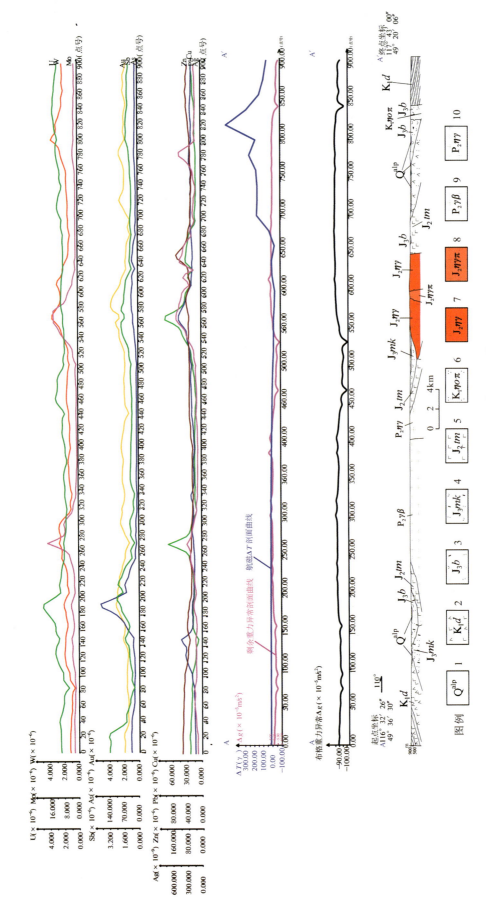

图 4-7 乌努格吐山铜钼矿预测工作区预测模型图

1.第四系；2.大磨拐河组；3.白音高老组；4.满克头鄂博组；5.塔木兰沟组；6.早白垩世石英二长斑岩；
7.中侏罗世二长花岗岩；8.中侏罗世二长花岗斑岩；9.中二叠世黑云母花岗岩；10.中二叠世二长花岗岩

(二)最小预测区圈定及优选

本次利用证据权重法,采用1.0km×1.0km规则网格单元,在MRAS2.0下进行预测区的圈定与优选,根据预测区内有6个已知矿床(点),采用有预测模型工程进行定位预测。

(三)最小预测区圈定结果

叠加所有预测要素变量,根据各要素边界圈定最小预测区,共圈定最小预测区17个,其中A级区2个,面积共73.42km²;B级区5个,面积共116.65km²;C级区10个,面积共204.12km²(表4-4,图4-8)。

表4-4 乌努格吐山铜钼矿预测工作区最小预测区一览表

编号	名称	经度(DMS)	纬度(DMS)	面积(m²)	参数确定依据
A1500202001	乌努格吐山	117°16′42″	49°26′10″	62 743 799.20	依据MARS所形成的色块区与预测工作区底图重叠区域,并结合含矿地质体、已知矿床、矿(化)点及磁异常范围
A1500202002	八大关	119°07′37″	49°59′06″	10 675 916.76	
B1500202001	努其根呼都格	116°00′51″	48°31′58″	27 330 684.72	
B1500202002	努其根呼都格北东	116°05′34″	48°36′58″	8 017 511.95	
B1500202003	嘎巴特敖包特	116°14′42″	48°37′36″	4 245 481.18	
B1500202004	长岭	116°55′20″	49°30′40″	36 415 561.42	
B1500202005	乌努格吐山南	117°20′10″	49°24′26″	40 639 246.08	
C1500202001	努其根呼都格正北	116°03′04″	48°37′46″	12 718 575.01	
C1500202002	努其根呼都格北东	116°07′41″	48°37′31″	4 719 932.26	
C1500202003	布日德嘎查西南	116°47′37″	49°07′30″	14 671 975.43	
C1500202004	742东南	116°34′49″	49°25′26″	18 726 973.21	
C1500202005	乌努格吐山南东	117°19′30″	49°22′07″	33 152 163.36	
C1500202006	乌努格吐山东北	117°25′59″	49°31′48″	29 906 380.53	
C1500202007	838正南	118°40′47″	49°37′16″	19 256 184.03	
C1500202008	838西南	118°38′48″	49°40′15″	20 521 547.40	
C1500202009	838	118°43′06″	49°40′47″	31 491 550.72	
C1500202010	940正北	118°49′39″	49°47′30″	18 959 193.24	

(四)最小预测区地质评价

本次工作共圈定各级预测区17个,其中A级预测区2个(含已知矿床、矿点),B级5个,C级10个。17个最小预测区面积在4.25～62.74km²之间。A、B、C三级预测区个数占总预测区比例分别为12%、29%、59%,圈定结果见表4-5。各级别面积分布合理,且已知矿床分布在A级预测区内,说明预测区优选分级原则较为合理;最小预测区圈定结果表明,预测区总体与区域成矿地质背景和地球化学异常吻合好,与航磁异常、重力异常吻合较差。区域性断裂带的次级构造薄弱部位及应力集中之处是火山活动和后期岩体侵入的有利地段,也是成矿的有利地段。

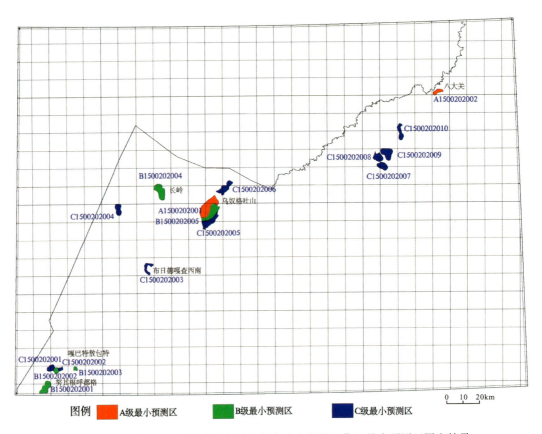

图 4-8 乌努格吐山式斑岩型钼矿乌努格吐山预测工作区最小预测区圈定结果

表 4-5 乌努格吐山铜钼矿最小预测区成矿条件及找矿潜力一览表

编号	最小预测区名称	综合信息
A1500202001	乌努格吐山	该最小预测区处在呼伦湖北西缘北东向断裂北西早-中侏罗世黑云母花岗岩出露区,北东向和北西向断裂系交会部位,包含乌努格吐山超大型铜钼矿床,具 Cu、Mo 等综合化探异常及单元素异常,处于北东向重力异常梯度带上,深部找矿潜力大
A1500202002	八大关	该最小预测区处在西乌珠尔苏木北东向断裂北西早-中侏罗世黑云母花岗岩和花岗闪长岩出露区,包含八大关小型铜钼矿床,具 Cu 等综合化探异常及单元素异常,处于北东向重力异常梯度带上,航磁异常不明显。深部可能具工业价值的矿体存在
B1500202001	努其根呼都格	该最小预测区处在呼伦湖北西缘北东向断裂北西早-中侏罗世正长花岗岩出露区,北东向断裂较发育,包含努其根呼都格矿点,Mo 单元素异常强烈,浓集中心明显,处于北西向重力异常梯度带上。找矿潜力较大
B1500202002	努其根呼都格北东	该最小预测区处在呼伦湖北西缘北东向断裂北西早-中侏罗世碱长花岗岩出露区,北西向、北东向断裂较发育,Mo 单元素异常,浓集中心明显,处于重力异常中心。找矿潜力较大
B1500202003	嘎巴特敖包特	该最小预测区处在呼伦湖北西缘北东向断裂北西早-中侏罗世正长花岗岩出露区,北西向断裂较发育,包含嘎巴特敖包特矿点,具 Mo 单元素异常,处于北西向和北东向两个重力异常梯度带之间。找矿潜力一般

续表 4-5

编号	最小预测区名称	综合信息
B1500202004	长岭	该最小预测区处在呼伦湖北西缘北东向断裂北西早二叠世黑云母花岗岩出露区,北东和北西断裂系交会部位,包含长岭铜钼矿点,具 Cu、Mo 等综合化探异常及单元素异常,处于东西向重力正异常带上。具有较大找矿潜力
B1500202005	乌努格吐山南	该最小预测区处在呼伦湖北西缘北东向断裂北西早-中侏罗世黑云母花岗岩出露区,Mo 单元素异常浓度较高,处于北东向重力异常梯度带边缘,航磁异常不明显。具有较大找矿潜力
C1500202001	努其根呼都格正北	该最小预测区处在呼伦湖北西缘北东向断裂北西早-中侏罗世正长花岗岩出露区,北东向断裂较发育,Mo 单元素异常,浓集中心明显,处于重力异常中心。找矿潜力较大
C1500202002	努其根呼都格北东	该最小预测区处在呼伦湖北西缘北东向断裂北西早-中侏罗世正长花岗岩出露区,北东向断裂较发育,Mo 单元素异常,浓集中心明显,遥感显示有一环状构造,处于重力异常中心。找矿潜力较大
C1500202003	布日德嘎查西南	该最小预测区处在呼伦湖北西缘北东向断裂北西早-中侏罗世正长花岗岩出露区,北西向断裂穿过该预测区,具 Mo 单元素异常,处于北东向重力异常梯度带上,航磁异常中心明显。找矿潜力一般
C1500202004	742 东南	该最小预测区处在第四系内,遥感显示有一环状构造,重力处于正异常,推测该处有隐伏岩体,Mo 单元素异常浓度高,异常中心明显,处于北东向重力异常梯度带上,具有较大找矿潜力
C1500202005	乌努格吐山南东	该最小预测区处在呼伦湖北西缘北东向断裂北西早-中侏罗世黑云母花岗岩出露区,Mo 单元素异常浓度一般,处于北东向重力异常梯度带边缘外侧,航磁异常不明显。找矿潜力一般
C1500202006	乌努格吐山东北	该最小预测区处在呼伦湖北西缘北东向断裂北西早-中侏罗世黑云母花岗岩出露区,Mo 单元素异常浓度较高,处于北东向重力异常梯度带边缘外侧,航磁异常不明显。找矿潜力一般
C1500202007	838 正南	该最小预测区处在西乌珠尔苏木北东向断裂北西早-晚侏罗世花岗闪长岩出露区,具 Mo 单元素异常,浓集中心明显,处于北东向重力异常梯度带上,航磁异常不明显。找矿潜力一般
C1500202008	838 西南	该最小预测区处在西乌珠尔苏木北东向断裂北西早-晚侏罗世花岗闪长岩出露区,具 Mo 单元素异常,浓集中心明显,处于北东向重力异常梯度带上,航磁异常不明显。找矿潜力一般
C1500202009	838 高地	该最小预测区处在西乌珠尔苏木北东向断裂北西早-晚侏罗世花岗闪长岩出露区,具 Mo 单元素异常,浓集中心明显,处于北东向重力异常梯度带上,航磁异常不明显。找矿潜力一般
C1500202010	940 正北	该最小预测区处在西乌珠尔苏木北东向断裂北西早-晚侏罗世花岗闪长岩出露区,具 Mo 单元素异常,浓集中心明显,处于北东向重力异常梯度带上,航磁异常不明显。找矿潜力一般

二、综合信息地质体积法估算资源量

(一)典型矿床深部及外围资源量估算

查明资源量、体重及钼品位依据均来源于内蒙古金予矿业有限公司2006年9月编写的《内蒙古自治区新巴尔虎右旗乌努格吐山矿区铜钼矿勘探报告》。矿床面积($S_总$)是根据1:1万矿区地形地质图及15条勘探线剖面图所有见矿钻孔圈定,在MapGIS软件下读取数据;由于铜矿体中伴生钼,选矿试验表明伴生的铜、钼均可综合利用,因此钼品位采用组合品位。钼矿体延深($L_查$)依据主矿体600勘探线剖面确定,具体数据见表4-6。

表4-6 乌努格吐山斑岩型铜钼矿深部及外围资源量估算一览表

典型矿床		深部及外围		
已查明钼资源量(t)	404 004	深部	面积(m²)	2 546 336
面积(m²)	2 546 336		深度(m)	300
深度(m)	600.0	外围	面积(m²)	0
品位(%)	0.038 5		深度(m)	900
密度(t/m³)	2.62	预测资源量(t)		201 975.37
体积含矿率(t/m³)	0.000 264	典型矿床资源总量(t)		605 979.37

(二)模型区的确定、资源量及估算参数

模型区为典型矿床所在的最小预测区。乌努格吐山典型矿床查明资源量404 004t,按本次预测技术要求计算模型区资源总量为605 979.37t。模型区内无其他已知矿点存在,则模型区总资源量等于典型矿床总资源量,模型区面积为依托MRAS软件采用少模型工程优选后圈定,延深根据典型矿床最大预测深度确定。模型区圈定时参照了含矿建造地质体,因此含矿地质体面积参数为1。由此计算含矿地质体含矿系数,见表4-7。

表4-7 乌努格吐山铜钼矿模型区预测资源量及其估算参数表

编号	名称	模型区总资源量(t)	模型区面积(m²)	延深(m)	含矿地质体面积(m²)	含矿地质体面积参数	含矿地质体含矿系数
A1500202001	乌努格吐山	605 979.37	62 743 799	900	62 743 799	1	0.000 010 7

(三)最小预测区预测资源量

乌努格吐山预测工作区最小预测区资源量定量估算采用地质体积法进行估算。

1. 估算参数的确定

最小预测区面积是依据综合地质信息定位优选的结果;延深的确定是在研究最小预测区含矿地质体地质特征、含矿地质体的形成深度、断裂特征、矿化类型的基础上,并对比典型矿床特征的基础上综合确定的;相似系数的确定,主要依据MRAS生成的成矿概率及与模型区的比值,参照最小预测区地质体

出露情况、化探及重砂异常规模及分布、物探解译隐伏岩体分布信息等进行修正。

2. 最小预测区预测资源量估算结果

本次预测资源总量为795 849.75t,其中不包括预测工作区已查明资源总量414 093t,详见表4-8。

表4-8 乌努格吐山铜钼矿预测工作区最小预测区估算成果表

编号	名称	$S_{预}(m^2)$	$H_{预}(m)$	$K(t/m^3)$	α	$Z_{预}(t)$	资源量级别
A1500202001	乌努格吐山	62 743 799.20	900		1	201 975.37	334-1
A1500202002	八大关	10 675 916.76	600		0.8	44 742.51	334-1
B1500202001	努其根呼都格	27 330 684.72	600		0.4	70 185.20	334-2
B1500202002	努其根呼都格北东	8 017 511.95	400		0.4	13 725.98	334-3
B1500202003	嘎巴特敖包特	4 245 481.18	400		0.4	7 268.26	334-2
B1500202004	长岭	36 415 561.42	600		0.4	93 515.16	334-2
B1500202005	乌努格吐山南	40 639 246.08	600		0.4	104 361.58	334-3
C1500202001	努其根呼都格正北	12 718 575.01	600		0.2	16 330.65	334-3
C1500202002	努其根呼都格北东	4 719 932.26	400	0.000 010 7	0.2	4 040.26	334-3
C1500202003	布日德嘎查西南	14 671 975.43	600		0.2	18 838.82	334-3
C1500202004	742东南	18 726 973.21	600		0.2	24 045.43	334-3
C1500202005	乌努格吐山南东	33 152 163.36	600		0.2	42 567.38	334-3
C1500202006	乌努格吐山东北	29 906 380.53	600		0.2	38 399.79	334-3
C1500202007	838正南	19 256 184.03	600		0.2	24 724.94	334-3
C1500202008	838西南	20 521 547.40	600		0.2	26 349.67	334-3
C1500202009	838	31 491 550.72	600		0.2	40 435.15	334-3
C1500202010	940正北	18 959 193.24	600		0.2	24 343.60	334-3

(四)预测工作区资源总量成果汇总

乌努格吐山铜钼矿预测工作区地质体积法预测资源量,依据资源量级别划分标准,根据现有资料的精度,可划分为334-1、334-2和334-3三个资源量精度级别;根据各最小预测区内含矿地质体、物化探异常及相似系数特征,预测延深参数均在2000m以浅。

乌努格吐山铜钼矿预测工作区按精度、预测深度、可利用性、可信度统计分析结果见表4-9。

表4-9 乌努格吐山铜钼预测工作区预测资源量估算汇总表(单位:t)

按深度			按精度		
500m以浅	1000m以浅	2000m以浅	334-1	334-2	334-3
148 518.08	143 685.23	318 097.09	246 717.88	170 968.62	378 163.26
合计:610 300.4			合计:795 849.75		
按可利用性			按可信度		
可利用		暂不可利用	≥0.75	≥0.5	≥0.25
417 686.5		378 163.26	246 717.88	417 686.5	795 849.75
合计:795 849.75			合计:795 849.75		

第五章 太平沟式斑岩型铜钼矿预测成果

第一节 典型矿床特征

一、典型矿床及成矿模式

(一)典型矿床特征

太平沟钼矿位于内蒙古东北部,行政区划隶属内蒙古自治区呼伦贝尔市阿荣旗向阳裕镇,地理坐标为东经123°20′45″,北纬48°10′15″。共圈出9条钼矿体和1条铜矿体,探获333级别钼资源量19 468t,334级别钼资源量29 636t。

1. 矿区地质背景

矿区内出露的地层主要有:中生代地层为上侏罗统满克头鄂博组,岩石组合为流纹岩、粗安岩、流纹质凝灰岩、火山角砾岩凝灰质砂岩、复成分砾岩、火山角砾岩。其中流纹质凝灰岩大面积出露于矿区中部、北部及东部,约占整个矿区面积的50%,与铜钼矿化关系密切,是铜钼矿体的主要赋存层位。上更新统为坡、洪积灰黄色含碎石亚黏土。第四系全新统分布于沟谷、河床平缓地带,主要为冲积砂砾石、洪冲积亚砂土等,厚10~15m,见图5-1。

侵入岩:矿区内侵入岩较为发育,以酸性为主,主要有晚侏罗世二长花岗岩,呈岩基状产出,大面积出露于矿区西南部、中部和北西部,约占矿区面积的25%;早白垩世花岗斑岩、闪长玢岩和霏细岩。花岗斑岩地表出露较少,多以脉状产出,侵入满克头鄂博组,与铜钼矿化关系密切,为主要控矿因素之一,深部有4个隐伏花岗斑岩体。闪长玢岩以北东走向为主,次为北西向,大多为成矿后岩脉,对矿体有一定的破坏作用。

构造:断裂构造以北北东向、北东向为主,后期受北西向构造叠加。本区北东向断裂对花岗斑岩体的侵位、热液活动及成矿起着控制作用,提供了热液通

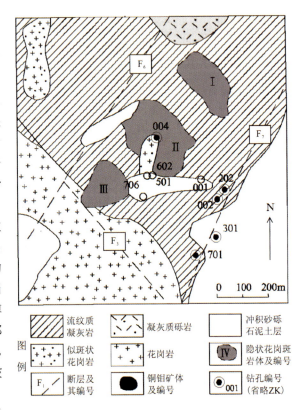

图5-1 太平沟斑岩型铜钼矿床地质略图
(据王建国,2009)

道和成矿空间。断裂构造使岩体、流纹质凝灰岩节理裂隙十分发育,形成了有利的容矿裂隙构造,为矿体赋存的有利部位。

2. 矿床地质

本矿床圈定出9条钼矿体和1条铜矿体,其中钼矿体以Ⅳ、Ⅴ、Ⅵ号为主矿体,各矿体特征如下(图5-2)。

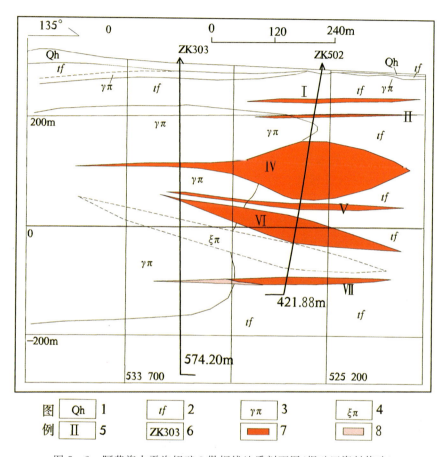

图5-2 阿荣旗太平沟钼矿3勘探线地质剖面图(据矿区资料修改)
1. 第四系;2. 流纹质岩屑凝灰岩;3. 花岗斑岩;4. 正长斑岩;5. 钼矿体编号;6. 钻孔位置及编号;7. 钼工业矿体;8. 低品位钼矿体

Ⅳ号钼矿体:分布于矿区中部4—11勘探线间,总体呈面状展布,矿体北西向延长约665m,北东向延展约700m。矿体呈层状、似层状产出,有分支复合、膨大缩小现象,倾角0°～7°。矿体平均厚度约32.62m,平均品位0.092%。矿石自然类型为细脉状硫化矿。

Ⅴ号钼矿体:分布于矿区中部4—11勘探线间,由不连续的两个矿块构成。矿体总体沿北东向展布,北东向延长100～486m,北西向100～293m。走向北东,北西倾,倾角0°～11°,矿体呈似层状产出。矿体平均厚度为16.39m,钼平均品位0.079%。

Ⅵ号矿体:分布于矿区中部4—15线间基线两侧,由2个矿块组成。总体呈北西—南东向展布,最大单体北东向延长358m,北西向延长293,走向北东,北西倾,倾角总体0°～15°,矿体呈似层状产出。矿体平均厚度为21.03m,钼平均品位0.114%。矿石自然类型为细脉状硫化矿。

矿区内各矿体规模大上不等,各矿体延长100～700m,厚4～32.62m,平均28.92m。矿体均为隐伏矿体,地表无露头,氧化带不发育。矿体最大埋深36.4m,目前最大控制深度504m。钼品位0.03%～1.436%,平均品位0.091%。铜矿体长765m,平均厚5.98m,铜品位0.405～0.42%,平均品位0.41%。

矿体形态呈层状、似层状、透镜状，局部有膨胀及收缩现象。平面上看矿体呈面状、不规则状近水平、缓倾斜分布。总体走向北东，倾向北西，倾角0°～15°，多数小于10°，矿体相互间近于平行。

矿石类型：自然类型为原生矿石(细脉状、浸染状硫化矿石)。工业类型为铜矿石、钼矿石。

矿物组合：主要矿石矿物为辉钼矿，其他矿物除黄铜矿、黄铁矿外，还有少量的辉铜矿、斑铜矿、方铅矿、闪锌矿、磁铁矿、赤铁矿、次生孔雀石、蓝铜矿、褐铁矿等。

脉石矿物为石英、钾长石、绿泥石、绢云母、方解石、高岭石、黑云母等。在石英中发育大量的液体包裹体，这些包裹体呈环带状分布，显示其成矿环境为典型的浅成低温热液环境。

主要矿物生成顺序为磁铁矿—黄铁矿—辉钼矿—斑铜矿—方铅矿—闪锌矿—黄铜矿。

结构构造：矿石结构为半自形结构，他形粒状结构，片状、星点状及薄膜状结构；矿石构造为细脉状构造及浸染状构造。

围岩蚀变：主要蚀变类型为绢云母化、绿泥石化、碳酸盐化、硅化、绿帘石化和钾化等。在时间上，绿帘石化-绢云母化、硅化与成矿的关系最为密切。矿区蚀变强，分布广，以斑岩体为中心，由内向外大致呈椭圆带状分布，钾化、硅化带—绢英岩化带—青磐岩化带。垂直分带与水平分带基本相似。

矿床成矿物理化学条件：前人研究表明，太平沟钼矿的Re含量为$(9.900\pm0.085)\times10^{-6}\sim(69.185\pm0.616)\times10^{-6}$，相当于壳幔混合源岩浆矿床辉钼矿中的Re含量，说明成矿物质为深部壳幔混合来源。

在200～350℃的NaCl水溶液中，当形成黄铜矿($CuFeS_2$)+黄铁矿(FeS_2)+斑铜矿(Cu_5FeS_4)和黄铜矿($CuFeS_2$)+辉钼矿(MoS_2)组合时，Cu和Mo主要以硫化物络合物的形式存在；因此，根据太平沟矿区矿石矿物组合关系，推测在成矿流体中主要金属元素Mo是以硫化物络合物的形式进行迁移的。太平沟钼矿的流体成矿过程包括早、中、晚3个阶段，分别以石英-黄铜矿-黄铁矿、石英-黄铁矿-辉钼矿和石英-碳酸盐组合为特征。石英中发育水溶液型、富CO_2型和含子矿物型流体包裹体，子矿物包括石盐、黄铜矿等，但晚阶段仅发育水溶液型包裹体。成矿早、中、晚各阶段流体包裹体的均一温度分别集中在320～390℃、240～320℃和140～200℃，盐度变化为从>66.8wt%NaCl eqv.2.4wt%～33.8wt%NaCleqv.到<10wt%NaCleqv.。

流体系统由早阶段的高温、高盐度、富CO_2的岩浆热液，经流体沸腾、CO_2逸失、温度降低等过程导致大量金属硫化物沉淀，演化为晚阶段低温、低盐度、贫CO_2的大气降水热液(王圣文，2009)。

成矿时代：辉钼矿Re-Os等时线年龄为130.1±1.3Ma(翟德高等，2009)；通过太平沟花岗斑岩SHRIMP U-Pb的测定，花岗斑岩的谐和年龄为131.1±0.9Ma，加权平均年龄为131.09±0.91Ma(齐小军等，2009)，成矿期为燕山晚期(早白垩世)。

(二)矿床成矿模式

太平沟钼矿床位于内蒙古-大兴安岭海西褶皱带与大兴安岭中生代火山岩带的交会部位，矿床分布于基底隆起与坳陷交接部位坳陷一侧。断裂构造以北北东向、北东向为主，后期受北西向构造叠加。本区燕山期构造变动强烈，岩浆活动频繁，燕山晚期含矿热液侵位，在北东和北北东向断裂构造裂隙中富集成矿。太平沟钼矿成矿模式见图5-3。

二、典型矿床地球物理特征

(一)矿区磁异常特征

据1:25万航磁图显示，矿区处在场值为280nT左右的磁场上，1:5万航磁显示，矿区处在场值为300nT圈闭的磁异常上，磁异常走向总体为北东向(图5-4)。矿区处异常走向为东西向。区域重磁场特征显示矿区处在北东向和东西向断裂的附近。

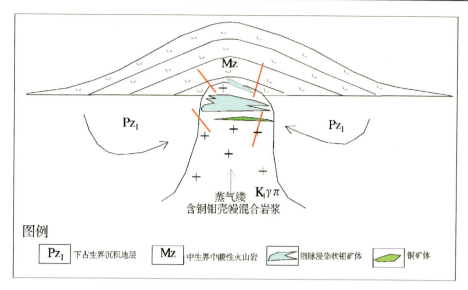

图 5-3 太平沟式斑岩型钼矿床成矿模式

据 1∶1 万地磁显示,矿区处在场值为 420nT 左右的磁场上。据 1∶1 万电法显示,矿区视电阻率为 1450Ω·m,矿区视极化率为 2%。

(二)矿区激电异常特征

视极化率——黄铁矿化流纹质凝灰岩为 8.6%,钼矿化流纹质凝灰岩为 1.72%,钼矿化花岗斑岩为 1.68%,流纹质凝灰岩为 1.21%,花岗岩为 1.1%;视电阻率——花岗岩为 3213Ω·m,钼矿化花岗斑岩 2723Ω·m,铜矿化流纹质凝灰岩为 2172Ω·m,流纹质凝灰岩为 1715Ω·m,黄铁矿化流纹质凝灰岩为 873Ω·m。黄铁矿化流纹质凝灰岩属低阻高极化,花岗岩属高阻低极化,钼矿化凝灰岩、花岗岩介于二者之间。该区分布在高阻低极化与低阻高极化中间,电性特征为中等视电阻率和中等视极化率。视电阻率异常由花岗斑岩引起。

(三)矿床所在区域重力特征

在布格重力异常图上,矿区位于椭圆状局部重力高异常北部的等值线扭曲处,布格重力异常值 Δg 变化范围为 $-16\times10^{-5}\sim-6.79\times10^{-5}\ m/s^2$。在剩余重力异常图上,矿区位于椭圆状正异常北部,走向南北,异常值最高为 $5.72\times10^{-5}\ m/s^2$,结合地质资料,推断为元古宙基底隆起引起。矿区西侧负异常推断是酸性岩体的分布区。

据 1∶25 万布格重力异常图显示,矿区处在相对重力高值区;剩余重力异常图显示矿区处在相对重力低异常上,异常走向为东西向(图 5-4)。

三、典型矿床地球化学特征

矿床主要指示元素为 Mo、Bi、Ag、Sb、Sn,除 Sb 外,其余元素异常均呈等轴状分布。

Mo 异常面积大,强度高,浓集中心部位与地层和岩体的接触带、矿体吻合较好;Ag、Sb、Sn 异常面积不大,强度中等,套合好,显示了以 Mo 为主的中心带和以 Ag、Sb、Sn 为主的边缘带的水平分带特征;Bi 异常面积大,强度高,有明显的浓度分带,在中心带和边缘带均有显示(图 5-5)。

1∶5 万化探显示 Mo、W、Cu 异常浓集中心大体一致,具有典型斑岩型铜钼矿的元素分带特征。其中钼为主要成矿元素,浓度分带明显。

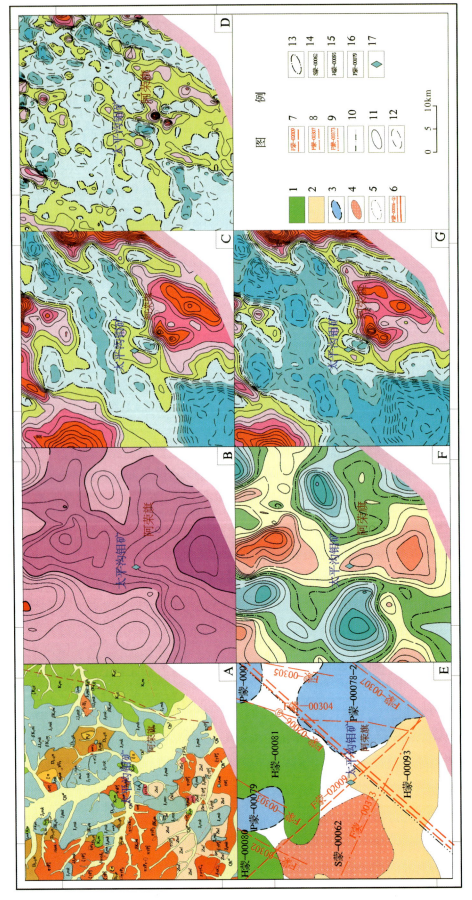

图5-4 太平沟斑岩型钼典型矿床所在区域地质矿产及物探剖析图

A. 地质矿产图;B. 布格重力异常图;C. 航磁 △T 等值线平面图;D. 航磁 △T 化极垂向一阶导数等值线平面图;E. 重力推断地质构造图;F. 剩余重力异常图;G. 航磁 △T 化极极值线平面图;1. 古生代地层;2. 元古宙地层;3. 盆地及边界;4. 酸性—中酸性岩体;5. 半隐伏岩体边界;6. 半隐伏重力推断一级裂构造及编号;7. 隐伏重力推断二级裂构造及编号;8. 隐伏重力推断三级裂断构造及编号;9. 半隐伏重力推断三级断裂构造及编号;10. 三级构造单元线;11. 航磁正等值线;12. 航磁负等值线;13. 零等值线;14. 酸性—中酸性岩体编号;15. 地层编号;16. 盆地编号;17. 斑岩型钼矿点

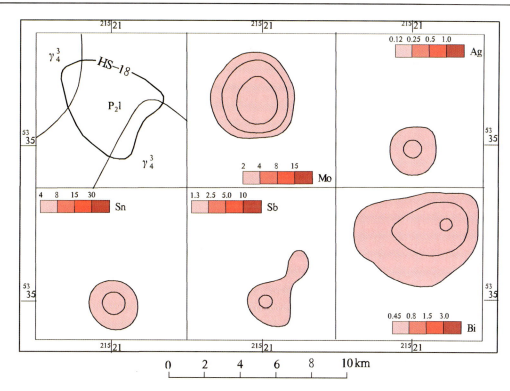

图 5-5　太平沟钼矿典型矿床化探综合异常剖析图

四、典型矿床预测模型

根据典型矿床成矿要素、矿区航磁资料以及区域重力、化探资料,确定典型矿床预测要素,编制典型矿床预测要素图。根据矿区物探资料及化探资料(图 5-5)表达典型矿床预测模型。总结典型矿床综合信息特征,编制典型矿床预测要素表(表 5-1)。

表 5-1　太平沟式斑岩型铜钼矿典型矿床预测要素

预测要素		描述内容				要素类别
		储量	19 468t	平均品位	0.091%	
特征描述		中型斑岩型钼矿				
地质环境	大地构造位置	古生代:Ⅰ天山-兴蒙造山系,Ⅰ-1 大兴安岭弧盆系,Ⅰ-1-4 扎兰屯-多宝山岛弧(Pz_2);中生代属环太平洋巨型火山活动带、大兴安岭火山岩带、阿荣旗-大杨树火山喷发带、阿荣旗晚侏罗世—早白垩世火山断陷盆地				必要
	成矿环境	出露地层为上侏罗统满克头鄂博组流纹岩、凝灰质砾岩、流纹质凝灰岩、砂岩、火山角砾岩等;区内侵入岩较为发育,以中酸性为主,主要为早侏罗世宫家街中粗粒碱长花岗岩和似斑状花岗岩及早白垩世花岗斑岩、闪长玢岩和霏细岩。其中花岗斑岩与铜钼矿化关系密切,为主要控矿因素之一。 矿床位于内蒙古-大兴安岭海西褶皱带与大兴安岭中生代火山岩带的交会部位,矿床分布于基底隆起与坳陷交接部位坳陷一侧。断裂构造以北北东向、北东向为主,后期受北西向构造叠加				必要
	成矿时代	燕山晚期				重要

续表 5-1

预测要素		描述内容				要素类别
		储量	19 468t	平均品位	0.091%	
特征描述		中型斑岩型钼矿				
矿床特征	岩石类型	花岗斑岩、流纹岩、凝灰质砾岩、流纹质凝灰岩、砂岩、火山角砾岩				重要
	矿物组合	金属矿物主要为辉钼矿，其他矿物除黄铜矿、黄铁矿外，还有少量的辉铜矿、斑铜矿、方铅矿、闪锌矿、磁铁矿、赤铁矿、次生孔雀石、蓝铜矿、褐铁矿等。脉石矿物为石英、钾长石、绿泥石、绢云母、方解石、高岭石、黑云母等				重要
	结构构造	结构：半自形结构，他形粒状结构，片状、星点状及薄膜状结构。 构造：细脉状构造及浸染状构造				次要
	蚀变特征	主要围岩蚀变类型为绢云母化、绿泥石化、碳酸盐化、硅化、绿帘石化和钾化等。在时间上，绿帘石化-绢云母化、硅化与成矿的关系最为密切				重要
	控矿条件	①主要围岩蚀变类型是绿帘石化-绢云母化、硅化；②北北东向、北东向断裂构造对花岗斑岩体的侵位、热液活动及起着控制作用；③早白垩世花岗斑岩为含矿母岩；满克头鄂博组流纹质凝灰岩为赋矿围岩				重要
地球物理特征	重力异常	矿床位于椭圆状布格重力局部高异常北部的等值线扭曲处，布格重力异常值 Δg 变化范围为 $-16 \times 10^{-5} \sim -6.79 \times 10^{-5} \mathrm{m/s^2}$。在剩余重力异常图上，矿床位于椭圆状正异常北部，走向南北，异常值最高为 $5.72 \times 10^{-5} \mathrm{m/s^2}$				重要
	磁法异常	航磁 ΔT 化极异常值起始值在 300~350nT 之间				重要
地球化学特征		存在 Mo、Cu、W 的组合异常，Mo 为高度富集和强烈分异的分布特征。Cu 异常值在 $48 \times 10^{-6} \sim 61 \times 10^{-6}$ 之间，Mo 异常值在 $5.1 \times 10^{-6} \sim 7.6 \times 10^{-9}$ 之间				重要

第二节 预测工作区研究

一、区域地质特征

（一）成矿地质背景

1. 阿荣旗预测工作区

太平沟工作区大地构造位置：古生代属天山-兴蒙造山系（Ⅰ级），大兴安岭弧盆系（Ⅱ级），扎兰屯-多宝山岛弧（Ⅲ）；中生代属环太平洋巨型火山活动带，大兴安岭火山岩带，阿荣旗-大杨树火山喷发带，阿荣旗晚侏罗世—早白垩世火山断陷盆地。

本区出露最老地层为兴华渡口岩群，岩石组合为长英质粒状岩石及片麻岩。新元古代—寒武纪出露倭勒根岩群火山碎屑岩及砂板岩、千枚岩；奥陶系为多宝山组硅质-火山岩建造，卧都河组及泥鳅河组为砂砾岩、砂板岩，大民山组中酸性火山岩建造；二连-贺根山蛇绿岩带以南出露二叠系大石寨组火山岩、林西组河湖相砂泥岩，三叠系老龙头组及哈尔陶勒盖组砂板岩夹火山岩建造；晚侏罗世为满克头鄂博组、玛尼吐组、白音高老组陆相中酸性火山岩建造;白垩纪为梅勒图组中基性火山岩、甘河组玄武岩及孤山镇组中酸性火山岩。

扎兰屯-多宝山岩浆岩带主要出露古元古代花岗岩,早寒武世花岗闪长岩-二长花岗岩;早石炭世(角闪)辉长闪长岩-石英闪长岩-二长花岗岩-正长花岗岩-碱长花岗岩;晚石炭世白云母花岗岩、二云母二长花岗岩等;中二叠世花岗闪长岩-二长花岗岩-正长花岗岩等;三叠纪黑云母花岗岩-正长花岗岩-碱长花岗岩等;侏罗纪二长闪长岩-石英二长闪长岩-花岗闪长岩-碱长花岗岩;白垩纪为花岗闪长岩-石英二长斑岩-正长花岗(斑)岩-辉长岩。其中白垩纪正长花岗斑岩为含矿斑岩体。

晚侏罗世陆相火山岩喷发,满克头鄂博组为酸性火山熔岩及火山碎屑岩建造,玛尼吐组为中性火山岩-火山碎屑岩建造,白音高老组为酸性火山岩建造。

本区前中生代经历了复杂的地质构造演化过程,形成了不同的沉积建造、岩浆岩及各类构造形迹。其中古元古代兴华渡口岩群、震旦系大网子组、倭勒根群的中浅变质岩系构造变形强烈,经历了多期复杂的韧性—脆性构造变形。早古生代地层等构造变形主要以纵弯体制下的北东向褶皱构造和脆性断裂为主。晚古生代经历了陆缘裂陷海盆形成、闭合,造山花岗岩侵位、陆相盆地的形成过程,受强烈的晚古生代—中生代构造岩浆活动的改造,前中生代沉积建造的完整性和连续性不同程度地被破坏和改造,多呈孤岛状残留于侵入岩体中,或呈"天窗"形式零星分布在中生代火山-沉积地层的周边,总体受北东向构造的控制,呈断续条带状展布。

测区中生代受滨太平洋构造域的影响,形成了一系列受北东向断裂构造控制的相间分布的火山基底隆起和火山断陷盆地,中生代火山岩大面积覆盖,其中以晚侏罗世和早白垩世火山岩最为发育。随着中国东部大陆边缘活化的发生、发展,东西及北西向基底断裂构造的持续活动,与北东—北北东向新生断裂相互交切,形成了本区不规则菱形块状构造格局。

新构造运动测区主要表现为地壳的总体抬升和差异升降、一系列张性断裂构造的形成和继承性断裂活动,沿大型河谷两侧形成第四纪阶地,局部有第四纪玄武岩浆喷溢(大黑沟期)。

2. 原林林场预测工作区

原林林场预测工作区大地构造位于天山-兴蒙造山系,大兴安岭弧盆系,海拉尔-呼玛弧后盆地;中生代处于四五牧场-根河中生代火山喷发带。

区内地层从老到新北部有震旦系(砂砾岩、细砂岩、板岩)、古元古代兴华渡口岩群(二长片岩、石英片岩)、中-上泥盆统大民山组(玄武岩、细碧岩、角斑岩、石英角斑岩)、下石炭统莫尔根河组(玄武岩、细碧角斑岩)、中侏罗统塔木兰沟组(玄武岩、粗安岩)、上侏罗统满克头鄂博组(流纹质火山碎屑)、玛尼吐组(安山岩、粗安岩)、白音高老组(流纹质火山碎屑)、下白垩统梅勒吐组(安山岩、粗安岩、玄武岩)。南部地层有中-上奥陶统裸河组(生物碎屑亮晶灰岩,微晶灰岩)、中-下泥盆统泥鳅河组(粉砂岩、泥晶灰岩)、下石炭统红水泉组(砂岩、板岩、结晶灰岩)、上石炭统新依根河组(砂岩、板岩)、中侏罗统万宝组(粉砂岩、砂岩、砾石)、上侏罗统土城子组(砂砾石)、下白垩统大磨拐河组(砂砾石)、更新统(黄土至砂土)和全新统(冲积沼泽、冲积)等。

区内出露的侵入岩主要有中元古代蛇纹岩,晚泥盆世中粒辉长岩、中粒闪长岩、粗中粒斜长花岗岩、粗中粒花岗闪长岩,晚石炭世石英闪长岩-黑云角闪石英二长闪长岩-花岗闪长岩-黑云母花岗岩-黑云母二长花岗岩-中粗粒正长花岗岩系列,中二叠世花岗闪长岩(英云闪长岩),中三叠世黑云母花岗岩,早侏罗世二长花岗岩-中粒闪长岩-中粒黑云母石英二长岩-中粒黑云母二长花岗岩-似斑状含角闪石二长花岗岩-正长花岗岩-碱长花岗岩系列,中侏罗世浅肉红色粗粒正长花岗岩-中粒石英二长闪长岩-细粒斑状角闪黑云母石英二长岩-细粒文象二长花岗岩系列,晚侏罗世浅灰红色花岗闪长岩-正长花岗岩,石英二长斑岩,早白垩世中粒闪长岩、闪长玢岩、石英二长闪长岩、不等粒正长花岗岩、(石英)正长斑岩、花岗斑岩及辉长岩等。

本预测区与成矿有关的岩体主要为早白垩世正长斑岩、石英正长斑岩、花岗斑岩。

区内构造十分发育,主要以断裂构造为主。各期断裂构造相互交织,构成了区域构造的基本格局。按其形成期次,由早到晚主要有4组:东西向断裂构造,多形成近东西的沟谷和破碎带;北西向断裂构造,规模较大,形成较大的破碎带和宽阔的沟谷地;北东向断裂构造,规模不大,多为张性断裂;南北向断裂构造,多为一些高角度的张性断裂构造。本预测区与成矿有关的构造为北东向断裂构造,对岩体的侵位、热液活动及成矿起着控制作用。

(二)区域成矿模式

本区位于内蒙古东北部,属于大兴安岭中生代火山岩带,区内广泛发育了燕山旋回钙碱性火山岩和中-浅成侵入岩。喷发间歇期夹有河湖相碎屑岩沉积和煤层。侵入岩以小岩株、岩枝和岩基为主,岩石类型主要为花岗岩和花岗闪长岩。本区岩浆侵入活动发生在海西晚期和燕山期。

该区矿床的成矿期有两期:海西期与燕山期。燕山期以太平沟斑岩型钼矿为主,其他仅见少量矿点。根据预测工作区成矿规律研究成果,确定预测区成矿要素,总结成矿模式(图5-6)。

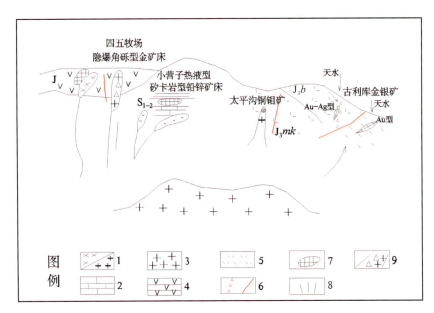

图5-6 太平沟式斑岩型钼矿预测工作区成矿模式

1.次火山岩、花岗斑岩;2.大理岩;3.花岗岩类;4.中性火山岩;5.酸性火山岩类;6.断层及破碎带;7.矿床;8.热液型矿化;9.引爆角砾岩筒

二、区域地球物理特征

(一)磁法

1. 阿荣旗预测工作区

本预测工作区范围为东经123°00′—125°18′,北纬48°00′—49°40′。在1:10万航磁 ΔT 等值线平面图上,预测工作区磁异常幅值范围为-1250～2500nT,背景值为-100～250nT,预测区磁异常形态杂乱,正负相间,多为不规则带状、片状及团状,沿北东向呈片状分布。纵观预测工作区磁异常轴向及 ΔT 等值线延伸方向,以北东向为主。太平沟式斑岩型钼矿床位于预测区西南部,处在正磁异常背景上,异常值200nT附近。

本预测工作区磁法推断断裂构造以北东向为主,磁场标志多为不同磁场区分界线及磁异常梯度带。预测区内大面积的杂乱异常多为火山岩地层引起,少数团状异常为酸性侵入岩体引起。

本预测工作区磁法共推断断裂 26 条,侵入岩体 13 个,火山岩地层 9 个,火山构造 2 个。与成矿有关的构造 1 条,位于预测区中部,走向为北东向。

2. 原林林场预测工作区

本预测工作区范围为东经 121°00′—123°15′,北纬 49°20′—50°50′。在 1∶10 万航磁 ΔT 等值线平面图上,预测工作区磁异常幅值范围为 $-1250 \sim 3125 \text{nT}$,背景值为 $-100 \sim 100 \text{nT}$,预测区以正磁异常为主,磁异常形态杂乱,正负相间,多为不规则带状、片状及团状。预测区中东部磁异常幅值较高,西部异常较平缓。纵观预测工作区磁异常轴向及 ΔT 等值线延伸方向,以北东向为主。外新河太平沟式斑岩型钼矿床位于预测区中部,杂乱正异常中,异常值 250nT 附近。

本预测工作区磁法推断断裂构造以北东向为主,磁场标志多为不同磁场区分界线及磁异常梯度带。预测区中部东北-西南对角线大面积的杂乱高值异常推断主要为火山岩地层引起,西北部少数杂乱异常推断为酸性侵入岩体引起。

本预测工作区磁法共推断断裂 12 条,中酸性岩体 21 个,火山岩地层 4 个。与成矿有关的构造 1 条,位于预测工作区中部,走向为北东向。

(二)重力

1. 阿荣旗预测工作区

预测工作区在嫩江-龙江-白城-开鲁布格重力高值带和大兴安岭布格重力梯级带北段。从布格重力异常图来看,东南部为重力高值带,重力高异常多呈椭圆状,西北部为重力梯级带,重力场总体走向北北东。重力异常值总体呈现东南部重力高、西北部重力低的特点,区域重力场最低值 $-68 \times 10^{-5} \text{m/s}^2$,最高值 $-3.41 \times 10^{-5} \text{m/s}^2$。

从剩余重力异常图来看,正、负异常大多呈椭圆状、等轴状,异常走向不明显。部分条带状异常则以北东走向为主。

预测工作区西北部,布格重力异常等值线相对较稀疏,剩余重力场大面积零值区,其上散布等轴状低缓剩余重力正、负异常,地表大面积分布二叠纪花岗岩,推断该区域为晚古生代—中生代花岗岩带。预测区东部沿省界一线,沿北北东走向分布一系列剩余重力正、负异常,这些异常主要是中侏罗世—早白垩世在深断裂周边发生大规模的火山活动所形成的中基性火山喷溢、中酸性岩浆侵位和火山岩盆地所致。

预测工作区中南部的条带状剩余重力正异常,地表断续出露白垩系、古生界及元古宇,是引起异常的主要因素。预测工作区东部布格重力异常等值线密集,遥感解译图上,线性构造清晰明显,推断为扎兰屯-东乌珠穆沁旗断裂,编号为 F蒙-02006,北北东走向。预测工作区西北部的北北东向布格重力梯级带,推断为嫩江断裂,编号 F蒙-02005,近南北走向。

太平沟式斑岩型钼矿位于南部重力高值区边部,表明该类矿床与老地层及花岗斑岩体有关。预测工作区内推断解释断裂构造 39 条,中-酸性岩体 4 个,地层单元 8 个,中-新生代盆地 8 个。

2. 原林林场预测工作区

预测工作区位于大兴安岭重力梯级带和大兴安岭主脊低值带之间。区域重力场呈现东部场值较高、西部偏低的特点。西部的重力异常形态大多为椭圆状,东部则显示重力梯度带。区域重力场最低值 $-97.44 \times 10^{-5} \text{m/s}^2$,最高值 $-51.80 \times 10^{-5} \text{m/s}^2$。

剩余重力异常场显示,东部等值线较稀疏、西部较密集,正负异常大多呈不规则条带状、椭圆状,走向大部分为北东向。

预测工作区的局部重力高异常,一般与元古宙地层有关;编号为 G 蒙-49 剩余重力正异常区,地表局部出露基性岩体,推断为超基性岩体和古生代地层共同引起。北东走向的区域性重力低异常带,主要反映了中酸性构造岩浆岩带;具有一定走向的局部重力低异常是中-新生界盆地或火山盆地的反映,等轴状的局部重力低异常是中-酸性岩体的表现。

从布格重力异常图来看,预测工作区东部重力异常等值线密集,北西侧海拉尔附近区域性重力高,南东侧区域性重力低,推断为鄂伦春-伊列克得断裂,北北东走向。预测工作区东部重力异常等值线走向近南北,且同向扭曲,推断为嫩江断裂。

预测工作区内推断解释断裂构造 52 条,中-酸性岩体 7 个,基性-超基性岩体 1 个,地层单元 16 个,中-新生代盆地 18 个。

三、区域地球化学特征

(一)阿荣旗预测工作区

区域上分布有 Mo、Cu、Pb、Zn、W 等元素组成的高背景区带,在高背景区带中有以 Mo、Cu、Pb、Zn、W、Ag、As、Sb、Au、U 为主的多元素局部异常。预测区内共有 69 个 Mo 异常,44 个 Ag 异常,22 个 As 异常,59 个 Au 异常,37 个 Cu 异常,54 个 Pb 异常,29 个 Sb 异常,32 个 U 异常,48 个 W 异常,40 个 Zn 异常。

Mo 异常在整个预测区内大面积连续分布,Ag 在预测区西南—东北中间一带大面积连续分布,Mo、Ag 异常强度都很高,浓度分带和浓集中心明显;Cu、Au 异常在预测区北半部较大呈不规则面状或条带状展布,西南部较小呈串珠状展布,多数异常具明显的浓度分带和浓集中心;Pb、Zn、As、Sb 异常在预测区西南部大面积连续分布,北半部呈局部异常,面积较小,多数异常具明显的浓度分带和浓集中心;W、U 异常较少,分布较分散,W 异常强度较高,U 异常强度中等,少数异常具明显的浓度分带和浓集中心。太平沟典型矿床与 Mo、Cu、Pb、Sb、W 异常吻合较好。

预测区内规模较大的 Mo 局部异常上,Cu、Zn、Ag、Au、As、Sb、W 等主要成矿元素及伴生元素在空间上相互重叠或套合,其中元素异常套合较好的异常编号为 Z-1、Z-2。Z-1 内异常元素 Mo、As、Sb、Zn、Ag、W、U 呈条带状相互套合,Au、Cu 异常较小,位于套合带内;Z-2 内异常元素 Mo、Au、As、Zn、Ag、W 呈条带状相互套合,Sb 异常为中带,Pb 异常为外带。

(二)原林林场预测工作区

区域上分布有 Mo、Pb、Zn、Ag、W、U 等元素组成的高背景区带,在高背景区带中有以 Mo、Pb、Zn、Ag、W、U、Au、Cu 为主的多元素局部异常。预测区内共有 84 个 Mo 异常,99 个 Ag 异常,36 个 As 异常,107 个 Au 异常,32 个 Cu 异常,90 个 Pb 异常,25 个 Sb 异常,66 个 U 异常,74 个 W 异常,100 个 Zn 异常。

除 Ag 在预测区西北角无异常出现外,Mo、Pb、Zn、Ag、U 在整个预测区内大面积连续分布,各元素异常强度高,浓度分带和浓集中心明显;Au、W 异常多,面积相对较小,呈不规则面状或条带状展布,异常强度中等,仅部分异常具明显的浓度分带和浓集中心;Cu 异常主要集中在预测区西半部大面积连续分布,东半部仅局部有小面积异常,测区内 Cu 异常强度高,浓度分带和浓集中心明显;As 异常主要集中在北半部,呈不规则面状或条带状展布,异常强度中等,少数异常具明显的浓度分带和浓集中心;Sb 仅北半部有较少异常,面积较小,呈串珠状或星散状分布,异常强度中等,极少异常具明显的浓度分带和浓集中心。预测区内已知各矿床(点)与 Mo、Zn、Ag 异常吻合较好。

预测区内规模较大的 Mo 局部异常上,Pb、Zn、Ag、Au、W、U 等主要成矿元素及伴生元素在空间上相互重叠或套合,其中元素异常套合较好的编号为 Z-1、Z-2、Z-3。Z-1、Z-2 内异常元素 Mo、Pb、Zn、Ag、W 呈同心环状套合,Au 与套合带边缘相交;Z-3 内异常元素 Mo、Pb、Zn、Ag、U 面积很大且相互套合,Au、W 异常较小,多处与 Mo 浓集中心套合。

四、区域遥感影像及解译特征

(一)阿荣旗预测工作区

预测工作区内解译出巨型断裂带即二连-贺根山断裂带东延部分,该断裂带在本区南边阿荣旗附近,断裂带岩石破碎,糜棱岩发育。

本工作区内共解译出大型构造即后石头沟子以西断裂构造 1 条,该断层位于本区北部,为北北西走向,张扭构造性质。线性影像在山前断层三角面一线的山区、冲沟、洼地展布。

本预测区内共解译出中型构造 18 条,均匀分布于整图幅,断层主要发育在白垩系甘河组、石炭纪花岗岩、二叠纪花岗岩与侏罗纪地层中。

本预测区内共解译出小型构造 7 条,主要分布在预测区的中部,多数为北北东走向,断层主要发育于白垩系甘河组和石炭纪花岗岩中。影像中有较明显的直线状纹理。

本预测工作区内共解译出环形构造 7 个,其成因主要为中生代岩浆岩类引起的环形构造。环形构造主要分布在预测区北部及中部。其中有 6 条大型环形构造,环内主要发育有二叠纪花岗岩、石炭纪花岗岩和更新世玄武岩。影像中环形特征明显且规模较大,环状地貌的圈闭特征显著,纹理走向清晰。

阿荣旗太平沟矿区铜钼矿与本预测区中的铁染异常基本吻合。

(二)原林林场预测工作区

预测工作区内解译出巨型断裂带即伊列克得-加格达奇断裂带共 3 段,该断裂带在预测区东南部边缘附近,为北东走向,该断裂是由数条北东向展布的逆断层组成的断裂带,线性影像,直线状水系分布,负地形,沿沟谷、凹地延伸。

本工作区内共解译出大型构造 3 条,即大兴安岭-太行山断裂带和源江林场构造,分布在图幅东北部预测工作线附近。大兴安岭-太行山断裂带为北北东走向,遥感影像图表现为北东向冲沟、陡坎及洼地;源江林场构造为北北西走向,线性影像山前断层三角面呈线性展布。

本预测区内共解译出中小型构造 170 多条,其中,中型构造 30 多条,小型构造 140 多条。中型构造主要分布在预测区北部,多数为北东东走向,断层主要发育在侏罗系、白垩系和石炭系中,断层线清晰并有微曲线状色异常;小型构造主要分布在预测区西部和北部,多数为北北东走向,断层主要发育于侏罗纪和石炭纪地质单元中,影像有较明显直线状纹理。

本预测工作区内的环形构造共解译出 12 个,其成因主要为中生代火山岩类引起的环形构造、构造穹隆或构造盆地、断裂构造圈闭的环形构造。环形构造在空间分布上有明显的规律:全部集中在图幅北部。图里河镇北环形构造为矩形环,环内发育有塔木兰沟组中-基性火山熔岩、火山碎屑岩夹碎屑岩以及玛尼吐组中性火山岩,影像中环形特征明显,地貌特征表现突出,环状纹理清晰。

已知钼矿点与本预测区中铁染异常基本吻合的有牙克石市外新河矿区钼矿、外新河钼矿。

五、区域预测模型

根据预测工作区区域成矿要素、化探、航磁、重力及遥感异常特点,建立了本预测区的区域预测要素,并编制预测工作区预测要素图和预测模型图。

区域预测要素图以区域成矿要素图为基础,综合研究重力、航磁、化探、遥感、自然重砂等综合致矿信息,总结区域预测要素表(表5-2),并将综合信息各专题异常曲线或区全部叠加在成矿要素图上,在表达时可以作出单独预测要素如航磁的预测要素图。

预测模型图的编制,以地质剖面图为基础,叠加区域化探、航磁及重力剖面图而形成,简要表示预测要素内容及其相互关系,以及时空展布特征(图5-7、图5-8)。

表5-2 太平沟式侵入岩体型钼矿原林林场工作区预测要素表

区域预测要素			描述内容	要素类别
地质环境	大地构造位置		天山-兴蒙造山系,大兴安岭弧盆系,海拉尔-呼玛弧后盆地	必要
	成矿区(带)		滨太平洋成矿域(叠加在古亚洲成矿域之上),大兴安岭成矿省,新巴尔虎右旗(拉张区)Cu-Mo-Pb-Zn-Au-萤石-煤(铀)成矿带,陈巴尔虎旗-根河 Au-Fe-Zn-萤石成矿亚带	必要
	区域成矿类型及成矿期		侵入岩体型,燕山晚期	必要
控矿地质条件	赋矿地质体		早白垩世花岗斑岩体内及其接触带	重要
	控矿侵入岩		早白垩世花岗斑岩体	必要
	主要控矿构造		北东向断裂构造	重要
区内相同类型矿产			无相同类型矿床(点)	重要
地球物理与地球化学特征	地球物理特征	重力	剩余重力特征多显示为正负异常区的过渡带	重要
		航磁	航磁化极特征多显示为具有正的异常值,但往往偏离浓集中心	重要
	地球化学特征		Mo元素异常值为正值,异常面积相对较小,浓度度较高,异常峰值较大;Mo-W-U组合异常的分布也是重要的指示标志	重要
遥感特征			遥感解译的北东向断裂构造	重要

第三节 矿产预测

一、综合地质信息定位预测

(一)阿荣旗预测工作区

1. 变量提取及优选

根据典型矿床及预测工作区成矿规律研究成果,进行综合信息预测要素提取,本次选择网格单元法作为预测单元,本次预测底图比例尺为1:10万,利用规则网格单元作为预测单元,网格单元大小为1.0km×1.0km。

地质体、断层、遥感环要素进行单元赋值时采用区的存在标志;依据典型矿床含矿地质体为上侏罗统满克头鄂博组和晚侏罗世二长花岗岩,本次将1:10万预测底图上侏罗统满克头鄂博组和晚侏罗世花岗二长花岗岩均提取作为含矿层,并将与岩体相邻的第四系揭露1km。化探、剩余重力、航磁化极则求起始值的加权平均值,在变量二值化时利用异常范围值人工输入变化区间。

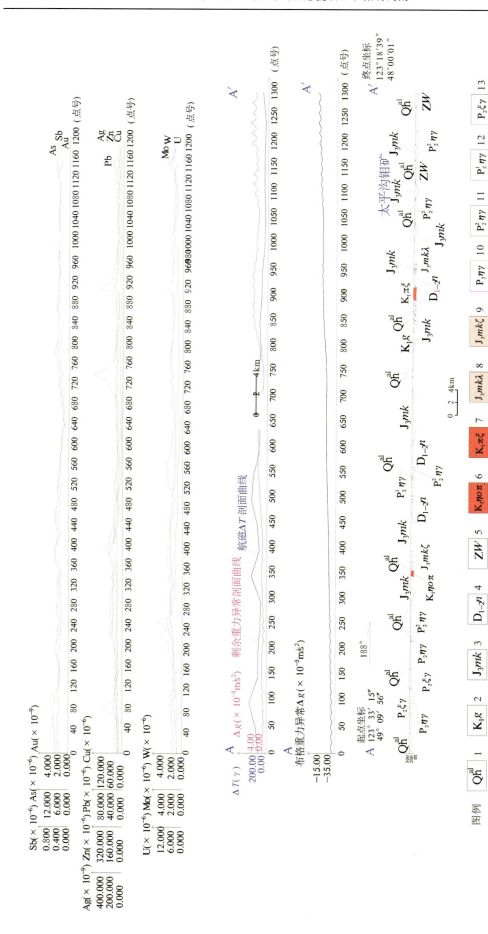

图 5-7 太平沟钼矿太平沟预测工作区预测模型

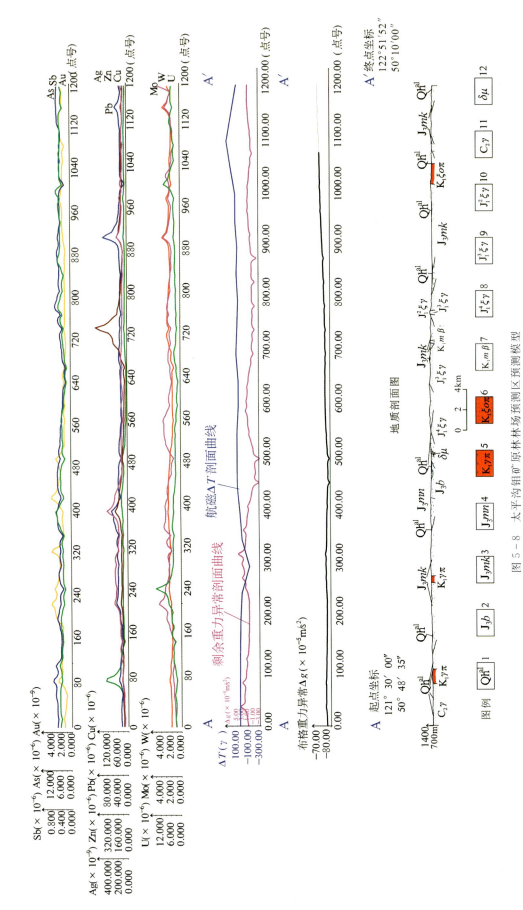

图 5-8 太平沟钼矿原林场预测区预测模型

1. 冲积黏土层；2. 白音高老组；3. 满克头鄂博组；4. 玛尼吐组；5. 花岗斑岩；6. 石英正长斑岩；7. 梅勒图期潜安山岩；8. 中粒正长花岗岩；9. 细粒正长花岗岩；10. 微粒正长花岗岩；11. 花岗岩；12. 闪长玢岩

2. 最小预测区圈定及优选

本次利用证据权重法,采用1.0km×1.0km规则网格单元,在MRAS2.0下进行预测区的圈定与优选,根据预测区内有1个已知矿床(点),采用有预测模型工程进行定位预测。

3. 最小预测区圈定结果

本次预测在阿荣旗预测工作区共圈定最小预测区25个,其中A级3个,B级9个,C级13个,见图5-9。

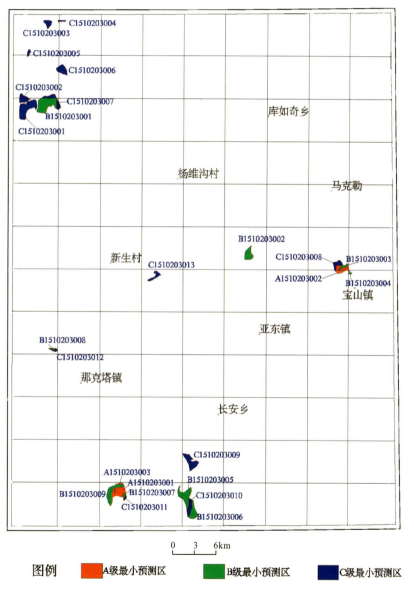

图5-9 阿荣旗预测工作区最小预测区圈定结果

4. 最小预测区地质评价

预测成果中最小预测区面积最大为11.65km²,面积最小为0.30km²。单元平均面积为3.49km²。各级别面积分布合理,且已知矿床分布在A级预测区内,说明预测区优选分级原则较为合理;最小预测区圈定结果表明,预测区总体与区域成矿地质背景和化探异常、剩余重力异常吻合程度较好。各最小预测区的地质特征、成矿特征和资源潜力评述见表5-3。

表5-3 阿荣旗预测工作区最小预测区一览表

最小预测区编号	最小预测区名称	综合信息	评价
A1510203001	太平沟北2	该预测区地表有斑岩体、上侏罗统满克头鄂博组,晚侏罗世花岗二长花岗岩出露,区内有1个中型矿床。预测区剩余重力异常值Δg主要在$(1\sim4)\times10^{-5}$ m/s^2之间,Mo化探异常范围主要在$(4.1\sim236)\times10^{-6}$之间,Cu化探异常范围主要在$(34\sim2612)\times10^{-6}$之间,存在航磁异常	找矿前景大
A1510203002	福德南屯	该预测区地表有上侏罗统满克头鄂博组出露,预测区剩余重力异常值Δg主要在$(1\sim2)\times10^{-5}$ m/s^2之间,Mo化探异常范围主要在$(5.1\sim236)\times10^{-6}$之间,Cu化探异常范围主要在$(14\sim18)\times10^{-6}$之间,存在航磁异常	找矿潜力一般
A1510203003	太平沟北1	该预测区地表有上侏罗统满克头鄂博组出露,预测区剩余重力异常值Δg主要在$(2\sim4)\times10^{-5}$ m/s^2之间,Mo化探异常范围主要在$(4.1\sim5.1)\times10^{-6}$之间,Cu化探异常范围主要在$(22\sim48)\times10^{-6}$之间,存在航磁异常	找矿前景较好
B1510203001	太平沟西北	该预测区地表有上侏罗统满克头鄂博组出露,预测区剩余重力异常值Δg主要在$(-3\sim1)\times10^{-5}$ m/s^2之间,Mo化探异常范围主要在$(5.1\sim236)\times10^{-6}$之间,Cu化探异常范围主要在$(4.5\sim7.5)\times10^{-6}$之间	找矿一般
B1510203002	得力其尔鄂温克民族乡	该预测区地表有上侏罗统满克头鄂博组出露,发育北东向断层。预测区剩余重力异常值Δg主要在$(-1\sim1)\times10^{-5}$ m/s^2之间,Mo化探异常范围主要在$(4.1\sim7.6)\times10^{-6}$之间,Cu化探异常范围主要在$(14\sim18)\times10^{-6}$之间,存在航磁异常	找矿潜力一般
B1510203003	阿尔拉镇	该预测区为上侏罗统满克头鄂博组区,预测区剩余重力异常值Δg主要在$(1\sim2)\times10^{-5}$ m/s^2之间,Mo化探异常范围主要在$(5.1\sim236)\times10^{-9}$之间,Cu化探异常范围主要在$(14\sim18)\times10^{-9}$之间,存在航磁异常	找矿潜力一般
B1510203004	宝山镇	该预测区地表有上侏罗统满克头鄂博组出露,预测区剩余重力异常值Δg主要在$(1\sim2)\times10^{-5}$ m/s^2之间,Mo化探异常范围主要在$(4.1\sim7.6)\times10^{-6}$之间,Cu化探异常范围主要在$(10\sim14)\times10^{-6}$之间,存在航磁异常	找矿潜力一般
B1510203005	小野户北西	该预测区地表有上侏罗统满克头鄂博组出露,预测区剩余重力异常值Δg主要在$(-1\sim1)\times10^{-5}$ m/s^2之间,Mo化探异常范围主要在$(4.1\sim7.6)\times10^{-6}$之间,Cu化探异常范围主要在$(14\sim28)\times10^{-6}$之间,存在航磁异常	找矿前景一般
B1510203006	小野户西南	该预测区地表有上侏罗统满克头鄂博组出露,发育北东向断层。预测区剩余重力异常值Δg主要在$(-1\sim1)\times10^{-5}$ m/s^2之间,Mo化探异常范围主要在$(4.1\sim236)\times10^{-6}$之间,Cu化探异常范围主要在$(14\sim28)\times10^{-6}$之间,存在航磁异常	找矿前景一般

续表 5-3

最小预测区编号	最小预测区名称	综合信息	评价
B1510203007	太平沟东北	该预测区地表有上侏罗统满克头鄂博组出露,预测区剩余重力异常值 Δg 主要在 $(4\sim5)\times10^{-5}$ m/s^2 之间,Mo 化探异常范围主要在 $(4.1\sim7.6)\times10^{-6}$ 之间,Cu 化探异常范围主要在 $(22\sim38)\times10^{-6}$ 之间,不存在航磁异常	找矿前景一般
B1510203008	查巴奇鄂温克民族乡	该预测区地表有上侏罗统满克头鄂博组出露,预测区剩余重力异常值 Δg 主要在 $(1\sim2)\times10^{-5}$ m/s^2 之间,Mo 化探异常范围主要在 $(4.1\sim7.6)\times10^{-6}$ 之间,Cu 化探异常范围主要在 $(10\sim14)\times10^{-6}$ 之间,存在航磁异常	找矿潜力一般
B1510203009	小新力奇南	该预测区地表有上侏罗统满克头鄂博组出露,预测区剩余重力异常值 Δg 主要在 $(-2\sim4)\times10^{-5}$ m/s^2 之间,Mo 化探异常范围主要在 $(4.1\sim7.6)\times10^{-6}$ 之间,Cu 化探异常范围主要在 $(10\sim14)\times10^{-6}$ 之间,存在航磁异常	找矿前景一般
C1510203001	小新力奇南西	该预测区地表有上侏罗统满克头鄂博组出露,预测区剩余重力异常值 Δg 主要在 $(-2\sim4)\times10^{-5}$ m/s^2 之间,Mo 化探异常范围主要在 $(4.1\sim7.6)\times10^{-9}$ 之间,Cu 化探异常范围主要在 $(4.5\sim10)\times10^{-9}$ 之间	找矿前景差
C1510203002	小新力奇西南	该预测区地表有上侏罗统满克头鄂博组出露,预测区剩余重力异常值 Δg 主要在 $(-4\sim3)\times10^{-5}$ m/s^2 之间,Mo 化探异常范围主要在 $(4.1\sim7.6)\times10^{-6}$ 之间,Cu 化探异常范围主要在 $(4.5\sim10)\times10^{-6}$ 之间	找矿潜力差
C1510203003	小新力奇北	该预测区地表有上侏罗统满克头鄂博组出露,预测区剩余重力异常值 Δg 主要在 $(0\sim1)\times10^{-5}$ m/s^2 之间,Mo 化探异常范围主要在 $(4.1\sim5.1)\times10^{-6}$ 之间,Cu 化探异常范围主要在 $(3.7\sim5.9)\times10^{-6}$ 之间	找矿潜力差
C1510203004	小新力奇北东	该预测区地表有上侏罗统满克头鄂博组出露,发育北东向断层。预测区剩余重力异常值 Δg 主要在 $(-1\sim0)\times10^{-5}$ m/s^2 之间,Mo 化探异常范围主要在 $(4.1\sim7.6)\times10^{-6}$ 之间,Cu 化探异常范围主要在 $(4.5\sim5.9)\times10^{-6}$ 之间	找矿潜力差
C1510203005	小新力奇北西	该预测区地表有上侏罗统满克头鄂博组出露,预测区剩余重力异常值 Δg 主要在 $(-1\sim0)\times10^{-5}$ m/s^2 之间,Mo 化探异常范围主要在 $(4.1\sim7.6)\times10^{-6}$ 之间,Cu 化探异常范围主要在 $(3.7\sim5.9)\times10^{-6}$ 之间	找矿潜力差
C1510203006	小新力奇东北	该预测区地表有上侏罗统满克头鄂博组出露,预测区剩余重力异常值 Δg 主要在 $(-1\sim0)\times10^{-5}$ m/s^2 之间,Mo 化探异常范围主要在 $(4.1\sim7.6)\times10^{-6}$ 之间,Cu 化探异常范围主要在 $(2.8\sim5.9)\times10^{-6}$ 之间	找矿潜力差
C1510203007	小新力奇南东	该预测区地表有上侏罗统满克头鄂博组出露,预测区剩余重力异常值 Δg 主要在 $(-1\sim3)\times10^{-5}$ m/s^2 之间,Mo 化探异常范围主要在 $(4.1\sim5.1)\times10^{-6}$ 之间,Cu 化探异常范围主要在 $(4.5\sim10)\times10^{-6}$ 之间	找矿潜力差
C1510203008	西路松	该预测区地表有上侏罗统满克头鄂博组出露,预测区剩余重力异常值 Δg 主要在 $(1\sim2)\times10^{-5}$ m/s^2 之间,Mo 化探异常范围主要在 $(4.1\sim7.6)\times10^{-6}$ 之间,Cu 化探异常范围主要在 $(10\sim14)\times10^{-6}$ 之间,存在航磁异常	找矿潜力一般

续表 5-3

最小预测区编号	最小预测区名称	综合信息	评价
C1510203009	八家沟	该预测区地表有上侏罗统满克头鄂博组出露,发育北东向断层。预测区剩余重力异常值 Δg 主要在 $(-7\sim4)\times10^{-5}$ m/s² 之间,Mo 化探异常范围主要在 $(4.1\sim7.6)\times10^{-6}$ 之间,Cu 化探异常范围主要在 $(14\sim28)\times10^{-6}$ 之间,不存在航磁异常	找矿前景差
C1510203010	小野户西	该预测区地表有上侏罗统满克头鄂博组出露,预测区剩余重力异常值 Δg 主要在 $(0\sim1)\times10^{-5}$ m/s² 之间,Mo 化探异常范围主要在 $(4.1\sim7.6)\times10^{-6}$ 之间,Cu 化探异常范围主要在 $(18\sim28)\times10^{-6}$ 之间,存在航磁异常	找矿前景差
C1510203011	太平沟东	该预测区地表有上侏罗统满克头鄂博组出露,预测区剩余重力异常值 Δg 主要在 $(4\sim5)\times10^{-5}$ m/s² 之间,Mo 化探异常范围主要在 $(4.1\sim7.6)\times10^{-6}$ 之间,Cu 化探异常范围主要在 $(14\sim28)\times10^{-6}$ 之间,不存在航磁异常	找矿潜力一般
C1510203012	那克塔镇	该预测区地表有上侏罗统满克头鄂博组出露,预测区剩余重力异常值 Δg 主要在 $(1\sim3)\times10^{-5}$ m/s² 之间,Mo 化探异常范围主要在 $(4.1\sim7.6)\times10^{-6}$ 之间,Cu 化探异常范围主要在 $(10\sim18)\times10^{-6}$ 之间,存在航磁异常	找矿潜力差
C1510203013	辋窑沟村	该预测区地表有上侏罗统满克头鄂博组出露,预测区剩余重力异常值 Δg 主要在 $(2\sim4)\times10^{-5}$ m/s² 之间,Mo 化探异常范围主要在 $(4.1\sim7.6)\times10^{-6}$ 之间,Cu 化探异常范围主要在 $(14\sim22)\times10^{-6}$ 之间	找矿潜力差

(二)原林林场预测工作区

1. 变量提取及优选

根据典型矿床及预测工作区研究成果,进行综合信息预测要素提取,选择网格单元法作为预测单元,本次预测底图比例尺为 1:10 万,利用规则网格单元作为预测单元,网格单元大小为 1.0km×1.0km。

地质体、断层、遥感环要素进行单元赋值时采用区的存在标志;依据典型矿床含矿地质体为上侏罗统满克头鄂博组和晚侏罗世二长花岗岩,本次将 1:10 万预测底图晚侏罗世—早白垩世花岗斑岩、石英正长斑岩、正长斑岩作为含矿层,并对覆盖层进行适当揭露处理,一般最大不超过 1km 范围。化探、剩余重力、航磁化极求起始值的加权平均值,在变量二值化时利用异常范围值人工输入变化区间。

2. 最小预测区圈定及优选

本次利用证据权重法,采用 1.0km×1.0km 规则网格单元,在 MRAS2.0 下进行预测区的圈定与优选,根据预测区内有 1 个已知矿床(点),采用有预测模型工程进行定位预测。

3. 最小预测区圈定结果

原林林场预测工作区预测底图精度为 1:10 万,并根据成矿有利度(含矿地质体、控矿构造、找矿线索及物化探异常)、地理交通及开发条件和其他相关条件,将工作区内最小预测区级别分为 A、B、C 3 个等级,共圈定最小预测区 13 个,其中 A 级 3 个、B 级 4 个、C 级 6 个,见图 5-10。

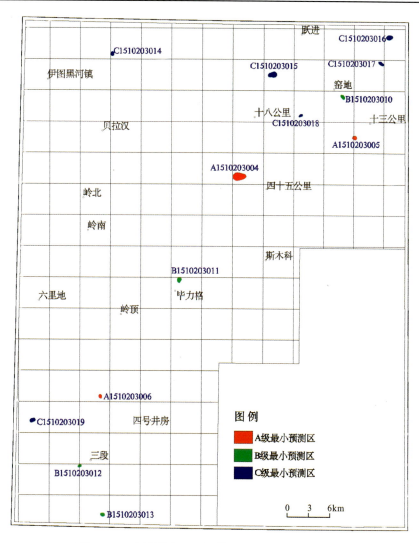

图 5-10 原林林场预测工作区最小预测区圈定结果

4. 最小预测区地质评价

原林林场预测工作区各最小预测区的地质特征、成矿特征和资源潜力评述见表 5-4。

表 5-4 原林林场预测工作区最小预测区一览表

最小预测区编号	最小预测区名称	综合信息	评价
A1510203004	四十五公里西北 9.5km	该预测区地表有早白垩世石英正长斑岩和上侏罗统满克头鄂博组出露。预测区剩余重力位于负异常中心附近,异常值 Δg 主要在 $(-3\sim-1)\times 10^{-5}\mathrm{m/s^2}$ 之间,Mo 化探位于异常浓集中心及边部,异常范围主要在 $(1.7\sim 236)\times 10^{-6}$ 之间,航磁异常平缓,无明显浓集中心,范围 100~200nT	找矿潜力巨大
A1510203005	三十二公里西 4.5km	该预测区地表有早白垩世花岗斑岩和上侏罗统满克头鄂博组出露,预测区剩余重力异常平缓,异常值 Δg 主要在 $(-1\sim 1)\times 10^{-5}\mathrm{m/s^2}$ 之间,Mo 化探位于一弱小浓集中心附近,异常范围主要在 $(1.7\sim 3.4)\times 10^{-6}$ 之间,无航磁资料	找矿潜力大

续表 5-4

最小预测区编号	最小预测区名称	综合信息	评价
A1510203006	养路房西北 8km	该预测区地表主要为早白垩世花岗斑岩，预测区剩余重力异常平缓，异常值 Δg 主要在 $(2\sim3)\times10^{-5}$ m/s^2 之间，Mo 化探位于异常浓集中心及外部，异常范围主要在 $(2.2\sim236)\times10^{-6}$ 之间，航磁异常平缓，无明显浓集中心，范围 $50\sim150nT$	找矿潜力大
B1510203010	窑地东南 3.5km	该预测区地表有早白垩世石英正长斑岩和上侏罗统满克头鄂博组出露。预测区剩余重力位于弱负异常中心附近，异常值 Δg 主要在 $(-4\sim-3)\times10^{-5}m/s^2$ 之间，Mo 化探位于异常浓集中心，异常范围主要在 $(5.1\sim236)\times10^{-6}$ 之间，航磁异常平缓，无明显浓集中心，范围 $-100\sim0nT$	找矿潜力一般
B1510203011	毕力格北 3km	该预测区地表有早白垩世石英正长斑岩和上侏罗统满克头鄂博组出露。预测区剩余重力位于负异常中心附近，异常值 Δg 主要在 $(-1\sim1)\times10^{-5}$ m/s^2 之间，Mo 化探位于弱正异常浓集中心附近，异常范围主要在 $(3.4\sim7.6)\times10^{-6}$ 之间，航磁异常平缓，无明显浓集中心，范围 $0\sim150nT$	找矿潜力大
B1510203012	三段西南 4km	该预测区地表有早白垩花岗斑岩出露。预测区剩余重力异常平缓，异常值 Δg 主要在 $(0\sim1)\times10^{-5}m/s^2$ 之间，Mo 化探位于大面积异常浓集中心附近，异常范围主要在 $(4.1\sim236)\times10^{-6}$ 之间，无航磁数据	找矿潜力较小
B1510203013	三段南 17.5km	该预测区位于早白垩世花岗斑岩外围，地表为白音高老组流纹质火山碎屑岩。预测区剩余重力位于平缓弱正异常中心附近，异常值 Δg 主要在 $(0\sim2)\times10^{-5}m/s^2$ 之间，Mo 化探位于大面积异常浓集中心边缘和局部中等强度正异常浓集中心附近，异常范围在 $(1.7\sim7.6)\times10^{-6}$ 之间	找矿潜力一般
C1510203014	大其哈拉北东 8km	该预测区地表有早白垩世石英正长斑岩、上侏罗统满克头鄂博组出露，二者中间被第四系覆盖。预测区剩余重力平缓过渡，异常值 Δg 主要在 $(-3\sim-1)\times10^{-5}m/s^2$ 之间，Mo 化探位于异常浓集中心及边部，异常范围主要在 $(4.1\sim236)\times10^{-6}$ 之间，附近有负异常浓集中心，航磁异常平缓，无明显浓集中心，范围 $100\sim200nT$	找矿潜力大
C1510203015	红二队	该预测区地表有早白垩世石英正长斑岩出露，其余被第四系覆盖。预测区剩余重力平缓过渡，异常值 Δg 主要在 $(-1\sim1)\times10^{-5}m/s^2$ 之间，Mo 化探位于异常浓集中心边部，异常范围主要在 $(1\sim4.1)\times10^{-6}$ 之间，航磁异常杂乱，无明显浓集中心，范围 $-250\sim200nT$	找矿潜力较大
C1510203016	新福村东 10km	该预测区地表有早白垩世花岗斑岩、上侏罗统满克头鄂博组出露，其余被第四系覆盖。预测区剩余重力位于负异常中心附近，异常值 Δg 主要在 $(1\sim3)\times10^{-5}m/s^2$ 之间，Mo 化探位于异常浓集中心，异常范围在 $(5.1\sim236)\times10^{-6}$ 之间，航磁异常杂乱，无明显浓集中心，范围 $-300\sim50nT$	找矿潜力大
C1510203017	伊斯罕东南 5km	该预测区地表有早白垩世花岗斑岩、上侏罗统满克头鄂博组出露。预测区剩余重力平缓过渡，异常值 Δg 主要在 $(-2\sim1)\times10^{-5}m/s^2$ 之间，Mo 化探位于小面积异常浓集中心，异常范围主要在 $(1.7\sim7.6)\times10^{-6}$ 之间，航磁异常平缓，范围 $-400\sim-50nT$	找矿潜力一般
C1510203018	窑地西南 13.5km	该预测区地表有早白垩世石英正长斑岩、上侏罗统满克头鄂博组出露。预测区剩余重力平缓过渡，异常值 Δg 主要在 $(0\sim2)\times10^{-5}m/s^2$ 之间，Mo 化探位于异常浓集中心边部，异常范围主要在 $(2.2\sim4.1)\times10^{-6}$ 之间，航磁异常位于正异常浓集中心，范围 $250\sim600nT$	找矿潜力较小
C1510203019	二段西北 21km	该预测区地表有早白垩世花岗斑岩出露，其余被第四系覆盖。预测区剩余重力位于正异常中心附近，异常值 Δg 主要在 $(7\sim8)\times10^{-5}m/s^2$ 之间，Mo 化探位于较分散那的弱正异常浓集中心，异常范围主要在 $(2.2\sim5.1)\times10^{-6}$ 之间，无航磁数据	找矿潜力大

二、综合信息地质体积法估算资源量

（一）典型矿床深部及外围资源量估算

典型矿床矿石小体重、最大延深、品位、资源量数据来源于阿荣旗太平矿业有限公司 2007 年 12 月编写的《内蒙古自治区阿荣旗太平沟矿区铜钼矿普查报告》。矿床面积（$S_{典}$）根据 1∶1 万太平沟钼矿矿区地形地质图圈定（图 5-11），在 MapGIS 软件下读取数据。图 5-12 为太平沟铜钼矿 3 号勘探线地质剖面图，据其钻孔 ZK303 资料矿床最大勘探深度为 574.20m，最大见矿深度为 402.52m，具体数据见表 5-5。

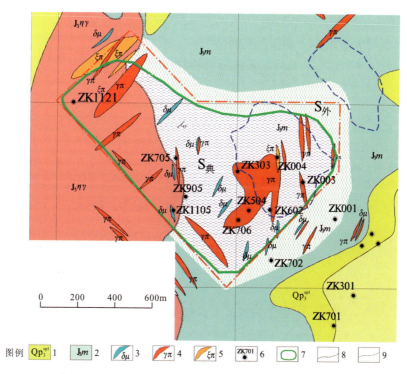

图 5-11　1∶1 万矿区图上矿体聚集区（绿线圈定区域）

1. 第四系；2. 玛尼吐组；3. 闪长玢岩脉；4. 花岗斑岩脉；5. 正长斑岩脉；6. 钻井及井号；7. 矿体聚集区；
8. 角度不整合；9. 地质界线

表 5-5　太平沟式斑岩型铜钼矿深部及外围资源量估算一览表

典型矿床		深部及外围		
已查明钼资源量(t)	19 468	深部	面积(m²)	883 703.91
面积(m²)	883 703.91		深度(m)	100
深度(m)	574.20	外围	面积(m²)	1 301 067.54
品位(%)	0.091		深度(m)	674.20
密度(t/m³)	2.65	预测资源量(t)		37 044.71
体积含矿率(t/m³)	0.000 038 4	典型矿床资源总量(t)		56 512.71

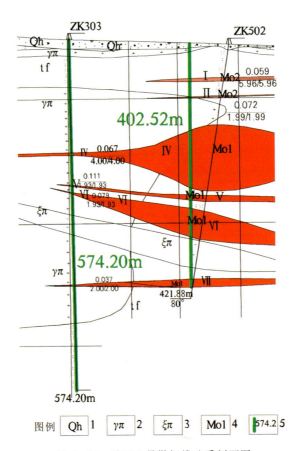

图 5-12 矿区 3 号勘探线地质剖面图
1. 第四系;2. 花岗斑岩;3. 正长斑岩;4. 钼矿体;5. 钻探深度

(二)模型区的确定、资源量及估算参数

该模型区为典型矿床所在的最小预测区。太平沟钼矿典型矿床查明资源量 19 468t,按本次预测技术要求计算模型区资源总量为 56 512.71t。模型区内无其他已知矿点存在,则模型区总资源量等于典型矿床总资源量,模型区面积为依托 MRAS 软件采用少模型工程神经网络法优选后圈定,延深根据典型矿床最大预测深度确定。模型区圈定时参照了含矿建造地质体,因此含矿地质体面积参数为 1。由此计算含矿地质体含矿系数,见表 5-6。

表 5-6 太平沟铜钼矿模型区预测资源量及其估算参数表

编号	名称	模型区总资源量(t)	模型区面积(m^2)	延深(m)	含矿地质体面积(m^2)	含矿地质体面积参数	含矿地质体含矿系数
A1510203001	太平沟矿区	56 512.71	5 880 000	674.2	5 880 000	1	0.000 014 25

(三)最小预测区预测资源量

预测工作区最小预测区资源量定量估算采用地质体积法进行估算。

1. 估算参数的确定

最小预测区面积是依据综合地质信息定位优选的结果;延深的确定是在研究最小预测区含矿地质体地质特征、含矿地质体的形成深度、断裂特征、矿化类型的基础上,并对比典型矿床特征的基础上综合确定的;相似系数的确定,主要依据 MRAS 生成的成矿概率及与模型区的比值,参照最小预测区地质体出露情况、化探和重砂异常规模及其分布、物探解译隐伏岩体分布信息等进行修正。

2. 最小预测区预测资源量估算结果

本次阿荣旗预测工作区预测资源总量为 87 020.02t,其中不包括预测工作区已查明资源总量 19 468t,原林林场预测工作区预测资源总量为 31 857t,详见表 5-7、表 5-8。

表 5-7 阿荣旗预测工作区最小预测区估算成果表

最小预测区编号	最小预测区名称	$S_{预}(km^2)$	$H_{预}$	K_s	$K(t/m^3)$	$Z_{预}(t)$	级别
A1510203001	太平沟北2	5.88	674.2	1		37 044.71	334-1
A1510203002	福德南屯	3.35	350	1		8 353.85	334-3
A1510203003	太平沟北1	0.30	50	1		126.64	334-2
B1510203001	太平沟西北	11.65	450	1		7 469.96	334-3
B1510203002	得力其尔鄂温克民族乡	4.21	400	1		3 599.38	334-3
B1510203003	阿尔拉镇	1.38	150	1		382.76	334-3
B1510203004	宝山镇	0.45	50	1		64.23	334-3
B1510203005	小野户北西	7.53	350	1		4 506.35	334-3
B1510203006	小野户西南	4.51	300	1		2 893.82	334-3
B1510203007	太平沟东北	0.71	80	1		105.52	334-3
B1510203008	查巴奇鄂温克民族乡	0.39	50	1		56.14	334-3
B1510203009	小新力奇南	6.71	400	1		4 586.96	334-3
C1510203001	小新力奇南西	10.05	350	1	0.000 014 25	4 008.93	334-3
C1510203002	小新力奇西南	3.16	350	1		1 420.12	334-3
C1510203003	小新力奇北	2.42	250	1		777.13	334-3
C1510203004	小新力奇北东	0.60	60	1		46.14	334-3
C1510203005	小新力奇北西	0.88	100	1		113.45	334-3
C1510203006	小新力奇东北	3.95	450	1		2 281.27	334-3
C1510203007	小新力奇南东	3.51	400	1		1 798.30	334-3
C1510203008	西路松	2.87	300	1		1 104.77	334-3
C1510203009	八家沟	6.27	550	1		3 932.76	334-3
C1510203010	小野户西	3.03	320	1		1 382.01	334-3
C1510203011	太平沟东	0.42	50	1		30.08	334-3
C1510203012	那克塔镇	0.75	80	1		85.38	334-3
C1510203013	辊窑沟村	2.29	260	1		849.36	334-3

表 5-8 原林林场预测工作区最小预测区估算成果表

最小预测区编号	最小预测区名称	$S_{预}$(km²)	$H_{预}$	K_s	K(t/m³)	$Z_{预}$(t)	资源量级别
A1510203004	四十五公里西北9.5km	7.27	280	1	0.000 014 25	14 486	334-3
A1510203005	三十二公里西4.5km	1.47	280	1		2929	334-3
A1510203006	养路房西北8km	1.03	280	1		1924	334-3
B1510203010	窑地东南3.5km	1.22	150	1		977	334-3
B1510203011	毕力格北3km	1.61	210	1		1805	334-3
B1510203012	三段西南4km	0.69	100	1		399	334-3
B1510203013	三段南17.5km	1.15	140	1		859	334-3
C1510203014	大其哈拉北东8km	1.39	180	1		1002	334-3
C1510203015	红二队	3.89	250	1		2595	334-3
C1510203016	新福村东10km	2.22	230	1		1817	334-3
C1510203017	伊斯罕东南5km	1.5	190	1		1014	334-3
C1510203018	窑地西南13.5km	0.9	120	1		432	334-3
C1510203019	二段西北21km	1.88	215	1		1618	334-3

(四)预测工作区资源总量成果汇总

太平沟铜钼矿预测工作区地质体积法预测资源量,依据资源量级别划分标准,根据现有资料的精度,可划分为334-1、334-2和334-3三个资源量精度级别;根据各最小预测区内含矿地质体、物化探异常及相似系数特征,预测延深参数均在2000m以浅。

根据矿产潜力评价预测资源量汇总标准,太平沟铜钼矿两个预测工作区按精度、预测深度、可利用性、可信度统计分析结果见表5-9。

表 5-9 太平沟铜钼矿预测工作区预测资源量估算汇总表(单位:t)

按深度(t)			按精度			按可利用性		按可信度		
500m以浅	1000m以浅	2000m以浅	334-1	334-2	334-3	可利用	暂不可利用	≥0.75	≥0.5	≥0.25
阿荣旗预测工作区										
77 448.40	87 020.02	87 020.02	37 044.71	126.64	49 848.67	37 044.71	49 975.31	37 044.71	74 619.37	87 020.02
合计:87 020.02			合计:87 020.02			合计:87 020.02		合计:87 020.02		
原林林场预测工作区										
500m以浅	1000m以浅	2000m以浅	334-1	334-2	334-3	可利用	暂不可利用	≥0.75	≥0.5	≥0.25
31 857	31 857	31 857	—	—	31 857	31 857	—	2 533.43	3 104.10	31 857
合计:31 857			合计:31 857			合计:31 857		合计:31 857		

第六章　曹家屯式侵入岩体型钼矿预测成果

第一节　典型矿床特征

一、典型矿床及成矿模式

（一）典型矿床特征

曹家屯钼矿地理坐标范围为东经117°55′14″—117°55′45″,北纬43°51′13″—43°51′39″,行政区划隶属于赤峰市林西县统布镇。

1. 地质背景

本区所处大地构造单元古生代属天山-兴蒙造山系,大兴安岭弧盆系,锡林浩特岩浆弧;中生代属环太平洋巨型火山活动带,大兴安岭火山岩带,突泉-林西火山喷发带,曹家屯中侏罗世—晚侏罗世火山喷发-沉积盆地。

成矿带区划属滨太平洋成矿域(叠加在古亚洲成矿域之上)(Ⅰ-4),大兴安岭成矿省(Ⅱ-12),林西-孙吴Pb-Zn-Cu-Mo-Au成矿带(Ⅲ-6),索伦镇-黄岗铁(锡)、铜、锌成矿亚带(Ⅲ-8-①),黄岗铜钼多金属成矿远景区(Ⅴ-21)。

本区古生代地层区划属华北地层大区,内蒙古草原地层区锡林浩特-磐石地层分区;中新生代属滨太平洋地层区,大兴安岭-燕山地层分区,乌兰浩特-赤峰地层小区。区域内出露的古生代地层主要有下二叠统寿山沟组、中二叠统大石寨组。中生代地层有中侏罗统新民组、上侏罗统满克头鄂博组。新生界为第四系全新统。

区内岩浆活动频繁,侵入岩的分布明显受北东向区域构造控制,呈北东向带状展布,岩浆活动以印支期及燕山期为主。印支期为黑云母花岗岩,燕山早期为二长花岗岩。

区内构造主要为断裂构造带,走向为北东向、北北东向及北北西向,区内古生代地层受北东向构造控制,其中北北东向断裂为矿区内唯一含钼矿断裂构造带。

2. 矿床地质

矿区出露地层有下二叠统寿山沟组粉砂岩、砂砾岩、板岩夹灰岩透镜体等以及第四系全新统松散堆积物。

矿区岩浆岩仅见北东向石英脉,为矿区钼赋矿岩石。区域上为燕山期黑云母花岗岩、花岗闪长岩及花岗斑岩

矿区仅见1条断裂构造,总体走向38°~45°,长约830m,倾向南东,倾角约84°,为压扭性断裂。该断裂为容矿构造。

矿床特征：

矿区仅圈定钼矿体1条——1号矿体，产于砂板岩断裂破碎带中，走向为北东向45°，倾向南东，倾角约84°。沿走向控制长度为320m，厚45.45~11.86m，平均31.45m。沿倾向斜深控制到海拔400m，延深大于600m。矿体呈脉状分布。该矿床为隐伏钼矿，平面上矿体矿化强度及元素不具明显水平分带，在纵向上地表矿化相对较贫，在深部矿化增强。矿体埋深0~520m。

矿石自然类型为块状、浸染状、网脉状石英型钼矿石；矿石工业类型为原生硫化钼矿石。矿石金属矿物主要为辉钼矿、黄铁矿及黄铜矿等；脉石矿物主要为石英。矿石结构以他形粒状、半自形粒状、镶嵌结构为主；矿石构造主要为致密块状、浸染状，次为网脉状、团块状构造。矿区围岩为砂质板岩夹粉砂岩及凝灰质砂岩，局部夹灰岩透镜体。

蚀变带呈线性分布于砂质板岩和砂岩中的破碎带、断裂带内，主要类型有云英岩化、硅化，次为钾长石化、绿泥石化、碳酸盐化、高岭土化及萤石化。云英岩化、硅化及钾长石化与钼矿化关系密切。钼品位0.08%~0.14%（平均0.11%），钼金属量为10 106.66t，资源量级别包括122b+333+(334)?。

3. 矿床成因类型及成矿时代

根据矿化蚀变分布特征及矿石矿物组合，确定曹家屯钼矿成因类型属高-中温热液脉型辉钼矿矿床。成矿时限由于目前没有同位素测年资料，暂定为侏罗纪—白垩纪。

（二）矿床成矿模式

曹家屯钼矿区处于锡林浩特岩浆弧北部边缘地带。矿床属于中-高温热液型脉状矿床，受花岗岩体外接触带板岩层内北东向断裂构造的控制。矿区侵入岩以中酸性岩体为主，为晚侏罗世黑云母二长花岗岩，侵入于二叠系寿山沟地层，上述侵入岩的定位为成矿提供了热动力和部分成矿物质，矿床成矿模式见图6-1。

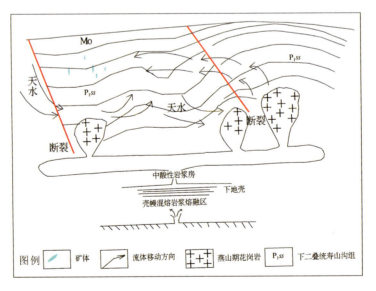

图6-1 曹家屯式高温热液型钼矿成矿模式

二、典型矿床地球物理特征

（一）矿床所在位置航磁特征

区域航磁等值线平面图显示，矿区位于-100~0nT的平稳低磁场中。据1:25万航磁图显示，矿区处在场值为0nT左右的平稳磁场上。1:5万航磁显示,矿区处在场值为40nT圈闭的磁异常上,磁异常走向为北东向(图6-2)。

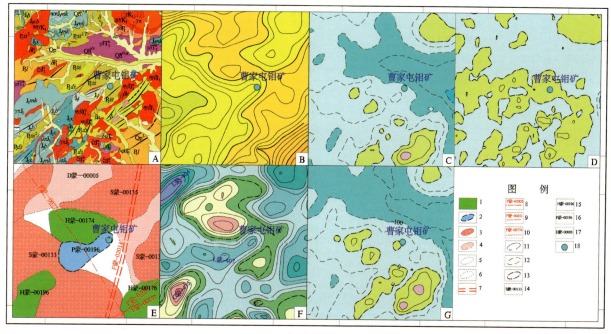

图6-2 曹家屯典型矿床所在区域地质-物探剖析图

A.地质矿产图;B.布格重力异常图;C.航磁ΔT等值线平面图;D.航磁ΔT化极垂向一阶导数等值线平面图;E.重力推断地质构造图;F.剩余重力异常图;G.航磁ΔT化极等值线平面图;1.古生代地层;2.盆地及边界;3.酸性—中酸性岩体;4.出露岩体边界;5.半隐伏岩体边界;6.钼矿点;7.半隐状重力推断一级断裂构造及编号;8.半隐状重力推断二级断裂构造及编号;9.隐伏重力推断三级断裂构造及编号;10.半隐状重力推断三级断裂构造及编号;11.航磁正等值线;12.航磁负等值线;13.零等值线;14.剩余异常编号;15.剩余异常编号;16.酸性—中酸性岩体编号;17.地层编号;18.盆地编号

(二)矿床所在位置区域重力特征

曹家屯所在区域为布格重力异常北东向延伸梯级带,Δg为$(-133\sim-132)\times10^{-5}\,m/s^2$,布格重力由东南到西北逐渐降低。在布格重力异常图上,位于北东走向不规则局部重力低异常的东北部等值线扭曲处,重力异常值Δg为$(-136.00\sim-132.00)\times10^{-5}\,m/s^2$(图6-2)。

矿区出露下二叠统寿山沟组砂板岩和少量侏罗纪二长花岗岩,矿床位于北东向重力解释推断的断裂带上;对应于剩余重力异常图矿区位于G蒙-407负异常北东端间零值线附近靠负值区一侧,剩余重力值为$-3\times10^{-5}\,m/s^2$。G蒙-407号剩余重力异常呈北东向条带状展布,重力值Δg为$5\times10^{-5}\,m/s^2$。重力场特征显示该区域断裂构造以北东向为主。

三、典型矿床地球化学特征

矿床元素组合齐全,主要指示元素为Mo、Cu、Pb、Zn、Ag、Au、As、Sb、W,除Mo异常为等轴状分布外,其余元素异常均呈面状或条带状展布。Mo、Cu、Pb、Zn、Ag、Au、As、Sb、W均有多个浓集中心,异常强度高,浓度分带明显,除Mo、Au异常面积较小外,其余元素异常均呈大面积连续分布。Mo、Cu、Pb、Zn、Ag、As、W浓集中心部位与地层和岩体的接触带、矿体吻合较好,Au、Sb在矿体周围表现出高异常(图6-3)。

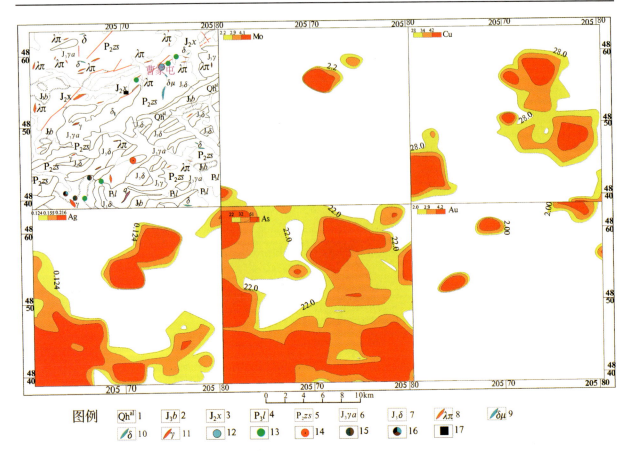

图 6-3 曹家屯典型矿床所在区域地质-化探剖析图

1.第四系全新统冲积;2.上侏罗统白音高老组;3.中侏罗统新民组;4.上二叠统林西组;5.中二叠统哲斯组;6.晚侏罗世角闪花岗岩;7.晚侏罗世闪长岩;8.流纹斑岩脉;9.闪长玢岩脉;10.闪长岩脉;11.花岗岩脉;12.钼矿床;13.铁矿点;14.铬铁矿点;15.铅锌矿点;16.银铅锌矿点;17.煤矿点(化探图单位同前)

四、典型矿床预测模型

根据典型矿床成矿要素和矿区 1∶1 万综合化物探详查资料以及区域化探、重力资料,确定典型矿床预测要素,编制了典型矿床预测要素图。化探、高精度磁测、激电中梯资料以等值线形式标在矿区地质图上;为表达典型矿床所在地区的区域物探特征,利用 1∶50 万航磁 ΔT 等值线平面图、航磁 ΔT 化极等值线平面图、航磁 ΔT 化极垂向一阶导数等值线平面图、布格重力异常图、剩余重力异常图及重力推断地质构造图编制了曹家屯典型矿床所在区域地质矿产及物探剖析图(图 6-3)。

以典型矿床成矿要素图为基础,综合研究重力、航磁、化探、遥感、自然重砂等综合致矿信息,总结典型矿床预测要素表(表 6-1)。

表 6-1 曹家屯侵入岩体型钼矿典型矿床预测要素表

典型矿床预测要素		内容描述			要素类别
	储量	钼金属量:10 106.66t	平均品位	钼:0.08%~0.14%(平均0.11%)	
	特征描述	与上二叠统寿山沟组、燕山期二长花岗岩及北东向断裂构造有关的高温热液型钼矿床			
地质环境	大地构造位置	Ⅰ天山-兴蒙造山系,Ⅰ-1 大兴安岭弧盆系,Ⅰ-1-6 锡林浩特岩浆弧			必要
	成矿环境	与成矿关系密切的为下二叠统寿山沟组砂板岩,对成矿有利的断裂为北东向断裂,区内侵入岩主要为晚侏罗世黑云母花岗岩,为成矿提供热动力条件			必要
	成矿时代	燕山期			必要

续表 6-1

典型矿床预测要素			内容描述		要素类别
储量			钼金属量:10 106.66t	平均品位 钼:0.08%~0.14%(平均0.11%)	
特征描述			与上二叠统寿山沟组、燕山期二长花岗岩及北东向断裂构造有关的高温热液型钼矿床		
矿床特征		矿体形态	矿区仅圈定钼矿体1条:1号矿体,产于砂板岩断裂破碎带中,走向为北东向45°,倾向南东,倾角约84°。沿走向控制长度320m,厚11.86~45.45m,平均31.45m。沿倾向斜深控制到海拔400m,延深大于600m。矿体呈脉状分布		次要
		岩石类型	砂质板岩、砂岩及脉石英		重要
		岩石结构	微细粒鳞片粒状变晶结构、砂状结构及隐晶质结构		次要
		矿物组合	辉钼矿、黄铁矿及黄铜矿		重要
		结构构造	矿石结构以他形粒状、半自形粒状、镶嵌结构为主;矿石构造主要为致密块状、浸染状,次为网脉状、团块状构造		次要
		蚀变特征	围岩蚀变沿矿化蚀变带呈线性分布,见于砂质板岩和砂岩中的破碎带、断裂带内,主要有云英岩化、硅化,次为钾长石化、绿泥石化、碳酸盐化、高岭土化及萤石化。云英岩化、硅化及钾长石化与钼矿化关系密切		必要
		控矿条件	北东向断裂构造控制矿体规模和定位,黑云母二长花岗岩提供成矿物质和热动力条件,围岩地层提供金属元素和赋存空间		必要
地球物理与地球化学特征	地球物理特征	重力	矿床位于北东走向不规则局部重力低异常东北部等值线扭曲处。布格重力异常值 Δg 为 $(-136.00~-132.00)\times10^{-5}m/s^2$。在剩余重力异常图上,矿床位于北东走向的椭圆状负异常上,剩余重力异常最小值 $\Delta g_{min}=5.34\times10^{-5}m/s^2$		次要
		航磁	航磁化极等值线平面图上,矿床位于航磁正负磁异常过渡带负磁异常一侧,异常值在 $-50~0nT$ 之间		重要
	地球化学特征		矿床所在区域钼异常三级浓度分带,异常值 $(2.2~13.9)\times10^{-6}$		重要

第二节 预测工作区研究

一、区域地质特征

(一)成矿地质背景

本区大地构造位置处于天山-兴蒙造山系,大兴安岭弧盆系,锡林浩特岩浆弧。中生代属环太平洋巨型火山活动带、大兴安岭火山岩带、突泉-林西火山喷发带、曹家屯中侏罗世—晚侏罗世火山喷发-沉积盆地。

区内出露的地层为古元古界宝音图岩群黑云斜长片麻岩夹少量片岩及变粒岩;石炭系本巴图组杂砂岩、长石砂岩夹含砾砂岩及灰岩,阿木山组海相碎屑岩碳酸盐沉积及二叠系寿山沟组、大石寨组、哲斯组、林西组;上侏罗统玛尼吐组中基性喷出岩呈角度不整合覆盖在二叠系之上,上侏罗统白音高老组酸性火山碎屑岩,其上被下白垩统砾岩呈不整合覆盖。

区内与曹家屯钼矿关系密切的地层主要为二叠系寿山沟组,岩石类型主要是黄灰色、灰色、黑色砾岩、含砾砂岩、粉砂质板岩、粉砂质泥岩、杂砂岩、粉砂岩、细粒长石石英岩夹灰岩。依岩性组合及化石特征,属滨浅海-半深海相沉积。

区内岩浆活动频繁,主要有泥盆纪基性—超基性岩,石炭纪石英闪长岩,二叠纪角闪辉长岩,三叠纪中细粒黑云花岗岩、中-晚侏罗世二长花岗岩、花岗斑岩及白垩纪石英斑岩等浅成斑岩体。区内脉岩发育,主要有花岗细晶岩脉、细粒花岗岩脉及石英脉等。中-晚侏罗世黑云母二长花岗岩为成矿提供了热动力条件。

区内褶皱及断裂构造极为发育。其中与曹家屯钼矿有直接关系的是北东向断裂构造。

(二) 区域成矿模式

本预测工作区位于林西-孙吴 Pb-Zn-Cu-Mo-Au 成矿带(Ⅲ-6)上,该区与二叠纪火山-沉积岩系及燕山期酸性侵入岩有关的斑岩型-矽卡岩型-热液型铜钼多金属矿成矿系列区域成矿模式见图 6-4。

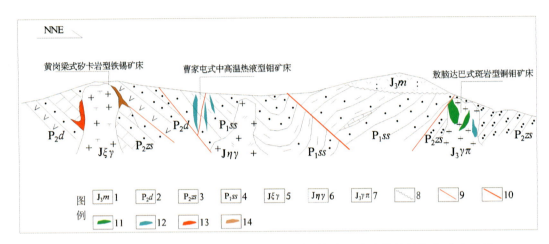

图 6-4 弧盆区与二叠纪火山-沉积岩系及燕山期酸性侵入岩有关的斑岩型-矽卡岩型-
热液型铜钼多金属矿成矿系列区域成矿模式

1. 上侏罗统满克头鄂博;2. 中二叠统大石寨组;3. 中二叠统哲斯组;4. 下二叠统寿山沟组;5. 侏罗纪正长花岗岩;6. 侏罗纪二长花岗岩;7. 晚侏罗世花岗斑岩;8. 喷发不整合界线;9. 断层;10. 大断裂;11. 铜矿体;12. 钼矿体;13. 铁矿体;14. 锡矿体

二、区域地球物理特征

(一) 磁法

锡林浩特-阿鲁科尔沁旗拜仁达坝地区曹家屯式热液型钼矿预测工作区范围为东经 $116°00'—120°00'$,北纬 $43°20'—45°10'$。在 1∶10 万航磁 ΔT 等值线平面图上,预测工作区磁异常幅值范围为 $-625 \sim 1875$ nT,背景值为 $-100 \sim 100$ nT;其间分布着许多磁异常,磁异常形态杂乱,正负相间,多为不规则带状、片状或团状,预测区东南部和东北部磁异常较多,纵观预测工作区磁异常轴向及 ΔT 等值线延伸方向,以北东向为主,磁场特征显示预测工作区构造方向以北东向为主。花敖包特式热液型银铅锌矿位于预测区东北部。曹家屯钼矿位于预测区中部,处在 25nT 的低缓正磁异常中。

预测区内断裂构造走向主要呈北东向,与磁异常区排列走向一致,磁场标志主要为不同磁场区分界线和磁异常梯度变化带。预测区内的磁异常以西北和东南部杂乱磁异常区为主,综合地质情况,这些磁异常区主要为大面积分布的火山岩、侵入岩体和少部分蚀变带引起,其中在预测区北部和西北角有部分异常解释推断为超基性岩体。

综合分析磁场特征和地质情况,通过磁异常解释推断,在本预测区共推断断裂 32 条,中酸性岩体 40 个,火山岩地层 24 个,中基性岩体 3 个,超基性岩体 3 个,火山构造 2 个。与成矿有关的断裂 1 条,走向为北西向,位于预测工作区中部,另有侵入岩体 1 个。

(二) 重力

预测区位于纵贯全国东部地区的大兴安岭-太行山-武陵山北北东向巨型重力梯度带与大兴安岭主

脊重力低值带之间。区域重力场基本为北北东走向的重力梯级带,其上叠加局部重力等值线近东西向同向扭曲,总体反映东南部重力高、西北部重力低的特点。区域重力场最低值-148.63×10^{-5} m/s², 最高值-19.60×10^{-5} m/s²。在剩余重力图中反映出剩余重力正、负异常相间排列的特点。剩余重力正负异常呈条带状和椭圆状。

预测区沿克什克腾旗—霍林郭勒市一带布格重力异常总体反映重力低异常带,异常带走向北北东,呈宽条带状。在重力低异常带上叠加着许多局部重力低异常。地表断断续续出露不同期次的中-新生代花岗岩体,推断该重力低异常带由中酸性岩浆岩活动区(带)引起。局部重力低异常是花岗岩体和次火山热液活动带所致。

预测区内规模较大的条带状剩余重力正异常,推断为古生代地层引起。不规则椭圆状剩余重力正异常,多为超基性岩或超基性岩与古生代地层共同引起。规模较小的不规则条带状剩余重力负异常多由中新生代盆地引起。

依据布格力重力梯度带的展布、局部重力高与重力低相间排列、重力等值线同向扭曲等特点,推测预测工作区内主要断裂构造中,北东走向的艾里格庙-锡林浩特断裂(编号为F蒙-02007)从西北部通过。北北东走向乌兰哈达-林西断裂(编号为F蒙-02011)通过测区中部。

预测区内多处矿床点均位于剩余重力负异常边部或正负异常交界处零等值线上,这应是寻找曹家屯式岩浆热液型钼矿的有利靶区。

在该区截取一条横穿已知矿床的重力剖面进行2.5D反演计算,推断岩体的空间形态,花岗岩体以缓倾斜角度侵入于古生代地层中,最大延深达4km。

预测工作区内推断解释断裂构造181条,中-酸性岩体28个,基性—超基性岩体12个,地层单元46个,中-新生代盆地49个。

三、区域地球化学特征

区域上分布有Mo、As、Sb、Pb、Zn、Ag、W等元素组成的高背景区带,在高背景区带中有以Mo、As、Sb、Pb、Zn、Ag、W、Cu、U为主的多元素局部异常。预测区内共有139个Mo异常,281个Ag异常,169个As异常,190个Au异常,194个Cu异常,200个Pb异常,184个Sb异常,133个U异常,214个W异常,192个Zn异常。

预测区Mo、Au异常分布很广,但面积较小,多呈串珠状展布;Zn、Ag、As、Sb、W异常在预测区内大面积连续分布,异常强度高,浓度分带和浓集中心明显;Cu、Pb、U异常分布仍较广,仅少数异常面积较大,多数呈串珠状展布,异常强度高,浓度分带和浓集中心明显。曹家屯典型矿床与Mo、Cu、Pb、Zn、Ag、As、W异常吻合较好。

预测区内规模较大的Mo局部异常上,Cu、Pb、Zn、Ag、W、Sb等主要成矿元素及伴生元素在空间上相互重叠或套合,其中元素异常套合较好的编号为Z-1、Z-2。Z-1内异常元素Mo、Cu、Pb、Zn、Ag、W、Sb相互套合,Mo、Pb、Ag、Sb呈同心环状,Cu、Zn、W异常面积很大,呈不规则状包围在外圈,Au异常较小,围绕在同心环状周围;Z-2内异常元素Mo、Pb、Zn、Ag、W、As相互套合,Pb、Zn、Ag呈同心环状,W、As呈条带状,Sb、U为外带元素。

四、区域遥感影像及解译特征

预测工作区内通过遥感解译共解译出大型构造25条,由西到东依次为嘎尔迪布楞-芒罕乌罕构造、白音乌拉-乌兰哈达断裂带、锡林浩特北缘断裂带、锡林浩特北缘断裂带、扎鲁特旗深断裂带、巴彦乌拉嘎查-塔里亚托构造、翁图苏木-沙巴尔诺尔断裂带、新林-白音特拉断裂带、白音乌拉-乌兰哈达断裂带、大兴安岭主脊-林西深断裂带、新木-奈曼旗断裂带、额尔格图-巴林右旗断裂带、额尔敦宝拉格嘎查-那杰嘎查近东西向断裂、图力嘎以东构造、宝日格斯台苏木-宝力召断裂带、嫩江-青龙河断裂带,除新木-奈曼旗断裂带、宝日格斯台苏木-宝力召断裂带沿北西向分布外,其他大型构造走向基本为近北东方向,不同方向的大型构造在区域内相交错断,形成多处三角形及四边形构造,部分构造带交会处成为错断密集区,总体构造格架清晰。

本区域内共解译出中小型构造499条,其中,中型构造走向基本为近北东方向,与大型构造格架基本相同,与大型构造相互作用明显,其主要分布在北东向的锡林浩特北缘断裂带与额尔格图-巴林右旗断裂带之间的区域,形成构造密集区。

本预测工作区内的环形构造密集,共解译出环形构造248个,其成因为:中生代花岗岩类引起的环形构造、古生代花岗岩类引起的环形构造、与隐伏岩体有关的环形构造、基性岩类引起的环形构造、构造穹隆或构造盆地、火山机构或通道等。环形构造主要分布在该区域的中部及东部地区,西部相对较少。区域中的与隐伏岩体有关的环形构造在相对集中的几个区域中集合分布,且大型构造带的交会断裂处及大中型构造形成的构造群附近多有环状要素出现。

本预测区的羟基异常在西部及中部分布较多,东部相对较零散,异常基本分布在锡林浩特北缘断裂带两侧及大兴安岭主脊——林西深断裂带走向两侧的较大区域,东部的扎鲁特旗断裂带两侧有片状异常区分布。铁染异常主要在中部地区分布,中部的西南方向和东北方向有相对密集的块状异常区。

五、区域预测模型

预测工作区区域预测要素图以区域成矿要素图为基础,综合研究化探、重力、航磁、遥感、自然重砂等综合致矿信息,总结区域预测要素表(表6-2),并将综合信息各专题异常曲线全部叠加在成矿要素图上,并将物探及遥感解译或解释的线环形构造及隐伏地质体表示于预测底图上,形成预测工作区预测要素图(图6-5)。

表6-2 曹家屯高温热液型钼矿区域预测要素表

区域成矿要素		内容描述	要素类别
地质环境	大地构造位置	Ⅰ天山-兴蒙造山系,Ⅰ-1大兴安岭弧盆系,Ⅰ-1-6锡林浩特岩浆弧	必要
	成矿区(带)	成矿带区划属Ⅰ-4滨太平洋成矿域(叠加在古亚洲成矿域之上),Ⅱ-12大兴安岭成矿省,Ⅲ-6林西-孙吴Pb-Zn-Cu-Mo-Au成矿带,Ⅲ-8-①索伦镇-黄岗铁(锡)、铜、锌成矿亚带,Ⅴ-21黄岗铜钼多金属成矿远景区	必要
	区域成矿类型及成矿期	燕山期高温热液型	必要
控矿地质条件	赋矿地质体	下二叠统寿山沟组砂板岩	重要
	控矿侵入岩	晚侏罗世黑云母二长花岗岩	重要
	主要控矿构造	北东向断裂和褶皱构造控制矿体规模和定位	必要
区内相同类型矿点		区内5个同类型矿床、矿(化)点	重要
地球物理特征	重力异常	矿床所在区域重力场基本为北北东走向的重力梯级带,其上叠加局部重力等值线近东西向同向扭曲,总体反映东南部重力高、西北部重力低的特点。区域重力场最低值-148.63×10^{-5} m/s^2,最高值-19.60×10^{-5} m/s^2	重要
	航磁异常	航磁化极等值线平面图上,矿床位于航磁正负磁异常过渡带负磁异常一侧,异常值在$-50\sim0$nT之间	重要
地球化学特征		矿床所在区域钼异常三级浓度分带,异常值$(2.2\sim13.9)\times10^{-6}$	重要
遥感特征		遥感解译线性构造发育,铁染及羟基异常	次要

第六章 曹家屯式侵入岩体型钼矿预测成果

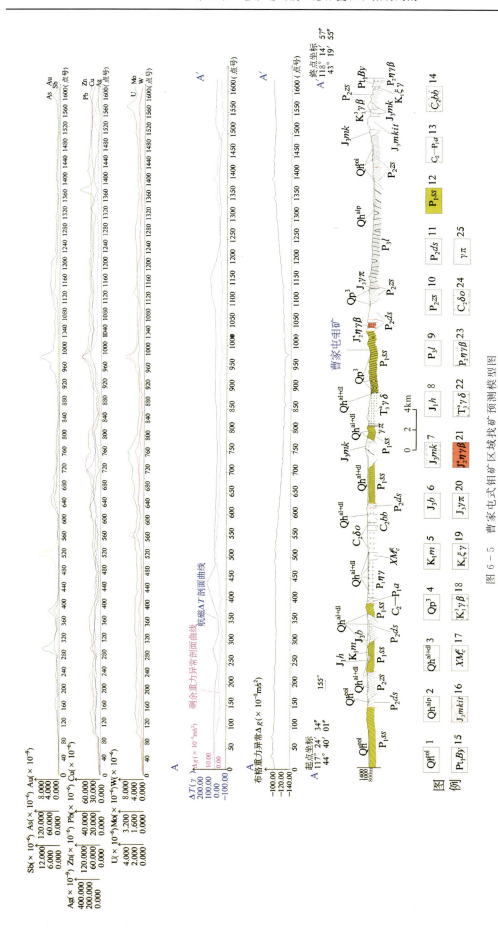

图 6-5 曹家屯式钼矿区域找矿预测模型图

第三节 矿产预测

一、综合地质信息定位预测

（一）变量提取及优选

根据典型矿床及预测工作区研究成果，进行综合信息预测要素提取，本次选择网格单元法作为预测单元，本次预测底图比例尺为1：10万，利用规则网格单元作为预测单元，网格单元大小为1.0km×1.0km。

地质体、断层、遥感环要素进行单元赋值时采用区的存在标志；化探、剩余重力、航磁化极则求起始值的加权平均值，在变量二值化时利用异常范围值人工输入变化区间。

（二）最小预测区圈定及优选

本次利用证据权重法，采用1.0km×1.0km规则网格单元，在MRAS2.0下进行预测区的圈定与优选。然后在MapGIS下，形成预测单元图，根据优选结果圈定成为不规则形状。

（三）最小预测区圈定结果

本次工作共圈定37个最小预测区，其中A级区4个、B级区22个、C级区11个（表6-3，图6-6）。

表6-3 曹家屯侵入岩体型钼矿最小预测区一览表

最小预测区编号	最小预测区名称	面积(km²)	级别
A1510205001	曹家屯	37.0	A
A1510205002	大营子南沟北	27.37	A
A1510205003	四方城乡	41.86	A
A1510205004	萨如拉宝拉格嘎查北东	45.96	A
B1510205001	唐斯格嘎查北西	15.68	B
B1510205002	哈日敖包图南东	17.63	B
B1510205003	西哈布其拉	55.89	B
B1510205004	罕山林场	33.13	B
B1510205005	敖拉根吐	51.70	B
B1510205006	巴彦乌拉西	36.04	B
B1510205007	浩布高嘎查北	36.79	B
B1510205008	哈日诺尔嘎查北西	13.01	B
B1510205009	查干额日格嘎查	14.60	B
B1510205010	乌兰达坝苏木	11.70	B
B1510205011	白音诺尔镇北西	26.52	B

续表 6-3

最小预测区编号	最小预测区名称	面积（km²）	级别
B1510205012	道伦达坝苏木	32.18	B
B1510205013	墨家沟	15.98	B
B1510205014	大坝东沟	41.12	B
B1510205015	萨仁图嘎查	54.08	B
B1510205016	曹家屯南东	53.40	B
B1510205017	巴林刹拉沟里	19.02	B
B1510205018	熊沟	38.35	B
B1510205019	罕苏木苏木南西	21.51	B
B1510205020	致富村	20.36	B
B1510205021	塔布沟	19.76	B
B1510205022	枕头沟村	20.27	B
C1510205001	伊和格勒	17.06	C
C1510205002	宝尔巨日合嘎查北西	20.41	C
C1510205003	扎格斯台嘎查	14.25	C
C1510205004	疏图嘎查东	10.63	C
C1510205005	骆驼井子村	7.79	C
C1510205006	乌兰绍荣	26.78	C
C1510205007	古尔班沟南	32.85	C
C1510205008	西沟	15.71	C
C1510205009	舍尔吐村	33.98	C
C1510205010	哈布其拉嘎查	10.70	C
C1510205011	马鞍山村西	25.75	C

（四）最小预测区地质评价

在含矿建造及构造研究的基础上，本次所圈定的37个最小预测区中90%的面积小于50km²，各级别面积分布合理，依据本区成矿地质背景，A级区绝大多数分布于已知矿床外围或化探三级浓度分带区且有已知矿点，存在或发现钼矿产地的概率较高，具有一定的可信度。最小预测区圈定结果表明，预测区总体与区域成矿地质背景、化探异常、航磁异常、剩余重力异常、遥感铁染异常吻合程度较好。

因此，所圈定的最小预测区，特别是A级最小预测区具有较好的找矿潜力。

二、综合信息地质体积法估算资源量

（一）典型矿床深部及外围资源量估算

曹家屯钼矿查明资源量、矿石体重及钼品位数据，均来源于林西县红林矿业有限责任公司、内蒙古天信地质勘查开发有限责任公司于2008年9月编写的《内蒙古自治区林西县曹家屯矿区钼矿生产详查

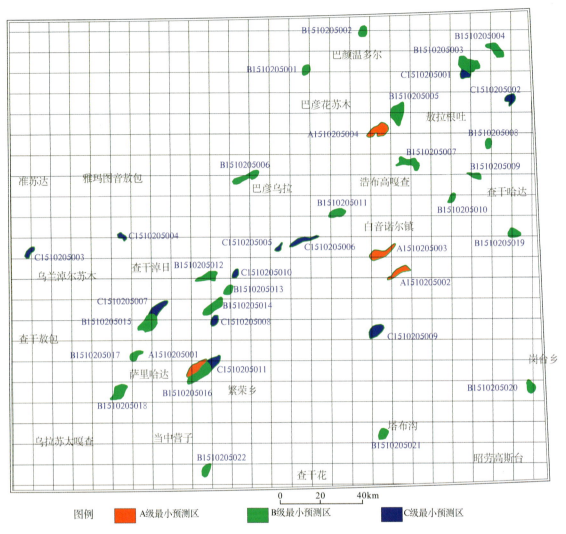

图 6-6 曹家屯式钼矿拜仁达坝预测工作区最小预测区圈定结果

报告》。

矿床面积的确定是根据 1∶1 万曹家屯钼矿矿区地形地质图及见矿钻孔位置,各个矿体组成的包络面面积,实际矿床面积相当于地表破碎带面积,该矿区矿体绝大多数为隐伏矿,矿体延深依据主矿体 2 号勘探线剖面确定。曹家屯钼矿典型矿床深部及外围资源量估算参数及结果见表 6-4。

表 6-4 曹家屯钼矿典型矿床深部及外围资源量估算一览表

典型矿床		深部及外围		
已查明资源量(t)	10 106.66	深部	面积(m^2)	14 080.0
面积(m^2)	14 080.0		深度(m)	221
深度(m)	310	外围	面积(m^2)	1 896.1
品位(%)	0.11		深度(m)	531
密度(t/m^3)	2.68	预测资源量(t)		9 472.57
体积含矿率(t/m^3)	0.002 3	典型矿床资源总量(t)		19 579.23

(二)模型区的确定、资源量及估算参数

模型区为典型矿床所在的最小预测区。曹家屯典型矿床查明资源量 10 106.66t,按本次预测技术要求计算模型区资源总量为 19 579.23t。模型区内无其他已知矿点,则模型区总资源量等于典型矿床总资源量,模型区面积为依托 MRAS 软件采用少模型工程神经网络法优选后圈定,延深根据典型矿床最大预测深度确定。模型区圈定时参照了含矿建造地质体,因此,含矿地质体面积参数为1。由此计算含矿地质体含矿系数,见表 6-5。

表 6-5 曹家屯钼矿模型区预测资源量及其估算参数表

编号	名称	模型区总资源量(t)	模型区面积(km²)	延深(m)	含矿地质体面积(km²)	含矿地质体面积参数	含矿地质体含矿系数
A1510205001	曹家屯	19 579.23	37.0	531	14.8	0.40	0.000 002

(三)最小预测区预测资源量

曹家屯钼矿预测工作区最小预测区资源量定量估算采用地质体积法进行估算。

1. 估算参数的确定

最小预测区面积是依据综合地质信息定位优选的结果;延深的确定是在研究最小预测区含矿地质体地质特征、含矿地质体的形成深度、断裂特征、矿化类型的基础上,并对比典型矿床特征的基础上综合确定的;相似系数的确定,主要依据 MRAS 生成的成矿概率及与模型区的比值,参照最小预测区地质体出露情况、化探及重砂异常规模及分布、物探解译隐伏岩体分布信息等进行修正。

2. 最小预测区预测资源量估算结果

根据最小预测区资源量预测结果,本次预测资源总量为 156 428t,不包括预测工作区已查明资源总量 10 106.66t,详见表 6-6。

表 6-6 曹家屯钼矿拜仁达坝预测工作区最小预测区估算成果

最小预测区编号	最小预测区名称	$S_{预}$(km²)	$H_{预}$(m)	$K_س$	K(t/m³)	α	$Z_{预}$(t)	资源量级别
A1510205001	曹家屯	37.0	626.0	0.40		1	9473	334-1
A1510205002	大营子南沟北	27.37	400	0.46		0.5	5036	334-2
A1510205003	四方城乡	41.86	600	0.35		0.5	8791	334-2
A1510205004	萨如拉宝拉格嘎查北东	45.96	500	0.28		0.6	7721	334-2
B1510205001	唐斯格嘎查北西	15.68	300	0.2		0.4	753	334-3
B1510205002	哈日敖包图南东	17.63	350	0.23	0.000 002	0.4	1135	334-3
B1510205003	西哈布其拉	55.89	300	0.2		0.4	2683	334-3
B1510205004	罕山林场	33.13	350	0.2		0.4	1855	334-3
B1510205005	敖拉根吐	51.70	300	0.3		0.5	4653	334-3
B1510205006	巴彦乌拉西	36.04	400	0.7		0.7	14 128	334-3
B1510205007	浩布高嘎查北	36.79	300	0.45		0.4	3973	334-3

续表6-6

最小预测区编号	最小预测区名称	$S_{预}(km^2)$	$H_{预}(m)$	K_s	$K(t/m^3)$	α	$Z_{预}(t)$	资源量级别
B1510205008	哈日诺尔嘎查北西	13.01	200	0.3		0.4	624	334-3
B1510205009	查干额日格嘎查	14.60	400	0.3		0.3	1051	334-3
B1510205010	乌兰达坝苏木	11.70	400	0.4		0.6	2246	334-3
B1510205011	白音诺尔镇北西	26.52	400	0.6		0.6	7638	334-3
B1510205012	道伦达坝苏木	32.18	500	0.45		0.7	10 137	334-3
B1510205013	墨家沟	15.98	300	0.75		0.6	4315	334-3
B1510205014	大坝东沟	41.12	300	0.35		0.6	5181	334-3
B1510205015	萨仁图嘎查	54.08	200	0.65		0.55	7733	334-3
B1510205016	曹家屯南东	53.40	300	0.8		0.7	17 942	334-3
B1510205017	巴林刹拉沟里	19.02	400	0.9		0.7	9586	334-3
B1510205018	熊沟	38.35	300	0.3		0.5	3452	334-3
B1510205019	罕苏木苏木南西	21.51	400	0.2		0.4	1377	334-3
B1510205020	致富村	20.36	200	0.25	0.000 002	0.3	611	334-3
B1510205021	塔布沟	19.76	300	0.3		0.3	1067	334-3
B1510205022	枕头沟村	20.27	300	0.2		0.3	730	334-3
C1510205001	伊和格勒	17.06	400	0.15		0.3	614	334-3
C1510205002	宝尔巨日合嘎查北西	20.41	500	0.15		0.3	918	334-3
C1510205003	扎格斯台嘎查	14.25	400	0.2		0.3	684	334-3
C1510205004	疏图嘎查东	10.63	500	0.6		0.4	2551	334-3
C1510205005	骆驼井子村	7.79	300	0.7		0.3	982	334-3
C1510205006	乌兰绍荣	26.78	500	0.65		0.3	5222	334-3
C1510205007	古尔班沟南	32.85	200	0.8		0.3	3154	334-3
C1510205008	西沟	15.71	300	0.12		0.3	339	334-3
C1510205009	舍尔吐村	33.98	400	0.2		0.3	1631	334-3
C1510205010	哈布其拉嘎查	10.70	500	0.35		0.4	1498	334-3
C1510205011	马鞍山村西	25.75	200	0.8		0.6	4944	334-3

(四)预测工作区资源总量成果汇总

曹家屯钼矿预测工作区地质体积法预测资源量,依据资源量级别划分标准,根据现有资料的精度,划分为334-1、334-2和334-3三个资源量精度级别;根据各最小预测区内含矿地质体、物化探异常及相似系数特征,预测延深参数均在2000m以浅。

根据矿产潜力评价预测资源量汇总标准,曹家屯钼矿预测工作区按精度、预测深度、可利用性、可信度统计分析结果见表6-7。

表 6-7 曹家屯钼矿预测工作区预测资源量估算汇总表（单位：t）

按深度			按精度			按可利用性		按可信度		
500m 以浅	1000m 以浅	2000m 以浅	334-1	334-2	334-3	可利用	暂不可利用	≥0.75	≥0.5	≥0.25
153 056	156 428	156 428	9473	21 548	125 407	30 098	126 330	9473	18 261	130 625
合计：156 428			合计：156 428			合计：156 428		合计：156 428		

第七章　大苏计式侵入岩体型钼矿预测成果

第一节　典型矿床特征

一、典型矿床及成矿模式

(一)典型矿床特征

大苏计中型斑岩型钼矿床位于内蒙古自治区乌兰察布市卓资县南东 26km，地理坐标为东经 112°42′30″—112°44′00″，北纬 40°43′00″—40°44′30″。

1. 矿区地质

该矿区处于北东东向大榆树复背斜东倾伏端。

矿区内出露基底地层为太古宇集宁岩群矽线榴石片麻岩，上覆新近系和第四系黄土。集宁岩群下部片麻岩组岩性为石榴黑云斜长片麻岩，由于区域变质作用和混合岩化作用的影响，局部变质程度达麻粒岩相。新近系为上新统汉坝组玄武岩。第四系为风成黄土及残坡积物。

区内侵入岩为太古宙晚期碎裂榴石斜长花岗岩。印支期—燕山晚期浅成-超浅成侵入体，其岩性和侵位次序从早到晚有石英斑岩、花岗斑岩、正长花岗岩。其次有零星分布的辉绿岩脉和石英岩脉等脉岩体(图 7-1)。

钼矿体赋存于斑岩体顶部和接触带，尤以石英斑岩体和正长花岗岩(正长花岗斑岩)体的矿化较为发育，而正长花岗岩为成矿期岩体。由于赋矿岩体即燕山晚期浅成-超浅成侵入体为向南东侧伏的岩柱状，侧伏岩柱上部及其与围岩接触带整体矿化，钼矿体形成厚大的透镜状，矿化最集中的部位与绢英岩化蚀变相吻合，矿化的连续性较好，以细脉浸染状钼矿体为主，矿石的主要金属矿物组成简单(图 7-2)。

2. 矿床地质

钼矿体赋存于燕山晚期浅成-超浅成侵入体石英斑岩、正长花岗斑岩及其接触带，围岩蚀变规模较大，蚀变类型有硅化、高岭土化、绢云母化、绢英岩化、云英岩化、绿帘石化、黄铁矿化、褐铁矿化、锰矿化等。

目前在勘查区内仅发现Ⅰ号钼矿体。

Ⅰ号钼矿体由 6 个探槽和 24 个钻孔控制，上部为氧化矿石，深部为硫化矿石，氧化带界线清晰，随地形略有起伏，总体上较为平缓，氧化带深度在 45～130m 之间。地表出露范围较小，深部增大。

氧化矿地表局部出露，下部变大，工程控制东西长 320m，南北宽 160～280m。厚 3.45～77.00m，平均厚度 34.15m，厚度变化系数 73%。矿体品位 0.060%～0.132%，全钼平均含量 0.098%，品位变化系数 56.6%。其中氧化钼含量为 88.24%～97.78%，一般均大于 90%，硫化钼含量 2.22%～11.76%，一般均小于 10%，若用全钼中硫化钼含量来衡量，硫化钼含量小于 0.0098%，构不成矿体。

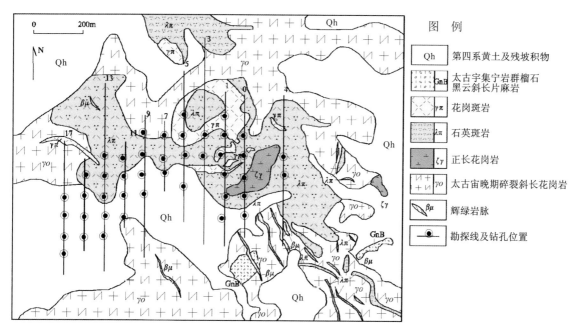

图 7-1 大苏计斑岩型钼矿床地质略图（据矿区资料修编）

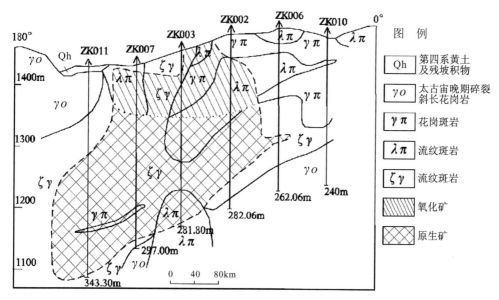

图 7-2 卓资县大苏计斑岩型钼矿 0 勘探线剖面图（据矿区资料修编）

硫化矿沿走向东西最长 480m，倾向延深中间最大为 440m，东西两侧变小，最小为 80m。垂直厚度沿矿体倾向延深而增大，上部及东西两侧较薄，为 4.00～34.99m，下部厚度 243.86m，平均垂直厚度 108.80m。平均真厚度 94.00m。按总体倾角 30°计算，真厚度 4.00～211.20m，硫化矿沿东西走向，垂直厚度从中间上百米向两侧逐渐变薄，尤以其东侧变化幅度较大，趋于尖灭，西侧垂直厚度也逐渐减少到 24.01～59.24m。硫化矿沿走向和倾向的连续性好，无明显的成矿后断裂，矿体连接对比的可靠程度较高，厚度变化系数为 68%，较稳定。

硫化矿品位 0.074%～0.246%，平均品位 0.127%，品位变化系数 43.8%，品位变化均匀。

此外，在Ⅰ号勘探线 ZK110 钻孔于孔深 136.55～136.98m 处发现一方铅矿脉，垂直厚度 0.43m，轴心角45°,真厚0.30m,因单孔控制其他工程均未见铅矿化,被后期脉状充填,很难构成工业矿体。

矿石特征:按矿石性质分为氧化矿石和硫化矿石。

矿石矿物成分及结构构造:氧化带深度在45~130m之间,氧化带中氧化钼矿石为交代结构,空洞状构造、浸染状构造。主要矿物成分为褐铁矿、钼华、石英、高岭土和长石。矿石平均品位0.098%。原生带中的硫化钼矿石,为半自形—他形晶结构、交代结构,细脉-浸染状构造。

金属矿物主要为辉钼矿、黄铁矿、褐铁矿、黑钨矿、闪锌矿等,非金属矿物为石英、长石、高岭土、云母、锆石、磷灰石等,矿物种类简单,其含量测定结果见表7-1。

表7-1 矿物含量测定结果

金属矿物	含量(%)	非金属矿物	含量(%)
黄铁矿	1.48	石英	57.75
辉钼矿	0.17	长石、高岭土	32.40
褐铁矿	0.81	云母及其他	7.30
黑钨矿	0.08		
闪锌矿等	0.01		
合计	2.55	合计	97.45

硫化矿石中主要金属矿物为辉钼矿、黄铁矿、褐铁矿。3种矿物占总金属矿物的96%,其中辉钼矿占6%、黄铁矿占58%、褐铁矿占32%。

辉钼矿主要呈细粒状产出,镜下呈片状,单颗细粒状,主要分布在2~5mm宽的石英细脉边部或其中,粒度多在0.037~0.01mm之间,占含量的63.7%。小于0.01mm的占86%,主要赋存于石英脉中。

褐铁矿是主要金属氧化物,占0.81%,交代黄铁矿而成,呈黄铁矿假象,主要嵌布在矿物颗粒间,呈星散状分布。

黄铁矿呈半自形—他形晶粒状产出,主要产在脉石粒间,被褐铁矿交代,与其他金属矿物连生不密切,但见有很少量的黄铁矿散布在石英脉边部与辉钼矿连生。黄铁矿在矿石中粒度比较均匀,多在0.037~0.071mm之间,占黄铁矿含量的70.7%,呈浸染状分布。

金属矿物的生成顺序,黄铁矿为贯通矿物,辉钼矿居中,氧化矿物晚于辉钼矿。

矿石的化学成分:矿石的有用组分为,硫化矿钼平均品位0.127%,氧化矿石平均品位0.098%。伴生有益组分甚微,达不到综合利用要求。

3. 矿床成因及成矿时代

含矿岩系为浅成斑岩体,矿石类型为细脉浸染型,矿床成因类型为斑岩型。通过对含辉钼石英斑岩中采集的辉钼矿样品进行Re-Os同位素年龄测定(张彤等,2009),获得辉钼矿Re-Os等时线年龄为222.5±3.2Ma,模式年龄变化于224.6±3.4~222.1±3.2Ma之间,表明辉钼矿形成时代为晚三叠世。该辉钼矿Re-Os同位素年龄值反映华北陆块北缘存在着印支期成矿地质作用。

(二)矿床成矿模式

大地构造位置属华北陆块区狼山-阴山陆块(大陆边缘岩浆弧Pz_2)固阳-兴和陆核;中生代属环太平洋巨型火山活动带、大兴安岭火山岩带、李清地-明星沟火山喷发带、明星沟晚侏罗世—早白垩世火山断陷盆地,赋矿岩石为三叠纪石英斑岩、正长花岗(斑)岩,钼矿的北西向断裂构造是矿区控制含矿斑岩体的主导构造,其控矿构造有两套:一是斑岩体顶部碎裂构造带;二是斑岩体接触角砾岩构造带。大苏计式斑岩型钼矿床为陆块区与印支期浅成中酸性斑岩体有关的斑岩型钼矿床,其成矿模式见图7-3。

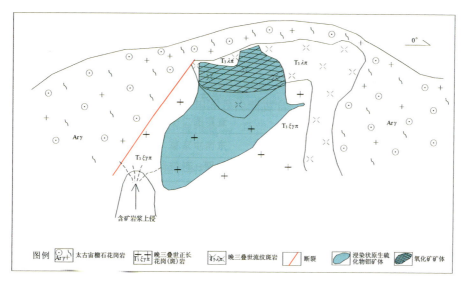

图 7-3 大苏计式斑岩型钼矿床成矿模式

二、典型矿床地球物理特征

（一）矿床所在位置航磁特征

据 1:2.5 万航磁平面等值线图显示，北西部表现为正磁场，南部表现为负磁场。

（二）矿床所在区域重力特征

由布格重力异常等值线平面图可知，大苏计斑岩型钼矿床位于布格重力异常等值线扭曲部位；在剩余重力异常等值线平面图上位于剩余重力低异常上。在该剩余重力低异常的北部，地表出露中生代花岗斑岩，根据物性资料推断该剩余重力低异常是中生代花岗斑岩的反映。表明大苏计钼矿床在成因上与该花岗斑岩有关。

（三）矿区遥感异常特征

矿区构造上处于明星沟火山盆地的东缘。矿区主要构造为北西向断裂构造；环形构造是隐伏构造，出现在矿区中部及深部，为中生代花岗岩的反映。中生代花岗岩呈小岩株状产出，是主要含矿岩石之一，为浅成侵入岩相，侵入在太古宙晚期碎裂斜长（钾长）花岗岩中。

三、典型矿床地球化学特征

矿床主要指示元素为 Mo、Pb、Zn、W、Au、As、Fe_2O_3 等，除 Fe_2O_3 外，其余元素异常均呈等轴状分布。矿区内异常强度普遍不高，仅 Mo 有明显的浓度分带。Mo、Pb、Zn、W 套合好，位于矿体上方；Au、As、Fe_2O_3 在矿体附近表现为低缓异常。

四、典型矿床预测模型

根据典型矿床成矿要素和矿区 1:5 万综合物探、化探资料，确定典型矿床预测要素，编制了典型矿床预测要素图。其中,高精度磁测、激电中梯资料以等值线形式标在矿区地质图上;化探资料由于仅有1∶20万比例尺,因此,编制矿床所在地区 Ag、Pb、Zn、As、Sb、Mo、Cu、W、Au、U 综合异常剖析图作为角图表示;为表达典型矿床所在地区的区域物探特征,利用1∶50万航磁 ΔT 等值线平面图、航磁 ΔT 化极等值线平面图、航磁 ΔT 化极垂向一阶导数等值线平面图、布格重力异常图、剩余重力异常图及重力推断地质构造图编制了大苏计钼矿典型矿床所在区域地质矿产及物探剖析图。

以典型矿床成矿要素图为基础,综合研究重力、航磁、化探、遥感、自然重砂等综合致矿信息,总结典型矿床预测要素表(表7-2)。

表7-2 内蒙古大苏计式侵入岩体型钼矿典型矿床预测要素表

成矿要素		描述内容			成矿要素分级
储量		钼:47 258t	平均品位	0.122%	
特征描述		斑岩型			
地质环境	构造背景	华北地台内蒙台隆凉城断垄			必要
	成矿环境	中酸性岩浆侵位			必要
	成矿时代	三叠纪			必要
矿床特征	矿体形态	倒置缓倾斜的半个古钟状			重要
	岩石类型	侏罗纪石英斑岩、正长花岗(斑)岩			重要
	岩石结构	花岗结构、斑状结构			次要
	矿物组合	辉钼矿、黄铁矿、褐铁矿、黑钨矿、闪锌矿			重要
	结构构造	交代结构,半自形—他形晶结构;空洞状构造-浸染状构造、细脉-浸染状构造			次要
	蚀变特征	黑云母化、钾长石化、石英-钾长石化、石英-水云母化、黏土化			必要
	控矿条件	北东向凉城-黄旗海断裂带、大榆树断裂破碎带及后期北西向断裂构造			必要
地球物理特征	重力异常	大苏计斑岩型钼矿床位于布格重力异常等值线扭曲部位;在剩余重力异常等值线平面图上,大苏计钼矿位于剩余重力低异常上。区域布格重异常最小值 $\Delta g_{min}=-187.52\times10^{-5}$ m/s^2,最大值 $\Delta g_{max}=-116.54\times10^{-5}$ m/s^2。剩余重力正、负异常大多呈等轴状、条带状、串珠状			重要
	磁法异常	据1∶2.5万航磁平面等值线图显示,北西部表现为正磁场,南部表现为负磁场。据1∶20万剩余重力异常图显示,曲线形态比较凌乱,异常特征不明显。据1∶50万航磁化极等值线平面图显示,磁场总体表现为低缓的负磁场,没有异常的出现			重要
地球化学特征		矿床主要指示元素为 Mo、Pb、Zn、W、Au、As、Fe$_2$O$_3$ 等,除 Fe$_2$O$_3$ 外,其余元素异常均呈等轴状分布。矿区内异常强度普遍不高,仅 Mo 有明显的浓度分带。Mo、Pb、Zn、W 套合好,位于矿体上方;Au、As、Fe$_2$O$_3$ 在矿体附近表现为低缓异常			必要

第二节 预测工作区研究

一、区域地质特征

(一)成矿地质背景

本区所处大地构造单元属华北陆块区狼山-阴山陆块(大陆边缘岩浆弧 Pz_2)固阳-兴和陆核;中生代属环太平洋巨型火山活动带、大兴安岭火山岩带、李清地-明星沟火山喷发带、明星沟晚侏罗世—早白垩世火山断陷盆地。

1. 地层

出露太古宇、中生界,由老到新如下。

1)太古宇集宁岩群

太古宙地层区划为华北地层大区,晋冀鲁豫地层区,阴山地层分区,大青山地层小区,指分布于集宁、凉城一带的深变质的浅色岩石组合,分为两个岩组,下部片麻岩组和上部变粒岩大理岩组。片麻岩组:以矽线榴石钾长片麻岩为主,混合岩化作用强烈,普遍形成条带状混合岩、麻粒岩,局部为混合花岗岩,属麻粒岩相深变质岩。变粒岩大理岩组:以蛇纹石大理岩夹钾长浅粒岩为主,大理岩厚度不稳定,常构成大透镜体。集宁岩群为中太古界下部层位,也是本区古老的结晶基底,厚度大于3000m。

2)中生界

属燕山地层区,阴山地层小区,出露侏罗系和白垩系,分布于中生代陆相盆地中。

上侏罗统火山岩(J_3):分布于卓资县以南地区,岩性主要为凝灰质熔岩、晶屑岩屑凝灰岩、英安粗面岩等,厚度大于72m。不整合于集宁岩群之上。

下白垩统固阳组(K_1g):出露于卓资县城南北两侧,下部为紫红色含砾砂岩和灰白色砾岩,上部为黄褐色砂岩夹含砾砂岩和褐煤,厚700m。不整合于侏罗纪火山岩之上。

2. 构造

区域上主体构造线方向为东北向,矿区所在部位为凉城羊圈湾复背斜北东端,复背斜轴向北东向,复背斜南侧为走向北东的中生代断陷带。复背斜北侧为北东东向的大榆树-后房子挤压破碎带。

复背斜轴部由集宁岩群组成,南东翼被岱海黄旗海断陷带所隔,北西翼为大榆树-后房子挤压破碎带。轴部及翼部被太古宙酸性岩体大面积侵位,使集宁岩群地层支离破碎。由于岩体的侵位,褶皱已不完整。

断裂以北东东向压扭性断裂为主,并有与其相配套的北西向、北东向两组剪性、张性断裂较发育,其中尤以北西向一组较发育。断裂以北东走向者规模较大,一般大于10km,而北西向和北东向者规模较小,一般小于10km。断裂形成时期应早于燕山期,燕山期又有继承性活动。尤其是在太古宙花岗岩发育的广大地区,也遭受明显的挤压破碎,多数花岗岩体普遍具有破碎结构。

3. 岩浆岩

区域岩浆活动较强,主要为太古宙和海西晚期岩浆岩及脉岩类。

1)太古宙岩浆岩

太古宙岩浆岩侵入活动较强烈,分布面积较广。

太古宙早期苏长岩:岩体一般较小,面积多数小于1km²,一般为岩株状,或是岩床状顺片麻理侵入,有的在晚期花岗岩中呈残留体或捕虏体的形式存在。岩体遭受深变质作用,呈棕灰色,致密坚硬,中细粒花岗变晶结构、碎裂结构,不明显片麻状构造或块状构造,主要矿物为斜长石、紫苏辉石、石英和黑云母。

太古宙晚期碎裂斜长花岗岩:为出露面积最广的花岗岩,侵入于集宁岩群,岩体普遍具变质作用和混合岩化作用,并被太古宙灰白色钾长花岗岩所穿切。

岩体以碎裂斜长花岗岩为主,局部为碎裂微斜花岗岩、破裂钾长花岗岩、破裂黑云母花岗岩。岩体与集宁岩群片麻岩组接触界线渐变过渡。岩石呈浅黄色,中粗粒或似斑状花岗变晶结构,块状构造,由于动力作用结果,一般具碎裂结构。主要矿物为斜长石、微斜长石、钾长石、石英,常含较多的石榴石、黑云母。

太古宙晚期碎裂钾长花岗岩:岩体侵入集宁岩群和太古宙晚期碎裂斜长花岗岩中,岩石灰白色—浅黄色,中细粒碎裂花岗结构,块状构造。主要矿物为钾长石、斜长石、石英、石榴石及少量黑云母、矽线石。受动力作用影响明显。

太古宙晚期细粒片麻状花岗岩:岩体呈岩株状零星分布。岩性主要为浅黄色细粒花岗岩,次为肉红色细粒花岗岩。岩性较为单一。岩石呈细粒花岗变晶结构,不完全片麻状构造或块状构造,主要矿物有微斜长石、微斜条纹长石、斜长石和石英,少量黑云母和石榴石。

2)海西期岩浆岩

岩体呈岩株状零星分布,主要有:

海西中晚期肉红色细粒钾长花岗岩。岩性以细粒、中细粒钾长花岗岩为主,块状构造,主要矿物成分为微斜长石、奥长石、石英和少量黑云母等。岩体相带和原生节理及流动构造均不明显。

海西晚期辉长岩。该岩体出露很少,呈小岩株状,相带不明显,与围岩界线清楚。岩石呈灰黑色,细粒-中细粒结构、辉长结构,块状构造。主要矿物成分为斜长石、辉石、角闪石,少量黑云母和紫苏辉石。

3)印支期浅成斑岩

呈脉状或岩株状侵位于太古宇集宁岩群或太古宙榴石花岗岩中,出露面积小,为大苏计钼矿的主要含矿岩体,岩石类型有花岗斑岩、正长斑岩及流纹斑岩等。

(二)区域成矿模式

预测工作区区域成矿模式见图7-4。

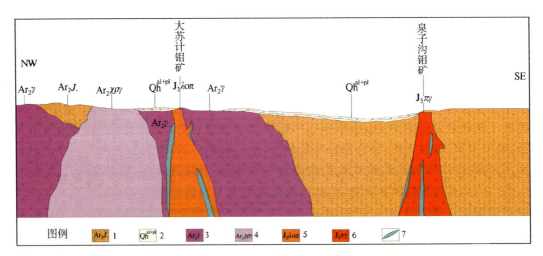

图7-4 华北陆块区与中生代浅成斑岩体有关的钼矿区域成矿模式图

1.集宁岩群片麻岩组;2.第四系;3.中太古代粗粒榴石花岗岩;4.中太古代粗粒碱长花岗岩;5.晚侏罗世石英斑岩;6.晚侏罗世粗粒似斑状花岗岩;7.钼矿体

二、区域地球物理特征

(一)磁法

凉城县-兴和县地区大苏计式斑岩型钼矿预测工作区范围为东经$111°45'—114°15'$,北纬$40°20'—41°20'$。在1∶10万航磁ΔT等值线平面图上,预测工作区磁异常幅值范围为$-1250\sim 625$nT,背景值为$-100\sim 100$nT,预测区磁异常形态杂乱,预测区中南部正磁异常连成一片,为不规则片状及条带状,东部磁异常正负相间,多为不规则带状及椭圆状。纵观预测工作区磁异常轴向及ΔT等值线延伸方向,以北东向及东西向为主。大苏计式斑岩型钼矿床位于预测区中南部,以低缓正异常为背景,异常值100nT左右。

预测工作区磁法推断断裂构造以北东向为主,磁场标志多为不同磁场区分界线及磁异常梯度带。预测区东北部的团状磁异常推断由火山岩地层(玄武岩)引起,东南角及西部的带状异常推断主要由变质岩地层引起,中部大面积的正磁异常推断由火山地层和侵入岩体引起。

预测工作区内磁法共推断断裂20条,中酸性岩体25个,火山岩地层7个,变质岩地层5个。

(二)重力

预测工作区位于吉兰泰-杭锦后旗-包头-呼和浩特重力低值带东段。从布格重力异常图上可以看出,区域重力异常最大值为-117.13×10^{-5}m/s^2,最小值为-187.11×10^{-5}m/s^2。预测工作区大致以凉城—察右前旗一带为界,东部及南部地区重力异常值相对较高,布格重力异常值为$(-130\sim -110)\times 10^{-5}$m/s^2。察右前旗西部、北部地区重力异常值较低,布格重力异常值在$(-190\sim -175)\times 10^{-5}$m/s^{2}之间。

预测工作区内剩余重力正、负异常区范围均较大,且形态不规则,异常走向以近东西向为主。

察右前旗北部的布格重力低异常走向北北东,由两个异常中心组成,$\Delta g_{min}=-179.06\times 10^{-5}$m/s^2,是中-新生界盆地的反映;在大苏计式斑岩型钼矿西侧,预测区中部的不规则椭圆状重力低异常,推断为中新生代火山岩盆地引起。预测工作区中剩余重力正异常区,地表零星出露太古宙地层,推断为太古宙地层隆起引起。G蒙-601东侧的正异常区,有航磁异常显示,推断为超基性岩体侵入引起。预测区南部,存在北东走向的布格重力等值线梯度带且同向扭曲,推断为岱海断陷盆地,盆地北、南侧断裂。

钼矿位于局部低重力区上,表明该类矿床与酸性岩体有关。该区域由于太古宙晚期花岗岩侵入,使地层的完整性受到破坏,呈残留体赋存在于花岗岩之中,钼矿所处的局部低重力区域是寻找钼矿的有利地区。

在该区截取一条横穿已知矿床而及相关中-酸性岩体的重力剖面进行2.5D反演计算,岩体最大延深约达2km。

预测工作区内推断解释断裂构造59条,中-酸性岩体6个,基性—超基性岩体1个,地层单元11个,中-新生代盆地10个。

三、区域地球化学特征

区域上分布有Cu、Zn、Ag、Au等元素组成的高背景区带,在高背景区带中有以Mo、Cu、Zn、Ag、Au、Pb、W为主的多元素局部异常。预测区内共有22个Mo异常,33个Ag异常,7个As异常,112个Au异常,18个Cu异常,25个Pb异常,12个Sb异常,15个U异常,28个W异常,27个Zn异常。

Mo异常较少,少数异常强度高,浓度分带和浓集中心明显,面积较大的Mo异常强度均不高;Cu、Zn异常面积很大,连续性好,Cu异常强度高,浓度分带和浓集中心明显,Zn异常强度中等,浓度分带和浓集中心一般不明显;Au异常分布很广,东南部面积较大,大多异常为中等强度,少数具明显的浓度分带和浓集中心;Ag 异常主要集中在预测区西北角,大面积连续分布,异常强度中等,丰镇东北方向有几处小面积异常强度较高;Pb、W 异常主要集中在预测区西半部,面积较大,少数异常浓度分带和浓集中心明显;U 异常主要集中在预测区西北角,面积较小,异常强度中等,浓度分带和浓集中心一般不明显;As、Sb 异常以低背景为主,零星有几处小面积低异常。大苏计典型矿床与 Mo、Cu、Pb、Zn、Ag、Au、W 异常吻合较好。

预测区内规模较大的 Mo 局部异常上,Cu、Pb、Zn、Ag、W、Au、Sb 等主要成矿元素及伴生元素在空间上相互重叠或套合,其中元素异常套合较好的编号为 Z-1。Z-1 内异常元素 Mo、Pb、Ag、W 呈环状套合,Zn 异常范围很大,呈不规则状包围在外圈,Au 为中带,Zn、Sb 为外带元素。

四、区域遥感影像及解译特征

本工作区内共解译出大型构造 2 条:集宁-凌源断裂带,位于预测区东北部,北西西走向,为逆冲推覆断层,山体边缘三角面清晰,山脊、沟谷均显示线形清晰延伸特点,影像线型纹理清晰;呼和浩特-魏家茆深断裂,位于预测区西部西沟门乡附近,北东走向,线性影像沿山前断层三角面一线展布。

本预测区内共解译出中小型构造 310 多条,其中,中型构造 31 条,小型构造 280 多条。中型构造主要为北北东和北北西走向,断层主要发育于新近系中,断层线清晰并有微曲线状色异常;小型构造主要为北东东和北北西走向,断层主要发育于白垩系、新近系、二叠系中,影像中有较明显的直线状纹理。

本预测工作区内的环形构造比较发育,共解译出环形构造 36 处,其成因多为中生代花岗岩类引起的环形构造、与隐伏岩体有关的环形构造、火山机构或通道。环形构造主要分布在图幅中部和东南部。预测区东南部有 1 处大型环形构造即头道沟环形构造,环内发育有宝格达乌拉组砖红色砂质泥岩、砂岩、砂砾岩和集宁岩群矽线石榴钾长(二长)片麻岩,影像中环形特征明显且规模较大,环状地貌的圈闭特征显著,纹理走向清晰。本预测共圈定最小预测区 7 个。

五、区域预测模型

根据区域成矿要素和航磁、重力、遥感及自然重砂,建立了本预测区的区域预测要素,并编制预测工作区预测要素图和预测模型图。

区域预测要素图以区域成矿要素图为基础,综合研究重力、航磁、化探、遥感、自然重砂等综合致矿信息,总结区域预测要素表(表 7-3),并将综合信息各专题异常曲线或区全部叠加在成矿要素图上,在表达时可作出单独预测要素如航磁的预测要素图。

预测模型图的编制,以地质剖面图为基础,叠加区域化探、航磁及重力剖面图而形成,简要表示预测要素内容及其相互关系,以及时空展布特征(图 7-5)。

表 7-3 大苏计斑岩型钼矿区域预测要素表

区域预测要素		描述内容	要素类别
地质环境	大地构造位置	华北陆块区(Ⅱ),狼山-阴山陆块(Ⅱ-4)	重要
		固阳-兴和陆核(Ⅱ-4-1)	
	成矿区(带)	Ⅲ-11:华北地台北缘西段 Au-Fe-Nb-REE-Cu-Pb-Zn-Ag-Ni-Pt-W 石-墨白云母成矿带	重要
		Ⅲ-11-③:乌拉山-集宁 Au-Ag-Fe-Cu-Pb-Zn-石墨白云母成矿亚带	
	区域成矿类型及成矿期	区域成矿类型为侵入岩体型,成矿期为晚三叠世	重要

续表 7-3

区域预测要素		描述内容	要素类别
控矿地质条件	赋矿地质体	晚三叠世—侏罗纪石英斑岩、正长花岗(斑)岩	必要
	控矿侵入岩	晚三叠世浅成侵入岩	必要
	主要控矿构造	北东向凉城-黄旗海断裂带、大榆树断裂破碎带及后期北西向断裂构造	必要
区内相同类型矿产		已知矿床(点)3处,其中特大型矿床1处,中型矿床1处,矿点1处	次要
地球物理特征	重力异常	大兴安岭-太行山重力梯级带的西缘,总体具东北部重力值高、西南部重力低的特点,重力场杂乱,最低值-22×10^{-5} m/s^2,最高值15×10^{-6} m/s^2。典型矿床(点)位于正负异常交界处	重要
	航磁异常	在航磁异常图上处于正负异常交替磁场区,异常强度$-500\sim600$ nT,异常总体呈北东东—近东西向	次要
地球化学特征		区内异常以 Ag、Pb、Zn、W、Bi、Mo 为主。Mo 异常所处位置与矿化石英斑岩体和物探高值异常极一致,具有以 Mo 为主的多元素组合异常,异常矿体中心部位为内带以 Mo 元素为主,两侧依次为 Pb、Zn、Ag、Mn 等元素	重要
遥感特征		解译出线性断裂多条,圈定多处最小预测区	重要

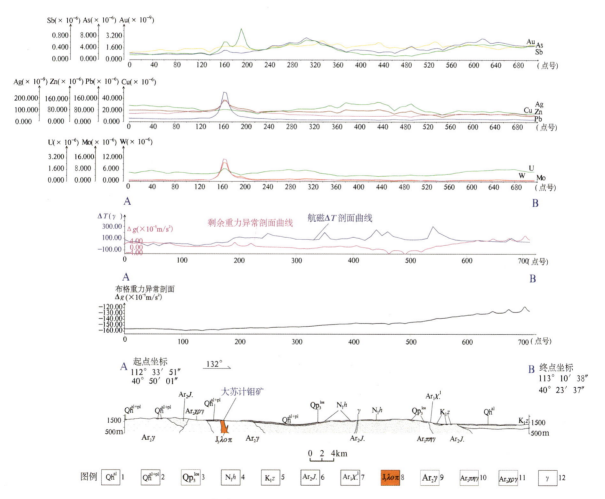

图 7-5 大苏计式斑岩型钼矿大苏计预测工作区预测模型图

1. 冲积砂砾层;2. 冲积砂土、黏土;3. 黄土;4. 汉诺坝组;5. 左云组泥岩;6. 黑云石榴变粒岩;7. 角闪二辉斜长麻粒岩;8. 灰白色石英斑岩;9. 中粗粒榴石花岗岩;10. 中粗粒似斑状二长花岗岩;11. 片麻状粗粒碱长花岗岩;12 花岗岩脉

第三节 矿产预测

一、综合地质信息定位预测

(一)变量提取及优选

根据典型矿床及预测工作区研究成果,进行综合信息预测要素提取,本次选择网格单元法作为预测单元,本次预测底图比例尺为1:10万,利用规则网格单元作为预测单元,网格单元大小为 1.0km×1.0km。

地质体、断层、遥感环要素进行单元赋值时采用区的存在标志;化探、剩余重力、航磁化极则求起始值的加权平均值,在变量二值化时利用异常范围值人工输入变化区间。

(二)最小预测区圈定及优选

本次利用证据权重法,采用1.0km×1.0km规则网格单元,在MRAS2.0下进行预测区的圈定与优选(图7-6)。圈定原则是成矿有利网格单元与含矿地质体的交集。然后在MapGIS下,根据优选结果圈定成为不规则形状。

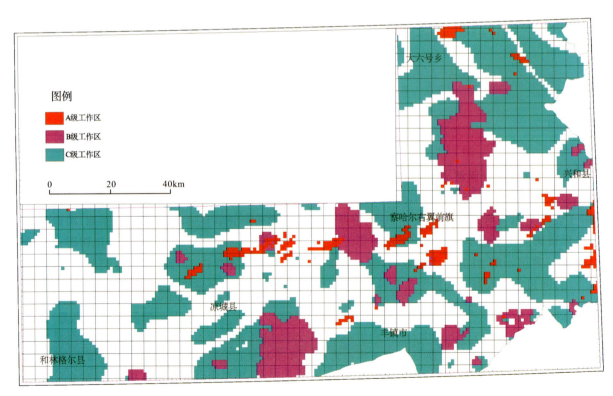

图7-6 大苏计侵入岩体型钼矿凉城-兴和预测工作区预测单元图

(三)最小预测区圈定结果

叠加所有预测要素,根据各要素边界圈定最小预测区,共圈定最小预测区12个,总面积102.67km²。

其中 A 级区 3 个,面积 26.83km²;B 级区 4 个,面积 39.52km²;C 级区 4 个,面积 36.32km²(图 7-7)。各最小预测区成矿条件及找矿潜力见表 7-4。

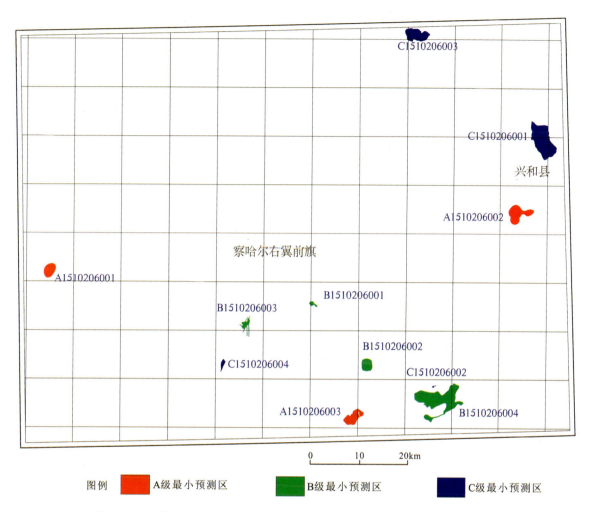

图 7-7　大苏计式侵入岩体型钼矿凉城-兴和预测工作区最小预测区圈定结果

表 7-4　大苏计钼矿预测工作区最小预测区综合信息一览表

最小预测区		综合信息	评价
编号	名称		
A1510206001	大苏计	区内出露中太古宙榴石花岗岩及三叠纪碎裂石英斑岩、花岗斑岩、正长花岗(斑)岩。大苏计钼矿位于该区内。围岩蚀变:高岭土化、绢云母化、绿帘石化、绢英岩化、云英岩化、硅化、黄铁矿、褐铁矿化、锰矿化等。区内航磁化极等值线值在-100～1570nT 之间;区内 Mo、Pb、Zn、W 套合好	找矿潜力极大
A1510206002	曹四天村	早白垩世灰白色、浅肉红色花岗斑岩侵入集宁岩群黄土窑岩组石榴石浅粒岩夹榴石斜长石英岩、矽线榴正长片麻岩、大理岩建造内外接触带中。围岩蚀变:高岭土化、绢云母化、绿帘石化、绢英岩化、云英岩化、硅化、黄铁矿、褐铁矿化、锰矿化等。花岗斑岩呈多斑及少斑结构,目前控制储量在 100×10⁴t 以上	找矿潜力极大

续表 7-4

最小预测区		综合信息	评价
编号	名称		
A1510206003	常山窑村	晚侏罗世粗粒似斑状花岗岩侵入中太古代长英质片麻岩、透辉斜长片麻岩、辉石角闪斜长片麻岩、含紫苏透辉斜长片麻岩建造内外接触带中。围岩蚀变：高岭土化、绢云母化、绿帘石化、绢英岩化、云英岩化、硅化、黄铁矿、褐铁矿化、锰矿化等	找矿潜力极大
B1510206001	柏宝庄乡西	晚侏罗世石英斑岩侵入中太古代长质片麻岩、似斑状中粗粒二长花岗岩之内外接触带中。围岩蚀变：高岭土化、绢云母化、绿帘石化、绢英岩化、云英岩化、硅化、黄铁矿、褐铁矿化、锰矿化等	找矿潜力较大
B1510206002	元山子乡	晚侏罗世粗粒似斑状花岗岩侵入中太古界集宁岩群片麻岩组矽线榴石钾长片麻岩-紫苏石榴斜长麻粒岩-石榴矽线石英岩-石墨片麻岩、石墨大理岩建造内外接触带中。围岩蚀变：高岭土化、绢云母化、绿帘石化、绢英岩化、云英岩化、硅化、黄铁矿、褐铁矿化、锰矿化等	找矿潜力较大
B1510206003	九龙湾乡	晚侏罗世石英斑岩侵入中太古代花岗片麻岩：矽线榴石钾长片麻岩-紫苏石榴斜长麻粒岩-石榴矽线石英岩-石墨片麻岩、石墨大理岩建造内外接触带中。围岩蚀变：高岭土化、绢云母化、绿帘石化、绢英岩化、云英岩化、硅化、黄铁矿、褐铁矿化、锰矿化等	找矿潜力较大
B1510206004	朱沿沟	晚侏罗世粗粒似斑状花岗岩侵入中太古代长英质片麻岩、透辉斜长片麻岩、辉石角闪斜长片麻岩、含紫苏透辉纹长片麻岩建造内外接触带中。围岩蚀变：高岭土化、绢云母化、绿帘石化、绢英岩化、云英岩化、硅化、黄铁矿、褐铁矿化、锰矿化等	找矿潜力较大
C1510206001	大梁村	晚侏罗世粗粒似斑状花岗岩侵入中太古代集宁岩群片麻岩组矽线榴石钾长片麻岩-紫苏石榴斜长麻粒岩-石榴矽线石英岩-石墨片麻岩、石墨大理岩内外接触带中。围岩蚀变：高岭土化、绢云母化、绿帘石化、绢英岩化、云英岩化、硅化、黄铁矿、褐铁矿化、锰矿化等	具找矿潜力
C1510206002	对九沟乡	晚侏罗世粗粒似斑状花岗岩侵入中太古代长英质片麻岩、辉石角闪斜长片麻岩、含紫苏透辉纹长片麻岩建造内外接触带。围岩蚀变：高岭土化、绢云母化、绿帘石化、绢英岩化、云英岩化、硅化、黄铁矿、褐铁矿化、锰矿化等	具找矿潜力
C1510206003	逯明沟	晚侏罗世中粗粒似斑状二长花岗岩侵入中太古代似斑状中粗粒二长花岗岩内外接触带中。围岩蚀变：高岭土化、绢云母化、绿帘石化、绢英岩化、云英岩化、硅化、黄铁矿、褐铁矿化、锰矿化等	具找矿潜力
C1510206004	东村	晚侏罗世石英斑岩侵入中太古界集宁岩群片麻岩组矽线榴石钾长片麻岩-紫苏石榴斜长麻粒岩-石榴矽线石英岩-石墨片麻岩、石墨大理岩建造内外接触带中，北东向、北西向石英斑岩脉极为发育。围岩蚀变：高岭土化、绢云母化、绿帘石化、绢英岩化、云英岩化、硅化、黄铁矿、褐铁矿化、锰矿化等	具找矿潜力
C1510206005	2055高地南	晚侏罗世粗粒似斑状花岗岩侵入中太古代长英质片麻岩及古太古界兴和岩群麻粒岩组角闪二辉斜长麻粒岩-黑云紫苏斜长麻粒岩-条带状混合岩的内外接触带中。围岩蚀变：高岭土化、绢云母化、绿帘石化、绢英岩化、云英岩化、硅化、黄铁矿、褐铁矿化、锰矿化等	具找矿潜力

(四) 最小预测区地质评价

本次所圈定的12个最小预测区,各级别面积分布合理,依据本区成矿地质背景,A级区绝大多数分布于已知矿床外围或化探三级浓度分带区且有已知矿点,存在或可能发现钼矿产地的可能性大,具有一定的可信度。最小预测区圈定结果表明,预测区总体与区域成矿地质背景、化探异常、航磁异常、剩余重力异常、遥感铁染异常吻合程度较好。因此,所圈定的最小预测区,特别是A级最小预测区具有较好的找矿潜力。

二、综合信息地质体积法估算资源量

(一) 典型矿床深部及外围资源量估算

查明资源储量来源于《内蒙古自治区卓资县大苏计矿区钼矿Ⅰ号矿体详查报告》(内蒙古自治区有色地质勘查局综合普查队,2007)。矿床面积的确定是根据1:5000内蒙古自治区卓资县大苏计式斑岩型钼矿大苏计矿区典型矿床成矿要素图(包括钻孔对矿床面积的控制)(图7-8)。各个矿体组成的包络面面积、矿体延深依据主矿体勘探线剖面图(图7-9,表7-5)。

(二) 模型区的确定、资源量及估算参数

模型区为典型矿床所在的最小预测区。大苏计典型矿床查明资源量47 258t,按本次预测技术要求

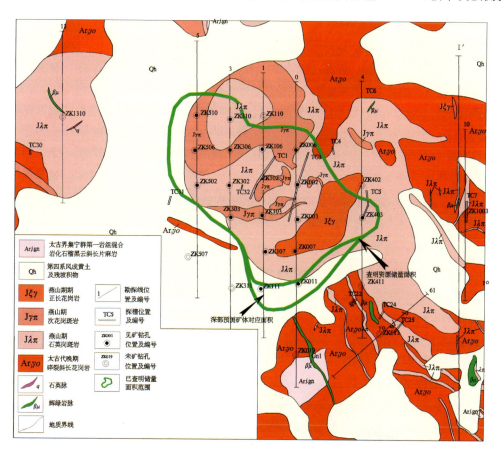

图7-8 大苏计钼矿矿区查明面积及深部预测矿体对应面积

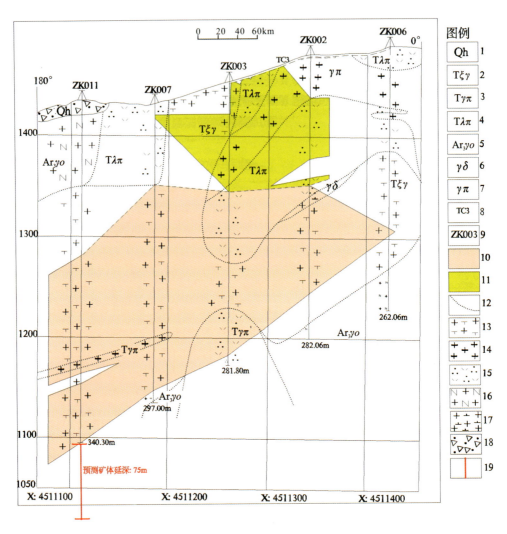

图 7-9 大苏计钼矿矿区预测矿体延深

1.第四系全新统;2.三叠纪正长花岗岩;3.三叠纪花岗斑岩;4.三叠纪流纹斑岩(石英斑岩);5.新太古代榴石斜长花岗岩;6.花岗闪长岩脉;7.花岗斑岩脉;8.探槽编号;9.钻孔编号;10.硫化钼矿体;11.氧化矿体;12.侵入界线;13.正长花岗岩;14.花岗斑岩;15.流纹斑岩;16.榴石斜长花岗岩;17.花岗闪长岩;18.残坡积碎石;19.预测矿体延深

表 7-5 大苏计钼矿典型矿床深部及外围资源量估算一览表

典型矿床		深部及外围		
已查明资源量(t)	47 258	深部	面积(m²)	12 748
面积(m²)	142 170		深度(m)	75
深度(m)	340	外围	面积(m²)	—
品位(%)	0.122		深度(m)	—
密度(t/m³)	2.57	预测资源量(t)		934.75
体积含矿率(t/m³)	0.000 977 66	典型矿床资源总量(t)		48 192.75

计算模型区资源总量为48 192.75t。模型区内无其他已知矿点存在,则模型区总资源量＝典型矿床总资源量,模型区面积为依托 MRAS 软件采用有模型工程神经网络法优选后圈定,延深根据典型矿床最大预测深度确定。模型区圈定参照含矿地质体面积,因此,含矿地质体面积参数为1。由此,计算含矿地质体含矿系数,见表7-6。

表7-6 大苏计钼矿模型区预测资源量及其估算参数表

编号	名称	模型区总资源量(t)	模型区面积(m²)	延深(m)	含矿地质体面积(m²)	含矿地质体面积参数	含矿地质体含矿系数
A1510206001	大苏计	48 192.75	8 530 000	415	8 530 000	1	0.000 013 61

(三) 最小预测区预测资源量

大苏计钼矿预测工作区最小预测区资源量定量估算采用地质体积法进行估算。

1. 估算参数的确定

最小预测区面积是依据综合地质信息定位优选的结果;延深的确定是在研究最小预测区含矿地质体地质特征、含矿地质体的形成深度、断裂特征、矿化类型的基础上,并对比典型矿床特征的基础上综合确定的;相似系数的确定,主要依据 MRAS 生成的成矿概率与模型区的比值,参照最小预测区地质体出露情况、化探及重砂异常规模及分布、物探解译隐伏岩体分布信息等进行修正。

2. 最小预测区预测资源量估算结果

通过模型区资源量预测及其他最小预测区资源量估算,本次预测资源总量为2 490 283.92t,其中不包括预测工作区已查明资源总量47 258t,详见表7-7。

表7-7 大苏计钼矿预测工作区最小预测区估算成果表

最小预测区编号	名称	$S_{预}$ (km²)	K_s	$H_{预}$ (m)	K (t/m³)	α	$Z_{预}$(t)	资源量级别
A1510206001	大苏计	8.53	1	415		1	56 982.16	334-1
A1510206002	曹四夭村	11.03	1	2000		1	1 028 918	334-1
A1510206003	常山窑村	7.26	1	800		0.6	125 532.3	334-1
B1510206001	柏宝庄乡西	0.94	1	500		0.35	8450.1	334-2
B1510206002	元山子乡	4.97	1	600		0.4	53 623.08	334-2
B1510206003	九龙湾乡	2.72	1	800	0.000 013 61	0.4	39 202.56	334-2
B1510206004	朱沿沟	30.9	1	1200		0.35	667 360.1	334-2
C1510206001	大梁村	24.45	1	1200		0.2	352 018.1	334-3
C1510206002	对九沟乡	0.16	1	500		0.2	930.6	334-3
C1510206003	逯明沟	10.18	1	1200		0.2	146 521.4	334-3
C1510206004	东村	1.25	1	600		0.2	8979.12	334-3
C1510206005	2055高地南	0.29	1	500		0.2	1766.4	334-3
预测资源量	合计						2 490 283.92	

(四)预测工作区资源总量成果汇总

预测工作区地质体积法预测资源量,依据资源量级别划分标准,根据现有资料的精度,可划分为334-1、334-2和334-3三个资源量精度级别;根据各最小预测区内含矿地质体、物化探异常及相似系数特征,预测延深参数均在2000m以浅。

根据矿产潜力评价预测资源量汇总要求,大苏计钼矿预测工作区预测资源量按精度、预测深度、可利用性统计分析结果见表7-8。

表7-8 大苏计钼矿预测工作区预测资源量估算汇总表(单位:t)

按深度			按精度			按可利用性	
500m以浅	1000m以浅	2000m以浅	334-1	334-2	334-3	可利用	暂不可利用
966 278.0	1 781 508.3	2 490 283.92	1 211 432.5	768 635.8	510 215.6	2 488 771.8	0
合计:2 490 283.92			合计:2 490 283.92			合计:2 488 771.8	

第八章　小狐狸山式侵入岩体型钼矿预测成果

第一节　典型矿床特征

一、典型矿床及成矿模式

(一) 典型矿床特征

1. 矿区地质

矿区位于内蒙古自治区西部北山地区,行政区划隶属内蒙古自治区额济纳旗赛汉陶来苏木管辖。矿区范围为东经 100°09′00″—100°16′00″,北纬 42°24′30″—42°28′00″。

额济纳旗小狐狸山矿区铅锌钼矿主要赋存于印支期花岗岩内,围绕岩体四周分布有奥陶纪、泥盆纪、石炭纪火山碎屑岩,另有第四系残坡积和湖积砂土(图 8-1)。

地层:主要有奥陶系、泥盆系、石炭系,其次为第四系残坡积和湖积砂土。

奥陶系咸水湖组安山岩:岩石灰绿色、细粒-隐晶结构,局部斑状结构,块状构造。分布于岩体四周,因受矿区岩体侵入活动的影响,产状变化较大,安山岩与岩体的接触部位,安山岩普遍绿帘石化、碳酸盐化、角岩化、黄铁矿化、绢云母化。咸水湖组安山质岩屑晶屑凝灰岩:岩石灰褐色—灰绿色、凝灰结构,块状构造。岩石由火山碎屑和胶结物两部分组成。与岩体接触部位多角岩化、绢云母化、高岭土化、黄铁矿化;距岩体较远处,岩石中多见黑云母及次生褐铁矿化。岩层走向北东-南西,倾向北西,倾角 60°～65°,与安山岩整合接触。石炭系绿条山组细砂岩出露于矿区南部,岩石灰褐色、细粒结构、块状构造,碎屑成分主要为长石、石英、泥质胶结。

构造:矿区位于小狐狸山复背斜核部,围绕岩体古生代地层向四周倾斜,南北两翼地层倾角 50°～70°,东西两翼地层倾角多为 60°～70°。矿区处于小狐狸山-黄石坪大断裂南侧,受其影响,在矿区的南北角发育近东西向及北西向断裂。

岩浆岩:矿区内深成侵入岩主要为印支期酸性铝过饱和花岗岩,也是主要的含矿母岩。岩体的产出受控于北西向、北东向的两组断裂。岩体呈岩株状,向四周外倾,与围岩接触处倾角变化在 40°～70°之间,在最南端呈岩舌状,超覆于中奥陶世地层之上。矿区含矿花岗岩岩体内部相界线明显。边缘相花岗岩呈灰白色、细粒结构。过渡相一般为浅肉红色中粒或中细粒结构。边缘相、过渡相花岗岩多以钠长石化为主,其次为绿帘石化、电气石化、碳酸盐化。经钻孔揭露局部岩芯中萤石化、云英岩化也很发育,并有后期细石英脉穿插其中。中心相面积较大,多为粗粒斑状、似斑状浅肉红色花岗岩。边缘相、过渡相、中心相在岩体西部较为明显,在其他 3 个方向则互为缺失。本矿区中的辉钼矿主要赋存于岩体中-细粒结构的边缘相和过渡相中。

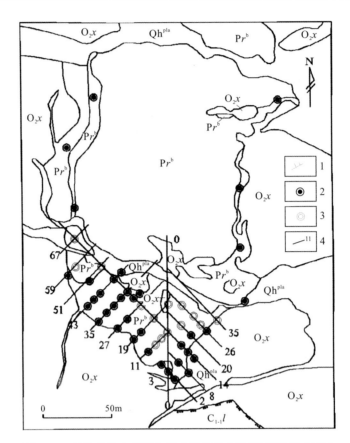

图 8-1 额济纳旗小狐狸山钼矿床地质略图(据彭振安,2010)

Qh^{pla}.第四系洪冲积及湖积物;$C_{1-2}l$.石炭系绿条山组砂砾岩;O_2x.奥陶系咸水湖组安山岩、安山质凝灰岩夹砾岩、粉砂岩;$P\gamma^a$.二叠纪—三叠纪斑状粗粒花岗岩;$P\gamma^b$.二叠纪—三叠纪斑状中粒花岗岩;$P\gamma^c$.二叠纪—三叠纪斑状细粒花岗岩;1.正断层;2.见矿钻孔位置;3.未见矿钻孔位置;4.勘探线位置及编号

2. 矿床特征

铅锌钼矿床产于三叠纪中细粒似斑状花岗岩内,共圈出 127 条矿体,其中工业钼矿体 78 条,铅、锌、钼矿体 1 条。各矿体呈北东及北西走向,西区为小狐狸山矿的主体。矿体主要集中分布于 23—59 线之间。矿体厚度大,品位高,个别钻孔揭示单层厚度最大 77m,总厚度 170m,主矿体总平均厚度 80~100m,东西长 800m,矿体走向北西,倾向南西,倾角 25°,矿体形态为椭圆状、脉状。为隐伏矿体,氧化带位于地表向下垂深 15m,品位很低,且矿化分散,均为原生矿,矿体埋深 300~600m,目前钻孔最大控制深度为 784.15m(图 8-2)。

矿体赋存标高为 160~820m。工业类型:属于细脉浸染型贫硫化物矿石。矿石矿物及脉石矿物主要有黄铜矿、辉铜矿、黝铜矿、辉钼矿、黄铁矿、闪锌矿、磁铁矿、方铜矿、石英、长石、绢云母、伊利石,少量方解石、萤石。矿体围岩主要有 3 种岩性:黑云母花岗岩、流纹质晶屑凝灰熔岩、次斜长花岗斑岩,前两种岩石为铜矿体的上、下盘围岩,具有伊利石化、水白云母化蚀变,与矿体呈渐变过渡关系。次斜长花岗斑岩为钼矿体上、下盘围岩,由于在蚀变矿化的中心部位,岩石具有石英-钾长石化,与矿体呈渐变过渡关系。矿床具有从高温-气液直到中-低温热液成矿阶段多期次脉动式连续的成矿过程。李伟实(1994)将该矿床划分为 4 个成矿阶段:

(1)石英-铁硫分化阶段,主要形成石英和黄铁矿。

(2)石英-硫化物阶段,产于石英-钾长石带,主要形成石英、钾长石、黄铁矿、辉钼矿和黄铜矿,为钼矿的主要成矿阶。

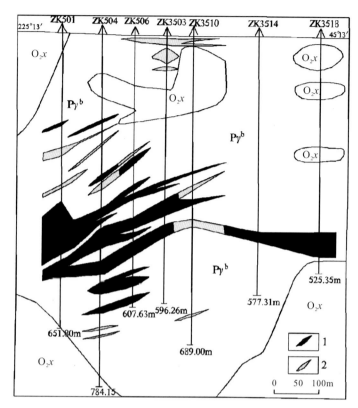

图 8-2 额济纳旗小狐狸山斑岩型钼矿床勘探线地质剖面图（据矿区资料修编）
O_2x.奥陶系咸水湖组安山岩、安山质凝灰岩；$P\gamma^b$.二叠纪—三叠纪斑状花岗岩；1.矿脉；2.矿化脉

（3）石英-绢云母-硫化物阶段，主要形成石英、绢云母、黄铁矿、黄铜矿、辉钼矿、方铅矿和闪锌矿等，为铜矿主成矿阶段，产于石英-绢云母化带。

（4）方解石-硫化物阶段，主要形成方解石和黄铁矿带。

磁性特征：矿体及蚀变岩体为一片平稳的 $-100\sim200\mathrm{nT}$ 的低磁场区，向外黑云母花岗岩范围内为一片中等强度的杂乱 $-100\sim1000\mathrm{nT}$ 磁场区，再外侧即为由中生代火山岩引起的高磁场区。

本区蚀变岩石具有高的地球化学背景场，经表生地球化学作用后，铜在地表淋失，钼较稳定，铅、银可形成局部表生富集。

元素组合及分布特征：北矿段为铜-钼组合异常，南矿段为铜-钼-铅-银组合异常，异常分布面积为 $5\mathrm{km}^2$，异常划分三级浓度中带，铜、铅、钼、锌、银异常有明显的浓集中心，表明了斑岩型矿床的成矿特点，是矿致异常的重要标志。

3. 矿床成因类型及成矿时代

矿床成因类型为斑岩型铅锌钼矿床（中型）。内蒙古额济纳旗小狐狸山钼矿床中辉钼矿样品进行了 Re-Os 同位素分析，获等时线年龄为 $220.0\pm2.2\mathrm{Ma}$，MSWD 值为 0.54，^{187}Os 初始值为 $(0.23\pm0.30)\times10^{-9}$（彭振安，2010）。因此，钼成矿作用的时间为三叠纪，属印支期构造-岩浆活动的产物；黑鹰山-雅干成矿带存在着海西中晚期至印支期的多期成矿作用。

（二）矿床成矿模式

小狐狸山矿区从奥陶世开始直至石炭世，一直有间歇性的安山质-英安质乃至晚期流纹质等钙碱性系列的火山喷发活动。这些钙碱性系列的火山岩受控于板块碰撞之前的断裂凹陷带以及其中的北东、北西向和环状断裂构造,充分显示裂隙式火山喷发的构造特点。印支期随着板块由汇聚-碰撞向地壳固化的发展,则在早期深大断裂的及其相交的次级断裂旁侧出现了矿区西部的闪长岩、石英闪长岩种的酸性侵入岩和矿区东北的酸性—偏酸性钙碱性花岗岩的侵位,这些深成的侵入岩与早期的火山岩是同源的,并富集大量的挥发分,是形成本区铅锌钼矿床的根源。尤其是东部酸性—偏酸性的钙碱性花岗岩,其相带分异明显、后期脉岩发育、岩体含钾高、$K_2O(wt\%)>N_2O(wt\%)$,并且 SiO_2 的含量远大于 68%,在 75%~78% 之间,这已充分体现岩体自身含钼的特点。钙岩体在上侵时遇有岩性致密、裂隙不发育的古生代火山碎屑岩作为顶盖的"隔挡层"使其中的矿液不易流通和散失,从而使矿液在岩体的内部,特别是在岩体顶部和边缘相富集形成混杂型、斑岩型铅锌钼矿床。但此时的含矿热液继续上升,在其运移过程中受到顶盖围岩的巨大压力而逐渐降温、冷凝、收缩、变形,同时产生了节理、裂隙并使围岩青磐岩化而释放出大量含矿金属的含盐流体与富含钠长石岩质的岩浆混熔体充填其中,从而形成相对偏晚的宽窄不均一的脉状、透镜状黄铁矿和铅锌钼硫化矿体,局部可见相互穿插的现状(彭振安,2010),成因类型属斑岩型。

通过对上述特点的分析总结出小狐狸山钼矿典型矿床成矿模式,见图 8-3。

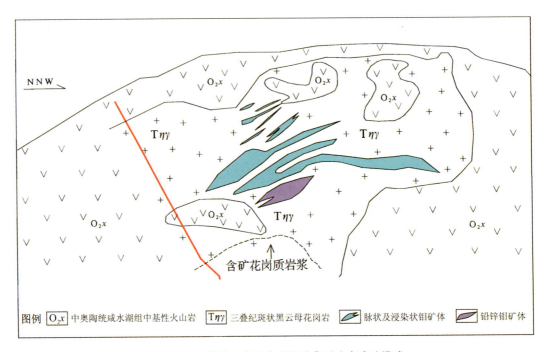

图 8-3 小狐狸山式斑岩型钼矿典型矿床成矿模式

二、典型矿床地球物理特征

（一）矿床磁性及电性特征

含矿岩体及矿体基本无磁性,含矿岩体 ΔT 值在 $-150\sim 0nT$ 之间,矿体 ΔT 值在 $-200nT$ 左右。地磁异常特征:含矿岩体具激电异常,视极化率 η_s 介于 $3.5\%\sim4.5\%$ 之间,电阻率 ρ_s 介于 $200\sim300\Omega\cdot m$ 之间。矿体视极化率 η_s 介于 $5.0\%\sim6.5\%$ 之间,电阻率 ρ_s 在 $200\Omega\cdot m$ 左右。

（二）矿床所在区域重力特征

小狐狸山钼矿在布格重力异常图上,位于局部重力高异常边部的等值线同向扭曲处,布格重力异常

值 Δg 变化范围为 $(-166\sim-164)\times10^{-5}\,\mathrm{m/s^2}$。在剩余重力异常图上,小狐狸山钼矿处在两个正异常中心之间的低值区。矿区地表出露奥陶系及石炭系,推断是古生代基底隆起所致。矿区北部的负异常对应于酸性岩体分布区。含矿岩体及矿体基本无磁性。

三、典型矿床地球化学特征

矿床主要指示元素为 Mo、Cu、Zn、Ag、Au、As、Sb、W、U,除 Au、Ag、U 外,其余元素异常在矿区内大面积展布;多数异常高值区呈北西向展布,受北西向断裂构造控制较为明显。

Mo、Cu、Zn、As、W 异常面积大,强度高,套合好,浓度分带明显,浓集中心部位与矿体吻合好;Au、Ag、U 在矿体周围表现为低缓异常。

四、典型矿床预测模型

根据典型矿床成矿要素和矿区航磁资料以及区域重力、化探资料,确定典型矿床预测要素,编制典型矿床预测要素图。矿床所在地区的系列图表达典型矿床预测模型。总结典型矿床综合信息特征,编制典型矿床预测要素表(表 8-1)。

表 8-1 小狐狸山式斑岩型钼矿典型矿床预测要素表

典型矿床成矿要素		内容描述			要素类别
储量		钼:31 924t	平均品位	钼:0.15%	
特征描述		斑岩型铅锌钼矿床(中型)			
地质环境	构造背景	天山-兴蒙造山系,大兴安岭弧盆系,红石山裂谷			必要
	成矿环境	Ⅰ-1 古亚洲成矿域,Ⅱ-2 准噶尔成矿省,Ⅲ-1 觉罗塔格-黑鹰山 Cu-Ni-Fe-Au-Ag-Mo-W 石膏成矿带,Ⅲ-1-① 黑鹰山-雅干 Fe-Au-Cu-Mo 成矿亚带(Vm),Ⅲ-8-①V-1 小狐狸山钼铅锌远景区			必要
	成矿时代	燕山晚期			必要
矿床特征	矿体形态	椭圆状、脉状			重要
	岩石类型	安山质岩屑晶屑凝灰岩及蚀变安山岩,花岗岩			必要
	矿石结构	凝灰结构、斑状结构			次要
	矿物组合	辉钼矿,次为方铅矿、闪锌矿等;脉石矿物主要为石英、钾长石等			次要
	结构构造	半自形—自形鳞片结构、半自形—他形粒状结构、交代残留结构及半自形交代假象结构。主要有块状构造、网脉状构造、细脉状构造及浸染状构造			次要
	蚀变特征	云英岩化(次生石英岩化,岩浆后期叠加蚀变)、钠长石化、钾长石化、硅化、黄铁矿化、绿帘石化及萤石化			重要
	控矿条件	①主要有北西向和北东向两组断裂,是本区的主要控岩控矿构造;②铅锌钼产于海西晚期花岗岩边缘相中的中细粒似斑状花岗岩中			必要
地球物理特征	重力异常	矿床位于局部重力高异常边部的等值线同向扭曲处,布格重力异常值 Δg 变化范围为 $(-166.00\sim-164.00)\times10^{-5}\,\mathrm{m/s^2}$。在剩余重力异常图上,矿床处在两个正异常中心之间的宽缓处			重要
	磁法异常	航磁为 $-50\sim50\,\mathrm{nT}$			次要
地球化学特征		钼化探异常值为 $(1.3\sim36.2)\times10^{-6}$			必要

第二节 预测工作区研究

一、区域地质特征

(一)成矿地质背景

预测工作区大地构造分区属天山-兴蒙造山系,大兴安岭弧盆系,圆包山岩浆弧和红石山裂谷。

1. 地层

预测工作区古生代地层分区属塔里木-南疆地层大区,中南天山-北山地层区,觉罗塔格-黑鹰山地层分区;中新生代地层属天山地层区、北山地层分区。

奥陶系:区内出露最老的地层,为海相碎屑岩-火山岩建造,分布于小狐狸山东南一带,与志留系、石炭系均为断层接触,白垩系则不整合覆于其上。根据岩石组合可进一步细分为罗雅楚山组、咸水湖组、白云山组。罗雅楚山组:灰绿色粉砂岩与硅质板岩互层,走向近南北,倾向北西,倾角$50°\sim 60°$。咸水湖组:灰绿色、灰黑色英安岩、安山岩、细砾岩、硅质岩、酸性凝灰岩,走向近北东-南西,倾向北西,倾角$50°\sim 70°$。白云山组:灰褐色、灰紫褐色粉砂岩、硬砂岩等,走向北东-南西,倾向北西,倾角$50°\sim 60°$。

志留系:出露圆包山组和碎石山组,为海相碎屑岩建造。分布于矿区西北部及西部,与奥陶系、泥盆系均呈断层接触。圆包山组岩石组合为黄绿色粉砂岩夹杂砂岩,走向北东-南西,倾向北东,倾角$40°\sim 60°$。碎石山组:灰色、灰褐色碎屑岩,沉积韵律清楚。走向北东-南西,倾向北东,倾角$40°\sim 50°$。

泥盆系:区内泥盆系仅见雀儿山组出露,为灰绿色粉砂岩夹砾岩、灰岩和中酸性火山岩,呈带状展布。走向北西-南东,倾向北东,倾角$70°$左右,与志留系呈断层接触。

石炭系:分布广泛,主要分布于依赫尔敖包—黄石坪一线以北及小狐狸山矿区南部,走向北西-南东,倾向南西,倾角$45°\sim 60°$,与奥陶系、泥盆系均呈断层接触。绿条山组岩性组合为灰褐色砾岩、砂岩、千枚状斑岩、硅质板岩及中酸性火山岩。出露于大狐狸山—小狐狸山—黄石坪—居延海一线以北,矿区南部小部分出露。走向北西-南东,倾向南,倾角$42°\sim 60°$。

白垩系:区内白垩系十分发育,主要分布于北部及西南部。出露面积占基岩总面积的40%以上。白垩系赤金堡群为砖红色碎屑岩,由砾岩、砂岩、粉砂岩、泥岩夹薄层石膏及赤铁矿结核构成。走向北西-南东,倾向南东,倾角$20°\sim 50°$。白垩系新民堡群岩石组合为灰绿色粉砂岩、钙质泥岩夹砂质灰岩,走向北西-南东,倾向南东,倾角$15°\sim 35°$。

第四系:零星分布于沟谷洼地。多为冲洪积、风积砂砾和化学沉积砂、盐、碱、芒硝,出露面积较小,厚$3\sim 5m$。

2. 岩浆岩

区内岩浆岩分布方向与构造线基本一致。岩浆侵入和喷发活动较为普遍。其中,喷出岩多呈带状分布于断裂带两侧,而深成侵入岩多分布于断裂带附近,岩浆活动明显受断裂控制。

区内侵入岩规模较小,多呈岩株状产出,基性-酸性均有分布,从侵入期次上进一步划分为海西中晚期和印支期。

海西中晚期侵入岩:中基性岩类包括石炭纪中细粒辉长岩、辉长角闪岩、角闪石闪长玢岩。中细粒辉长岩区内出露共有5处,分布于英安山断裂北侧、大狐狸山南侧、独龙包及黄石坪附近,均呈岩株状产出,岩石灰绿色,辉长结构,斑状构造,受后期热液活动影响普遍绿泥石化。辉长角闪岩出露2处,分布于大狐狸山北东及南西,侵入泥盆系雀儿山群和志留系圆包山组,呈岩株状产出。角闪石辉长玢岩出露于大狐狸山一带和矿区南部,呈岩株状产出,侵入志留系圆包山组和石炭系白山组,围岩角闪岩化、绢云母褐铁矿化。岩石灰绿色,斑状结构,块状构造。中酸性侵入岩包括黑云母角闪石石英闪长岩、黑云母斜长花岗岩、黑云母角闪花岗闪长岩。其中,黑云母角闪石英闪长岩出露于依赫尔敖包断裂的北侧、英安山附近及呼勒森布拉格黑云母斜长花岗岩体以南,呈岩株状产出,侵入志留系碎石山组,被白垩系不整合覆盖。黑云母斜长花岗岩出露于呼勒森布拉格一带,侵入志留系圆包山组,另被二叠系花岗岩侵入,呈岩株状产出。岩石灰白色,中细粒花岗结构,块状构造。黑云母角闪石花岗闪长岩出露于依赫尔敖包断裂两侧,双沟山以东。侵入志留系圆包山组、碎石山组、泥盆系雀儿山群,呈岩株状产出。岩石灰白色,中细粒结构,块状构造。

印支期侵入岩:本期侵入岩不发育,仅有 10 处小岩株,是本区主要的含矿母岩,岩石类型为中细粒—中粗粒花岗岩,出露于独龙包以东,大狐狸山北西,黄石坪—小狐狸山一带,侵入奥陶系咸水湖组,志留系圆包山组,泥盆系雀儿山群和石炭系绿条山组。岩石呈灰白色—浅灰色,中粗—中细粒花岗结构,似斑状结构,块状构造。

3. 构造

区内主要构造线方向为北西-南东向。区内褶皱及断裂构造发育,主构造线受控于黑鹰山-雅干深断裂和依赫尔包-苏吉诺尔大断裂,次级构造为两断裂之间的北西、北东向和近东西向断裂以及大狐狸山破火山及其周边的放射状断裂,其中北西和北东向断裂是区内的主要控矿构造。

褶皱:区内古生代地层由于受近南北方向水平挤压力的影响,沿英安山—大狐狸山—黄石坪一线地层多发生形变、倒转,形成轴向近东西向的英安山-大狐狸山向斜,大狐狸山、小狐狸山背斜等。

英安山-大狐狸山向斜:轴向近东西向,核部地层为泥盆系雀儿山群,两翼地层属志留系圆包山组,两翼地层倾角在 42°～60°之间,北翼较陡,南翼较缓。

大小狐狸山背斜:轴向近东西向,核部在小狐狸山以东为奥陶系,小狐狸山以西到大狐狸山一带则为志留系圆包山组,两翼泥盆系地层倾角在 40°～70°之间,南翼较缓,北翼较陡。

断裂:区内主构造线近东西向,受英安岩-大狐狸山-黄石坪深大断裂的影响,两侧次级构造较为发育。走向多为北东、东西向,区内出露共计约 30 多条,东西向、北西-南东向多为压性断裂。北东-南西向、近南北向多为扭性断裂。区内压性构造早于扭性构造,局部被扭性断裂截断而发生位移。

区内压性断裂两侧岩层走向不一致,岩石片理化发育。扭性断裂两侧岩层产状不一致,岩石破碎,具体在海西期侵入岩岩体中多有棱角状构造角砾岩,另在区内有大量性质不明断裂使岩石挤压破碎,偶见片理化。

(二)区域成矿模式

预测工作区根据区域地质背景及成矿特征总结其成矿模式,见图 8-4。

二、区域地球物理特征

(一)磁异常特征

甜水井地区小狐狸山式斑岩型钼矿预测工作区范围为东经 111°45′—114°15′,北纬 40°20′—41°20′。在 1:10 万航磁 ΔT 等值线平面图上,预测工作区磁异常幅值范围为 $-625\sim1250$ nT,背景值为 $-100\sim100$ nT,预测区磁异常形状较规则,多呈带状分布,中部磁异常幅值比两侧略高,预测区北部以负磁场为主,预测区中南部正磁异常连成一片。纵观预测工作区磁异常轴向及 ΔT 等值线延伸方向,以东西向和北西向为主。小狐狸山式斑岩型钼矿床位于预测区东北部,以低缓负磁场为背景,异常值 -100 nT

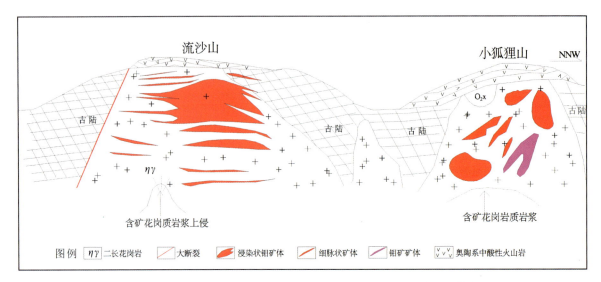

图 8-4 北山弧盆区与印支期花岗岩有关的斑岩型钼矿区域成矿模式

左右。

甜水井地区小狐狸山式斑岩型钼矿预测工作区磁法推断断裂构造以北东向及北西向为主,磁场标志多为不同磁场区分界线及磁异常梯度带。预测区磁异常推断主要由侵入岩体引起,东部的磁异常推断由中酸性侵入岩体引起,中部的带状异常推断主要由酸性侵入岩体引起,西北部的轴向为北西向的条带状磁异常推断由超基性侵入岩体引起。

甜水井地区小狐狸山式斑岩型钼矿预测工作区磁法共推断断裂 19 条,侵入岩体 28 个。与成矿有关的构造 1 条,位于预测区西部,走向为北西向。

(二)重力异常特征

从布格重力异常图上来看,预测区内布格重力场值具总体自西向东逐渐变高的特点,异常多呈团块状分布,走向以北西向为主。区域重力场最低值 -225.63×10^{-5} m/s^2,最高值 -144.68×10^{-5} m/s^2。

在剩余重力异常图上,预测工作区正异常多为宽缓的条带状、椭圆状,走向多为近东西向。

推断预测工作区的剩余重力正异常主要是古生代地层所致。在编号为 G 蒙-852 的正异常区南部,有航磁异常与其对应,地表零星出露超基性岩,推断为超基性岩引起。预测区的剩余重力负异常区,地表局部地区出露有第四系,零星出露石炭纪和奥陶纪地层,推测这些负异常是花岗岩体和中生代沉积盆地以及新生代坳陷盆地的共同反映。

预测区南部有一条东西走向的贯穿整个预测区的布格重力等值线密集带,与航磁正负磁异常分界线吻合较好,推断为东西向断裂构造。

典型矿床小狐狸山铅锌钼矿位于布格重力场等值线同向扭曲处,表明该矿床与深成侵入的花岗岩有关。

预测工作区内推断解释断裂构造 38 条,中-酸性岩体 7 个,基性-超基性岩体 1 个,地层单元 9 个,中-新生代盆地 5 个。

三、区域地球化学特征

区域上分布有 Mo、Cu、Au、As、Sb 等元素组成的高背景区带,在高背景区带中有以 Mo、Cu、Au、As、Sb、W、Zn、Ag 为主的多元素局部异常。预测区内共有 31 个 Mo 异常,21 个 Ag 异常,22 个 As 异常,70 个 Au 异常,13 个 Cu 异常,2 个 Pb 异常,18 个 Sb 异常,20 个 U 异常,26 个 W 异常,17 个 Zn

异常。

Mo、Cu、Sb 在整个预测区大面积连续分布,各元素异常强度高,浓度分带和浓集中心明显;As、Zn 异常面积较大,呈东西向条带状展布,异常强度中、低等,浓度分带和浓集中心一般不明显;Au 异常在预测区分布广泛,面积一般不大,中、西部异常强度较高,浓度分带和浓集中心较为明显;Ag 异常较少,面积小,强度中等,浓度分带和浓集中心一般不明显;W 异常较多,面积较大,异常强度高,呈面状分布;U 异常少,面积小,强度低,零散分布;Pb 在预测区内基本无异常。小狐狸山典型矿床与 Mo、Cu、Zn、Ag、As、Sb、W、U 异常吻合较好。

预测区内规模较大的 Mo 局部异常上,Cu、Zn、Ag、Au、W 等主要成矿元素及伴生元素在空间上相互重叠或套合,其中元素异常套合较好的编号为 Z-1、Z-2。Z-1 内异常元素 Mo、Cu、Zn、Ag 呈同心环状套合,As、Sb 呈条带状包围在外圈,Au 为异常中带,W 为异常外带;Z-2 内异常元素 Mo、Ag、W、U 呈同心环状套合,Zn 异常较大,在环状外围呈条带状,Au 为异常外带。

四、区域遥感影像及解译特征

本工作区内共解译出大型构造,即乌珠嘎顺构造带和清河口-哈珠-路井断裂带共 3 段,均为北西西走向,平行横穿图幅西东。其中,乌珠嘎顺构造带为大型正断层,西侧大多在山前展布,东侧穿山越岭,判断线型构造两侧地层较复杂,线性构造通过岩浆岩体,对成矿较为有利,线性影像表现为负地形,沿沟谷、洼地及陡坎呈线性分布。

本预测内共解译出中小型构造 140 多条,其中,中型断层 20 多条,小型断层 120 条。中型构造大多数为北东走向,均匀分布在 2 条大型构造的南北两侧,断层主要发育于白垩系、石炭系和奥陶系中,大多数影像中有明显线状影纹;小型构造主要分布在乌珠嘎顺构造带与清河口-哈珠-路井断裂带之间及清河口-哈珠-路井断裂带以南,主要发育于石炭系、二叠系、泥盆系、奥陶系和白垩系中。

本预测工作区内的环形构造比较发育,共解译出环形构造 78 处,其成因多为由花岗岩类引起的环形构造、与隐伏岩体有关的环形构造和断裂构造圈闭的环形构造。环形构造在空间分布上有明显的规律:中部地区有少量分布,西部地区和东部地区有大量环形构造,其中,西部大部分环形构造集中在乌珠嘎顺构造带与清河口-哈珠-路井断裂带之间。大型环构造碧玉山西环状构造与清河口-哈珠-路井断裂带套合,该环内发育有石炭纪斜长花岗岩、石炭纪二长花岗岩、绿条山组、白山组、雀尔山群、新民堡群等岩类,影像中环形特征明显且规模较大,环状地貌的圈闭特征显著,纹理走向清晰;东部地区大部分环形构造集中在亚干断裂带与清河口-哈珠-路井断裂带之间,矩形环呼和陶勒盖西南环状构造在此之间,该环内发育有方山口组杂色中酸性熔岩、凝灰岩夹砂岩、砂砾岩,影像中环形特征明显,地貌特征表现突出,环状纹理清晰。

五、区域预测模型

根据预测工作区区域成矿要素、化探、航磁、重力及遥感特征,建立了本预测区的区域预测要素,并编制预测工作区预测要素图和预测模型图。

区域预测要素图以区域成矿要素图为基础,综合研究重力、航磁、化探、遥感等综合致矿信息,总结区域预测要素表(表 8-2),并将综合信息各专题异常曲线或区全部叠加在成矿要素图上,在表达时可以作出单独预测要素如航磁的预测要素图。

预测模型图的编制,以地质剖面图为基础,叠加区域化探、航磁及重力剖面图而形成,简要表示预测要素内容及其相互关系,以及时空展布特征(图 8-5)。

表 8-2 小狐狸山斑岩型钼矿甜水井预测工作区预测要素表

区域成矿要素		描述内容	要素类别
地质环境	大地构造位置	小狐狸山斑岩型钼矿大地构造位置为天山-兴蒙造山系（Ⅰ），额济纳旗-北山弧盆系（Ⅱ），圆包山岩浆弧东端（Ⅲ）	必要
	成矿区（带）	Ⅰ-1古亚洲成矿域，Ⅱ-2准噶尔成矿省，Ⅲ-1觉罗塔格-黑鹰山Cu-Ni-Fe-Au-Ag-Mo-W石膏成矿带，Ⅲ-1-①黑鹰山-雅干Fe-Au-Cu-Mo成矿亚带（Ⅴm），Ⅴ-1小狐狸山钼铅锌远景区	必要
	区域成矿类型及成矿期	侵入岩体型，三叠纪	必要
控矿地质条件	赋矿地质体	奥陶系咸水湖组及石炭系绿条山组，主要岩性有边缘相中细粒似斑状花岗岩和过渡相中粗粒似斑状黑云母花岗岩（分布于矿区北部）	重要
	控矿侵入岩	海西晚期酸性-超酸性铝过饱和花岗岩	必要
	主控矿构造	矿区构造主要有北西向及北东向两组断裂，其控制着含矿岩体的分布	重要
区域成矿类型及成矿期		印支期斑岩型铅锌钼矿	必要
区内相同类型矿产		矿床（点）23个，中型2个，小型1个	重要
物化探特征	航磁	航磁异常范围为-50～50nT。含矿岩体及矿体基本无磁性，含矿岩体ΔT在-150～0nT之间，矿体ΔT在-200nT左右。地面异常特征：含矿岩体具激电异常，视极化率η介于3.5%～4.5%之间，电阻率ρ介于200～300Ω·m之间。矿体视极化率η介于5.0%～6.5%之间，电阻率ρ在200Ω·m左右	重要
	化探	区域化探综合异常以W、Sn、Pb、Li、Mo、Nb、Ta 7个元素为主。矿区异常区内元素组合齐全、强度高、面积大、连续性好，主要成矿元素Mo、As、Bi、Zn、Pb及伴生元素Ag、Sb、W强度高、浓度分带明显、浓集中心吻合	必要

第三节 矿产预测

一、综合地质信息定位预测

（一）变量提取及优选

根据典型矿床及预测工作区的研究成果，进行综合信息预测要素提取，本次选择网格单元法作为预测单元，本次预测底图比例尺为1:10万，利用规则网格单元作为预测单元，网格单元大小为1.0km×1.0km。

地质体、断层、遥感环要素进行单元赋值时采用区的存在标志；依据典型矿床含矿岩体为三叠纪花岗岩，本次将1:10万预测底图中原三叠纪岩体（原1:20万资料均为石炭纪岩体）选取作为预测单元，其中包括一部分揭露岩体，均提取作为含矿层。化探、剩余重力、航磁化极则求起始值的加权平均值，在变量二值化时利用异常范围值人工输入变化区间。

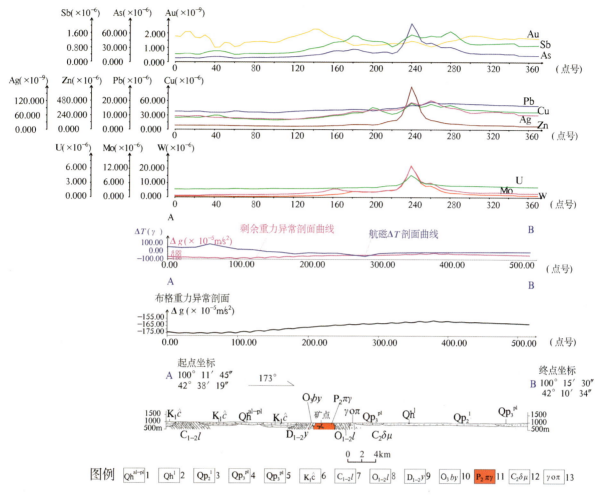

图 8-5 小狐狸山斑岩型钼矿甜水井预测工作区预测模型图

1. 冲积黏土；2. 淤泥、砂质黏土；3. 湖积粉砂质黏土岩；4. 淤泥、黏土；5. 砂砾石；6. 赤金堡组；7. 绿条山组；8. 老君山组；9. 依克乌苏组；10. 白云山组；11. 中粗粒似斑状花岗岩；12. 闪长玢岩；13. 斜长花岗斑岩

（二）最小预测区圈定及优选

本次利用证据权重法，采用 1.0km×1.0km 规则网格单元，在 MRAS2.0 下进行预测区的圈定与优选，根据预测区内有 3 个已知矿床（点），采用有预测模型工程进行定位预测（图 8-6）。

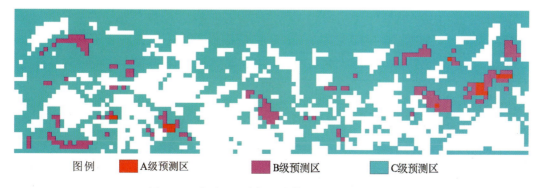

图 8-6 小狐狸山式侵入岩体型钼矿预测单元图

(三)最小预测区圈定结果

叠加所有预测要素变量,根据各要素边界圈定最小预测区,共圈定最小预测区23个,其中A级最小预测区3个,B级最小预测区10个,C级最小预测区10个(图8-7)。

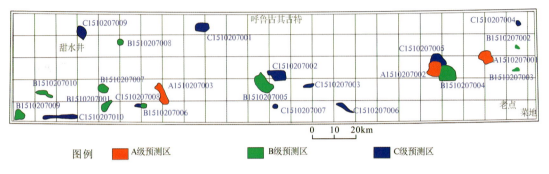

图8-7 小狐狸山式斑岩型钼矿甜水井预测工作区最小预测区圈定结果

(四)最小预测区地质评价

本次工作共圈定各级最小预测区23个,各级别面积分布合理,且已知矿床分布在A级预测区内,说明预测区优选分级较为合理;最小预测区圈定结果表明,预测区总体与区域成矿地质背景和高磁异常、剩余重力异常吻合程度较好(表8-3)。

表8-3 小狐狸山式斑岩型钼矿甜水井预测工作区成矿条件及找矿潜力一览表

最小预测区编号	最小预测区名称	综合信息	评价
A1510207001	小狐狸山	该区为模型区,出露的地质体为中细粒似斑状花岗闪长岩,区内有1条北东向断裂通过,有一定的化探异常,异常值在$(1.3\sim2.9)\times10^{-6}$之间,航磁异常值主要集中在$-50\sim50$nT之间,重力异常值在$(-1\sim1)\times10^{-5}$m/s^{2}之间	找矿潜力大
A1510207002	流沙山	该区内有1个中型矿床,区内有北东向、北西向断裂通过,其中北东向断裂为主要构造线断裂,规模较大。区内出露的岩体为中粗粒二长花岗岩,重力异常值主要在$(-1\sim4)\times10^{-5}$m/s^{2}之间,有一定的化探异常,异常值在$(1.3\sim2.9)\times10^{-6}$之间,航磁异常值主要在$-50\sim200$nT之间,个别区域异常值较高,在$500\sim800$nT之间	找矿潜力大
A1510207003	独龙包	该区内有1个小型矿床,重力异常值主要在$(-1\sim2)\times10^{-5}$m/s^{2}之间,航磁异常一般,异常值在$-50\sim50$nT之间,区内出露的地质体为中细粒似斑状花岗闪长岩,化探异常不甚明显	找矿潜力大
B1510207001	1192高地	区内出露的地质体为中细粒花岗岩,重力异常值主要在$(-2\sim2)\times10^{-5}$m/s^{2}之间,有一定的化探异常,异常值在$(1.3\sim2.9)\times10^{-6}$之间,航磁异常值一般在$-50\sim150$nT之间,区内无断裂通过	有一定的找矿前景
B1510207002	1176高地南西	区内出露的岩体为中粗粒二长花岗岩,受北东向断裂影响,重力异常值范围在$(4\sim6)\times10^{-5}$m/s^{2}之间,化探异常明显,且具有一定规模,异常值在$(1.3\sim2.9)\times10^{-6}$之间	有一定的找矿前景
B1510207003	1552高地南东	区内出露的岩体为中粗粒二长花岗岩,且规模较大,重力异常值范围在$(-1\sim4)\times10^{-5}$m/s^{2}之间,化探异常不甚明显,低于1.3×10^{-6}	有一定的找矿前景
B1510207004	1518高地	区内出露的岩体为中粗粒二长花岗岩,有规模一般的北东向断裂通过,重力异常值在$(-2\sim3)\times10^{-5}$m/s^{2}之间,有一定规模的化探异常,异常值在$(1.3\sim1.7)\times10^{-6}$之间,航磁异常值在$-100\sim50$nT之间	有一定的找矿前景

续表 8-3

最小预测区编号	最小预测区名称	综合信息	评价
B1510207005	923 高地北	区内出露的地质体为中粗粒花岗岩,有规模一般的北西向断裂通过,重力异常值较高,范围主要在 $(3\sim5)\times10^{-5}\mathrm{m/s^2}$ 之间,化探异常值较高,在 $(2.9\sim3.4)\times10^{-6}$ 之间,航磁异常值在 $-100\sim0\mathrm{nT}$ 之间,区内有一定规模的北西向断裂通过	有一定的找矿前景
B1510207006	983 高地	区内出露的地质体为中粗粒花岗岩,重力异常值主要集中在 $(1\sim2)\times10^{-5}\mathrm{m/s^2}$ 之间,有一定的化探异常,异常值在 $(1.3\sim2.9)\times10^{-6}$ 之间,航磁异常不明显,有规模较小的北东向断裂通过	有一定的找矿前景
B1510207007	1502 高地	区内出露的地质体为中细粒花岗岩,区域发育北西向断裂。重力值范围在 $(-10\sim-4)\times10^{-5}\mathrm{m/s^2}$ 之间,化探异常明显,大部分范围在 $(1.3\sim2.9)\times10^{-6}$ 之间,个别区域化探异常较高,在 $(2.9\sim3.4)\times10^{-6}$ 之间	有一定的找矿前景
B1510207008	1429 高地北	区内出露的岩体为中粗粒二长花岗岩,化探异常值较高,在 $(1.3\sim7.6)\times10^{-6}$ 之间,重力异常值在 $(3\sim7)\times10^{-5}\mathrm{m/s^2}$ 之间,航磁异常值跨度较大,在 $50\sim450\mathrm{nT}$ 之间,区内有北东向、北西向断裂通过	有一定的找矿前景
B1510207009	1472 高地北西	区内出露的岩体为中粗粒二长花岗岩,重力异常值在 $(-2\sim2)\times10^{-5}\mathrm{m/s^2}$ 之间,化探异常不明显,异常值主要集中在 $(100\sim250)\times10^{-6}$ 之间,区内有规模一般的北西向断裂通过	有一定的找矿前景
B1510207010	958 高地北西	区内出露的地质体为中细粒似斑状花岗闪长岩,航磁异常值在 $-100\sim50\mathrm{nT}$ 之间,有一定的化探异常,异常值在 $(1.3\sim2.9)\times10^{-6}$ 之间,重力异常值在 $(0\sim1)\times10^{-5}\mathrm{m/s^2}$ 之间	有一定的找矿前景
C1510207001	1145 高地	区内无成矿地质岩体,但化探异常浓集,异常值在 $(4.1\sim7.6)\times10^{-6}$ 之间,重力异常值在 $(-1\sim2)\times10^{-5}\mathrm{m/s^2}$ 之间,航磁异常值主要在 $50\sim250\mathrm{nT}$ 之间,个别区域异常值较高,在 $500\sim600\mathrm{nT}$ 之间	找矿潜力较差
C1510207002	1068 高地南	重力异常值在 $(-6\sim1)\times10^{-5}\mathrm{m/s^2}$ 之间,化探异常尤其明显,异常值在 $(1.3\sim7.6)\times10^{-6}$ 之间	找矿潜力较差
C1510207003	1256 高地	重力异常值在 $(-10\sim-2)\times10^{-5}\mathrm{m/s^2}$ 之间,化探异常尤其明显,其范围值在 $(1.3\sim7.6)\times10^{-6}$ 之间,区域内断裂不明显	找矿潜力较差
C1510207004	1406 高地北东	区内出露地质体为中粗粒花岗岩,重力异常值在 $(0\sim5)\times10^{-5}\mathrm{m/s^2}$ 之间,化探异常不甚明显,航磁异常值在 $-50\sim100\mathrm{nT}$ 之间,区内有北东向、北西向断裂通过	找矿潜力较差
C1510207005	953 高地	区内出露的地质体为中粗粒花岗岩,航磁异常值主要在 $250\sim400\mathrm{nT}$ 之间,化探异常不明显,重力异常值在 $(1\sim3)\times10^{-5}\mathrm{m/s^2}$ 之间,无断裂通过	找矿潜力较差
C1510207006	966 高地西	区内出露的地质体为中粗粒花岗岩,重力异常值在 $(1\sim2)\times10^{-5}\mathrm{m/s^2}$ 之间,化探异常不甚明显,航磁异常不明显,有规模较小的北东向、北西向断裂通过	找矿潜力较差
C1510207007	1368 高地北东	区内出露的地质体为中细粒花岗岩,重力异常值范围在 $(-1\sim2)\times10^{-5}\mathrm{m/s^2}$ 之间	找矿潜力较差
C1510207008	1514 高地	区内出露岩体为中粗粒二长花岗岩,有北东向断裂通过预测区,其化探异常不甚明显,重力范围主要值在 $(0\sim2)\times10^{-5}\mathrm{m/s^2}$ 之间	找矿潜力较差
C1510207009	1517 高地南东	区内出露的岩体为中粗粒二长花岗岩,有北西向断裂通过,重力异常值跨度较大,在 $(2\sim8)\times10^{-5}\mathrm{m/s^2}$ 之间,化探异常不明显,航磁异常值在 $100\sim400\mathrm{nT}$ 之间	找矿潜力较差
C1510207010	1149 高地南	区内出露的地质体为中细粒似斑状花岗闪长岩,区内有较小规模的北东向断裂通过,航磁异常不明显,化探异常不明显,重力异常值在 $(0\sim3)\times10^{-5}\mathrm{m/s^2}$ 之间	找矿潜力较差

二、综合信息地质体积法估算资源量

(一)典型矿床深部及外围资源量估算

查明资源储量、延深、品位、体重等数据来源于内蒙古自治区地质矿产勘查院 2007 年 3 月提交的《内蒙古自治区额济纳旗小狐狸山矿区铅锌钼矿普查报告》和内蒙古自治区国土资源信息院编制的《截至 2009 年底内蒙古自治区矿产资源储量表》(有色金属分册);典型矿床面积为该矿床各矿体、矿脉聚积区边界范围的面积,采用小狐狸山式侵入岩体型钼矿成矿要素图(比例尺 1:1 万)在 MapGIS 软件下读取数据,然后依据比例尺计算出实际平均面积 519 887 m^2(图略),计算出实际平均面积 519 887 m^2,延深见图 8-8,具体数据见表 8-4。

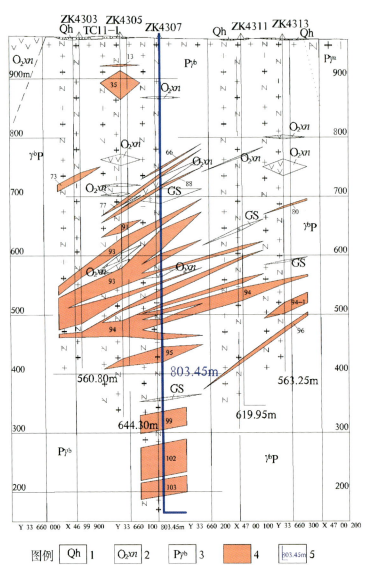

图 8-8 小狐狸山式侵入岩体型钼矿矿区主矿床 43 勘探线剖面图
1. 第四系;2. 咸水湖组;3. 花岗岩;4. 钼矿体;5. 勘探深度

表 8-4 小狐狸山斑岩型钼矿深部及外围资源量估算一览表

典型矿床		深部及外围		
已查明钼资源量(t)	31 924	深部	面积(m²)	519 887
面积(m²)	519 887		深度(m)	50
深度(m)	803.45	外围	面积(m²)	249 007
品位(%)	0.15		深度(m)	803.45
密度(t/m³)	2.75	预测资源量(t)		17 181
体积含矿率(t/m³)	0.000 076	典型矿床资源总量(t)		49 105

(二)模型区的确定、资源量及估算参数

模型区为典型矿床所在的最小预测区。小狐狸山典型矿床查明资源量 31 924t，按潜力评价预测技术要求，计算模型区资源总量为 49 105t。模型区内无其他已知矿点存在，则模型区总资源量等于典型矿床总资源量，模型区面积为依托 MRAS 软件采用有模型工程神经网络法优选后圈定，延深根据典型矿床最大预测深度确定。模型区圈定时参照了含矿建造地质体，因此，含矿地质体面积参数为 1。由此计算含矿地质体含矿系数，见表 8-5。

表 8-5 小狐狸山钼矿模型区预测资源量及其估算参数表

编号	名称	模型区总资源量(t)	模型区面积(m²)	延深(m)	含矿地质体面积(m²)	含矿地质体面积参数	含矿地质体含矿系数
A1510207001	小狐狸山钼矿	49 105	27 982 094	853.45	27 982 094	1	0.000 002 1

(三)最小预测区预测资源量

小狐狸山钼矿甜水井预测工作区最小预测区资源量定量估算采用地质体积法进行。

1. 估算参数的确定

最小预测区面积是依据综合地质信息定位优选的结果；延深的确定是在研究最小预测区含矿地质体地质特征、含矿地质体的形成深度、断裂特征、矿化类型的基础上，并对比典型矿床特征的基础上综合确定的；相似系数的确定，主要依据 MRAS 生成的成矿概率与模型区的比值，参照最小预测区地质体出露情况、化探及重砂异常规模及分布、物探解译隐伏岩体分布信息等进行修正。

2. 最小预测区预测资源量估算结果

本次预测资源总量为 241 388.76t，其中，不包括预测工作区已查明资源总量 71 843t(小狐狸山钼矿、流沙山钼矿及独龙包钼矿)，详见表 8-6。

(四)预测工作区资源总量成果汇总

小狐狸山钼矿预测工作区根据地质体积法预测资源量，并依据资源量级别划分标准，根据现有资料的精度，划分为 334-1、334-2 和 334-3 三个级别；根据各最小预测区内含矿地质体、物化探异常及相似系数，资源量预测延深参数采用 2000m 以浅。

表 8-6 小狐狸山钼矿预测工作区最小预测区估算成果表

最小预测区编号	最小预测区名称	$S_{预}$ (m²)	$H_{预}$ (m)	K_s	K (t/m³)	α	$Z_{预}$(t)	资源量级别
A1510207001	小狐狸山	27 921 159	853	1		1	17 181	334-1
A1510207002	流沙山	26 705 555	820	1		0.7	32 190.88	334-1
A1510207003	独龙包	35 111 423	820	1		0.7	42 323.31	334-1
B1510207001	1192 高地	44 272 498	650	1		0.5	30 215.98	334-2
B1510207002	1176 高地南西	5 807 534	650	1		0.5	3 963.64	334-2
B1510207003	1552 高地南东	15 519 905	650	1		0.5	10 592.34	334-2
B1510207004	1518 高地	14 148 540	650	1		0.5	9 656.38	334-2
B1510207005	923 高地北	5 043 963	650	1		0.5	3 442.5	334-2
B1510207006	983 高地	3 467 113	650	1		0.5	2 366.3	334-2
B1510207007	1502 高地	10 868 340	650	1		0.5	7 417.64	334-2
B1510207008	1429 高地北	13 269 704	650	1		0.5	9 056.57	334-2
B1510207009	1472 高地北西	4 730 455	650	1	0.000 002 1	0.5	3 228.54	334-2
B1510207010	958 高地北西	44 477 202	650	1		0.5	30 355.69	334-1
C1510207001	1145 高地	30 265 435	500	1		0.5	15 889.35	334-3
C1510207002	1068 高地南	21 584 546	500	1		0.2	4 532.75	334-3
C1510207003	1256 高地	18 684 299	500	1		0.2	3 923.7	334-3
C1510207004	1406 高地北东	9 843 810	500	1		0.2	2 067.2	334-3
C1510207005	953 高地	5 745 782	500	1		0.2	1 206.61	334-3
C1510207006	966 高地西	3 737 641	500	1		0.2	784.9	334-3
C1510207007	1368 高地北东	3 527 728	500	1		0.2	740.82	334-3
C1510207008	1514 高地	22 695 133	500	1		0.2	4 765.98	334-3
C1510207009	1517 高地南东	3 457 311	500	1		0.2	726.04	334-3
C1510207010	1149 高地南	22 669 721	500	1		0.2	4 760.64	334-2

根据全国矿产资源潜力评价预测资源量汇总要求,小狐狸山钼矿预测工作区按精度、预测深度、可利用性、可信度统计分析结果见表 8-7。

表 8-7 小狐狸山钼矿预测工作区预测资源量估算汇总表(单位:t)

按深度			按精度		
500m 以浅	1000m 以浅	2000m 以浅	334-1	334-2	334-3
179 747.15	241 388.76	241 388.76	122 050.88	84 700.53	34 637.35
合计:241 388.76			合计:241 388.76		
按可利用性			按可信度		
可利用	暂不可利用		≥0.75	≥0.5	≥0.25
0	241 388.76		126 110.77	20 438.2	94 839.79
合计:241 388.76			合计:241 388.76		

第九章　敖仑花式侵入岩体型钼矿预测成果

第一节　典型矿床特征

一、典型矿床及成矿模式

（一）典型矿床特征

1. 矿区地质

敖仑花矿区钼矿床范围为东经 120°11′47″—120°15′09″，北纬 44°30′56″—44°34′16″，总面积约 27.53km²。

矿区出露地层有上二叠统林西组变质长石石英砂岩、板岩、长英质角岩、板岩等；上侏罗统满克头鄂博组分布于矿区东北部，角度不整合于林西组之上，岩性为火山碎屑岩、凝灰质砂岩、砂质页岩含煤层。

矿区内岩浆岩以斜长花岗斑岩为主，少量花岗斑岩、石英斑岩、英安斑岩、（石英）闪长玢岩及石英脉。其中，斜长花岗斑岩（敖仑花斑岩体）与铜钼矿化关系密切，为主要控矿因素之一（图 9-1）。

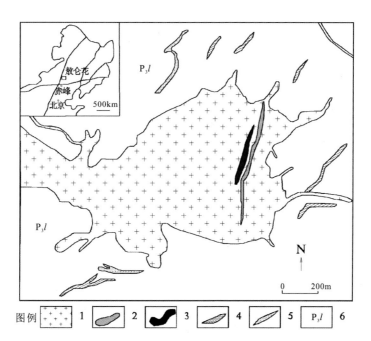

图 9-1　内蒙古阿鲁科尔沁旗敖仑花斑岩型铜钼矿床矿区地质略图（据徐巧，2010 修编）
1.敖仑花斜长花岗斑岩；2.英安斑岩；3.石英闪长玢岩；4.石英斑岩；5.花岗斑岩脉；6.上二叠统林西组

矿区林西组为北西倾单斜构造。断裂构造不发育，地表无明显断裂。本区与矿化有直接关系的构造主要为网脉状裂隙及脉状裂隙，对矿液的运移富集起到了控制作用，是主要的控矿构造。

2. 矿床特征

矿体赋存于敖仑花斜长花岗斑岩体内及外接触带中，属典型斑岩型铜钼矿床。矿床圈定出 2 个矿体。Ⅰ号矿体以铜为主，伴生钼矿；Ⅱ号矿体以钼为主，伴生铜。Ⅱ号钼矿体总体呈似层状产出，矿体走向 225°～230°，倾向 35°～45°，倾角 2°～11°。控制矿体长度 600m、宽度 400m，控制最大垂深 104.80m，矿体埋深 37.86～132.75m，平均 75.46m；矿体厚度 2.98～104.80m，平均 40.84m，厚度变化系数 37%，属厚度稳定型；钼矿体品位 0.18%～0.03%，平均 0.059%，伴生有用组分铜品位 0.08%～0.145%，平均 0.11%，品位变化系数钼 120%，品位属稳定型。矿体形态为似层状，为隐伏矿体。氧化带位于地表—向下垂深 30～45m，地表氧化淋滤带品位很低，且矿化分散，未圈出氧化矿，均为原生矿。矿体埋深 37.86～132.75m，平均 75.46m；目前最大控制 132.75m（图 9-2）。

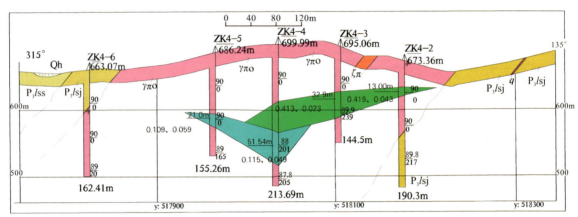

A. 敖仑花铜钼矿区4号线地质剖面图

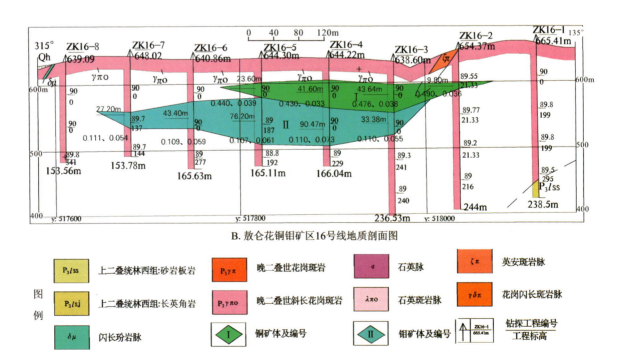

B. 敖仑花铜钼矿区16号线地质剖面图

图 9-2　内蒙古阿鲁科尔沁旗敖仑花斑岩型铜钼矿床 4 线及 16 线地质剖面图（据矿区资料修编）

矿石自然类型为原生矿石(细脉状、浸染状硫化矿石),按矿石矿物组成可分为花岗斑岩型和角岩型。矿石工业类型为贫铜矿、钼矿石;按品级可分为工业矿石和低品位矿石。矿石矿物有黄铜矿、黝铜矿、辉铜矿、铜蓝、辉钼矿、黄铁矿。脉石矿物有石英、长石、绢云母。常见的细脉矿物共生组合有石英-辉钼矿、石英-黄铜矿、石英-辉钼矿-黄铁矿、黄铜矿-石英-钾长石-辉钼矿、石英-萤石-黄铁矿-辉钼矿、石英-黄铁矿。氧化带矿物有褐铁矿、钼华及孔雀石。矿石结构为半自形—自形粒状结构;矿石构造为细脉状构造及浸染状构造。

容矿围岩斜长花岗斑岩,主要蚀变类型为钾化、硅化、伊利石化、水云母化、绿泥绿帘石化及角岩化。蚀变分带有石英网脉硅化带-绿泥石绿帘石-伊利石(水云母)化带(强蚀变带)和硅化-钾长石化带(弱蚀变带)。

钼平均品位 0.048%,铜平均品位 0.454%;伴生钼平均品位为 0.030%,伴生铜平均品位为 0.114%。铜(包括伴生铜)金属量为 90 963t,钼金属量(包括伴生钼)为 1723t (122b+333)。

3. 矿床成因类型及成矿时代

敖仑花铜钼矿矿床成因类型为斑岩型,矿床规模为中型。矿床成矿动力学背景为中国东部岩石圈处于拉伸减薄的环境。辉钼矿 Re-Os 模式年龄从 133.0±2.0~131.3±1.9Ma,平均为 132.51±0.79Ma(马星华,2009)。6件辉钼矿同位素测试值给出的 Re-Os 等时线年龄为 129.4±3.4Ma(舒启海,2009)可以代表敖仑花斑岩铜钼矿的成矿年龄,即早白垩世。综上可知,成矿期为燕山晚期。

(二)矿床成矿模式

(1)钼矿体产于白垩纪斜长花岗斑岩及古生代地层上二叠统林西组砂、砾岩的构造裂隙中,以充填为主,呈脉状产出。成矿伴随构造岩浆活动,严格受断裂构造控制。

(2)成矿与矿区岩浆演化晚期富钠的中酸性花岗闪长斑岩脉及斜长花岗斑岩脉关系密切:①时间上稍晚于岩脉的生成;②空间上矿体生于花岗斑岩脉的上盘外侧围岩中,远的相距千余米,有的岩脉与矿床共处于同一空间;③矿体与岩脉产出的空间基本受同一构造系统控制,为同一应力场作用下不同发展阶段的产物;④矿区的岩浆演化侵入活动为成矿提供了气热和部分成矿物质,并为成矿物质的富集创造了条件。岩体中成矿元素的含量随岩浆的演化逐次增高,晚期斜长共岗斑岩及花岗闪长斑岩中 Pb、Zn 的丰度值最高,为同类岩石的 2.1~9.2 倍。

(3)近矿围岩蚀变。

主要为硅化、绢云母化、绿泥石化、碳酸盐化。部分矿体又赋存于浅成-超浅成斜长花岗斑岩脉构造裂隙中,故推断成矿深度为浅成相。

(4)成矿物质来源。

矿石硫同位素测定,$\delta^{34}S$ 值为 0.8‰~3.6‰(黄铁矿达-7.6‰),变化范围小,总的接近陨石型,属深部硫源。流体演化表现出从早期高温、高盐度、富挥发分和矿质向晚期中低温、低盐度、贫矿质变化的特征,并伴随不同阶段的围岩蚀变和矿化(马星华,2010)。

综合以上特征,敖仑花斑岩型铜钼矿成矿模式见图 9-3。

二、典型矿床地球物理特征

(一)矿床磁性特征

据 1:2.5 万航磁平面等值线图显示,北西部表现为正磁场,南部表现为负磁场。矿床处于平缓起伏的负磁场上,见图 9-4。

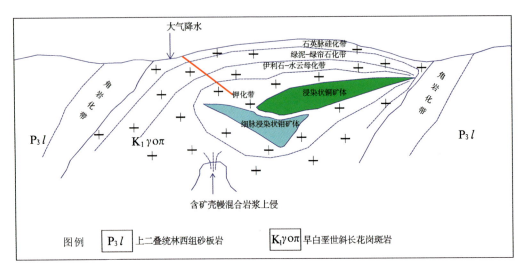

图 9-3 敖伦花式斑岩型铜钼矿典型矿床成矿模式

(二)矿床所在区域重力特征

敖伦花铜钼矿在布格重力异常图上,位于局部重力高异常 G236 与局部重力低异常 L232 之间的北北东向梯级带处,布格重力异常值 Δg 变化范围为 $(-68\sim 64)\times 10^{-5}\mathrm{m/s^2}$。结合地质资料,推断该梯级带北部及南部同向扭曲处是北西西向次级断裂的反映。在剩余重力异常图上,敖伦花铜钼矿处在北西西向椭圆状负异常 L蒙-224 的边部,靠近零值线,负异常区的最低值为 $-6.97\times 10^{-5}\mathrm{m/s^2}$,此区域地表零星出露早白垩世花岗岩,推断是中-酸性岩浆岩活动引起的,表明敖伦花斑岩型钼矿床在成因上与早白垩世花岗岩有关,见图 9-4。

三、典型矿床地球化学特征

1:20 万化探资料,显示水泉铅锌矿-甲 1 铅地球化学异常,该异常形态与敖伦花花岗斑岩体的形态基本一致,主要元素组合为铜铅钼钨。形成 $37 \mathrm{km^2}$ 的成矿元素 Cu、Pb 异常,水泉—西沙拉具明显的浓度分带。伴生元素铜铅异常大于钼,浓集中心与钼一致,强度较高,铜铅锌银等中-低温元素在斑岩体的接触带及外围地层中富集,具明显的水平分带特征,水平分带由内向外为铜-铅-锌—钼-钨—镉-金-银-砷,具典型花岗斑岩型铜钼矿床地球化学异常水平分带模式。

矿区存在以 Pb、Zn、Mo 为主,伴有 Cu、Ag、Cd 等元素组成的综合异常,Pb、Zn 为主成矿元素,Cu、Ag、Cd 为主要的伴生元素。在敖伦花地区 Pb、Zn、Ag 浓集中心明显,异常强度高;Cu、Cd 在敖伦花地区呈高背景分布,存在明显的浓集中心,Au、As、Sb、W、Pb 在敖伦花附近存在局部异常(图 9-5)。

四、典型矿床预测模型

根据典型矿床成矿要素和矿区航磁资料以及区域重力、化探资料,确定典型矿床预测要素,编制典型矿床预测要素图。矿床所在地区的系列图表达典型矿床预测模型(图 9-4、图 9-5)。总结典型矿床综合信息特征,编制典型矿床预测要素表(表 9-1)。

第九章 敖仑花式侵入岩体型钼矿预测成果

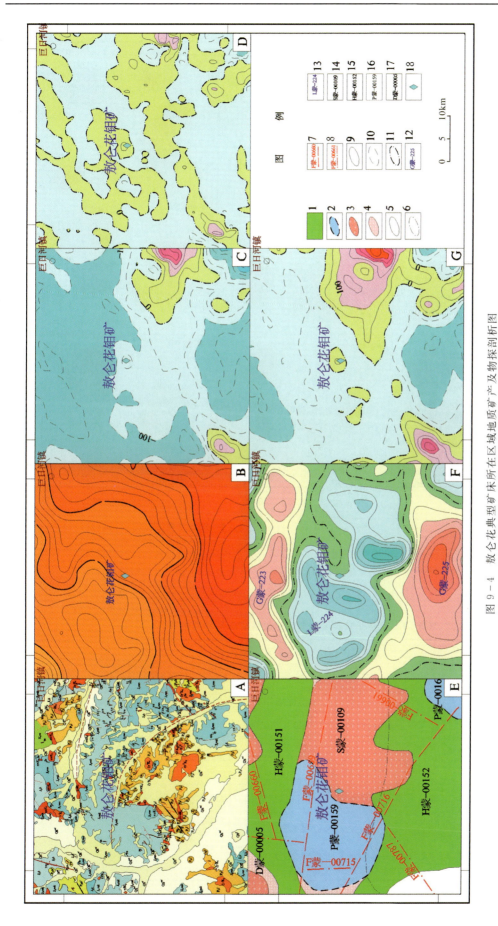

图 9-4 敖仑花典型矿床所在区域地质矿产及物探剖析图

A. 地质矿产图；B. 布格重力异常图；C. 航磁 △T 等值线平面图；D. 航磁 △T 化极等值线平面图；E. 航磁 △T 化极垂向一阶导数等值线平面图；F. 剩余重力异常构造图；G. 航磁 △T 化极平面构造图。1. 古生代地层；2. 盆地及边界；3. 隐伏酸性-中酸性岩体边界；4. 出露岩体；5. 出露岩体边界；6. 半隐伏岩体边界；7. 隐伏重力推断构造及编号；8. 半隐伏重力推断裂断三级构造编号；9. 航磁正等值线；10. 航磁负等值线；11. 零等值线；12. 剩余重力高异常编号；13. 剩余重力低异常编号；14. 酸性-中酸性岩体编号；15. 地层编号；16. 盆地编号；17. 出露岩体编号；18. 典型矿床

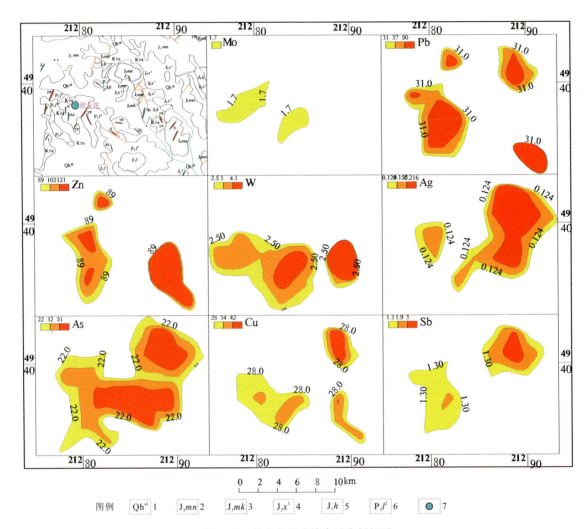

图 9-5 敖仑花钼矿综合异常剖析图

1.第四系全新统；2.上侏罗统玛尼吐组；3.上侏罗统满克头鄂博组；4.中侏罗统新民组下段；5.下侏罗统红旗组；6.上二叠统林西组上段；7.钼矿

表 9-1 敖仑花式斑岩型铜钼矿典型矿床预测要素表

特征描述		敖仑花侵入岩体型钼矿		要素类别
储量(t)		17 273	平均品位　　钼:0.048%	
成矿要素		描述内容		
地质环境	岩石类型	晚侏罗世中粒黑云母花岗岩、斑状花岗岩及细粒花岗岩		必要
	岩石结构	斑状结构		次要
	成矿时代	燕山晚期(晚侏罗世—早白垩世)		必要
	地质背景	敖仑花钼矿床位于区域性东西向构造带、野马古生代隆起和中生代断陷盆地的降拗接触带靠隆起一侧		必要
	构造环境	北东向与北西西向区域深大断裂交会处		必要

续表 9-1

特征描述		敖仑花侵入岩体型钼矿			要素类别
储量(t)		17 273	平均品位	钼:0.048%	
成矿要素		描述内容			
矿床特征	矿物组合	黄铁矿、辉钼矿、磁铁矿、赤铁矿等,少量或微量的毒砂、磁黄铁矿、锡石、方铅矿、闪锌矿、黄铜矿等			重要
	结构构造	矿石构造主要为细粒浸染状,次为脉状和团块状;矿石结构主要有包裹结构、叶片状结构、镶边结构、半自形—自形粒状结构、固溶体分离结构			次要
	蚀变	围岩蚀变主要有硅化、钾长石化、黄铁绢英岩化、褐铁矿化等;伴生矿化主要有黄铁矿化、黄铜矿化、辉钼矿化等			次要
	控矿条件	早白垩世具超酸、富碱、高钾等特点的燕山期花岗斑岩或似斑状花岗岩			重要
重力异常		矿床靠近零值线,负异常区的最低值为 $-6.97 \times 10^{-5} \mathrm{m/s^2}$			重要
磁法异常		矿床处于航磁异常 $-60 \sim -70 \mathrm{nT}$ 处			次要
地球化学特征		钼化探异常值为 1.7×10^{-6},伴生铜铅异常大于钼,浓集中心与钼一致			必要

第二节 预测工作区研究

一、区域地质特征

(一)成矿地质背景

所处大地构造单元古生代属天山-兴蒙造山系大兴安岭弧盆系锡林浩特岩浆弧;中生代属环太平洋巨型火山活动带、大兴安岭火山岩带、突泉-林西火山喷发带、霍林郭勒-宝石晚侏罗世—早白垩世火山断陷盆地。

1. 地层

区域地层属天山-松花江地层区,大兴安岭分区,乌兰浩特小区。区内岩浆岩和沉积岩均较发育,而变质岩则不多。出露地层有二叠系、侏罗系、白垩系及第四系。

古生界二叠系地层为下统寿山沟组(P_1s)、大石寨组(P_1d)和中统哲斯组(P_2zs),分布于预测区中北部隆起区。前两者由海相沉积碎屑岩建造及碎屑岩-火山岩建造组成。后者由海陆交互相的陆源碎屑夹碳酸盐沉积建造组成,富含滨海相瓣鳃类、腕足类及匙叶属裸子植物化石。该套地层呈现近东西向复式褶皱产出,总厚度大于1210.71m,出露面积约400km²,占图幅面积的49%。

中生界侏罗系、白垩系均为一套陆相火山碎屑建造,于本区侧及西侧的凹陷盆地内呈现东西—北西西向分布,局部呈南北向展布。侏罗系地层总厚度约2716.23m,分布面积约250km²,占整个图幅的30%。白垩系只在本区的西南部零星出露。区内缺失晚二叠世—三叠纪地层沉积。现将地层由老到新叙述如下。

寿山沟组(P_1s):分布广泛,零星出露在牤牛海东南。岩性组合下部为黑色板岩、浅变质粉砂岩、砂岩、凝灰质砂岩、黏土岩夹灰岩透镜体。上部为变质粉砂岩、砂岩、泥质结晶灰岩、凝灰质砾岩及片理化凝灰质砂岩。局部夹少量中酸性火山岩,总厚度大于3000m,含植物化石 Schizodpus sp., Sanquilites sp., microdoqta sp., Yekovlevia mammata(Keyserling)Y. mammatiformis. 和海百合茎化石,与上覆大石寨组为整合接触,属滨海-浅海相沉积。

大石寨组(P_1d):主要分布在敖仑花、莲花山地区,出露面积较大,主要为一套火山沉积地层,顶部见正常沉积碎屑岩,可分为两个岩性段。

一段(P_1d^1):岩性组合为安山岩、安山质晶屑岩屑凝灰岩、中酸性凝灰岩、凝灰质砂岩夹黑色泥质板岩,含植物化石 Paracalamites sp., Asterophyllites sp., Calamites sp., 厚度大于856.6m。

二段(P_1d^2):岩性组合为凝灰质砂岩、长石石英砂岩、硅质岩、大理岩,厚427m。

两岩段间为整合接触,属海相火山岩-正常沉积碎屑岩组合。该组与上覆哲斯组(P_2zs)为整合接触,未见底。

哲斯组(P_2zs):分布在裕民煤矿北部等地,岩性组合为灰黄色、黑色片理化凝灰质砂岩、粉砂岩、细砂岩、灰色泥灰岩、结晶灰岩夹蚀变英安质凝灰岩,厚度大于1912m,含腕足类、珊瑚、苔藓虫化石,计有 Wangenoconcha eleqgantula, Noeggerathiopsis sp., Neospirifer sp., Lytvolasma? sp., Punctospirifer sp., Homalophyllites。与下伏大石寨组呈整合接触,未见顶,属浅海相沉积。

下侏罗统红旗组(J_1h):分布在牝牛海以西地区。岩性组合为:上部灰白色砂岩、石英长石细砂岩夹砾岩;下部灰绿色、灰褐色砾岩夹砂岩及煤线,厚度大于731m。含大量植物和瓣鳃类化石,计有 Podozamites Lanceolatus (Lindleys et Hutton) Braum, Baiera sp., Pityophyllum sp., Cladophlebis sp., Czkanowskia rigida Heer, C. setacea Heer。系淡水湖沼相沉积,不整合覆于二叠系大石寨组之上,顶部被玛尼吐组中酸性火山岩不整合覆盖。

中侏罗统万宝组(J_2wb):岩性为灰黑色—深灰色细砂岩、粉砂岩、泥岩夹凝灰质砂岩及煤层1~4层,中部灰白色中细粒砂岩为主,夹薄层粗砂岩及角砾岩,含大量植物化石 Podozamites lanceolatus (Lindleys et Hutton) Braum, Cladophlebis sp.。下部为灰白色砾岩夹凝灰岩,厚240~668m。与下伏红旗组呈角度不整合接触,被上覆满克头鄂博组火山岩平行不整合覆盖。

上侏罗统满克头鄂博组(J_3mk):大面积分布全区,岩性为中酸性熔岩、熔结凝灰岩、角砾凝灰岩夹沉凝灰岩、粉砂质泥岩,含植物化石 Ginkgoites sp., Cladophlebis sp., Baiera gracilis, Phoenicopsis sp., 厚452~2115m,与下伏万宝组喷发不整合接触,被玛尼吐组整合覆盖。

上侏罗统玛尼吐组(J_3mn):与满克头鄂博组相伴产出,岩性为紫色—深灰色安山岩、安山质凝灰岩、中性凝灰熔岩夹凝灰质砂岩、沉凝灰岩,厚223~2052m,与上、下地层单元均呈整合接触。

上侏罗统白音高老组(J_3b):为一套杂色酸性火山碎屑岩、熔结凝灰岩、流纹岩夹中酸性火山碎屑沉积岩,总厚度大于183m,整合在玛尼吐组之上,被梅勒图组不整合覆盖,可细分为两个岩性段。

下白垩统梅勒图组(K_1ml):主要分布在突泉县西北部和南部新生代断陷盆地中,岩性组合为玄武岩、安山岩、酸性凝灰角砾岩、集块岩夹凝灰质砂岩等,厚度大于137m,横向上岩性岩相变化较大。不整合于白音高老组之上,未见顶。为陆相火山喷发产物。

2. 岩浆岩

区内岩浆活动频繁,开始于二叠纪止于第三纪(古近纪+新近纪),尤以燕山期(侏罗纪—白垩纪)活动最为强烈,表现为大量的火山喷发活动和岩浆侵入。

区内岩浆岩从超基性到酸性均有产出,尤以中酸性岩分布最广。其中燕山晚期较早为中酸性海相喷发,晚期以大规模花岗岩浆呈岩株、岩基状侵入,形成中深成相岩浆岩系列,出露于古生代隆起区。该期侵入岩在本区以四平山岩体为代表,分布在图幅东部巨宝以北。燕山早期岩浆活动十分强烈,侵入岩和次火山岩、喷出岩大量形成,几乎遍布全区,活动期次多,物质组分多样,岩性复杂,结构多变,多呈杂岩体出露。该期岩浆活动主要受东西向基底构造和不同方向的新老构造交会控制。

本期岩浆活动最强烈，广泛分布全区，构成北东向构造岩浆岩带。根据岩石组合、生成顺序、同位素测年资料等，可划分为燕山早期和燕山晚期。燕山早期(侏罗纪)侵入岩多呈岩基产出，而燕山晚期(白垩纪)侵入岩则多为小岩株、岩枝或岩脉，晚侏罗世大规模的火山喷发与岩浆侵入活动有着密切的成因联系，侵入岩是继晚侏罗世大规模的中酸性岩浆喷发之后而侵位的，二者在空间上相伴产出，均呈北北东向带状展布，属同源异相的产物。燕山期岩浆活动总体构成了一个完整的从喷发到侵入的旋回，即包括从酸性→中性→酸性的物质成分的演化，晚期为富碱质花岗岩类侵位。但各期次侵入岩由于所处的构造地质环境不同而经历着不同的岩浆演化过程，在岩石类型、化学成分方面都存在一定的差异。其成因可能与太平洋板块俯冲关系密切。岩浆侵入和火山活动呈多期次、多旋回特征，以重熔型花岗质岩类为主。成矿作用显著，矿化类型较多，总体上其成矿规律是：与早期岩浆活动有关的矿产以铜为主，伴生银、锌、铁铅等；与中晚期有关的是铜、钼、锡等。

本区燕山早期构造活动频繁并伴有多期次和多阶段的岩浆侵入活动，从而形成了燕山早期的火山-岩浆侵入杂岩系。区内出露第一侵入期为超基性—中性岩；第二侵入期为中酸性岩；第三侵入期以酸性岩为主。第一次和第三次的侵入多呈较小的岩株和脉状产出，第二次侵入规模相对较大。

白垩纪四平山岩体(γK)分布在预测区东缘王粉房—四平山一带。岩体总面积达170 km^2(呈岩基状产出)。岩体以二云母花岗岩为主体，近南北向分布，向西倾斜，侵入二叠系。岩体由中心向外分带明显：依次为二云母花岗岩—黑云母斜长花岗斑岩(宽度不大)—片麻状花岗岩。岩体边部受构造(动力)挤压，形成片理化带。岩石化学成分与中国花岗岩平均化学成分基本相似，在岩体边部钾质成分显著增高，由中心向边缘岩石由铝微过饱和系列向正常系列过渡。岩石受动力变质作用较强烈，而热液作用则不甚显著，仅见有轻微的黑云母化、绢云母化和硅化。在岩体附近围岩中有杜家庄铜铅锌矿点及 Cu、Pb、Zn、Au 等分散流异常围绕岩体展布。岩体主要受区域南北向张性断裂控制。

脉岩：区内脉岩广为发育，主要呈北西和北东向分布，以北西向者居多，偶见南北向和东西向。规模不大，长由数十米至数千米，多属燕山期的产物。岩石类型有花岗岩、石英脉、闪长玢岩、次安山岩及辉绿岩等。

3. 火山岩

区内火山岩十分发育，火山活动从古生代、中生代至新生代均有不同程度喷发，尤其是中生代火山岩，其规模宏大，种类齐全，构成内蒙古东部大兴安岭燕山期火山活动带的主体，系环太平洋火山岩带的重要组成部分。

古生代早二叠世大石寨期火山岩：大石寨期火山岩系岩石类型由流纹岩、安山岩、英安岩、玄武安山岩、酸性凝灰岩、安山质火山角砾岩、英安流纹质晶屑熔结凝灰岩等组成，夹有火山碎屑岩和正常沉积碎屑岩。火山岩相有溢流相、爆发相和火山碎屑沉积相。属钙碱性系列，由中性→中酸性→弱酸性方向演化。火山活动体现了由中性向酸性方向演化的特征，主要成矿元素为 Cu、Pb、Zn、Ag 等。

中生代火山岩：包括晚侏罗世火山岩和早白垩世梅勒图期火山岩。

晚侏罗世火山岩：区内中生代火山活动以晚侏罗世陆相酸性、中酸性、中性及少量基性火山岩呈北北东向线状分布为特征，岩层厚度和分布面积居区内各时代地层之首，以线型喷发-溢流为主，岩性组合为流纹岩(流纹岩-粗面岩)和安山岩-玄武岩及其火山碎屑岩，构成以酸性火山岩为主的大兴安岭火山杂岩带，按火山活动旋回和岩性组合特征划分为满克头鄂博期、玛尼吐期和白音高老期。

早白垩世梅勒图期火山岩：早白垩世火山活动沿大兴安岭主脊东侧分布，以基性—中基性为主，岩石组合为伊丁橄榄玄武岩、粗面岩、粗安岩、安山岩、玄武安山岩。以中心式火山溢流为主，主要分布在梅勒图组中，与成矿关系不明显。

4. 构造

本区前中生代一级构造单元属华北板块北部活动大陆边缘(大兴安岭弧盆系)；中生代统称大兴安

岭火山岩区,是构成我国东部大陆边缘北北东向隆起之一。

预测区跨区域性古生代野马隆起和中生代万宝-牤牛海坳陷两个构造单元。区内基本构造格架主要为东西向和南北向。而北北东向和北西向构造亦较发育。由于在长期的地质历史过程中,各种构造复合叠加相互利用和改造形成较复杂的构造组合。

本区断裂构造发育,以北东向平行排列的区域性大断裂为主,极为醒目,以压性为特征,伴生的北西向、北北西向、近东西向和南北向断裂也较发育,但规模较小,前中生代东西向、北东向主干断裂长期活动,与中生代以来极其发育的北东向断裂构造呈复合交切关系,是本区断裂构造的主要特征。

本区褶皱构造较简单,东部莲花山地区发育有二叠系大石寨组组成的复式褶皱,轴向近东西向,其余均为轴向北东向的小型宽缓褶皱构造。

构造旋回、构造层的划分及其特征:本区经历了晚海西旋回和阿尔卑斯旋回,划分为3个构造层。

晚海西构造层:由二叠系寿山沟组滨-浅海相陆源碎屑岩建造、大石寨组海相火山岩、火山碎屑-正常沉积碎屑岩建造,哲斯组浅海相陆源碎屑岩建造组成。岩浆活动主要为中性—酸性岩出露,褶皱和断裂构造发育,岩层产状凌乱,主体构造线走向北东,反映本区地壳由早期较稳定的滨海相环境至火山活动、地壳变动强烈的环境,直至后期地壳上升,形成了稳定的湖相-潟湖相沉积特征。

燕山构造层:分为两个构造亚层,燕山早期构造亚层由红旗组和万宝组陆相含煤碎屑岩建造和满克头鄂博组、玛尼吐组、白音高老组火山岩和火山碎屑岩建造组成,前者分布在山间盆地,后者构成北东—北北东的宽缓背向斜褶皱及北东向、北西向断裂构造。岩浆活动规模大而频繁,种类繁多,与下伏构造层为角度不整合接触。

燕山晚期构造亚层由早白垩世地层梅勒图组火山岩和火山碎屑岩夹正常沉积碎屑岩组成,岩浆活动强烈,从中性—中酸性—酸性均有发育,规模不及侏罗纪强烈,但分布较广。褶皱构造不强烈,断裂构造发育。

(二)区域成矿模式

预测工作区根据区域地质背景及成矿特征总结其成矿模式,见图9-6。

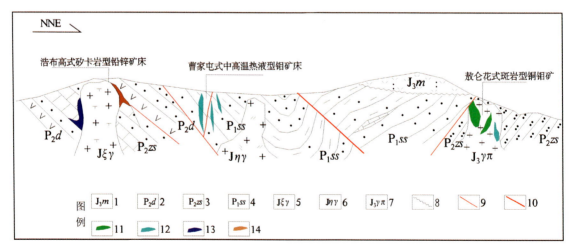

图9-6 华北北部陆缘增生区与中生代浅成斑岩体有关的铅锌铜钼成矿系列区域成矿模式

1.上侏罗统满克头鄂博组;2.中二叠统大石寨组;3.中二叠统哲斯组;4.下二叠统寿山沟组;5.侏罗纪正长花岗岩;6.侏罗纪二长花岗岩;7.晚侏罗世花岗斑岩组;8.喷发不整合界线;9.断层;10.大断裂;11.铜矿体;12.钼矿体;13.铅矿体;14.锌矿体

二、区域地球物理特征

（一）磁异常特征

科尔沁右翼中旗孟恩陶勒盖地区敖仑花式斑岩型钼矿预测工作区范围为东经120°00′—122°00′,北纬44°00′—46°10′。在1:10万航磁 ΔT 等值线平面图上,预测工作区磁异常幅值范围为 $-625\sim1875\text{nT}$,背景值为 $-100\sim100\text{nT}$,其间分布着许多磁异常,磁异常形态杂乱,多为不规则带状、片状或团状,预测区北部以正磁异常为主,预测区南部以负磁场为主,预测区西北部、西部及中部磁异常较多且异常幅值较大,纵观预测工作区磁异常轴向及 ΔT 等值线延伸方向,以北东向为主。敖仑花式斑岩型钼矿位于预测区西南部,磁异常背景为低缓负磁异常区,-50nT 等值线附近,其北是 100nT 以上圈闭的正磁异常。

预测工作区磁法推断断裂构造与磁异常轴相同,多为北东向,磁场标志多为不同磁场区分界线。预测北部除西北角磁异常推断为火山岩地层外,其他磁异常推断解释为侵入岩体;预测南部磁异常较规则,解释推断为火山岩地层和侵入岩体。

科尔沁右翼中旗孟恩陶勒盖地区敖仑花式斑岩型钼矿预测工作区磁法共推断断裂24条,中酸性岩体27个,火山岩地层8个。与成矿有关的断裂1条,呈北西向,位于预测区西南部。

（二）重力异常特征

预测工作区位于纵贯全国东部地区的大兴安岭-太行山-武陵山北北东向巨型重力梯度带上。预测区整体处于高背景布格重力场区,并呈现东部重力高、西部重力低的特点。区域布格重力值变化幅度:最高值 $\Delta g_{max}=7.89\times10^{-5}\text{m/s}^2$,最低值 $\Delta g_{min}=-90.60\times10^{-5}\text{m/s}^2$。

预测工作区的巨型梯级带,在剩余异常图上表现为呈等轴状、椭圆状、面状分布的负异常,地表断续出露不同期次的古-中生代中酸性岩体及中新生代火山岩,推断是晚古生代—中生代花岗岩带的反映。预测工作区的剩余正异常,多呈带状近东西向展布,地表出露二叠系、石炭系等古生代地层,推断为古生代基底隆起所致。在敖仑花钼矿西侧的剩余重力负异常（编号L蒙-224）,由多个异常中心组成,这一区域地表大面积出露侏罗系,所以推断该负异常是中-新生代沉积盆地的反映。与此类似,预测工作区其余负异常对应中-新生代盆地。

预测工作区西北部布格重力异常等值线密集且同向扭曲,推断为嫩江断裂,北东走向转近南北走向;东南部重力梯级带,狭长带状负磁异常带,隆起和断陷分界,推断为阿鲁科尔沁旗断裂。

钼矿位于西部布格重力低异常边界等值线密集处,推测该梯度带由中生代陆相火山盆地边缘的老基底隆起及断裂构造所致,表明该矿床与中酸性次火山侵入岩有关。

预测工作区内推断解释断裂构造95条,中-酸性岩体10个,基性—超基性岩体1个,地层单元22个,中-新生代盆地24个。

三、区域地球化学特征

区域上分布有Mo、Pb、Zn、Ag、As、Sb、W等元素组成的高背景区带,在高背景区带中有以Mo、Pb、Zn、Ag、As、Sb、W、Cu、Au、U为主的多元素局部异常。预测区内共有78个Mo异常,117个Ag异常,76个As异常,76个Au异常,49个Cu异常,83个Pb异常,29个Sb异常,42个U异常,73个W异常,66个Zn异常。

预测区Mo、Au、Zn异常分布在扎鲁特旗以北地区,各元素异常面积较小,强度高的异常多呈串珠状展布;Pb、Ag、Sb异常多,面积较小,南部多呈串珠状,北部多呈面状,异常强度均较高,浓度分带和浓集中心明显;As 异常在预测区内大面积连续分布,异常强度高,浓度分带和浓集中心明显;Cu 异常相对较少,但异常强度高,浓度分带和浓集中心明显;W 异常主要集中在中部,面积大,连续性好,多数异常具明显的浓度分带和浓集中心;U 仅西北部和西南部有少数异常,多呈串珠状或条带状展布,少数异常具明显的浓度分带和浓集中心。敖仑花典型矿床与 Mo、Cu、Pb、Zn、Ag、As、Sb、W 异常吻合较好。

预测区内规模较大的 Mo 局部异常上,Cu、Pb、Zn、Ag、W、As、Sb 等主要成矿元素及伴生元素在空间上相互重叠或套合,其中元素异常套合较好的编号为 Z-1、Z-2、Z-3。Z-1 内异常元素 Mo 有 3 处浓集中心,Cu、Pb、Zn、Ag、W、Sb 与其中 1 处呈环状套合;Z-2 内异常元素 Mo 强度较低,与 Cu、Pb、Zn、Ag、W、As、Sb 相互套合;Z-3 内异常元素 Mo、Pb、W、As、Sb 相互套合,Au、Cu、Ag、W 为外带元素。

四、区域遥感影像及解译特征

本工作区内共解译出大型构造 23 条,由北到南依次为胡尔勒-巴彦花苏木断裂带、大兴安岭主脊-林西深断裂带、巴仁哲里木-高力板断裂带、锡林浩特北缘断裂带、毛斯戈-准太本苏木断裂带、额尔格图-巴林右旗断裂带、嫩江-青龙河断裂带、宝日格斯台苏木-宝力召断裂带,除巴仁哲里木-高力板断裂带、宝日格斯台苏木-宝力召断裂带沿北西向分布外,其他大型构造走向基本为北东向,两种方向的大型构造在区域内相互错断,形成部分构造带交会处成为错断密集区,总体构造格架清晰。

本区域内共解译出中小型构造 449 条,其中,中型构造走向基本为北东方向,与大型构造格架相同,其分布位置在北东向大型构造附近,形成较为有力的构造群。小型构造在图中的分布规律不明显。

本预测工作区内的环形构造非常密集,共解译出环形构造 140 个,其成因主要为中生代火山岩及花岗岩类引起的环形构造、古生代花岗岩类引起的环形构造、与隐伏岩体有关的环形构造、断裂构造圈闭的环形构造、构造穹隆或构造盆地。环形构造主要分布在该区域的北部及中部。北部及中部的与隐伏岩体有关的环形构造在相对集中的几个区域中集合分布,且大型构造带的交会断裂处及大中型构造形成的构造群附近多有环状要素出现。

五、区域预测模型

根据预测工作区区域成矿要素、化探、航磁、重力及遥感,建立了本预测区的区域预测要素,并编制预测工作区预测要素图和预测模型图。

区域预测要素图以区域成矿要素图为基础,综合研究重力、航磁、化探、遥感、自然重砂等综合致矿信息,总结区域预测要素表(表 9-2),并将综合信息各专题异常曲线或区全部叠加在成矿要素图上。

预测模型图的编制,以地质剖面图为基础,叠加区域化探、航磁及重力剖面图而形成,简要表示预测要素内容及其相互关系,以及时空展布特征(图 9-7)。

表 9-2 敖仑花斑岩型铜钼矿科右中旗预测工作区预测要素表

区域预测要素		描述内容	要素类别
地质环境	大地构造位置	Ⅰ天山-兴蒙造山系,Ⅰ-1 大兴安岭弧盆系,Ⅰ-1-6 锡林浩特岩浆弧(Pz_2)	重要
	成矿区(带)	$Ⅲ_6$ 突泉-林西海西期、燕山期铁(锡)铜铅锌银铌钽成矿带;$Ⅳ_6^2$ 莲花山-大井子铜银铅锌成矿亚带;$Ⅴ_6^{3-1}$ 莲花山-敖仑花铜铅金银成矿聚集区	重要
	区域成矿类型及成矿期	区域成矿类型为斑岩型,成矿期为早白垩世	重要

续表 9-2

区域预测要素		描述内容	要素类别
控矿地质条件	赋矿地质体	主要为早白垩世斑岩侵入上二叠统林西组地层砂、砾岩接触带	必要
	控矿侵入岩	燕山期多次阶段岩浆活动,中性-中酸性岩浆演化的晚期偏碱富钠的浅成侵入杂岩体	必要
	主要控矿构造	区域性东西向构造带、野马古生代隆起和万宝-牤牛海中生代断陷盆地的降拗接触带靠隆起一侧	重要
区内相同类型矿产		已知矿床(点)4 处,其中中型矿床 1 处,小型矿床 3 处	重要
地球物理特征	重力异常	预测区处于巨型重力梯度带上,区域重力场总体反映东南部重力高、西北部重力低的特点,重力场最低值 $-90.60 \times 10^{-5} m/s^2$,最高值 $7.89 \times 10^{-5} m/s^2$	重要
	航磁异常	据 1:50 万航磁化极等值线平面图显示,磁场总体表现为低缓的负磁场,没有正异常的出现	重要
地球化学特征		圈出 1 处综合异常,Mo、Cu、Pb、Zn、Ag 元素	重要
遥感特征		解译出线型断裂多条和多处最小预测区	重要

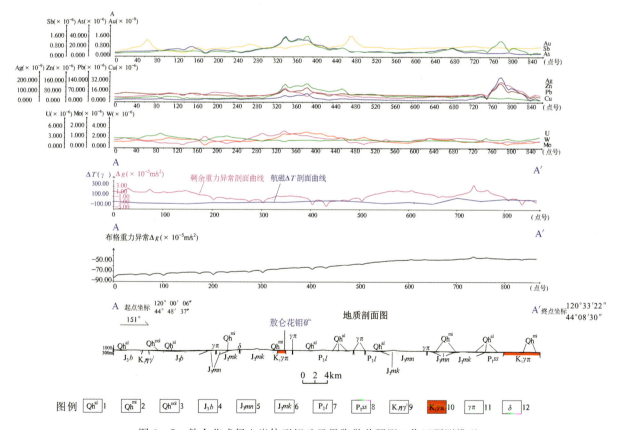

图 9-7 敖仑花式侵入岩体型钼矿孟恩陶勒盖预测工作区预测模型

1. 冲积;2. 混合成因堆积;3. 风积;4. 白音高老组;5. 玛尼吐组;6. 满克头鄂博组;7. 林西组;8. 寿山沟组;9. 二长花岗岩;10. 石英斑岩;11. 花岗斑岩;12. 闪长岩

第三节 矿产预测

一、综合地质信息定位预测

（一）变量提取及优选

根据典型矿床及预测工作区研究成果，进行综合信息预测要素提取，本次选择网格单元法作为预测单元，本次预测底图比例尺为1∶10万，利用规则网格单元作为预测单元，网格单元大小为1.0km×1.0km。

地质体、断层、遥感线性及环要素进行单元赋值时采用区的存在标志；依据典型矿床含矿岩体为晚侏罗世—早白垩世浅成斑岩体，本次将1∶10万预测底图中依据典型矿床含矿斑岩体锆石同位素及辉钼矿Re-Os同位素测年结果，故选取晚侏罗世—早白垩世斜长花岗斑岩、二长花岗斑岩为预测地质体。虽然预测类型为侵入岩体型，但上述斑岩体明显受北东向及近东西向断裂带控制，故选取东西向断裂、北东向断裂交会部位并形成缓冲区作为预测要素。化探、剩余重力、航磁化极则求起始值的加权平均值，在变量二值化时利用异常范围值人工输入变化区间。

（二）最小预测区圈定及优选

本次利用证据权重法，采用1.0km×1.0km规则网格单元，在MRAS2.0下进行预测区圈定与优选，根据预测区内有4个已知矿床（点），采用有预测模型工程进行定位预测（图9-8）。

（三）最小预测区圈定结果

本次工作共圈定最小预测区39个，总面积578.6km^2。其中A级区6个，总面积59.13km^2；B级区7个，总面积143.67km^2；C级区26个，总面积375.8km^2（表9-3）。

（四）最小预测区地质评价

各级别面积分布合理，说明预测区优选分级原则较为合理；最小预测区圈定结果表明，预测区总体与区域成矿地质背景和高磁异常、剩余重力、化探异常等吻合程度较好，且已知矿床分布在A级预测区内，说明预测区优选分级原则较为合理；最小预测区圈定结果表明，预测区总体与区域成矿地质背景和高磁异常、剩余重力异常吻合程度较好。

表9-3 敖仑花式侵入岩体型钼矿最小预测区圈定结果表

序号	编号	名称	面积（km^2）	级别
1	A1510204001	九龙乡后新立屯	2.82	A
2	A1510204002	柳条沟嘎查西	9.45	A
3	A1510204003	公爷苏木北西	9.96	A
4	A1510204004	杜尔基苏木五峰山	29.58	A
5	A1510204005	扎热图嘎查	4.70	A
6	A1510204006	敖仑花矿区	2.62	A

续表9-3

序号	编号	名称	面积（km²）	级别
7	B1510204001	靠山屯	13.66	B
8	B1510204002	大坝沟镇北	25.91	B
9	B1510204003	姜家街	61.07	B
10	B1510204004	永巨村西	18.49	B
11	B1510204005	太和乡北西	9.52	B
12	B1510204006	联合镇	9.21	B
13	B1510204007	榆毛沟北牧铺西	5.81	B
14	C1510204001	树木沟乡西	7.82	C
15	C1510204002	巴拉格歹乡东	11.11	C
16	C1510204003	大坝沟镇东	8.04	C
17	C1510204004	景阳村北东	43.58	C
18	C1510204005	永祥村	53.61	C
19	C1510204006	老牛圈	20.35	C
20	C1510204007	俄体镇南西	5.84	C
21	C1510204008	宝田村	4.94	C
22	C1510204009	哈拉沁乡	25.23	C
23	C1510204010	学田乡北东	16.41	C
24	C1510204011	学田乡北西	18.40	C
25	C1510204012	六户镇	12.01	C
26	C1510204013	哈聋子东	4.84	C
27	C1510204014	巴彦高嘎查南	13.70	C
28	C1510204015	学田乡南	22.77	C
29	C1510204016	姜家屯北	7.44	C
30	C1510204017	萨如拉嘎查南西	6.93	C
31	C1510204018	阿木古冷嘎查南	35.01	C
32	C1510204019	麦罕查干南西	11.07	C
33	C1510204020	巴彦乌拉嘎查西	6.86	C
34	C1510204021	查干恩格尔嘎查	8.73	C
35	C1510204022	布敦花苏木西	4.64	C
36	C1510204023	太平川村	5.09	C
37	C1510204024	伊和背村东	10.20	C
38	C1510204025	查和古尔台塔拉南西	5.94	C
39	C1510204026	布敦花羊铺西	5.24	C

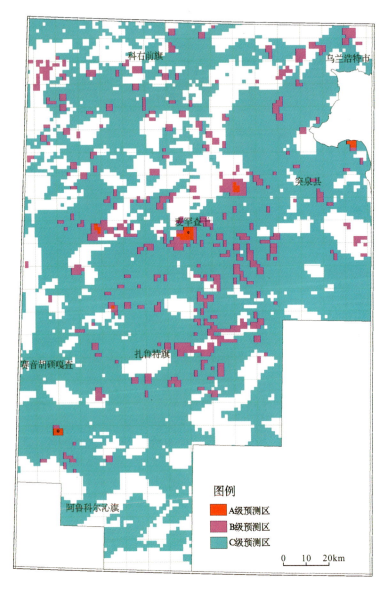

图 9-8 敖仑花式侵入岩体型钼矿预测单元图

二、综合信息地质体积法估算资源量

(一)典型矿床深部及外围资源量估算

查明资源量、体重及品位数据,来源于1973年12月《内蒙古自治区扎鲁特旗敖仑花钼矿区初步检查报告》以及2007年8月《内蒙古自治区扎鲁特旗敖仑花矿区钼矿补充详查报告》。矿床面积的确定是根据1:5000敖仑花钼矿矿区地形地质图,各个矿体组成的包络面面积(图9-9),矿体延深依据主矿体勘探线剖面图(图9-2),具体数据见表9-4。

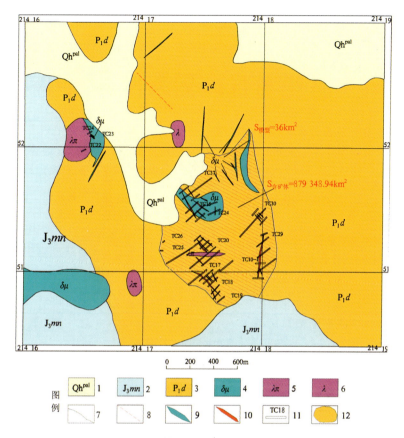

图 9-9 敖仑花钼矿矿区地质图

1. 第四系全新统冲洪积;2. 玛尼吐组紫色安山岩;3. 大石寨组凝灰角砾岩;4. 闪长玢岩及其脉岩;5. 流纹斑岩;6. 流纹岩;7. 地质界线;8. 推测断层;9. 蚀变带;10. 铅锌矿脉及其编号;11. 探槽及其编号;12. 含矿地质体包络面

表 9-4 敖仑花斑岩型铜钼矿深部及外围资源量估算一览表

典型矿床		深部及外围		
已查明钼资源量(t)	17 273	深部	面积(m^2)	1 142 368
面积(m^2)	1 142 368		深度(m)	160
深度(m)	236	外围	面积(m^2)	—
品位(%)	0.05		深度(m)	396
密度(t/m^3)	3.7	预测资源量(t)		11 710.51
体积含矿率(t/m^3)	0.000 064	典型矿床资源总量(t)		28 983.51

(二)模型区的确定、资源量及估算参数

模型区为典型矿床所在的最小预测区。敖仑花典型矿床查明资源量17 273t,按本次预测技术要求计算模型区资源总量为28 983.51t。模型区内无其他已知矿点存在,则模型区总资源量等于典型矿床总资源量,模型区面积为依托MRAS软件采用有模型工程神经网络法优选后圈定,延深根据典型矿床最大预测深度确定。模型区圈定时参照了含矿建造地质体,因此含矿地质体面积参数为1。由此计算含矿地质体含矿系数,见表9-5。

表 9-5 敖仑花钼矿模型区预测资源量及其估算参数表

编号	名称	模型区总资源量(t)	模型区面积(km^2)	延深(m)	含矿地质体面积(km^2)	含矿地质体面积参数	含矿地质体含矿系数
A1510204006	敖仑花	49 105	36.00	396	36.00	1	0.000 002 79

(三)最小预测区预测资源量

敖仑花钼矿预测工作区最小预测区资源量定量估算采用地质体积法进行。

1. 估算参数的确定

最小预测区面积是依据综合地质信息定位优选的结果;延深的确定是在研究最小预测区含矿地质体地质特征、含矿地质体的形成深度、断裂特征、矿化类型的基础上,并对比典型矿床特征的基础上综合确定的;相似系数的确定,主要依据MRAS生成的成矿概率及与模型区的比值,参照最小预测区地质体出露情况、化探及重砂异常规模和分布、物探解译隐伏岩体分布信息等进行修正。

2. 最小预测区预测资源量估算结果

本次预测资源总量为158 139.7t,其中不包括预测工作区已查明资源总量17 273t,详见表9-6。

表 9-6 敖仑花钼矿预测工作区最小预测区估算成果表

最小预测区		面积(km^2)	延伸	含矿系数(t/m^3)	相似系数	预测量(t)	资源量级别
编号	名称						
A1510204001	九龙乡后新立屯	2.82	220		0.55	953.2	334-1
A1510204002	柳条沟嘎查西	9.45	400		0.3	3 165.0	334-2
A1510204003	公爷苏木北西	9.96	400		0.3	3 336.2	334-2
A1510204004	杜尔基苏木五峰山	29.58	350		0.55	15 884.2	334-1
A1510204005	扎热图嘎查	4.70	250		0.6	1 965.7	334-2
A1510204006	敖仑花矿区	2.62	396		1	1 169.6	334-1
B1510204001	靠山屯	13.66	400		0.4	6 095.9	334-2
B1510204002	大坝沟镇北	25.91	500		0.2	7 229.4	334-2
B1510204003	姜家街	61.07	600	0.000 002 79	0.2	20 447.7	334-2
B1510204004	永巨村西	18.49	500		0.2	5 158.3	334-2
B1510204005	太和乡北西	9.52	400		0.3	3 186.7	334-2
B1510204006	联合镇	9.21	400		0.3	3 082.9	334-2
B1510204007	榆毛沟北牧铺西	5.81	250		0.3	1 216.4	334-2
C1510204001	树木沟乡西	7.82	400		0.2	1 745.0	334-2
C1510204002	巴拉格罗乡东	11.11	350		0.2	2 169.9	334-2
C1510204003	大坝沟镇东	8.04	400		0.2	1 795.2	334-2
C1510204004	景阳村北东	43.58	600		0.2	14 592.0	334-2

续表 9-6

最小预测区		面积 (km²)	延伸	含矿系数 (t/m³)	相似系数	预测量 (t)	资源量级别
编号	名称						
C1510204005	永祥村	53.61	500		0.2	14 957.1	334-2
C1510204006	老牛圈	20.35	400		0.2	4 542.7	334-2
C1510204007	俄体镇南西	5.84	200		0.2	651.8	334-2
C1510204008	宝田村	4.94	300		0.2	826.6	334-2
C1510204009	哈拉沁乡	25.23	500		0.2	7 040.5	334-2
C1510204010	学田乡北东	16.41	400		0.2	3 662.8	334-2
C1510204011	学田乡北西	18.40	400		0.2	4 106.6	334-2
C1510204012	六户镇	12.01	400		0.2	2 679.6	334-2
C1510204013	哈聋子东	4.84	300		0.2	809.4	334-2
C1510204014	巴彦高嘎查南	13.70	400		0.2	3 058.7	334-2
C1510204015	学田乡南	22.77	300	0.000 002 79	0.2	3 811.5	334-2
C1510204016	姜家屯北	7.44	300		0.2	1 245.2	334-2
C1510204017	萨如拉嘎查南西	6.93	300		0.2	1 160.8	334-2
C1510204018	阿木古冷嘎查南	35.01	250		0.2	4 884.6	334-2
C1510204019	麦罕查干南西	11.07	300		0.3	2 779.8	334-2
C1510204020	巴彦乌拉嘎查西	6.86	200		0.2	766.1	334-2
C1510204021	查干恩格尔嘎查	8.73	350		0.2	1 705.1	334-2
C1510204022	布敦花苏木西	4.64	200		0.2	518.0	334-2
C1510204023	太平川村	5.09	250		0.2	709.9	334-2
C1510204024	伊和背村东	10.20	400		0.25	2 845.8	334-2
C1510204025	查和古尔台塔拉南西	5.94	350		0.2	1 159.5	334-2
C1510204026	布敦花羊铺西	5.24	350		0.2	1 024.3	334-2
总计		578.6				158 139.7	

（四）预测工作区资源总量成果汇总

敖仑花钼矿预测工作区地质体积法预测资源量，依据资源量级别划分标准，根据现有资料的精度，可划分为334-1、334-2和334-3三个资源量精度级别；根据各最小预测区内含矿地质体、物化探异常及相似系数特征，预测延深参数均在2000m以浅。

根据矿产潜力评价预测资源量汇总标准，敖仑花钼矿预测工作区按精度、预测深度、可利用性、可信度统计分析结果见表9-7。

表 9-7 敖仑花钼矿预测工作区预测资源量估算汇总表（单位：t）

按深度			按精度		
500m 以浅	1000m 以浅	2000m 以浅	334-1	334-2	334-3
152 299.7	158 139.7	158 139.7	18 007	140 132.7	—
合计：158 139.7			合计：158 139.7		
按可利用性			按可信度		
可利用		暂不可利用	≥0.75	≥0.5	≥0.25
158 139.7		—	10 589.7	69 056.7	94 839.79
合计：158 139.7			合计：158 139.7		

第十章 小东沟式侵入岩体型钼矿预测成果

第一节 典型矿床特征

一、典型矿床及成矿模式

(一)典型矿床特征

1. 矿区地质

赤峰市克什克腾旗小东沟钼矿矿区范围为东经 117°43′43″—117°44′29″,北纬 40°00′56″—43°01′28″,总面积约 1.18km²。

矿区地层出露中二叠统于家北沟组砂砾岩夹中性火山岩、上侏罗统满克头鄂博组酸性火山岩及第四系(图 10-1)。本区铅锌矿化主要赋存于于家北沟组火山岩中。

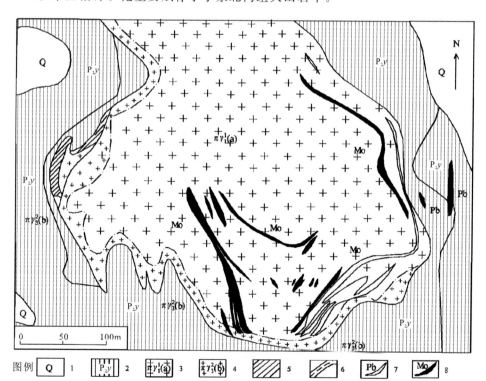

图 10-1 克什克腾旗小东沟斑岩型钼矿床地质略图[根据天津华北地质勘查局地质勘查总院(2005)资料改编]
1.第四系;2.上二叠统于家北沟组;3.小东沟岩体中粒黑云母花岗岩、斑状花岗岩;4.小东沟岩体细粒花岗岩;5.黑云母花岗质混染岩;6.黑云母角岩化带;7.铅、锌矿体;8.钼矿体

矿区内岩浆岩较为发育，以中粒黑云母花岗岩、斑状花岗岩及细粒花岗岩为主，属燕山晚期的产物，在矿区内呈岩株状产出。其中小东沟斑状花岗岩为主要的钼矿赋矿地质体。脉岩有花岗斑岩、闪长岩、石英斑岩及正长岩脉等。

矿区处于道营水-八里庄复式背斜北翼，褶皱构造发育，由李家营子-东沟脑背斜、小东沟向斜及小东沟背斜组成。断裂构造有北北西向及北西向两组。本区断裂构造与成矿关系密切，断裂构造控制着岩体内钼矿化体的方向。

2. 矿床特征

矿床共圈定出15条矿体，工业矿体6条，其中①号及②号矿体为主矿体。①号矿体为最大矿体，地表呈向北开口的半环状，主体隐伏于岩体中，赋矿标高为1565～1090m。控制矿体东西长约800m，南北宽约600m。沿走向和倾向有分支复合现象。单工程真厚度0.93～26.40m，平均9.28m。近东西走向，向南倾斜，倾角变化于27°～35°之间。②号矿体位于①号矿体之下，赋矿标高为1498～1101m。控制东西长约700m，南北宽约500m。厚1.08～30.87m，平均9.24m。总体走向北东，倾向北西，倾角70°左右，产状同①号矿体。矿体呈似层状、环状或壳状产出，矿床分带不明显，未见明显氧化矿。矿体埋深为0～475m。矿石自然类型为硫化矿石，工业类型为蚀变斑状花岗岩型钼矿石。矿物组成主要为辉钼矿，其他有黄铜矿、闪锌矿、黄铁矿、磁黄铁矿、磁铁矿、方铅矿、赤铁矿、白钨矿及黑钨矿等。矿石结构主要为鳞片状结构；矿石构造主要为浸染状构造、细脉-浸染状构造，少数脉状构造。矿体直接围岩主要有钾长石化-绢云母化斑状花岗岩。围岩蚀变类型有钾长石化-绢云母化、石英-绢云母化、硅化、萤石化及镜铁矿化，还有绿泥绿帘石化、碳酸盐化、阳起石化。全矿床钼平均品位为0.111%，钼金属量为29 958.12t（332+333+2S22+333低），见图10-2。

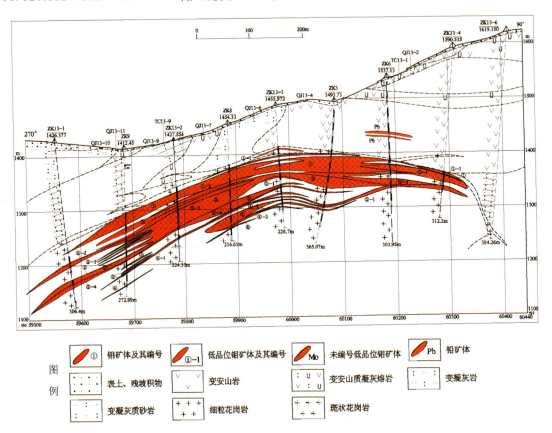

图10-2 克什克腾旗小东沟斑岩型钼矿床13勘探线地质剖面图
（据内蒙古自治区克什克腾旗小东沟钼矿详查报告）

近矿围岩蚀变主要为硅化、绢云母化、绿泥石化、碳酸盐化。部分矿体又赋存于浅成—超浅成的斜长花岗斑岩脉构造裂隙中,故推断成矿深度为浅成相。

3. 矿床成因类型及成矿时代

成因类型为斑岩型钼矿床(中型)。矿体穿切了矿区岩浆活动晚期的脉状斜长花斑岩(花岗闪长斑岩脉),该期侵入岩在小东沟东侧黄家营子一带锆石Pb-Pb蒸发法测得年龄为158Ma,成矿作用应晚于这个时期。而矿石中方铅矿铅同位素比值模式年龄为108~118Ma,大体是吻合的。小东沟岩体辉钼矿Re-Os同位素分析,所获同位素等时线年龄为138.1±2.8Ma(刘建明,2008);辉钼矿Re-Os等时线年龄为135.5±1.5Ma(聂凤军,2007),表明小东沟钼矿床形成于早白垩世,成矿期为燕山晚期。

(二)矿床成矿模式

小东沟钼矿矿体产于早白垩世花岗岩及与其接触的古生代地层——中二叠统于家北沟组砂、砾岩的构造裂隙中,以浸染状及充填脉状产出。成矿伴随构造-岩浆活动进行,较严格地受断裂构造控制。

成矿与矿区岩浆演化晚期富钠的中酸性花岗闪长斑岩脉及斜长花岗斑岩脉关系密切。时间上稍晚于岩脉的生成;空间上矿体生于花岗斑岩脉的上盘外侧围岩中,远的相距千余米,有的岩脉与矿床共处于同一空间。矿体与岩脉产出的空间基本受同一构造系统控制,为同一应力场作用下不同发展阶段的产物。

矿区的岩浆演化侵入活动为成矿提供了气热和部分成矿物质,并为成矿物质的富集创造了条件。岩体中成矿元素的含量随岩浆的演化逐次增高,晚期斜长花岗斑岩及花岗闪长斑岩中Mo的丰度值最高,为同类岩石的2.1~9.2倍。

近矿围岩蚀变主要为硅化、绢云母化、绿泥石化、碳酸盐化。部分矿体又赋存于浅成—超浅成的斜长花岗斑岩脉构造裂隙中,故推断成矿深度为浅成相。

成矿物质来源:矿石硫同位素测定,$\delta^{34}S$值为+0.8‰~3.6‰(黄铁矿有达-7.6‰),变化范围小,总的接近陨石型,属深部硫源。

矿石中方铅矿同位素比值属正常铅范围,说明铅主要来自较封闭系统的深部岩浆。

矿体不同围岩主要成矿元素含量普遍高于地壳同类岩石的数倍至数十倍以上,这是形成矿床的重要物质基础,而成矿虽与矿区中性岩浆演化晚期较酸性的斜长花岗斑岩(花岗闪长斑岩)有关,但其作为矿体围岩时,矿化并不十分富集,尤其接触带,并不见矿化或蚀变,说明斜长花岗斑岩并不是唯一的载矿岩体,亦非成矿母岩。成矿热液中的部分成矿物质,可能为岩浆深部分异的产物。其特点和莲花山脉状铜矿成矿相似。

成矿温度:根据矿物中主要矿物包体测温结果,其成矿温度在200~300℃之间。

综上所述,矿区成矿物质具有多源性:一部分来自地壳深部或上地幔;另一部分来自围岩。成矿元素在多次构造-岩浆活动过程中,不断被活化转移,逐次富集,再沉淀成矿。故该矿床成因类型应为与燕山晚期侵入岩有关的斑岩型。其工业类型应为充填碎屑沉积岩断裂带中的复脉状钼矿床。

根据其成矿特征及成矿地质背景,建立小东沟斑岩型钼矿成矿模式,见图10-3。

二、典型矿床地球物理特征

(一)矿床磁性特征

据1:2.5万航磁平面等值线图显示,北西部表现为正磁场,南部表现为负磁场。据1:25万航磁

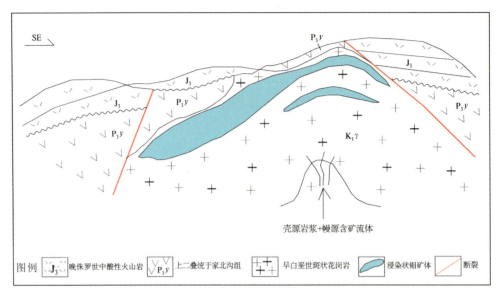

图 10-3 小东沟式斑岩型钼矿典型矿床成矿模式

图显示,矿区处在场值为-80nT 左右的磁场上,1∶5 万航磁显示,矿区处在场值为-100nT 的磁异常上,磁异常走向总体为北东向。区域重磁场特征显示矿区处在北东向和东西向断裂的附近。

(二)矿床所在区域重力特征

小东沟钼矿在布格重力异常图上,位于北西向重力等值线同向扭曲处,布格重力异常值 Δg 变化范围为 $(-134.00 \sim -130.00) \times 10^{-5} \mathrm{m/s^2}$。在剩余重力异常图上,小东沟钼矿处在北东东向条带状负异常北边部,结合地质资料,推断异常由酸性岩体侵入引起。矿区北部北东走向的编号为 G 蒙-446 正异常和北西走向的编号 G 蒙-433 正异常对应于古生代地层。区域航磁等值线平面图显示,矿区位于负磁场区,强度介于 $-100 \sim -200 \mathrm{nT}$ 之间。

三、典型矿床地球化学特征

矿床主要指示元素为 Mo、Cu、Pb、Zn、Ag、As、Sb、W,除 Mo、Cu 外,其余元素异常均呈北东向条带状展布。

Mo、Pb、Zn、Ag、As、Sb、W 异常面积大,强度高,套合好,浓度分带明显,浓集中心部位与矿体吻合好;Au 在矿体附近表现为低缓异常。

四、典型矿床预测模型

根据典型矿床成矿要素和矿区航磁资料以及区域重力、化探资料,确定典型矿床预测要素,编制典型矿床预测要素图。矿床所在地区的系列图表达典型矿床预测模型(见矿区附图角图)。总结典型矿床综合信息特征,编制典型矿床预测要素表(表 10-1)。

表 10-1 小东沟式斑岩型钼矿典型矿床预测要素表

成矿要素		描述内容		要素类别
储量		5607t　　　　平均品位　　　　钼:0.111%		
特征描述		小东沟斑岩型钼矿		
地质环境	构造背景	道营水-八里庄复式背斜北翼,褶皱构造发育,由李家营子-东沟脑背斜、小东沟向斜及小东沟背斜组成,断裂构造有北北西向及北西向		必要
	成矿环境	中二叠统于家北沟组砂砾岩夹中性火山岩及上侏罗统满克头鄂博组酸性火山岩。本区钼矿化主要赋存于侵入于家北沟组火山岩的花岗(斑)岩中		重要
	成矿时代	晚侏罗世—早白垩世		必要
矿床特征	矿体形态	似层状、环状或壳状		重要
	岩石类型	晚侏罗世中粒黑云母花岗岩、斑状花岗岩及细粒花岗岩		次要
	岩石结构	斑状结构、似斑状结构		重要
	矿物组合	主要为辉钼矿,其他有黄铜矿、闪锌矿、黄铁矿、磁黄铁矿、磁铁矿、方铅矿、赤铁矿、白钨矿及黑钨矿等		重要
	结构构造	围岩为凝灰砂质结构、砂砾结构、粉砂结构、泥质结构及熔结凝灰结构,块状构造、流纹构造;侵入岩为斑状结构,块状构造		次要
	蚀变特征	矿体直接围岩主要有钾长石化-绢云母化斑状花岗岩。围岩蚀变类型有钾长石化-绢云母化、石英-绢云母化、硅化、萤石化及镜铁矿化,还有绿泥石绿帘石化、碳酸盐化、阳起石化		次要
	控矿条件	受燕山期花岗斑岩及斑状花岗岩体控制		重要
地球物理地球化学特征	地球物理特征	重力	矿床位于局部重力低异常的边部,$\Delta g_{min}=-130.43\times10^{-5}m/s^2$,在剩余重力异常图上,矿床位于北东向条带状负异常北部边部,结合地质资料,该区域出露侏罗纪酸性岩,推断由酸性岩体引起	次要
		磁法	岩体部位基本形成一个低磁区或相对负异常,其外侧为正异常	重要
	地球化学特征		矿床主要指示元素为 Mo、Cu、Pb、Zn、Ag、As、Sb、W,除 Mo、Cu 外,其余元素异常均呈北东向条带状展布。Mo、Pb、Zn、Ag、As、Sb、W 异常面积大,强度高,套合好,浓度分带明显,浓集中心部位与矿体吻合好;Au 在矿体附近表现为低缓异常	重要

第二节　预测工作区研究

一、区域地质特征

(一)成矿地质背景

本区所处大地构造单元为天山-兴蒙造山系(Ⅰ),包尔汗图-温都尔庙弧盆系(Ⅰ-8),温都尔庙俯冲增生杂岩带(Ⅰ-8-2)。中生代属大兴安岭火山岩带、突泉-林西火山喷发带、小东沟-天桥沟晚侏罗世—早白垩世火山断陷盆地。

预测区内地层出露齐全,地层区划属内蒙古草原地层区,以西拉木伦河为界,北为锡林浩特-磐石地层分区,南为赤峰地层分区。北部出露地层有下二叠统寿山沟组类复理岩建造、中二叠统额里图组海相火山岩及哲斯组滨浅海相碎屑岩-碳酸盐岩建造。南部出露地层有中二叠统于家北沟组海陆交互相沉积,岩性为灰绿色凝灰质砂岩、砂砾岩、砾岩、粉砂岩夹板岩及中性火山熔岩及其碎屑岩。中生代地层为上侏罗统满克头鄂博组、玛尼吐组及白音高老组陆相中酸性火山岩。

区域内侵入岩出露广泛,且主要为燕山期侵入岩。有晚志留世正长花岗岩-二长花岗岩系列,早二叠世闪长岩-石英闪长岩-英云闪长岩-花岗闪长岩-黑云母二长花岗岩-正长花岗岩系列,中二叠世辉石闪长岩-角闪闪长岩-花岗闪长岩-斜长花岗岩-二长花岗岩-正长花岗岩系列,中二叠世黑云母二长花岗岩-二云母二长花岗岩-白云母二长花岗岩系列,晚二叠世石英闪长岩、花岗岩、花岗斑岩及早三叠世黑云母二长花岗岩。

本区位于东西向多伦复背斜与北北东向大兴安岭构造-岩浆岩带的叠加部位,区域北东东向道营水-双庙-八里庄复式背斜北翼。主要构造形迹为海西晚期和燕山期的产物,主要有海西晚期三岔口背斜褶皱构造,断裂构造方向有北东向、北西向及早期近东西向西拉木伦河断裂。

(二)区域成矿模式

预测工作区根据区域地质背景及成矿特征总结其成矿模式,见图10-4。

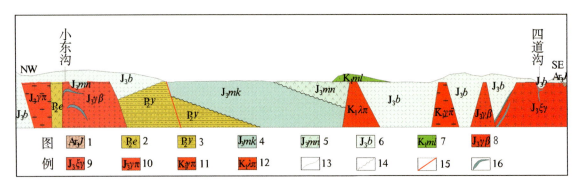

图10-4 华北北缘增生带与燕山期花岗岩有关的斑岩型钼矿区域成矿模式图
1.新太古界建平岩群;2.中二叠统额里图组;3.中二叠统于家北沟组;4.上侏罗统满克头鄂博组;5.上侏罗统玛尼吐组;6.上侏罗统白音高老组;7.下白垩统梅勒图组;8.晚侏罗世黑云母花岗岩;9.晚侏罗世中粗粒正长花岗岩;10.晚侏罗世花岗斑岩;11.早白垩世花岗斑岩;12.早白垩世流纹斑岩;13.侵入界线;14.角度不整合界线;15.断层界线;16.钼矿体

二、区域地球物理特征

(一)磁异常特征

克什克腾旗—赤峰市地区小东沟式斑岩型钼矿预测工作区范围为东经117°00′—120°30′,北纬42°10′—43°20′。在1:10万航磁ΔT等值线平面图上,预测工作区磁异常幅值范围为$-1250 \sim 3125$nT,背景值为$-100 \sim 100$nT,预测区磁异常形态杂乱,中部为大面积的正磁异常连成一片,为不规则的团状,东、西部主要是正负相间的磁异常,为不规则带状。纵观预测工作区磁异常轴向及ΔT等值线延伸方向,以北东向为主。小东沟式斑岩型钼矿床位于预测区西北部,以低缓负磁场为背景,异常值在-50nT左右。预测工作区南部分布有车户沟、四道沟、胡采沟铜钼矿和关家营钼矿,东南角还分布有鸭鸡山钼矿、库里吐钼矿和白马石沟铜矿。

本预测工作区磁法推断断裂构造以北东向为主,磁场标志多为不同磁场区分界线及磁异常梯度带。

预测区东北部及西部的磁异常推断主要由火山岩地层引起,中南部的磁异常推断由酸性侵入岩体引起,东南部的带状异常推断由中酸性侵入岩体引起,西北部的串珠状异常由超基性岩引起。

本预测工作区磁法共推断断裂 26 条,中酸性岩体 44 个,火山岩地层 23 个,超基性岩体 8 个,火山构造 1 个。与成矿有关的构造 1 条,位于预测工作区西北部,走向为北东向。

(二)重力异常特征

预测工作区位于纵贯全国东部地区的大兴安岭-太行山-武陵山北北东向巨型梯级带与大兴安岭主脊低值带之间,并且与反映华北板块北缘的东西向重力异常带复合。从布格重力异常图上来看,预测工作区重力异常整体呈现东部高、西部低的特点,重力异常大多为北东走向。区域重力场最低值为 $-157.18\times10^{-5}\mathrm{m/s^2}$,最高值为 $-27.49\times10^{-5}\mathrm{m/s^2}$。

由剩余重力异常图可见,预测区内形成多处剩余重力正负异常,预测工作区北部的剩余重力异常以近东西展布的狭长条带状为主,部分为不规则椭圆状等。西南部则以近北东向展布的剩余重力异常为主,形态较复杂,分布面积较小。

预测工作区出现的剩余重力正异常,推断大多是古生代地层基底隆起引起的。预测工作区北部,沿温都尔庙-西拉木伦河断裂分布多处布格重力低局部异常,这些异常主要反映了中-酸性岩体、次火山岩和火山岩盆地的存在。预测工作区南部的布格重力低局部异常,地表大面积出露第四系,局部出露侏罗系、白垩系,推测为中新生代盆地。预测工作区的中部,编号为 G 蒙-280-2 的正异常区,地表零星出露中基性岩,有航磁异常与其对应,推断为中基性岩侵入引起的。编号为 G 蒙-297、G 蒙-298 的正异常区地表零星出露太古宙地层,推断由太古宙地层引起。

预测工作区南部布格重力等值线密集且断续分布,且具同向扭曲,推断为临河-集宁断裂,预测工作区北部重力等值线密集且同向弯曲,推断为温都尔庙-西拉木伦河断裂、索伦山-巴林右旗断裂东段,总体来说,预测工作区内断裂构造以北东向和北西向为主。

该区截取一条横穿已知矿床及相关岩体的重力剖面进行 2.5D 反演计算,根据剖面拟合结果可知该花岗岩体规模较大,产状较平缓;侵入二叠系中,浅部深度在 0.8km 上下,底界面最大深度大约 3.5km 左右。

预测工作区内推断解释断裂构造 78 条,中-酸性岩体 11 个,基性—超基性岩体 2 个,地层单元 28 个,中-新生代盆地 5 个。

三、区域地球化学特征

区域上分布有 Mo、Cu、Pb、Zn、Ag、W 等元素组成的高背景区带,在高背景区带中有以 Mo、Cu、Pb、Zn、Ag、W、Sb、As 为主的多元素局部异常。预测区内共有 59 个 Mo 异常,70 个 Ag 异常,34 个 As 异常,23 个 Au 异常,39 个 Cu 异常,69 个 Pb 异常,51 个 Sb 异常,35 个 U 异常,63 个 W 异常,68 个 Zn 异常。

预测区内各元素异常都集中在克什克腾旗—敖汉旗一带,其中 Mo、As、Sb 异常分布不多,仅西北部面积较大,各元素异常强度高,浓度分带和浓集中心明显;Cu、Pb、Zn、Ag、W 异常面积大,强度高,浓度分带和浓集中心明显;Au、U 异常在预测区分布较少且分散,面积一般不大,异常强度较高,浓度分带和浓集中心较为明显。小东沟典型矿床与 Mo、Cu、Pb、Zn、Ag、As、Sb、W 异常吻合较好。

预测区内规模较大的 Mo 局部异常上,Cu、Pb、Zn、Ag、W 等主要成矿元素及伴生元素在空间上相互重叠或套合,其中元素异常套合较好的编号为 Z-1、Z-2、Z-3。Z-1 内异常元素 Mo 与 Cu、Pb、W 呈同心环状套合,与 Zn、Ag、As、Sb 呈条带状套合;Z-2 内异常元素 Mo、Cu、Pb、Ag、W 呈同心环状套合,Zn 异常较大,在环状外围呈条带状;Z-3 内异常元素 Mo、Cu、Ag、Sb、U 呈同心环状套合,W 在环状外围呈条带状,Pb 为异常外带。

四、区域遥感影像及解译特征

预测工作区内解译出巨型断裂带即华北陆块北缘断裂带和温都尔庙-西拉木伦断裂带共3段,温都尔庙-西拉木伦断裂带1段,位于图幅北部巴彦汉镇的南边,为北东东走向,线性影像明显,有东西向展布的河流、盆地和沙漠。华北陆块北缘断裂带共2段,位于图幅东南部牛古吐乡附近,与矿点有套合,为北西西走向,影纹穿过山脊、沟谷呈断续东西向分布;显现较古老的线性构造。

本工作区内共解译出大型构造4条,大兴安岭-太行山断裂带位于图幅西北红山子乡西部,北北东走向,断裂带较宽,且多表现为张性特征,带内有糜棱岩带及韧性剪切带,表现为先张后压的多期活动特点。断裂带形成于晚侏罗世,白垩纪继续活动,形成大兴安岭主脊垒、堑构造体系。扎鲁特旗断裂带位于图幅北部巴彦汉镇南边,北西西走向,推断为压扭性构造。嫩江-青龙河断裂带共2段,位于图幅东部,纵穿南北,为北北东走向,北北东向较大型河流直流段或两种地貌单元界线。

本预测区内共解译出中小型构造210条,均匀分布于预测区,中型断层主要被第四系覆盖,断层线清晰并有微曲线状色异常。小型断层主要发育于石炭系、白垩系、侏罗系中。工作区内的环形构造比较发育,共解译出环形构造51个,其成因为中生代花岗岩类引起的环形构造、古生代花岗岩类引起的环形构造、与隐伏岩体有关的环形构造等。环形构造在空间分布上有明显的规律:西部地区的环形构造主要集中在红山子乡以东到芝瑞镇西之间,临近大兴安岭-太行山断裂带。其中大台子环形构造为巨型构造,环内发育有白垩纪花岗斑岩,侏罗纪花岗斑岩,汉诺坝组,灰黑、黑色玄武岩夹红色泥岩、砂质黏土及满克头鄂博组,影像中环形特征明显,地貌特征表现突出,环状纹理清晰;中部地区的环形构造主要集中在广德公镇与毛山东乡之间;东南地区的环形构造主要集中在四德堂乡与新惠镇之间,华北陆块北缘断裂带以南。

五、区域预测模型

根据预测工作区区域成矿要素、化探、航磁、重力、遥感及自然重砂,建立了本预测区的区域预测要素,并编制预测工作区预测要素图和预测模型图。

区域预测要素图以区域成矿要素图为基础,综合研究重力、航磁、化探、遥感、自然重砂等综合致矿信息,总结区域预测要素表(表10-2),并将综合信息各专题异常曲线或区全部叠加在成矿要素图上,在表达时可以作出单独预测要素如航磁的预测要素图。

预测模型图的编制,以地质剖面图为基础,叠加区域化探、航磁及重力剖面图而形成,简要表示预测要素内容及其相互关系,以及时空展布特征(图10-5)。

表10-2 小东沟岩型钼矿预测工作区预测要素表

区域预测要素		描述内容	要素类别
地质环境	大地构造位置	Ⅰ天山-兴蒙造山系,Ⅰ-1大兴安岭弧盆系,Ⅰ-1-6锡林浩特岩浆弧(Pz_2)	重要
	成矿区(带)	Ⅲ$_6$ 突泉-林西海西期、燕山期铁(锡)铜铅锌银铌钽成矿带,Ⅳ$_6^3$ 莲花山-大井子铜银铅锌成矿亚带,Ⅴ$_6^{3-1}$ 莲花山-小东沟铜铅金银成矿聚集区	重要
	区域成矿类型及成矿期	区域成矿类型为斑岩型,成矿期为早二叠世	重要

续表 10-2

区域预测要素		描述内容	要素类别
控矿地质条件	赋矿地质体	主要为中二叠统于家北沟组火山岩	必要
	控矿侵入岩	燕山期多次阶段岩浆活动,中性-中酸性岩浆演化的晚期偏碱富钠的浅成侵入杂岩体	必要
	主要控矿构造	区域性东西向构造带、野马古生代隆起和万宝-牤牛海中生代断陷盆地的降拗接触带靠隆起一侧	重要
区内相同类型矿产		已知矿床(点)4 处,其中中型 1 处,小型矿床 3 处	重要
地球物理特征	重力异常	预测区处于巨型重力梯度带上,区域重力场总体反映东南部重力高、西北部重力低的特点,重力场最低值$-90.60×10^{-5}$m/s²,最高值 $7.89×10^{-5}$m/s²	重要
	航磁异常	据 1:50 万航磁化极等值线平面图显示,磁场总体表现为低缓的负磁场,没有正异常的出现	重要
地球化学特征		圈出 1 处综合异常,为 Cu、Pb、Zn、Ag、元素	重要
遥感特征		解译出线性断裂多条和多处最小预测区	重要

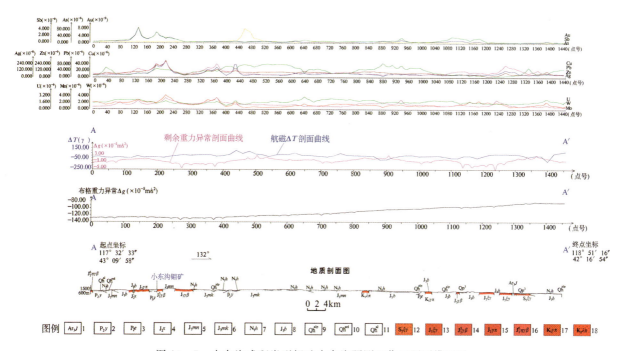

图 10-5 小东沟式斑岩型钼矿小东沟预测工作区预测模型图

1. 片麻岩;2. 于家北沟组;3. 额里图组;4. 新民组;5. 玛尼吐组;6. 满克头鄂博组;7. 汉诺坝组;8. 白音高老组;9. 碎石;10. 砂砾石;11. 冲积层;12. 志留纪正长花岗岩;13. 晚侏罗世正长花岗岩;14. 二长花岗岩;15. 似斑状花岗岩;16. 黑云二长花岗岩;17. 早白垩世花岗斑岩;18. 流纹斑岩

第三节 矿产预测

一、综合地质信息定位预测

(一) 变量提取及优选

根据典型矿床及预测工作区研究成果,进行综合信息预测要素提取,本次选择网格单元法作为预测单元,预测底图比例尺为1:10万,利用规则网格单元作为预测单元,网格单元大小为1.0km×1.0km。

地质体、断层、遥感环要素进行单元赋值时采用预测区的存在标志;依据典型矿床含矿岩体为晚侏罗世—早白垩世浅成斑岩体,本次将1:10万预测底图中依据典型矿床含矿斑岩体锆石同位素及辉钼矿Re-Os同位素测年结果,故选取燕山期黑云母花岗岩及浅成酸性斑岩体与二叠纪花岗岩作为预测地质体。虽然预测类型为侵入岩体型,依据矿床主要分布于东西向及北东向断裂交会部位,这些部位控制上述岩体的出露,故选择东西向断裂、北东向断裂的缓冲区作为预测要素。化探、剩余重力、航磁化极则求起始值的加权平均值,在变量二值化时利用异常范围值人工输入变化区间。

(二) 最小预测区圈定及优选

本次利用证据权重法,采用1.0km×1.0km规则网格单元,在MRAS2.0下进行预测区圈定与优选,根据预测区内有4个已知矿床(点),采用有预测模型工程进行定位预测(图10-6)。

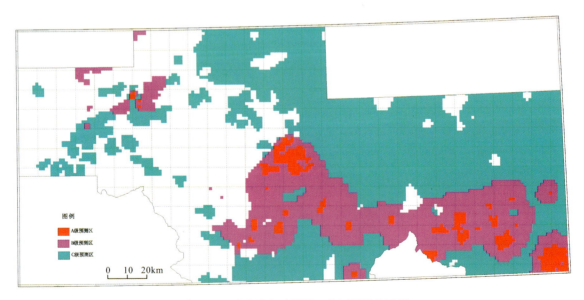

图10-6 小东沟钼矿预测工作区预测单元图

(三) 最小预测区圈定结果

本次工作共圈定最小预测区36个,总面积950.04km²。其中A级区6个,面积119.62km²;B级区15个,面积386.05km²;C级区15个,面积444.37km²(表10-3)。

表 10-3 小东沟式侵入岩体型钼矿最小预测区圈定结果表

序号	最小预测区编号	名称	面积（km²）	级别
1	A1510208001	红山子乡河盛源	3.12	A
2	A1510208002	窑沟门	11.77	A
3	A1510208003	四道沟	8.67	A
4	A1510208004	鸭鸡山	34.45	A
5	A1510208005	五分地南	50.84	A
6	A1510208006	小东沟	10.77	A
7	B1510208001	王家营子北西	2.19	B
8	B1510208002	关家营	15.84	B
9	B1510208003	车户沟	12.54	B
10	B1510208004	铁匠炉	43.53	B
11	B1510208005	黄家营子	132.49	B
12	B1510208006	扎兰坟村南东	7.42	B
13	B1510208007	白马石沟南	1.49	B
14	B1510208008	柳条沟	12.54	B
15	B1510208009	鸡冠山	40.25	B
16	B1510208010	黄家沟	101.57	B
17	B1510208011	裕龙村	26.48	B
18	B1510208012	广华村	21.77	B
19	B1510208013	天盛号乡北	2.42	B
20	B1510208014	天盛号乡	28.16	B
21	B1510208015	黄家营子南	4.44	B
22	C1510208001	黄家沟南东	10.94	C
23	C1510208002	扎兰坟村东	5.6	C
24	C1510208003	打粮沟门乡东	4.44	C
25	C1510208004	黄家营子北	57.2	C
26	C1510208006	福生号	4.69	C
27	C1510208007	南塔乡南东	144.07	C
28	C1510208008	四德堂乡南西	22.52	C
29	C1510208009	高家窝铺乡南	45.95	C
30	C1510208010	高家窝铺乡北	8.31	C
31	C1510208011	老牛槽沟村东	21.27	C
32	C1510208012	老牛槽沟村西	17.29	C
33	C1510208013	老府镇西	22.72	C
34	C1510208014	老府镇南	10.22	C
35	C1510208015	王家营子南	9.87	C
36	C1510208016	孤山子乡南	26.29	C

(四) 最小预测区地质评价

小东沟预测成果中各级别面积分布合理，说明预测区优选分级原则较为合理；最小预测区圈定结果表明，预测区总体与区域成矿地质背景和高磁异常、剩余重力、化探异常等吻合程度较好。

二、综合信息地质体积法估算资源量

(一) 典型矿床深部及外围资源量估算

查明资源量、体重及品位依据均来源于 2005 年 11 月《内蒙古自治区克什克腾旗小东沟矿钼矿详查报告》。矿床面积的确定是根据 1:5000 小东沟钼矿矿区地形地质图中各个矿体组成的包络面面积（图 10-7），矿体延深依据主矿体勘探结剖面图，具体数据见表 10-4。

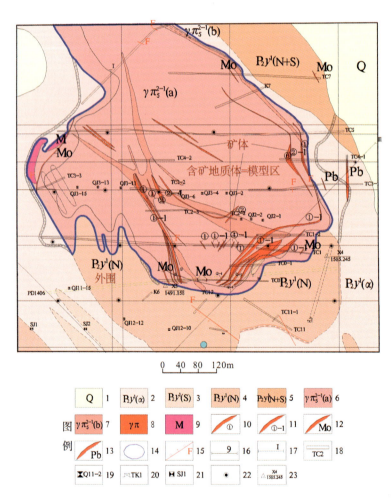

图 10-7 小东沟式斑岩型钼矿模型区与含矿地质体面积关系图

1. 第四系残坡积；2. 于家北沟组下段安山岩；3. 于家北沟组下段砂岩；4. 于家北沟组下段英安岩；5. 于家北沟组下段英安岩+砂岩；6. 斑状花岗岩；7. 斑状细粒花岗岩；8. 花岗斑岩脉；9. 黑云母花岗质混杂岩；10. 钼矿体及其编号；11. 低品位钼矿体及其编号；12. 未编号低品位钼矿体；13. 铅矿体；14. 模型区；15. 实测正断层；16. 勘探线剖面及编号；17. 纵剖面位置及编号；18. 探槽位置及编号；19. 浅井位置及编号；20. 坑道位置及编号；21. 竖井位置及编号；22. 钻孔；23. 平硐位置及编号

表 10-4　小东沟岩型钼矿深部及外围资源量估算一览表

典型矿床		深部及外围		
已查明钼资源量(t)	5607	深部	面积(m²)	1 030 000
面积(m²)	1 030 000		深度(m)	160
深度(m)	365	外围	面积(m²)	—
品位(%)	0.11		深度(m)	365
密度(t/m³)	3.7	预测资源量(t)		2 455.5
体积含矿率(t/m³)	0.000 014 9	典型矿床资源总量(t)		8 062.5

（二）模型区的确定、资源量及估算参数

模型区为典型矿床所在的最小预测区。小东沟典型矿床查明资源量5607t，按本次预测技术要求计算模型区资源总量为8062.5t。模型区内无其他已知矿点存在，则模型区总资源量等于典型矿床总资源量，模型区面积为依托MRAS软件采用有模型工程神经网络法优选后圈定，延深根据典型矿床最大预测深度确定。模型区圈定时参照了含矿建造地质体，因此含矿地质体面积参数为1。由此计算含矿地质体含矿系数，见表10-5。

表 10-5　小东沟钼矿模型区预测资源量及其估算参数表

编号	名称	模型区总资源量(t)	模型区面积(km²)	延深(m)	含矿地质体面积(km²)	含矿地质体面积参数	含矿地质体含矿系数
A1510204006	小东沟	8062.5	10.77	525	10.77	1	0.000 001 43

（三）最小预测区预测资源量

小东沟钼矿预测工作区最小预测区资源量定量估算采用地质体积法进行。

1. 估算参数的确定

最小预测区面积是依据综合地质信息定位优选的结果；延深的确定是在研究最小预测区含矿地质体地质特征、含矿地质体的形成深度、断裂特征、矿化类型的基础上，并对比典型矿床特征的基础上综合确定的；相似系数的确定，主要依据MRAS生成的成矿概率与模型区的比值，参照最小预测区地质体出露情况、化探及重砂异常规模及分布、物探解译隐伏岩体分布信息等进行修正。

2. 最小预测区预测资源量估算结果

本次预测资源总量为425 084.13t，其中不包括预测工作区已查明资源总量166 886t，详见表10-6。

（四）预测工作区资源总量成果汇总

小东沟钼矿预测工作区地质体积法预测资源量，依据资源量级别划分标准，根据现有资料的精度，可划分为334-1、334-2和334-3三个资源量精度级别；根据各最小预测区内含矿地质体、物化探异常及相似系数特征，预测延深参数均在2000m以浅。

表 10-6 小东沟钼矿预测工作区最小预测区估算成果表

最小预测区编号	最小预测区名称	面积（km²）	延深（m）	含矿系数（t/m³）	相似系数	资源量（t）	级别
A1510208001	红山子乡河盛源	3.12	105		0.95	374.79	334-2
A1510208002	窑沟门	11.77	1000		0.95	14 302.54	334-1
A1510208003	四道沟	8.67	1000		0.9	9 916.11	334-1
A1510208004	鸭鸡山	34.45	2000		0.95	44 341.41	334-1
A1510208005	五分地南	50.84	1000		0.9	50 886.44	334-2
A1510208006	小东沟	10.77	525		1	8 085.43	334-1
B1510208001	王家营子北西	2.19	70		0.4	87.57	334-2
B1510208002	关家营	15.84	2000		0.9	5 007.05	334-1
B1510208003	车户沟	12.54	2000		0.9	3 301.72	334-1
B1510208004	铁匠炉	43.53	950		0.55	32 526.78	334-2
B1510208005	黄家营子	132.49	1000		0.55	104 206.09	334-2
B1510208006	扎兰坟村南东	7.42	250		0.4	1 060.69	334-2
B1510208007	白马石沟南	1.49	50		0.4	42.56	334-2
B1510208008	柳条沟	12.54	500		0.74	1 650.86	334-1
B1510208009	鸡冠山	40.25	2000		0.95	3 301.72	334-1
B1510208010	黄家沟	101.57	525		0.4	30 500.53	334-2
B1510208011	裕龙村	26.48	1000		0.35	13 252.87	334-2
B1510208012	广华村	21.77	1000	0.000 001 43	0.3	9 338.45	334-2
B1510208013	天盛号乡北	2.42	200		0.4	276.60	334-2
B1510208014	天盛号乡	28.16	1000		0.6	24 162.76	334-2
B1510208015	黄家营子南	4.44	350		0.35	777.26	334-2
C1510208001	黄家沟南东	10.94	365		0.2	1 142.11	334-2
C1510208002	扎兰坟村东	5.6	180		0.2	288.13	334-2
C1510208003	打粮沟门乡东	4.44	140		0.2	177.77	334-2
C1510208004	黄家营子北	57.2	525		0.2	10 488.18	334-2
C1510208006	福生号	4.69	150		0.2	2 800.15	334-2
C1510208007	南塔乡南东	144.07	525		0.2	201.10	334-2
C1510208008	四德堂乡南西	22.52	1000		0.2	21 787.59	334-2
C1510208009	高家窝铺乡南	45.95	950		0.2	6 439.93	334-2
C1510208010	高家窝铺乡北	8.31	270		0.2	12 485.77	334-2
C1510208011	老牛槽沟村东	21.27	525		0.2	642.00	334-2
C1510208012	老牛槽沟村西	17.29	525		0.2	3 193.29	334-2
C1510208013	老府镇西	22.72	525		0.2	2 595.94	334-2
C1510208014	老府镇南	10.22	350		0.2	3 445.49	334-2
C1510208015	王家营子南	9.87	330		0.2	1 064.66	334-2
C1510208016	孤山子乡南	26.29	525		0.2	931.79	334-2

根据矿产潜力评价预测资源量汇总标准,小东沟钼矿预测工作区按精度、预测深度、可利用性、可信度统计分析结果见表 10-7。

表 10-7 小东沟钼矿预测工作区预测资源量估算汇总表(单位:t)

按深度			按精度		
500m 以浅	1000m 以浅	2000m 以浅	334-1	334-2	334-3
259 786.1	42 092.74	425 084.133	89 909.84	335 177.29	—
合计:425 084.133			合计:425 084.133		
按可利用性			按可信度		
可利用		暂不可利用	≥0.75	≥0.5	≥0.25
425 084.13		—	88 627.22	306 854.95	392 734.53
合计:425 084.133			合计:425 084.133		

第十一章　必鲁甘干式侵入岩体型钼矿预测成果

第一节　典型矿床特征

一、典型矿床及成矿模式

（一）典型矿床特征

1. 矿区地质

必鲁甘干式中高温热液钼矿位于内蒙古自治区阿巴嘎旗别力古台镇北西44km处必鲁甘干一带。

地层：矿区出露上二叠统林西组（原报告称包尔敖包组）砂板岩、砂砾岩，受花岗斑岩侵入影响形成各类角岩（图11-1）。

侵入岩：主体为早侏罗世（原报告称印支期）黑云母花岗斑岩，花岗斑岩为成矿母岩。侵入上二叠统林西组中，使林西组岩石形成各类角岩。

脉岩主要为石英脉，多集中产于花岗斑岩与围岩的接触带附近，方向有290°～320°、50°～70°及近东西向3组。主要呈羽状、网格状、束状组合产出。北西向石英脉倾角一般较陡，为55°～75°；北东向和近东西向石英脉倾角较缓，一般为15°～35°，与成矿关系密切，细脉状、网脉状石英脉越发育，辉钼矿化越强。

构造：区内地表未见大的断裂构造，仅有物探推测的几条断层，主要以北东向为主，倾向南东，倾角70°左右。钻孔见构造破碎带，控制垂厚几十厘米至3m，最大垂向厚度5m，倾角35°左右。控矿、容矿断裂走向主要有290°～320°、50°～70°及近东西向多组。

矿区围岩蚀变主要有钾长石化、黑云母化、绢英岩化、绿泥石化、绿帘石化、硅化及碳酸盐化。

2. 矿床特征

矿体主要赋存在花岗斑岩和角岩内，基本受内外接触带控制，具明显的环带构造。角岩中辉钼矿化以细脉状为主，其次是星点状，往往与石英脉相伴。矿化与硅化、绿泥石化关系密切。花岗斑岩中辉钼矿以细粒浸染状、细脉状、团块状产出。矿化与绿帘石化、绿泥石化、白云母化、硅化关系密切，蚀变越强，矿化越强，二者呈正相关。

矿区共划分3个矿段：Ⅰ、Ⅱ、Ⅲ号矿段31条矿体，各矿体呈似层状、脉状及透镜状产于花岗斑岩和角岩中，总体为北东走向，控长100～2300m不等，延深100～1000m不等，平均厚度1.96～29.21m不等。矿体总体倾向东南，倾角在5°～15°之间。呈似层状、脉状或透镜状产出。其中Ⅲ号矿段为主矿段，控制矿体长度2300m，宽度1000m，矿体埋藏深度3～392m，赋矿标高450～1080m。总体走向35°，倾向南东，最大倾角5°。矿体中部厚大，四周变薄，分支复合现象较明显（图11-2）。

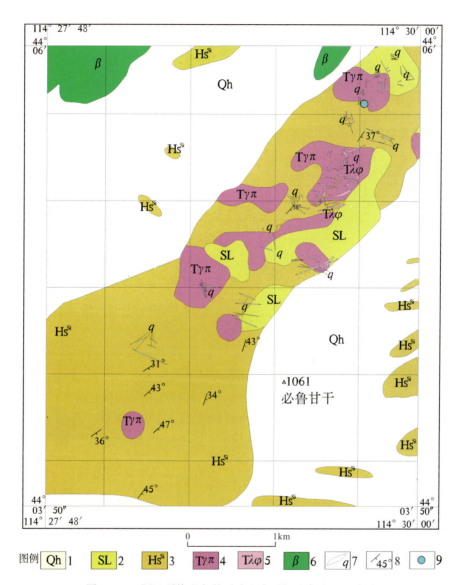

图 11-1 阿巴嘎旗必鲁甘干式斑岩型钼矿床矿区地质图
(据内蒙古自治区阿巴嘎旗必鲁甘干矿区 32—56 线钼矿详查及外围普查报告,下图同)
1. 第四系风成砂土;2. 上二叠统林西组砂质板岩;3. 林西组角岩;4. 花岗斑岩;5. 霏细岩;6. 橄榄-拉斑玄武岩;7. 石英脉;8. 地层产状及倾角;9. 钼矿床位置

矿石矿物组合主要为辉钼矿、黄铜矿、黄铁矿,其次为磁黄铁矿、闪锌矿,少量黝铜矿、方铅矿及白铁矿。

矿石结构主要为填隙结构、叶片结构,其次为自形晶粒状结构、他形粒状结构、乳滴状结构和包含结构。矿石构造主要为充填脉状构造、浸染状构造、晶簇状构造、梳状构造及块状构造。钼平均品位为 0.085%,Ⅲ-1 号矿体铜矿石含量为 0.035%。

矿石自然类型为细脉-网脉状花岗斑岩型钼矿石、浸染状矿石及角岩型钼矿石;矿石工业类型为含铜低品位原生硫化钼矿石。

3. 矿床成因类型及成矿时代

成矿时代为侏罗纪,矿床成因类型为深熔中深成岩浆中高温热液型。

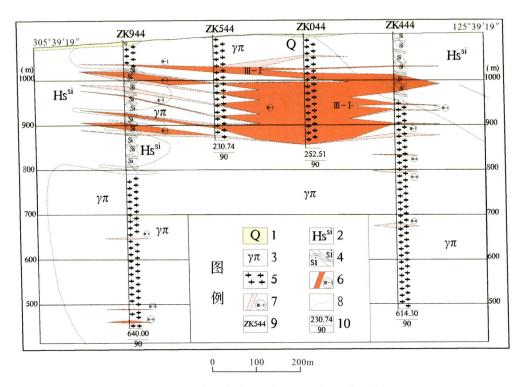

图 11-2 阿巴嘎旗必鲁甘干斑岩型钼矿床 44 勘探线剖面图

1. 砂土；2. 硅质角岩；3. 花岗斑岩；4. 硅质角岩；5. 花岗斑岩；6. 工业矿体及编号；7. 低品位矿体及编号；
8. 地质界线；9. 钻孔编号；10. 孔深(m)/倾角(°)

(二) 矿床成矿模式

必鲁甘干钼多金属矿床的成矿经历岩浆期、热液期和表生期。

表生期形成褐铁矿化、孔雀石化等。矿床的形成主要在中高温热液期。根据热液脉体的穿切关系，将热液成矿期初步划分为石英-辉钼矿、石英-黄铜矿-辉钼矿、石英-黄铁矿 3 个成矿阶段。

1. 石英-辉钼矿阶段

岩浆结晶晚期，分异出的中高温热液沿裂隙构造交代形成了辉钼矿石英脉。矿脉与围岩界线不清，中间常有细小钾长石化带、黑云母化带。矿物组合以钾长石、黑云母、脉状石英、辉钼矿、黄铁矿、磁黄铁矿为主，为高温矿物组合，推测成矿温度为 400~600℃。

2. 石英-黄铜矿-辉钼矿阶段

岩浆完全结晶收缩后，聚集大量含矿热液沿构造裂隙或破碎带充填交代成矿。该阶段形成的矿体倾角较缓，规模较大，矿脉与围岩界线清楚。蚀变以硅化为主，次为绢云母化。矿物组合以脉状硅化石英、绢云母、辉钼矿、黄铜矿、闪锌矿、黄铁矿为主，为中温矿物组合，推测成矿温度为 200~400℃。

3. 石英-黄铁矿阶段

主要矿质沉淀后，残余热液沿构造裂隙充填沉淀形成黄铁矿石英脉，无明显的铜钼矿化。该阶段形成的黄铁矿晶形较差，但常见放射状集合体分布于石英脉壁。矿物组合以晶形完好的石英（常以晶簇出现）、绿泥石、方解石、黄铁矿、白铁矿为主，为低温矿物组合，推测成矿温度为 50~200℃。

矿床主要赋存于早侏罗世花岗斑岩内，该岩体的同位素年龄为 199±0.3Ma，推测矿床形成时代为早侏罗世。根据其成矿特征及成矿地质背景,建立必鲁甘干斑岩型钼矿成矿模式,见图11-3。

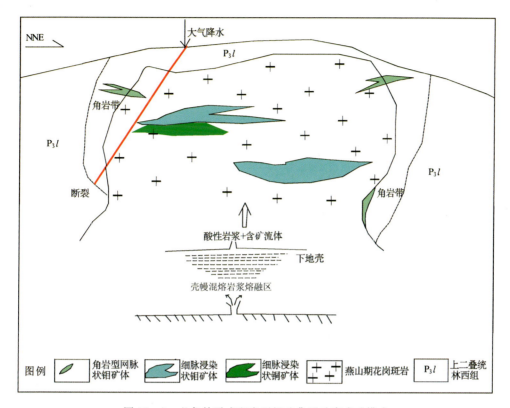

图11-3 必鲁甘干式斑岩型钼矿典型矿床成矿模式

二、典型矿床地球物理特征

（一）矿床磁性、电性特征

据1:25万、1:10万航磁图显示,矿区处在场值为-100nT左右的负磁场上。

据1:1万地磁显示,矿区处在场值为20nT左右的平稳磁场上。据1:1万电法显示,矿区视电阻率为750Ω·m,相对周围为相对高阻区;矿区视充电率为18%,相对周围为相对低充电率区。

（二）矿床所在区域重力特征

必鲁甘干钼矿在布格重力异常图上,位于北东走向椭圆状局部重力高异常G336西南边部,布格重力异常值Δg变化范围为$(-130 \sim -105.82) \times 10^{-5} m/s^2$。在剩余重力异常图上,必鲁甘干钼矿处在北东走向正异常G蒙-308-1西南边部,结合地质资料,此处地表出露二叠系林西组,零星出露侏罗纪花岗斑岩,推断为古生代基地隆起所致。矿区西侧北东走向椭圆状编号为L蒙-379-1、L蒙-379-2的负异常推断是中生代盆地的分布区。区域航磁等值线平面图显示,矿区位于近东西走向的条带状平稳磁场中,航磁异常值为0~50nT。

三、典型矿床地球化学特征

矿床元素组合齐全,主要指示元素为Mo、Cu、Pb、Zn、Ag、Au、As、Sb、W、Bi、Ti、V等,Mo、Bi、W、

Cu、Zn、Ag、Au、As、V、Co 异常呈北东向条带状展布，Pb、Sb、Sn、Fe_2O_3、Mn、Ti、V 异常呈等轴状分布。Mo、Bi、W 异常面积大，强度高，浓度分带明显，浓集中心吻合；Pb、Sb、Sn 异常面积小，强度较低，呈环状与 Mo、Bi、W 浓集中心套合；Ni、V、Ti、Fe_2O_3、Co、Mn、Cu、Zn、Ag 均分布于 Mo、Bi、W 套合带中部，其中 Ni、V、Ti、Fe_2O_3、Co、Mn 元素异常较强，套合好，Cu、Zn、Ag 异常较弱，面积较大，套合较好；Au、As 异常强度中等，主要为外带。

四、典型矿床预测模型

根据典型矿床成矿要素和矿区航磁资料以及区域重力、化探资料，确定典型矿床预测要素，编制典型矿床预测要素图。矿床所在地区的系列图表达典型矿床预测模型。总结典型矿床综合信息特征，编制典型矿床预测要素表（表 11-1）。

表 11-1 必鲁甘干式斑岩型钼矿典型矿床预测要素表

预测要素		描述内容		要素类别
储量		钼金属量 92 345t	平均品位　　钼:0.085%	
特征描述		深熔中深成岩浆中高温热液型钼矿		
地质环境	构造背景	古生代属天山-兴蒙造山系、大兴安岭弧盆系、扎兰屯-多宝山岛弧；中生代属环太平洋巨型火山活动带、大兴安岭火山岩带、二连-阿巴嘎旗火山喷发带、阿巴嘎旗晚白垩世—更新世陆相火山-沉积盆地		重要
	地质环境	地层，矿区出露上二叠统林西组砂板岩、砂砾岩，受花岗斑岩侵入影响形成各类角岩。侵入岩主体为早侏罗世黑云母花岗斑岩，即成矿母岩。脉岩主要为石英脉，多集中产于花岗斑岩与围岩的接触带附近，与成矿关系密切，细脉状、网脉状石英脉越发育，辉钼矿化越强。构造，仅有物探推测的几条断层，主要以北东向为主，倾向南东，倾角 70°左右。钻孔见构造破碎带，控制垂厚几十厘米至 3m，最大垂厚 5m，倾角 35°左右。控矿、容矿断裂主要有 290°～320°、50°～70°及近东西向多组		重要
	成矿时代	早侏罗世		重要
矿床特征	矿体形态	似层状、脉状或透镜状		重要
	岩石类型	砂板岩、砂砾岩，受花岗斑岩侵入影响形成各类角岩，黑云母花岗斑岩		必要
	岩石结构	砂状结构、砂砾状结构、斑状结构		次要
	矿物组合	主要为辉钼矿、黄铜矿、黄铁矿，其次为磁黄铁矿、闪锌矿，少量黝铜矿、方铅矿及白铁矿		次要
	结构构造	结构：填隙结构、叶片结构，其次为自形晶粒状结构、他形粒状结构、乳滴状结构和包含结构。构造：充填脉状构造、浸染状构造、晶簇状构造、梳状构造及块状构造		次要
	蚀变特征	蚀变范围大，程度弱。钾长石化、绢云母化、硅化、绿帘石化及碳酸盐化		重要
	控矿条件	矿体赋存在花岗斑岩与围岩的接触带		必要
重力异常		矿床位于北东走向椭圆状局部重力高异常西南边部，布格重力异常值 Δg 变化范围为 $(-130\sim-105.82)\times10^{-5}m/s^2$。在剩余重力异常图上，矿床处在北东走向正异常西南边部		次要
磁法异常		1:1 万地磁显示，矿区处在场值为 20nT 左右的平稳磁场上。据 1:1 万电法显示，矿区视电阻率为 750Ω·m，相对周围为相对高阻；矿区视充电率为 18%，相对周围为相对低充电率区		重要
地球化学特征		Mo、Bi、W 异常面积大，强度高，浓度分带明显，浓集中心吻合		重要

第二节 预测工作区研究

一、区域地质特征

(一)成矿地质背景

本区大地构造位置位于天山-兴蒙造山系构造岩浆岩省(Ⅰ),大兴安岭弧盆系构造岩浆岩带(Ⅰ-1),扎兰屯-多宝山岛弧(Ⅰ-1-5)和二连-贺根山蛇绿混杂岩带构造岩浆岩亚带(Pz_2)。

区内出露地层主要有新近系上新统宝格达乌拉组(N_2b)、中新统通古尔组(N_1t)、上白垩统二连组(K_2e)、上二叠统林西组(P_3l)、中二叠统哲斯组(P_2zs)及中下二叠统大石寨组($P_{1-2}ds$)。

预测区内主要喷出岩为上更新统阿巴嘎组玄武岩(Qp_3a)。

预测区内主要构造以海西晚期和印支期构造运动为主。海西晚期形成的褶皱构造主要为北东向或北东东向的复式褶皱,两翼次级褶曲、断裂比较发育。区内由北西至南东存在3个同期的褶皱构造:布冬复式向斜、塔日彦浑迪复式向斜、新浩特复式向斜,它们的共同点是均为北东东-南西西走向,核部结构复杂,次级褶曲发育,翼部简单。

测区内断裂构造主要为海西晚期受北西-南东向挤压褶皱的同时,产生系列断裂构造,以北东向、北北东向为主。中生代主要表现为早期基底断裂发生继承性活动及形成早白垩世北北东向断裂构造。

预测区岩浆岩主要为中生代早侏罗世花岗斑岩($J_1\gamma\pi$)、黑云母二长花岗岩($J_1\eta\gamma\beta$)岩体。与钼矿床有关的侵入岩为花岗斑岩($J_1\gamma\pi$)。

脉岩主要有石英脉(q)、花岗斑岩脉($\gamma\pi$)、石英斑岩脉($\lambda o\pi$)、霏细岩($\nu\pi$)、闪长岩脉(δ)等。具有找矿意义的主要为石英脉。

(二)区域成矿模式

预测工作区根据区域地质背景及成矿特征总结其成矿模式,见图11-4。

二、区域地球物理特征

(一)磁异常特征

阿巴嘎旗中部地区必鲁甘干式斑岩型钼矿预测工作区范围为东经114°15′—115°00′,北纬44°00′—44°30′。在1:10万航磁ΔT等值线平面图上,预测工作区磁异常幅值范围为-625~625nT,预测工作区以负磁场为背景,其间分布形状各异的正磁异常,磁异常主要成连片分布,中部异常幅值较高,梯度变化大,磁异常轴向以近东西向为主,西北部磁异常较平缓,为不规则椭圆状。必鲁甘干式斑岩型钼矿床位于预测区南部,处在低缓负磁场背景中,异常值在-75nT附近。

预测工作区磁法推断断裂构造以东西向为主,磁场标志多为不同磁场区分界线及磁异常梯度带。预测工作区北部除了东北角的椭圆形异常推断为中酸性侵入岩体引起外,其他均推断为火山岩地层引起,南部贯穿预测区的东西向带状异常推断为火山岩地层和酸性侵入岩体引起。

阿巴嘎旗中部地区必鲁甘干式斑岩型钼矿预测工作区磁法共推断断裂9条,中酸性岩体9个,火山岩地层12个。与成矿有关的构造1条,位于预测工作区南部,走向为北东向。

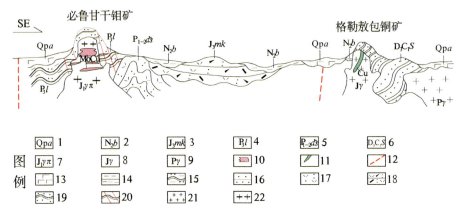

图 11-4 区域成矿模式图

1. 阿巴嘎组；2. 宝格达乌拉组；3. 满克头鄂博组；4. 林西组；5. 大石寨组；6. 色日巴彦敖包群；7. 早侏罗世花岗斑岩；8. 侏罗纪花岗岩；9. 二叠纪花岗岩；10. Mo-Cu 矿体；11. Cu 矿体；12. 推测深大断裂；13. 玄武岩；14. 泥岩；15. 砂泥质板岩；16. 砂岩；17. 流纹质凝灰岩；18. 流纹质岩屑；19. 变质砂岩；20. 角岩化板岩；21. 花岗岩；22. 花岗斑岩

（二）重力异常特征

预测工作区位于内蒙古自治区中部的二连-贺根山-乌拉盖重力高值带。从布格重力异常图上看，重力场总体为北东走向。区域重力场最低值 $-149.49\times10^{-5}\,\mathrm{m/s^2}$，最高值 $-105.82\times10^{-5}\,\mathrm{m/s^2}$。预测工作区有两个范围较大的高异常区，编号为 G333、G336，极值在 $(-105.82\sim123.37)\times10^{-5}\,\mathrm{m/s^2}$ 之间。

剩余重力异常图上，正、负异常呈条带状北东向交替分布，异常形态多为椭圆状，异常正值区范围较大且边部梯度变化较大，在剩余重力正、负异常相交处形成明显的梯度带。

编号为 G333、G336 的布格重力高异常区就是剩余重力正异常区 G 蒙-378、G 蒙-380，典型矿床必鲁甘干钼矿就位于南部异常扭曲变形部位，地质资料说明矿区附近出露二叠系，并有较小规模的晚古生代及中生代侵入岩。推断这两处重力高异常区均为受控于北东向断裂构造呈北东带状展布的古生代地层所引起。预测工作区中的布格重力低异常区及其对应的剩余重力负异常区，地表大面积被第四系及第三系覆盖，推断为中新生代盆地所致。

在重力高异常区 G336 西部边缘，重力等值线密集，推断为一断裂，编号为 F 蒙-00747。

必鲁甘干钼矿位于预测区南部高重力异常带上，表明该类矿床与古生代地层及印支期花岗岩或火山岩有关。

预测区内，布格重力异常扭曲部位，且地表出露有古生代地层的区域可作为本区寻找钼矿有利地区。预测工作区内推断解释断裂构造 12 条，地层单元 5 个，中新生代盆地 4 个。

三、区域地球化学特征

区域上分布有 Mo、Cu、Zn、As 等元素组成的高背景区带，在高背景区带中有以 Mo、Cu、Zn、As、Au、Sb、Pb、W 为主的多元素局部异常。预测区内共有 13 个 Mo 异常，5 个 Ag 异常，15 个 As 异常，13 个 Au 异常，3 个 Cu 异常，5 个 Pb 异常，21 个 Sb 异常，2 个 U 异常，8 个 W 异常，3 个 Zn 异常。

Mo、Cu、Zn 异常面积很大，几乎占满整个预测区，其中 Mo 低异常所占范围较大，仅北部和南部异常的浓度分带和浓集中心明显，Cu、Zn 异常强度都很高，浓度分带和浓集中心明显；Au 异常集中在西部—北部一带，异常面积不大，浓度分带和浓集中心较为明显；As、Pb 异常主要集中在北半部，异常面积大，浓度分带和浓集中心明显；Sb、W 在北部和南部有局部异常，以低异常强度为主，少数异常浓度分带和浓集中心明显；Ag 仅必鲁甘干矿床附近有局部异常，强度中等，无明显的浓度分带和浓集中心；U 在整个预测区几乎无异常出现。必鲁甘干典型矿床与 Mo、Cu、Pb、Ag、As、Sb、W 异常吻合较好。

预测区内规模较大的 Mo 局部异常上,Cu、Pb、Zn、Ag、As、Sb、W 等主要成矿元素及伴生元素在空间上相互重叠或套合,其中元素异常套合较好的编号为 Z-1、Z-2。Z-1 内 Mo 异常有 3 处浓集中心,Cu、Pb、Zn、Ag、As、Sb、W 在浓集中心上呈环状或条带状套合,Au 处于 Mo 异常外带;Z-2 内异常 Pb、Ag、As、Sb 与 Mo 呈同心环状套合,Zn、W 呈条带状与 Mo 套合,Cu 处于 Mo 异常外带。

四、区域遥感影像及解译特征

预测工作区内解译出巨型断裂带即二连-贺根山断裂带,该断裂带从西部到东部横跨预测区。此巨型构造在该区域内显示明显的断续东北向延伸特点。

本工作区内共解译出大型构造即锡林浩特北缘断裂带 1 条,该断层在遥感影像上表现为沿北东方向一系列冲沟、洼地和陡坎等,线性构造迹象明显,伴有与之平行的细微影纹。艾力格庙-锡林浩特中间地块北缘断裂走向北东,向西延入蒙古。本预测区内共解译出中型构造 4 条,中型断层均为北西走向,主要被第四系覆盖,影像有明显的线状影纹。

本预测区内共解译出小型构造 10 条,小型断层主要为北北西走向,影像中有较明显的弧线状纹理。

本预测区内共解译出 21 处环形构造,包括 21 处火山口或通道。火山口当中有 5 条中型环形构造,环内发育有更新世玄武岩;影像分析为火山构造且环形特征明显且规模一般,与附近构造的相互作用比较明显,环状纹理清晰。火山机构或通道当中有两条大型环形构造,环内发育有更新世玄武岩,通古尔组含砾粗砂岩、砂岩、泥岩。影像结合地质资料分析为火山机构且环形特征较明显,环状纹理清晰,与附近环状构造形成复合构造。

五、区域预测模型

根据预测工作区区域成矿要素、化探、航磁、重力及遥感资料,建立了本预测区的区域预测要素,并编制预测工作区预测要素图和预测模型图。

区域预测要素图以区域成矿要素图为基础,综合研究重力、航磁、化探、遥感等综合致矿信息,总结区域预测要素表(表 11-2),并将综合信息各专题异常曲线或区全部叠加在成矿要素图上,在表达时可以作出单独预测要素如航磁的预测要素图。

预测模型图的编制,以地质剖面图为基础,叠加区域化探、航磁及重力剖面图而形成,简要表示预测要素内容及其相互关系,以及时空展布特征(图 11-5)。

表 11-2 必鲁甘干斑岩型钼矿预测工作区预测要素表

区域预测要素		描述内容	要素类别
地质环境	大地构造位置	Ⅰ 天山-兴蒙造山系,Ⅰ-1 大兴安岭弧盆系,Ⅰ-1-5 二连-贺根山蛇绿混杂岩带(Pz_2)	重要
	成矿区(带)	Ⅰ-4 滨太平洋成矿域(叠加在古亚洲成矿域之上),Ⅱ-12 大兴安岭成矿省,Ⅲ-7 阿巴嘎-霍林河 Cr-Cu(Au)-Ge 煤天然碱芒硝成矿带(Ym)(Ⅲ-49),Ⅲ-7-⑤温都尔庙-红格尔庙铁成矿亚带(Pt)	重要
	区域成矿类型及成矿期	深熔岩浆中高温斑岩型钼矿,早侏罗世	重要
控矿地质条件	赋矿地质体及控矿侵入岩	花岗斑岩及其外接触带角岩	必要
	控矿构造	控矿、容矿断裂主要有 290°~320°、50°~70° 及近东西向 3 组	次要

续表 11-2

区域预测要素		描述内容	要素类别
区内相同类型矿产		已知中型矿床 1 处	重要
地球物理特征	重力异常	预测工作区位于中部的二连-贺根山-乌拉盖重力高值带。区域重力场总体为北东走向,最低值 -149.49×10^{-5} m/s^2,最高值 -105.82×10^{-5} m/s^2	次要
	磁法异常	在 1:10 万航磁 ΔT 等值线平面图上,预测工作区磁异常幅值范围为 $-625\sim625$nT,预测工作区以负磁场为背景,其间分布形状各异的正磁异常;必鲁甘干式斑岩型钼矿床位于预测区南部,处在低缓负磁场背景中,异常值在 -75nT 附近,预测起始值 -250nT	重要
地球化学特征		Mo、Cu、Zn 异常面积很大,其中 Mo 低异常所占范围较大,仅北部和南部异常的浓度分带及浓集中心明显;预测区内规模较大的 Mo 局部异常上,Cu、Pb、Zn、Ag、As、Sb、W 等主要成矿元素及伴生元素在空间上相互重叠或套合	重要

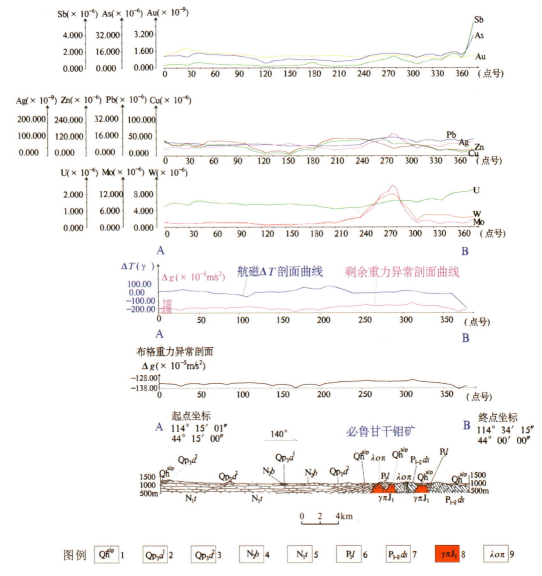

图 11-5 必鲁甘干式斑岩型钼矿阿巴嘎旗预测工作区预测模型图

1. 风成砂;2. 阿巴嘎组泥质粉砂岩;3. 阿巴嘎组玄武岩;4. 宝格达乌拉组泥质细砂岩;5. 通古尔组泥岩;6. 林西组;7. 大石寨组;8. 花岗斑岩;9. 石英流纹斑岩

第三节 矿产预测

一、综合地质信息定位预测

（一）变量提取及优选

根据典型矿床及预测工作区研究成果，进行综合信息预测要素提取，本次选择网格单元法作为预测单元，本次预测底图比例尺为 1∶10 万，利用规则网格单元作为预测单元，网格单元大小为 1.0km×1.0km。

地质体、断层、遥感环要素进行单元赋值时采用求"区的存在标志"；依据典型矿床含矿岩体为侏罗纪浅成斑岩体，本次将 1∶10 万预测底图中依据早侏罗世花岗斑岩为含矿斑岩体，故选择该期岩体为预测地质体，并结合地质体展布情况进行了揭露处理。同时，将早侏罗世花岗斑岩的外接触带，主要为林西组及大石寨组的各类角岩，从接触界线向外 250m，圈定含矿地质体。将以上均作为预测要素。化探、剩余重力、航磁化极则求起始值的加权平均值，在变量二值化时利用异常范围值人工输入变化区间。

（二）最小预测区圈定及优选

本次利用证据权重法，采用 1.0km×1.0km 规则网格单元，在 MRAS2.0 下进行预测区圈定与优选，根据预测区内有 1 个已知矿床，采用少预测模型工程进行定位预测。

（三）最小预测区圈定结果

本次工作共圈定最小预测区 36 个，总面积 950.04km²，其中 A 级区 6 个，面积 119.62km²；B 级区 15 个，面积 386.05km²；C 级区 15 个，面积 444.37km²（图 11-6，表 11-3）。

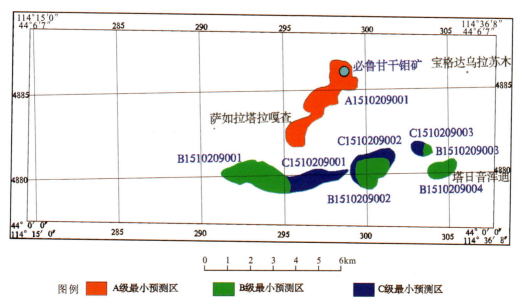

图 11-6 必鲁甘干钼矿阿巴嘎旗预测工作区最小预测区圈定结果

表 11-3 必鲁甘干式侵入岩体型钼矿最小预测区圈定结果表

最小预测区编号	最小预测区名称	面积（km²）	级别
A1510209001	必鲁甘干钼矿	7.22	A
B1510209001	萨如拉塔拉嘎查南东	5.10	B
B1510209002	1131高地北东	2.80	B
B1510209003	塔日音浑迪北	0.30	B
B1510209004	塔日音浑迪	1.53	B
C1510209001	1131高地北西	2.88	C
C1510209002	1131高地北东	1.61	C
C1510209003	1303高地南	0.58	C

（四）最小预测区地质评价

必鲁甘干钼矿预测成果中各级别面积分布合理，说明预测区优选分级原则较为合理；最小预测区圈定结果表明，预测区总体与区域成矿地质背景和高磁异常、剩余重力、化探异常等吻合程度较好。

二、综合信息地质体积法估算资源量

（一）典型矿床深部及外围资源量估算

查明资源量、体重、钼品位及延深的依据均来源于阿巴嘎旗金地矿产有限责任公司于2009年3月提交的《内蒙古自治区阿巴嘎旗必鲁甘干矿区32—56线钼矿详查及外围普查报告》。矿床面积的确定是根据1∶5000钼矿矿区地形地质图，各个矿体组成的包络面面积（图11-7），矿体延深依据主矿体勘探结剖面图（图11-8），具体数据见表11-4。

表 11-4 必鲁甘干斑岩型钼矿深部及外围资源量估算一览表

典型矿床		深部及外围		
已查明钼资源量（t）	92 345	深部	面积（m²）	—
面积（m²）	538 450		深度（m）	—
深度（m）	630	外围	面积（m²）	4 635 540
品位（%）	0.085		深度（m）	630
密度（t/m³）	2.61	预测资源量（t）		139 681.62
体积含矿率（t/m³）	0.000 27	典型矿床资源总量（t）		232 026.62

（二）模型区的确定、资源量及估算参数

模型区为典型矿床所在的最小预测区。必鲁甘干典型矿床查明资源量92 345t，按本次预测技术要求计算模型区资源总量为232 026.62t。模型区内无其他已知矿点存在，则模型区总资源量等于典型矿床总资源量，模型区面积为依托MRAS软件采用有模型工程神经网络法优选后圈定，延深根据典型矿床最大预测深度确定。模型区圈定时参照了含矿建造地质体，因此含矿地质体面积参数为1。由此计

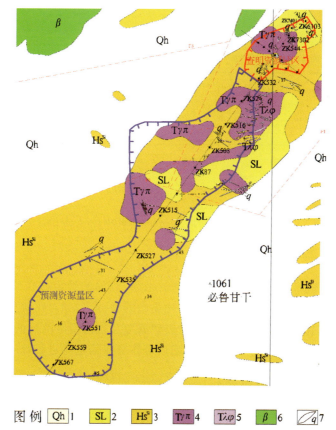

图 11-7 必鲁甘干钼矿矿区地质图(据典型矿床查明资源量及预测资源量边界)

1. 第四系腐殖土、风成砂土；2. 上二叠统林西组砂质板岩；3. 林西组角岩；4. 花岗斑岩；5. 霏细岩；6. 橄榄-拉斑玄武岩；7. 石英脉

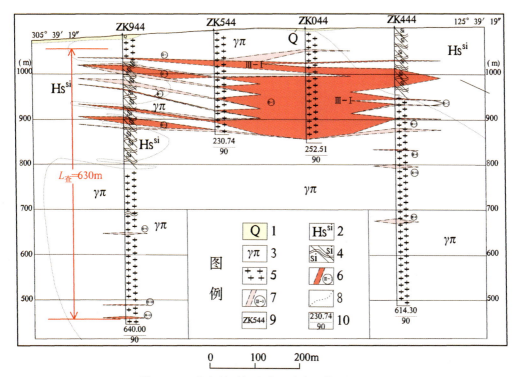

图 11-8 必鲁甘干钼矿典型矿床矿体延深确定

1. 腐殖土、黏土；2. 硅质角岩；3. 花岗斑岩；4. 硅质角岩；5. 花岗斑岩；6. 工业矿体及编号；7. 低品位矿体及编号；8. 地质界线；9. 钻孔编号；10. 孔深(m)/倾角(°)

算含矿地质体含矿系数,见表 11-5。

表 11-5 必鲁甘干钼矿模型区预测资源量及其估算参数表

编号	名称	模型区总资源量(t)	模型区面积(km²)	延深(m)	含矿地质体面积(km²)	含矿地质体面积参数	含矿地质体含矿系数
A1510209001	必鲁甘干	232 026.62	7.22	630	7.22	1	0.000 051

(三)最小预测区预测资源量

必鲁甘干钼矿预测工作区最小预测区资源量定量估算采用地质体积法进行。

1. 估算参数的确定

最小预测区面积是依据综合地质信息定位优选的结果;延深的确定是在研究最小预测区含矿地质体地质特征、含矿地质体的形成深度、断裂特征、矿化类型的基础上,并对比典型矿床特征的基础上综合确定的;相似系数的确定,主要依据 MRAS 生成的成矿概率及与模型区的比值,参照最小预测区地质体出露情况、化探及重砂异常规模及分布、物探解译隐伏岩体分布信息等进行修正。

2. 最小预测区预测资源量估算结果

本次预测资源总量为 249 759.00t,其中不包括预测工作区已查明资源总量 92 345t,详见表 11-6。

表 11-6 必鲁甘干钼矿预测工作区最小预测区估算成果表

最小预测区编号	最小预测区名称	$S_{预}$ (km²)	$H_{预}$ (m)	K_s	K (t/m³)	α	$Z_{预}$(t)	资源量级别
A1510209001	必鲁甘干钼矿	7.22	630	1.00		1.00	139 681.62	334-1
B1510209001	萨如拉塔拉嘎查南东	5.10	630	1.00		0.30	49 158.90	334-3
B1510209002	1131 高地北东	2.80	630	1.00		0.30	26 989.20	334-3
B1510209003	塔日音浑迪北	0.30	630	1.00	0.000 051	0.30	2 891.70	334-3
B1510209004	塔日音浑迪	1.53	630	1.00		0.30	14 747.67	334-3
C1510209001	1131 高地北西	2.88	630	1.00		0.10	9 253.44	334-3
C1510209002	1131 高地北东	1.61	630	1.00		0.10	5 172.93	334-3
C1510209003	1303 高地南	0.58	630	1.00		0.10	1 863.54	334-3

(四)预测工作区资源总量成果汇总

必鲁甘干钼矿预测工作区地质体积法预测资源量,依据资源量级别划分标准,根据现有资料的精度,可划分为 334-1、334-2 和 334-3 三个资源量精度级别;根据各最小预测区内含矿地质体、物化探异常及相似系数特征,预测延深参数均在 2000m 以浅。

根据矿产潜力评价预测资源量汇总要求,必鲁甘干钼矿预测工作区按精度、预测深度、可利用性、可信度统计分析结果见表 11-7。

表 11-7 必鲁甘干钼矿预测工作区预测资源量估算汇总表（单位：t）

按深度			按精度		
500m 以浅	1000m 以浅	2000m 以浅	334-1	334-2	334-3
198 221.4	249 759	249 759	139 681.62	—	110 077.38
按可利用性			按可信度		
可利用	暂不可利用		≥0.75	≥0.5	≥0.25
249 759.00	—		139 681.62	139 681.62	249 759.00

第十二章 查干花式侵入岩体型钼矿预测成果

第一节 典型矿床特征

一、典型矿床及成矿模式

(一)典型矿床特征

1. 矿区地质

该矿床位于内蒙古自治区巴彦淖尔市乌拉特后旗查干花一带,地理坐标为东经107°12′00″—107°23′00″,北纬41°51′00″—41°57′30″。

1)地层

出露地层为古元古界宝音图岩群第三岩段($Pt_1B.^3$)和第四系全新统(Qh)。

古元古界宝音图岩群第三岩段($Pt_1B.^3$):岩性以二云石英片岩为主夹石英岩,分布在勘查区的东部,主要表现为残留体,向东逐渐变厚。地层走向180°~220°,倾向总体东倾,局部西倾,倾角61°~87°。岩石接触变质较为强烈,角岩化明显,局部形成角岩。

第四系全新统(Qh):分布于勘查区中西部的沟谷中,由冲洪积物(Qh^{al+pl})、残坡积砂土层(Qh^{al})组成。出露厚度3~25m。

2)侵入岩

区内岩浆岩发育,查干花-查干德尔斯花岗岩体大面积分布,岩性为中细粒二长花岗岩。由于蚀变作用的影响造成了岩体不同地段外观上的差异和矿物组成的细微差别,即外侧强钾化花岗岩呈肉红色,矿物成分为:石英35%~45%、钾长石28%~32%、斜长石20%~28%、黑云母2%~4%;内侧弱钾化、强烈硅化和云英岩化花岗岩呈灰白—浅灰色,矿物组成为:石英40%~58%、钾长石20%~25%、斜长石20%~25%、黑云母1%~3%、白云母1%;二者呈渐变过渡关系。此外,区内尚见有多条不同方向细晶岩脉穿插。中细粒二长花岗岩与钼矿化关系密切,为主要控矿因素之一。

早二叠世灰色花岗闪长岩($P_1\gamma\delta$):呈岩基分布。由于钾长石化蚀变较强,致使花岗闪长岩常形成二长花岗岩或花岗岩。根据岩石蚀变特征又划分为:绢英岩化花岗闪长岩、高岭土化花岗闪长岩、钾长石化花岗闪长岩、似斑状花岗闪长岩。

绢英岩化花岗闪长岩:灰白色,中粒花岗结构,块状构造。蚀变矿物以绢云母为主,次为高岭石。岩石镜下观察长石、石英发生了轻微的脆性变形-碎裂。为主要含矿母岩,又是近矿围岩。在绢英岩化花岗闪长岩中辉钼矿呈浸染状、细脉状分布,为该矿床的主要矿石类型。

晚侏罗世黑云花岗岩($J_3\gamma$):呈不规则岩株状分布在勘查区北侧。岩石呈浅肉色、肉红色,中细粒花岗结构,块状构造。矿物成分为钾长石、斜长石、石英、黑云母等。

石英脉：主要分布在花岗闪长岩和黑云花岗岩及二云石英片岩中，呈脉状、脉带状、网脉状沿北北西向和近东西向构造裂隙充填，倾角55°~88°。石英脉有3期以上，早期石英脉呈角砾状构造，常见辉钼矿呈细脉状或网脉状沿裂隙分布；中期石英脉呈灰白色、黑灰色，一般呈细脉状、网脉状、脉带状分布在花岗闪长岩中，脉体内常见辉钼矿呈浸染状或沿脉体两侧呈细脉、稠密浸染状分布，为该矿床的主要矿石类型之一；后期石英脉呈白色、乳白色，不含辉钼矿。

3）构造

区内未见明显的断裂构造，在遥感影像上区内断裂构造线较为明显，一条为查干楚鲁-巴音萨拉断层，另一条为温德尔陶勒盖南断层。从区域上来看，温德尔陶勒盖南断层早于查干楚鲁-巴音萨拉断层。

查干花钼矿床位于两断层的交会部位内侧。钻孔资料显示，钼矿体越靠近两断层交会部位，矿体越厚大，矿化越连续。由此可见，在两条断层的交会部位，受其影响次一级裂隙构造十分发育，岩石破碎，为多期次的含矿热液提供了良好的储矿环境。

4）围岩蚀变

矿区地表石英脉极其发育，主要分布在中细粒二长花岗岩与宝音图群地层接触带部位，与钼矿化及强硅化、云英岩化分布范围大致相当。主要围岩蚀变有云英岩化、硅化、绢云母化、钾长石化、绢英岩化、高岭土化、绿泥石化、绿帘石化及碳酸盐化等。

2. 矿床地质特征

区内圈出钼矿体19个，其中1、2、3号为主矿体。

1号矿体：为区内规模最大的矿体，呈不规则厚层状产于云英岩化二长花岗岩内，有分支复合现象，且夹石较多。控制长约1400m，宽300~800m，厚2.73~280.00m。矿体走向北西330°左右，倾向北东，倾角10°~26°。

2号矿体：为矿区最上部的矿体，与1号矿体近平行产出，呈不规则层状产于云英岩化二长花岗岩内，有分支复合现象。控制长约741m，宽15~500m，厚2.74~129.60m。

3号钼矿体：位于1、2号矿体之间，呈不规则层状产出，有分支复合现象和夹石分布。控制长度882m，宽300~600m，厚2.68~47.73m。

查干花钼矿床位于两条断层交会处内侧，主要赋存于绢英岩化花岗闪长岩体内。地表见极少量呈脉状分布的钼矿化体，一般多为大脉型钨矿体，钼矿体基本未出露地表，埋深一般为13.77~160.22m，控矿标高780~1413m。矿体多呈近水平似层状、巨厚层状，部分矿体呈透镜状和脉状产出，沿矿体走向向南倾伏30°。

围岩为绢英岩化花岗闪长岩，矿体与围岩界线呈渐变关系，以化学分析样品圈定矿体边界。矿体内矿化不均匀，含夹石较多。一般矿体工业品位钼0.06%~0.89%，最高4.44%，矿床钼平均品位0.12%，伴生W、Bi，但Mo与W、Bi均不呈正相关性。

自然类型：原生硫化矿石；工业类型：蚀变花岗岩型及石英脉型。

辉钼矿石类型主要有两种：石英脉型辉钼矿矿石和花岗岩型辉钼矿矿石，两种类型常叠加在一起形成富矿地段。①石英脉型辉钼矿矿石：微细粒半自形粒状结构，稀疏浸染状-脉状构造。金属矿物为黄铁矿、褐铁矿、辉钼矿、黄铜矿、方铅矿。石英脉沿节理、裂隙充填，一般脉宽0.15~5cm，宽者10~100cm，辉钼矿在石英脉内及其两侧一般呈浸染状、细脉状、团块状分布，矿石Mo品位含量较高，最高可达4.44%。②花岗岩型辉钼矿矿石：微细粒半自形粒状结构，稀疏—稠密浸染状构造。金属矿物为磁铁矿、黄铁矿、辉钼矿、黄铜矿等。辉钼矿0.01~0.03mm呈显微鳞片状，一般呈0.3~0.5mm集合体不规则粒状，矿石钼品位较贫，一般为0.03%~0.60%，最高可达1.25%。

矿化蚀变特征：矿床的围岩蚀变由中心向边缘大致可分为绢英岩化-高岭土化（强蚀变带）、硅化-高岭土化、钾长石化（弱蚀变带）。

绢英岩化-高岭土化带主要蚀变类型有绢英岩化、高岭土化、硅化，硅化多呈细脉状、脉带状分布，脉体内局部见有辉钼矿、黄铁矿和少量黄铜矿，偶见黑钨矿，由于多期次硅化叠加钼矿化较强。该带在地表以下 50～350m 较为发育，钼矿体主要赋存在该带。

硅化-高岭土化带主要蚀变类型有硅化、高岭土化、绢云母化次之，硅化多呈脉状、细脉状分布，脉体内局部见有褐铁矿、孔雀石、黑钨矿、辉钼矿偶见。该带在地表较为发育，强蚀变地段常形成钨矿体，也是该地区主要找矿标志。

钾长石化带主要蚀变类型有钾长石化、白云母化、硅化次之，分布于黑云花岗岩与花岗闪长岩接触带和似斑状花岗闪长岩内。在花岗闪长岩内钾长石常交代斜长石形成二长花岗岩，在接触带中局部钾长石化强烈地段形成正长岩。矿区内钾长石化强烈地段，钼矿化往往较弱。

3. 矿床成因类型及成矿时代

矿床成因类型为斑岩型（大型）。矿石辉钼矿 Re-Os 测年，获得模式年龄为 242.6±3.6～239.3±3.3Ma，等时线年龄为 242.7±3.5Ma，MSWD=0.77，^{187}Os 初始比值为 $(-1±3)×10^{-9}$（蔡明海等，2011），表明钼成矿时代为三叠纪，属印支中期构造-岩浆活动的产物。

（二）矿床成矿模式

海西晚期—印支早期在基底隆起内在不同方向深断裂交会部位，在挤压构造背景下来源于上地幔含矿花岗质岩浆侵位。

查干花钼矿床位于两断层交会处内侧，主要赋存于绢英岩化花岗闪长岩体内。地表见极少量呈脉状分布的钼矿化体，一般多为大脉型钨矿体，钼矿体基本未出露地表，埋深一般为 13.77～160.22m，矿体多呈近水平似层状、巨厚层状，部分矿体呈透镜状和脉状产出，沿矿体走向向南倾伏 30°。查干花钼矿成矿侵入岩为三叠纪中细粒二长花岗岩。由于蚀变，使岩体产生不同地段外观上的差异和矿物组成的细微差别，即外侧强钾化二长花岗岩呈肉红色，矿物成分为：石英 35%～45%、钾长石 28%～32%、斜长石 20%～28%、黑云母 2%～4%；内侧弱钾化、强硅化和云英岩化二长花岗岩呈灰白色—浅灰色，矿物组成为：石英 40%～58%、钾长石 20%～25%、斜长石 20%～25%、黑云母 1%～3%、白云母 1%，二者呈渐变关系。此外区内尚有多条不同方向细晶岩脉穿插。

钼矿床围岩为古元古界宝音图岩群第三岩段（Pt_1B^3），由十字蓝晶石榴云英片岩、石英岩、含石墨千枚岩、角闪变粒岩、斜长角闪片岩、阳起（黑云）片岩夹大理岩、结晶灰岩等组成。石炭纪花岗闪长岩、三叠纪中细粒二长花岗岩中亦有钼矿产出，后者既是钼矿母岩又是钼矿的围岩。

围岩为绢英岩化花岗闪长岩，矿体与围岩界线呈渐变关系，以化学分析样品圈定矿体边界。矿体内矿化不均匀，含夹石较多。伴生 W、Bi，但 Mo 与 W、Bi 均不呈正相关性。主要围岩蚀变有云英岩化、硅化、绢云母化、钾长石化、绢英岩化、高岭土化、绿泥石化、绿帘石化、碳酸盐化等。强烈的钾化、硅化、云英岩化及地表具云英岩化、黄铁矿化、孔雀石化石英脉等可作为钼矿的找矿标志。根据其成矿特征及成矿地质背景，建立查干花斑岩型钼矿成矿模式，见图 12-1。

二、典型矿床地球物理特征

（一）矿床磁性特征

据 1:25 万、1:5 万航磁图显示，矿区处在场值为 0nT 附近的平稳磁场上。

（二）矿床所在区域重力特征

查干花钼矿位于布格重力高异常与低异常过渡的北东向梯度带上，布格重力异常值 Δg 变化范围

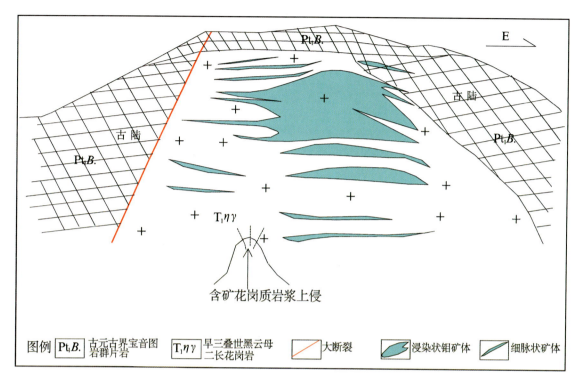

图 12-1 查干花式斑岩型钼矿典型矿床成矿模式

为$(-166.00 \sim -162.00) \times 10^{-5} \mathrm{m/s^2}$。在剩余重力异常图上，查干花钼矿处在北东向负异常区西北边部，对应于酸性岩体的分布区。矿区北部是北东向椭圆状正异常 G 蒙-656，地表出露古元古界宝音图岩群，推断是元古宇基底隆起部位。区域航磁等值线平面图显示，矿区位于平稳的$-50 \sim 0\mathrm{nT}$的负磁场区，磁异常呈北东走向。

三、典型矿床地球化学特征

矿床主要指示元素为 Mo、Cu、Pb、Ag、As、Sb、W、U，其中 Mo 呈不规则面状，Ag 呈等轴状，其余元素异常均呈北东向或近北向条带状展布，受断裂构造控制明显。

Mo、W 异常面积大，强度高，浓度分带明显，浓集中心部位与地层和岩体的接触带、矿体相吻合；Cu、Pb、Ag、As、Sb、U 异常不大，强度较低，分散在矿体周围。

四、典型矿床预测模型

根据典型矿床成矿要素和矿区航磁资料以及区域重力、化探资料，确定典型矿床预测要素，编制典型矿床预测要素图。矿床所在地区的系列图表达典型矿床预测模型（图 12-2）。总结典型矿床综合信息特征，编制典型矿床预测要素表（表 12-1）。

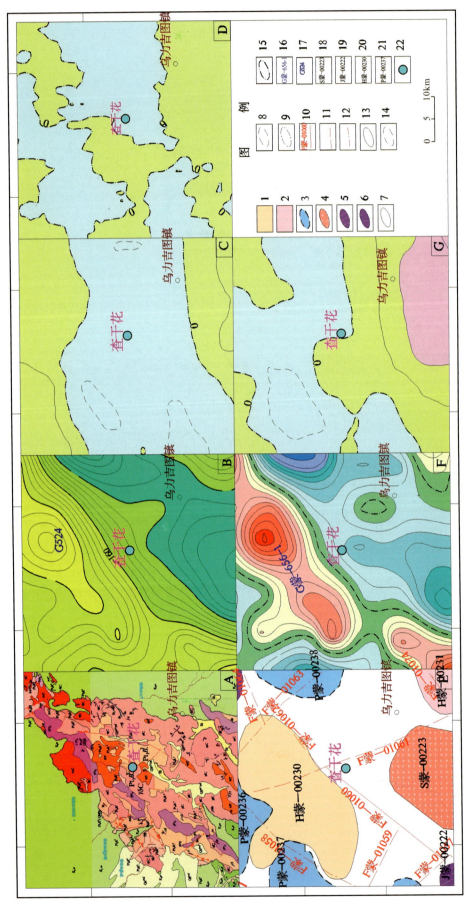

图12-2 查干花典型矿床地质-物探剖析图

A. 地质矿产图；B. 布格重力异常图；C. 航磁△T等值线平面图；D. 航磁△T化极垂向一阶导数等值线平面图；E. 航磁△T化极垂向一阶导数等值线平面图；F. 剩余重力异常图；G. 重力推断地质构造图。1. 元古宙地层；2. 太古宙地层；3. 出露岩体边界；4. 酸性—中酸性岩体；5. 超基性岩体；6. 超基性—中酸性岩体；7. 出露岩体边号；8. 隐伏岩体边界；9. 半隐伏岩体边界；10. 出露重力推断三级断裂构造；11. 隐伏重力推断三级断裂构造及编号；12. 半隐伏重力推断三级断裂构造及编号；13. 航磁正等值线；14. 航磁负等值线；15. 零等值线；16. 剩余异常编号；17. 布格重力异常编号；18. 酸性—中酸性岩体编号；19. 基性—超基性岩体编号；20. 地层编号；21. 盆地编号；22. 钼矿点；Pt_1b. 宝音图岩群第三岩段；$C\gamma\delta$. 石炭纪花岗闪长岩

表 12-1 查干花式斑岩型钼矿典型矿床预测要素表

典型矿床成矿要素		内容描述			要素类别
储量		钼:26×10⁴t	平均品位	钼:0.129%	
特征描述		斑岩型(大型)			
地质环境	大地构造位置	所处大地构造单元古生代属天山-兴蒙造山系、包尔汗图-温都尔庙弧盆系、宝音图岩浆弧			必要
	成矿环境	成矿带区划属Ⅰ-4滨太平洋成矿域(叠加在古亚洲成矿域之上),Ⅱ-12大兴安岭成矿省,Ⅲ-7阿巴嘎-霍林河 Cr-Cu(Au)-Ge 煤天然碱芒硝成矿带(Ym),Ⅲ-7-②查干此老-巴音抗盖金成矿亚带(Yl),敖仑花-巴音杭盖钼、铜、金成矿远景区			必要
	成矿时代	印支早期			必要
矿床特征	矿体形态	透镜状、似层状和脉状			重要
	岩石类型	千枚岩、绢云石英片岩、浅变质粉砂岩;中细粒二长花岗岩等			必要
	矿石结构	半自形—自形粒状结构,鳞片状结构			次要
	矿物组合	辉钼矿、磁铁矿、黄铁矿、黄铜矿和方铅矿			次要
	结构构造	结构:半自形—自形粒状结构,鳞片状结构。构造:浸染状、细(网)脉状、团块状构造			次要
	蚀变特征	主要围岩蚀变有云英岩化、硅化、绢云母化、钾长石化、绢英岩化、高岭土化、绿泥石化、绿帘石化、碳酸盐化等			重要
	控矿条件	地层:宝音图岩群;侵入岩:晚二叠世—早三叠世中细粒二长花岗岩(花岗闪长岩);构造:北西及北东向断裂交会处			必要
地球物理特征	重力异常	剩余重力异常为(-12~-10)×10⁻⁵m/s²			重要
	磁法异常	航磁化极在-2400~-1000nT 之间			重要
	地球化学特征	矿床主要指示元素为 Mo、Cu、Pb、Ag、As、Sb、W、U,其中 Mo 呈不规则面状,Ag 呈等轴状,其余元素异常均呈北东向或近北向条带状展布,Mo、W 异常面积大,强度高,浓度分带明显。浓集中心部位与地层和岩体的接触带、矿体相吻合;Cu、Pb、Ag、As、Sb、U 异常不大,强度较低,分散在矿体周围			必要

第二节 预测工作区研究

一、区域地质特征

(一)成矿地质背景

测区大地构造位置位于天山-兴蒙造山系构造岩浆岩省(Ⅰ),包尔汗图-温都尔庙弧盆系构造岩浆岩带(Ⅰ-8)(Pz_2),宝音图岩浆弧构造岩浆岩亚带(Ⅰ-8-3)(Pz_2);华北陆块区构造岩浆岩省(Ⅱ),狼山-阴山陆块(大陆边缘岩浆弧)构造岩浆岩带(Ⅱ-4)(Pz_2),狼山-白云鄂博构造岩浆岩亚带(Ⅱ-4-3)(Pt_2)。

1. 地层

区内出露地层主要有第四系全新统、古近系渐新统（E_3）、白垩系乌兰苏海组（K_2w）、固阳组（K_1g），古元古界宝音图岩群第三岩段（$Pt_1B.^3$）、第二岩段（$Pt_1B.^2$）、第一岩段（$Pt_1B.^1$）、中太古界乌拉山岩群（$Ar_2W.$）。

基底由古元古界宝音图岩群及中太古界乌拉山岩群组成，为低绿片岩相-高绿片岩相-低角闪岩相-高角闪岩相，乌拉山岩群岩性为（含石榴、矽线）黑云斜长（二长）片麻岩、角闪斜长片麻岩、斜长角闪岩、含榴石变粒岩、混合岩夹含磁铁矿黑云斜长片麻岩、石英岩含石墨透辉石岩、大理岩、含紫苏黑云斜长透辉麻粒岩。

古元古界宝音图岩群第一岩段为片状二云石英岩、含榴绢云石英片岩夹绿帘绢云石英片岩、角闪片岩。第二岩段为片状云母石英岩夹云英片岩及含磁铁石英岩。第三岩段为十字蓝晶石榴云英片岩、石英岩、含石墨千枚岩、角闪变粒岩、斜长角闪片岩、阳起（黑云）片岩夹大理岩、结晶灰岩。

盖层有下白垩统固阳组褐黄色砾岩、含砾长石砂岩夹砂质页岩及玄武岩，灰色泥岩、粉砂岩、黄灰色长石砂岩、页岩夹薄层煤及油页岩。上白垩统乌兰苏海组大面积分布于预测区西部和北部，地层产状一般近于水平，为砖红色、紫红色粉砂岩、土黄色细砂岩及红色粉砂质泥岩夹含砾砂岩。古近系渐新统橘黄色含砾中粗粒砂岩、粉细砂岩夹泥岩。

2. 岩浆岩

预测区岩浆岩较发育，从新太古代到中生代均有出露，新太古代花岗闪长岩、花岗岩已变质为黑云斜长片麻岩、黑云角闪斜长片麻岩。另有中元古代变质花岗岩及古生代石炭纪花岗闪长岩、二长花岗岩。三叠纪中细粒二长花岗岩等。其中，与钼矿床有关的侵入岩为三叠纪中细粒二长花岗岩，它们既是围岩又是成矿母岩。

3. 构造

预测区内构造主要位于华北板块北部大陆边缘、狼山裂谷北侧的宗乃山-沙拉扎山构造带内，夹持于恩格尔乌苏断裂带与阿拉善北缘断裂带（或称巴丹吉林断裂带）两条北东向区域断裂带之间。

区内经历了多次构造运动，褶皱复杂，断裂发育，总体构造线方向为北东向，并叠加了北北东向的构造。根据构造形迹及组合特征，各种构造的发育程度以及这些构造的规模特点，可分为两个 3 级构造单元——即准苏海坳陷和宝音图隆起。

两个构造单元呈东西向排列，展布方向为北东向。准苏海坳陷为中新生代坳陷，分布地层有白垩系固阳组和第四系，产状近水平。宝音图隆起区褶皱、断裂构造十分发育，岩浆活动频繁，分布有晚元古代、早石炭世、早二叠世、早侏罗世侵入岩以及宝音图、萨音呼都格褶皱带，褶皱构造紧密，挤压强烈。

褶皱构造：预测区褶皱构造主要为晚元古代构造层，有苏吉音花复式背斜和萨音呼都格向斜。

断裂构造：预测区内褶皱带断裂构造较为发育，有北东向、北西向、近东西向、近南北向几组，以北东向、北西向两组最为发育。

4. 变质岩

区内变质岩以变质深成岩及宝音图岩群绿片岩相区域变质岩为主，局部为乌拉山岩群黑云（角闪）斜长片麻岩、斜长角闪岩变质建造，其次为动力变质岩和热接触变质岩。

乌拉山岩群其原岩主要为中基性火山岩-碎屑岩-碳酸盐岩建造。宝音图岩群其原岩主要为砂泥质岩-基性火山岩。

(二)区域成矿模式

预测工作区根据区域地质背景及成矿特征总结其成矿模式,见图12-3。

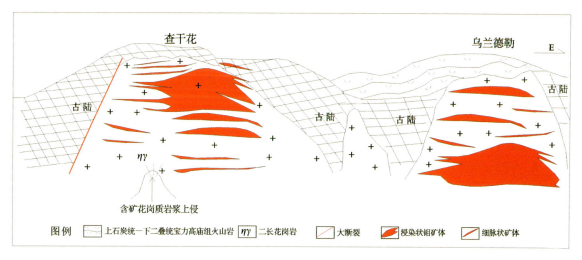

图12-3 查干花式斑岩型钼矿区域成矿模式图

二、区域地球物理特征

(一)磁异常特征

预测工作区范围为东经107°00′—107°45′,北纬41°40′—42°00′。在1:10万航磁ΔT等值线平面图上,预测工作区磁异常幅值范围为-100~125nT,磁场较平稳,背景值为-50~50nT,正磁异常主要分布在测区北东—南西对角线的东南一侧,异常轴向和异常带分布均呈北东走向,磁异常梯度较平缓,预测区西北一侧主要以平静负磁异常背景为主,梯度变化较小。查干花斑岩型钼矿处在北侧的平稳负磁场中,场值在-60nT左右。

预测工作区磁法推断断裂构造以北东向为主,磁场标志多为不同磁场区分界线及磁异常梯度带。预测区东南部磁异常推断主要由变质岩地层引起,西北部的椭圆状低缓磁异常推断由酸性侵入岩体引起。

本预测工作区磁法共推断断裂1条,中酸性岩体6个,变质岩地层2个。

(二)重力异常特征

预测区范围较小,区域重力场基本反映出东西部重力高、中部重力低的特点。预测区中部为北东走向的重力梯度带,重力最低值在-178.99×10^{-5}m/s² 左右,剩余重力图中显示为大面积团块状剩余重力负异常,此区域地表局部出露中酸性岩,推断这些负异常由酸性岩体引起。预测区东部重力值较高,重力最高值在-152.78×10^{-5}m/s² 左右,出现布格重力等值线同向扭曲及剩余重力正异常,地表零星出露太古宙地层,推断该处地表覆盖层较薄,剩余重力正异常由老地层引起。

预测区西部的剩余重力负异常,推测是中新生代盆地的反映。另外西南部地区零星出露超基性岩,图中表现为不规则的剩余重力正异常,推断为超基性岩与老地层的反映。

在预测区中部局部重力低异常的边部以及预测区中部重力场过渡带也是成矿的有利区段,是今后选择工作靶区的重要地区。

预测工作区内推断解释断裂构造15条,中-酸性岩体2个,基性—超基性岩体1个,地层单元3个,中-新生代盆地2个。

三、区域地球化学特征

区域上分布有Mo、Au、As、Sb、Pb、W等元素组成的高背景区带,在高背景区带中有以Mo、Au、As、Sb、Pb、W、Ag为主的多元素局部异常。预测区内共有1个Mo异常,4个Ag异常,12个As异常,10个Au异常,9个Cu异常,7个Pb异常,11个Sb异常,5个U异常,8个W异常,2个Zn异常。

Mo、W、As、Sb异常在预测区中西部大面积分布,Mo、W异常强度高,As、Sb强度中等,浓度分带和浓集中心较为明显;Au异常主要集中在南部,面积较大,强度中等;Cu异常主要在中部查干花矿床附近,强度低,均为一级浓度;Pb异常在预测区中部大面积连续分布,以低强度为主;Ag在查干花矿床东北部有局部异常,强度一般不高;Zn、U异常在预测区分布很少,面积一般不大,异常强度低,多为一级浓度分带。查干花典型矿床与Mo、W异常吻合较好。

预测区内仅1处Mo异常,异常面积很大,从西南角一直延伸到北部,Mo异常上有多处浓集中心,Cu、Pb、Zn、Ag、Au、As、Sb、W等主要成矿元素及伴生元素在空间上多处与Mo相互重叠或套合。整个预测区仅1处异常编号Z-1,在Z-1内Mo浓集中心处Pb、Zn、Ag、As、Sb、W、U呈环状或条带状相互套合,其中Cu、Pb、As、Sb、W异常范围整体较大,Ag、U均较小,Au多处于Mo异常外带。

四、区域遥感影像及解译特征

本工作区内解译出大型构造1条,即迭布斯格断裂带,贯穿预测区南北,走向北东,北西盘向南西滑动,西厚东薄,向北延入蒙古。

本预测区内共解译出中小型构造40多条,其中,中型断层有5条,小型断层有40多条。中型断层发育在石炭纪花岗闪长岩中与古元古代地层中;小型断层主要发育于古元古界宝音图岩群、石炭纪花岗闪长岩、中元古代花岗闪长岩中。

本预测工作区内共解译出环形构造5个,其成因为:与隐伏岩体有关的环形构造和与褶皱引起的环形构造。环形构造在空间分布上有明显的规律:东部地区没有环形构造,大部分环形构造集中在中部地区,巴音前达门苏木2个环形构造均为大型环状构造。

五、区域预测模型

根据预测工作区区域成矿要素、化探、航磁、重力、遥感及自然重砂,建立了本预测区的区域预测要素,并编制预测工作区预测要素图和预测模型图。

区域预测要素图以区域成矿要素图为基础,综合研究重力、航磁、化探、遥感、自然重砂等综合致矿信息,总结区域预测要素表(表12-2),并将综合信息各专题异常曲线或区全部叠加在成矿要素图上,在表达时可以作出单独预测要素如航磁的预测要素图。

预测模型图的编制,以地质剖面图为基础,叠加区域化探、航磁及重力剖面图而形成,简要表示预测要素内容及其相互关系,以及时空展布特征(图12-4)。

第十二章 查干花式侵入岩体型钼矿预测成果

表 12-2 查干花式斑岩型钼矿预测工作区预测要素表

预测要素		描述内容	要素类别
地质环境	大地构造位置	所处大地构造单元古生代属天山-兴蒙造山系、包尔汗图-温都尔庙弧盆系、宝音图岩浆弧	必要
	成矿区(带)	Ⅰ-4滨太平洋成矿域(叠加在古亚洲成矿域之上),Ⅱ-12大兴安岭成矿省,Ⅲ-7阿巴嘎-霍林河Cr-Cu(Au)-Ge煤天然碱芒硝成矿带,Ⅲ-7-②查干此老-巴音杭盖金成矿亚带、敖仑花-巴音杭盖钼、铜、金成矿远景区	必要
	区域成矿类型及成矿期	斑岩型(大型),印支期	必要
控矿地质条件	赋矿地质体	地层:宝音图岩群千枚岩、绢云石英片岩、浅变质粉砂岩	重要
	控矿侵入岩	侵入岩:晚二叠世—早三叠世中细粒二长花岗岩(花岗闪长岩)	必要
	主要控矿构造	北西及北东向断裂交会处	重要
	预测区矿点	成矿区带内有1个矿床(大型)	重要
物化探特征	重力	剩余重力起始值在$(-12\sim-10)\times10^{-5}\mathrm{m/s^2}$之间	重要
	航磁	航磁化极在$-1000\sim2400\mathrm{nT}$之间	重要
	化探	Mo异常值在$(0.19\sim7.6)\times10^{-6}$之间	重要

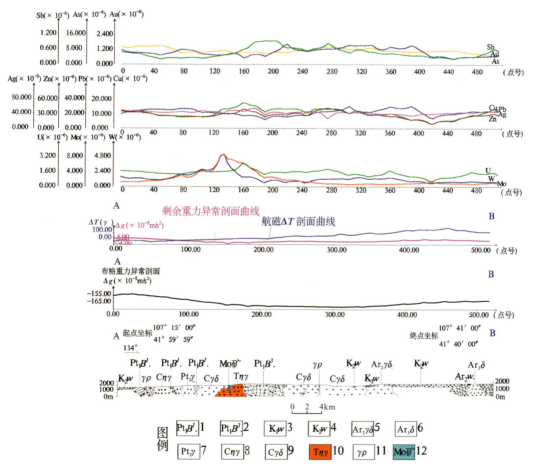

图 12-4 查干花式典型矿床预测模型图

1.古元古代石英岩-变粒岩-二云片岩;2.古元古代石英岩-二云片岩-大理岩;3.下白垩统乌兰苏海组;4.上白垩统乌兰苏海组;5.中太古代斜长片麻岩;6.新太古代变质片麻状闪长岩;7.中元古代中粒花岗岩;8.石炭纪中粗粒二长花岗岩;9.石炭纪中粗粒花岗闪长岩;10.三叠纪二长花岗岩;11.花岗闪长岩;12.钼矿

第三节 矿产预测

一、综合地质信息定位预测

（一）变量提取及优选

根据典型矿床及预测工作区研究成果，进行综合信息预测要素提取，本次选择网格单元法作为预测单元，本次预测底图比例尺为1:10万，利用规则网格单元作为预测单元，网格单元大小为1.0km×1.0km。

地质体、断层、遥感环要素进行单元赋值时求区的存在标志；依据典型矿床含矿岩体为三叠纪岩体，本次根据典型矿床含矿岩体同位素资料及预测底图岩体情况，选取三叠纪二长花岗岩作为预测地质体，其中包括一部原地质图给出的石炭纪花岗岩。其中也包括一部分揭露岩体，它们在储量计算中降一个级别，将以上均作为预测要素。化探、剩余重力、航磁化极则求起始值的加权平均值，在变量二值化时利用异常范围值人工输入变化区间。

（二）最小预测区圈定及优选

本次利用证据权重法，采用1.0km×1.0km规则网格单元，在MRAS2.0下进行预测区圈定与优选，根据预测区内有1个已知矿床，采用少预测模型工程进行定位预测（图12-5）。

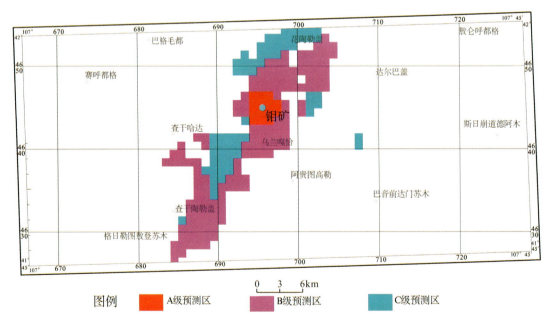

图12-5 查干花乌拉特后旗预测工作区预测单元图

（三）最小预测区圈定结果

本次工作共圈定最小预测区10个，总面积181.69km²。其中A级区1个，面积12.24km²；B级区5个，面积109.48km²；C级区4个，面积59.97km²（图12-6，表12-3）。

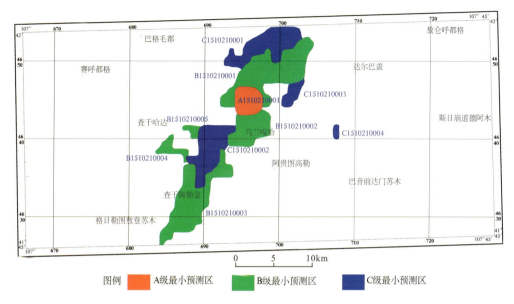

图 12-6　查干花钼矿乌拉特后旗预测工作区最小预测区圈定结果

表 12-3　查干花式侵入岩体型钼矿最小预测区圈定结果表

最小预测区编号	最小预测区名称	面积（km²）	级别
A1510210001	查干花	12.24	A
B1510210001	花陶勒盖南	43.35	B
B1510210002	乌兰嘎恰	18.74	B
B1510210003	查干陶勒盖东	39.27	B
B1510210004	查干哈达南	5.63	B
B1510210005	查干哈达东	2.49	B
C1510210001	花陶勒盖	27.1	C
C1510210002	乌兰嘎恰西	25.65	C
C1510210003	乌兰嘎恰北东	5.75	C
C1510210004	乌兰嘎恰东	1.47	C

（四）最小预测区地质评价

查干花钼矿预测成果中各级别面积分布合理，说明预测区优选分级原则较为合理；最小预测区圈定结果表明，预测区总体与区域成矿地质背景和高磁异常、剩余重力、化探异常等吻合程度较好，有找矿潜力（表 12-4）。

表 12-4 查干花式斑岩型钼矿预测区综合信息表

最小预测区编号	最小预测区名称	综合信息	评价
A1510210001	查干花	该预测区呈椭圆状分布,区内有1个大型矿床,见有中粗粒花岗闪长岩,该区有磁异常显示,航磁化极异常在-75~-20nT之间,剩余重力异常值在(-164~-160)×10^{-6}m/s^2 之间,化探异常强度高	找矿潜力大
B1510210001	花陶勒盖南	该预测区呈北东向展布,地表见有二长花岗岩及石英脉出露,有北东向断裂通过。有磁异常显示,航磁化极异常在-20~-10nT之间,剩余重力异常值在(-164~-158)×10^{-6}m/s^2 之间,有化探异常	找矿潜力大
B1510210002	乌兰嘎恰	该区呈近北东向展布,地表见有二长花岗岩及石英脉出露,预测区有磁异常显示,航磁化极异常值在-10~25nT之间,剩余重力异常值在(-168~-162)×10^{-6}m/s^2 之间。在化探异常范围,有北东向、北西向断裂通过	找矿潜力大
B1510210003	查干陶勒盖东	该预测区呈近北东向展布,地表有中粗粒花岗闪长岩及石英脉出露,航磁化极异常在25~75nT之间,剩余重力异常值在(-170~-164)×10^{-6}m/s^2 之间。有北东向断裂通过,在化探异常范围内	找矿潜力大
B1510210004	查干哈达南	该区呈近东西向展布,地表有斜长花岗岩及石英脉出露,航磁化极异常值在-75~-5nT之间,剩余重力异常值在(-164~-160)×10^{-6}m/s^2 之间。在化探异常范围内,有北东向断裂通过	找矿潜力大
B1510210005	查干哈达东	该区地表有中粗粒花岗闪长岩及石英脉出露,预测区有磁异常显示,航磁化极异常值在-75~-50nT之间,剩余重力异常值在(-162~-160)×10^{-6}m/s^2 之间。在化探异常范围内	找矿潜力大
C1510210001	花陶勒盖	该预测区呈北北东向展布,地表见有二长花岗岩及石英脉出露,预测区有磁异常显示,航磁化极异常主要在-75~0nT之间,剩余重力异常值主要在(-162~-158)×10^{-6}m/s^2 之间。有北东向断裂通过	有一定的找矿前景
C1510210002	乌兰嘎恰西	该预测区呈南北向展布,地表有石英脉出露,预测区有磁异常显示,航磁化极异常主要在-75~0nT之间,剩余重力异常值主要在(-166~-162)×10^{-6}m/s^2 之间。在化探异常范围内,有北西向、南北向、东西向断裂通过	有一定的找矿前景
C1510210003	乌兰嘎恰北东	地表见有二长花岗岩及石英脉出露,有磁异常显示,航磁化极异常主要在-15~5nT之间,剩余重力异常值主要在(-166~-162)×10^{-6}m/s^2 之间。在化探异常范围内	有一定的找矿前景
C1510210004	乌兰嘎恰东	该预测区呈近南北东向展布,地表见有二长花岗岩及石英脉出露,航磁化极异常在25~75nT之间,剩余重力异常值在(-170~-168)×10^{-6}m/s^2 之间。在化探异常范围内	有一定的找矿前景

二、综合信息地质体积法估算资源量

（一）典型矿床深部及外围资源量估算

查明矿床小体重、最大延深、品位、资源量数据来源于内蒙古自治区乌拉特后旗马尼图-查干花钼多金属成矿区整装勘查地质设计，矿床面积（$S_{典}$）是根据 1∶1 万查干花钼矿查干化主矿区地质图圈定（图 12-7），在 MapGIS 软件下读取数据。图 12-8 为查干花矿区主矿床第 5 勘探线地质剖面图，矿床最大延深（即勘探深度）依据其资料为 732m，具体数据见表 12-5。

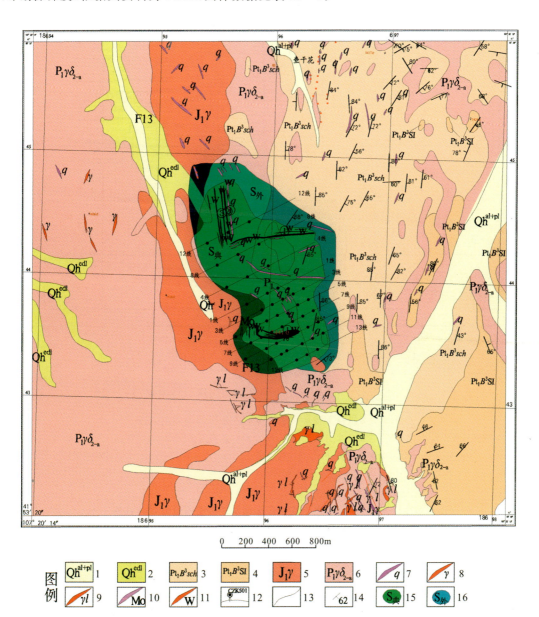

图 12-7　查干花钼矿 1∶1 万矿区地质图（蓝色圈定区域矿体聚集区）

1. 冲洪积砾石、砂砾石层；2. 残坡积砂；3. 石英片岩、绢云石英片岩、二云石英片岩；4. 石英岩；5. 黑云斜长花岗岩；6. 粗粒花岗闪长岩；7. 石英脉；8. 花岗岩脉；9. 花岗细晶岩脉；10. 钼矿体；11. 钨矿体；12. 钻孔位置及编号；13. 实测地质界线；14. 地层产状；15. 矿体聚集区段边界范围；16. 典型矿床外围预测范围

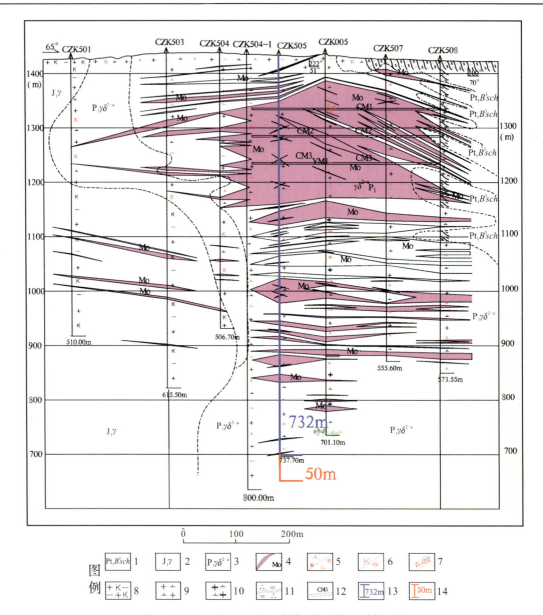

图 12-8 查干花矿区主矿床第 5 勘探线地质剖面图

1. 石英片岩、绢云石英片岩、二云石英片岩；2. 黑云斜长花岗岩；3. 粗粒花岗闪长岩；4. 钼矿体；5. 高岭土化/绢云母化；6. 钾化/绿帘石化；7. 构造破碎带；8. 黑云母钾长花岗岩；9. 花岗闪长岩；10. 斑状花岗闪长岩；11. 二云石英片岩；12. 穿脉工程及编号；13. 勘探深度；14. 延伸深度

表 12-5 查干花式斑岩型钼矿深部及外围资源量估算一览表

典型矿床		深部及外围		
查明钼资源量(t)	260 000	深部	面积(m^2)	1 143 470
面积(m^2)	1 143 470		深度(m)	50
深度(m)	732	外围	面积(m^2)	420 155
品位(%)	0.129		深度(m)	782
密度(t/m^3)	3.5	预测资源量($\times 10^4$ t)		11.97
体积含矿率(t/m^3)	0.000 000 031	典型矿床资源总量($\times 10^4$ t)		37.97

(二) 模型区的确定、资源量及估算参数

模型区为典型矿床所在的最小预测区。查干花典型矿床查明资源量 $26×10^4$ t,按本次预测技术要求计算模型区资源总量为 $37.97×10^4$ t。模型区内无其他已知矿点存在,则模型区总资源量等于典型矿床总资源量,模型区面积为依托 MRAS 软件采用有模型工程神经网络法优选后圈定,延深根据典型矿床最大预测深度确定。模型区圈定时参照了含矿建造地质体,因此含矿地质体面积参数为1。由此计算含矿地质体含矿系数,见表12-6。

表12-6 查干花钼矿模型区预测资源量及其估算参数表

编号	名称	模型区总资源量($×10^4$t)	模型区面积(m^2)	延深(m)	含矿地质体面积(m^2)	含矿地质体面积参数	含矿地质体含矿系数
A1510210001	查干花	37.97	12 239 740	782	12 239 740	1	$3.97×10^{-9}$

(三) 最小预测区预测资源量

查干花钼矿预测工作区最小预测区资源量定量估算采用地质体积法进行。

1. 估算参数的确定

最小预测区面积是依据综合地质信息定位优选的结果;延深的确定是在研究最小预测区含矿地质体地质特征、含矿地质体的形成深度、断裂特征、矿化类型的基础上,并对比典型矿床特征的基础上综合确定的;相似系数的确定,主要依据 MRAS 生成的成矿概率及与模型区的比值,参照最小预测区地质体出露情况、化探及重砂异常规模及分布、物探解译隐伏岩体分布信息等进行修正。

2. 最小预测区预测资源量估算结果

本次预测资源总量为 $84.34×10^4$ t,其中不包括预测工作区已查明资源总量 $26×10^4$ t,详见表12-7。

表12-7 查干花钼矿预测工作区最小预测区估算成果表

最小预测区编号	最小预测区名称	$S_{预}$ (km^2)	$H_{预}$ (m)	K_s	K (t/m^3)	α	$Z_{预}$ ($×10^4$t)	级别
A1510210001	查干花	12.24	782	1		1	11.97	334-1
B1510210001	花陶勒盖南	43.35	500	1		0.3	25.82	334-2
B1510210002	乌兰嘎恰	18.74	500	1		0.3	11.16	334-2
B1510210003	查干陶勒盖东	39.27	500	1		0.3	23.38	334-2
B1510210004	查干哈达南	5.63	500	1	$3.97×10^{-9}$	0.3	3.35	334-2
B1510210005	查干哈达东	2.49	500	1		0.3	1.49	334-2
C1510210001	花陶勒盖	27.1	300	1		0.1	3.23	334-3
C1510210002	乌兰嘎恰西	25.65	300	1		0.1	3.06	334-3
C1510210003	乌兰嘎恰北东	5.75	300	1		0.1	0.68	334-3
C1510210004	乌兰嘎恰东	1.47	300	1		0.1	0.17	334-3
合计							84.34	

(四)预测工作区资源总量成果汇总

查干花钼矿预测工作区地质体积法预测资源量,依据资源量级别划分标准,根据现有资料的精度,可划分为334-1、334-2和334-3三个资源量精度级别;根据各最小预测区内含矿地质体、物化探异常及相似系数特征,预测延深参数均在2000m以浅。

根据矿产潜力评价预测资源量汇总标准,查干花钼矿预测工作区按精度、预测深度、可利用性及可信度统计分析结果见表12-8。

表12-8 查干花钼矿预测工作区预测资源量估算汇总表(单位:$\times 10^4$ t)

按深度			按精度			按可利用性		按可信度		
500m以浅	1000m以浅	2000m以浅	334-1	334-2	334-3	可利用	暂不可利用	≥0.75	≥0.5	≥0.25
79.99	84.34	84.34	11.97	65.2	7.14	84.14	0.17	28 849	41 027	53 205

第十三章 岔路口式侵入岩体型钼矿预测成果

第一节 典型矿床特征

一、典型矿床及成矿模式

(一)典型矿床特征

1. 矿区地质

岔路口斑岩型钼矿床位于内蒙古自治区呼伦贝尔市鄂伦春自治旗,行政隶属于黑龙江省大兴安岭地区松岭区。地理上位于大兴安岭北段伊勒呼里山脉南坡,多布库尔河上游。矿区位于松岭区政府所在地小杨气镇北西约64km,劲松镇北西24km,加格达奇—漠河铁路及公路交通干线的西侧,工作区有运材支线与铁路和公路相通。矿区中心点地理坐标为东经122°07′30″,北纬51°10′。

本区大地构造位置中生代属环太平洋巨型火山活动带、大兴安岭火山岩带、陈巴尔虎旗-根河火山喷发带、阿里河晚侏罗世—早白垩世火山盆地,成矿区带属Ⅰ-4滨太平洋成矿域(叠加在古亚洲成矿域之上);Ⅱ-12大兴安岭成矿省;Ⅲ-5新巴尔虎右旗Cu-Mo-Pb-Zn-Au-萤石-煤(铀)成矿带,Ⅲ-5-②-陈巴尔虎旗-根河Au-Fe-Zn-萤石成矿亚带,Ⅴ岔路口钼成矿远景区。

矿区出露地层主要有新元古界—下寒武统倭勒根群大网子组、中生界白垩系光华组和新生界第四系。倭勒根群大网子组在区域上分布于工作区中部,多布库尔河两岸,河东区出露于光华组地层的两侧,呈北东向展布。倭勒根群大网子组为浅变质沉积岩及变质海相中基性火山岩,主要岩性有变质砂岩、泥质粉砂岩,夹薄层硅质大理岩、暗绿色片理化安山质角斑岩等,是本区主要赋矿地层。光华组全区均有出露,其中河东详查区中部及区外北东部大面积分布,是矿区北东侧的1029高地火山单元的喷发产物。本区该组地层主要岩性有流纹岩、流纹质晶屑岩屑凝灰熔岩、流纹质角砾凝灰熔岩、英安岩、英安质凝灰熔岩及少量含杏仁安山岩等,是本区主要赋矿地层。第四系主要为河床及漫滩堆积物,分布于沟谷及沟谷两侧。

侵入岩主要为海西晚期石英闪长岩,燕山早期二长花岗岩及发育于1029高地火山穹隆西南侧的燕山晚期超浅成相潜火山石英斑岩、花岗斑岩及隐爆角砾岩,是本区成矿作用发生的重要因素。主成矿期前石英斑岩呈超浅成相的岩枝和岩脉状侵入在光华组火山岩层中,岩体主体为隐伏状岩枝。主成矿期的花岗斑岩地表未出露,钻孔控制为规模较大的岩株状侵入体,主体分布在距地表埋深600~800m。与其密切相伴的隐爆角砾岩主要分布于岩体中心部分。区内脉岩发育,主要有闪长玢岩脉等。

矿区处于伊勒呼里山隆起带南侧,早白垩世光华期发育的1029高地中酸性火山穹隆边部断隆区,影响矿区的主要构造有北西向、北东向和近南北向发育的断裂,以及1029高地火山机构的环状、放射状断裂系统。

2. 矿床特征

本矿床以穹状钼矿为主体,上部边缘共(伴)生有脉状铅锌银矿(化)体。

钼矿体总体呈北东向拉长穹隆状,主体隐伏,地表仅于穹顶部出露为带状低品位矿体。现控制长1800m,两端延长未尖灭;宽200~1000m,延深815m。以穹顶部为中心,纵向上矿体西部向南西侧伏,倾角20°,东部线向北东侧伏,倾角25°~60°;横向中心带北侧矿体向北西侧伏,倾角25°~50°,中心带南侧矿体向南东侧伏,倾角25°~60°。南东侧部分矿体被北东向F_2断裂破坏。赋矿岩石主要为光华组的中酸性火山岩、石英斑岩、花岗斑岩及隐爆角砾岩等。

矿体在垂向上总体分为3种类型:上部层状工业矿体,主要为薄层状工业矿体及薄层状低品位矿体,分布在酸性火山岩内;中部较厚大工业矿体呈透镜状或层状,夹石较多,与低品位矿体互层,分布在酸性火山岩、花岗斑岩内;底部富厚工业矿体厚大,连续性好,品位高,仅局部发育有后期脉岩为无矿夹石,赋存在花岗岩、花岗斑岩体内,少部分延伸到酸性火山岩地层中。

上部层状工业矿体:分布在矿体600m或300~400m标高内,与低品位矿互层。钼矿体总体呈拉长穹隆状,矿体东北部向北东侧伏,倾角35°;西南部向南西侧伏,倾角40°。矿体中心部位为穹隆顶部,拉长穹脊总体走向250°,横向上穹脊北西侧倾角30°,南东侧倾角25°。矿体顶部为带状低品位矿体,长500m,宽100~200m;300m标高呈不规则带状分布,长1700m,宽180~500m。上部层状工业矿体向下过渡为较厚大工业矿体,由南西向北东自300m标高向400m标高过渡,至中心部位向东局部有较富厚矿体。层状工业矿体最大累加厚度300m,最大连续厚度237.85m,最小厚度1.5m,最高品位1.07%,平均品位0.08%。

中部较厚大工业矿体:分布在矿体中、西部300~400m至0~100m标高内,向下过渡为富厚工业矿体。上部300m中段为不规则带状,下部100m中段为不规则面型带状,总体为不规则长台体,形态复杂,夹石约占50%,长1400m,宽200~800m。纵向上向南西侧伏,倾角20°;横向上北西侧侧伏倾角45°~60°,南东侧侧伏倾角60°。较厚大工业矿体最大累加厚度350m,最大连续厚度296.9m,最小厚度1.5m,最高品位1.52%,平均品位0.08%。

下部富厚工业矿体:分布在矿体中、西部0~100m标高以下,矿体未封闭,为厚层状体,长1200m,宽900m。最大连续厚度809.08m,最小厚度2.00m,最高品位2.10%,平均品位0.091%。品位变化系数0.25,厚度变化系数0.67,推测深部及现钻孔的北西侧尚有潜力。

矿石的自然类型主要为硫化矿石。

矿物组合:矿区内各矿体的矿石物质成分基本相同,金属矿物主要为黄铁矿、辉钼矿、闪锌矿、方铅矿、黄铜矿、褐铁矿、硬锰矿、钼华等;脉石矿物主要有石英、斜长石、钾长石、绢云母、萤石、水白云母、高岭石、方解石、绿泥石和绿帘石等。

矿石的结构主要为:鳞片状自形、半自形晶结构,自形—半自形晶粒状结构,他形晶粒状结构,碎裂结构、乳浊状结构、交代包含结构。构造:块状构造、浸染状构造、条带状构造、角砾状构造。

围岩蚀变:钼矿体北西侧大网子组是铅锌矿体林西组的围岩,岩性主要为变质砂岩及少量变质安山岩,近矿围岩蚀变现象主要为绿泥石化、绿帘石化、方解石化、少量萤石化、绢云母化、石英化、镜铁矿化、黄铁矿化。钼矿体围岩主要为中酸性火山岩,岩性有流纹质晶屑岩屑凝灰熔岩、英安质晶屑岩屑凝灰熔岩,近矿围岩蚀变主要为泥化、石英绢云母化。

主元素特征:矿石中有益组分主要是钼,伴生有益组分主要为银等,据选矿试验资料及组合分析,矿石中未见影响矿石质量的有害元素超过工业指标限制范围。其中,主元素含量为钼0.091%、锌0.66%~1.07%、铅0.01%~0.25%、银2.222×10^{-6}。

3. 矿床成因类型及成矿时代

矿床成因类型为斑岩型,受中生代火山-岩浆活动带上火山穹隆或火山断陷盆地边缘处隐爆作用

(热液角砾岩)的控制,矿石辉钼矿 Re-Os 同位素等时线年龄为 146.96±0.79Ma(聂凤军,2011),成矿期为燕山晚期。

(二)矿床成矿模式

根据其成矿特征及成矿地质背景,岔路口钼矿床斑岩型钼矿成矿模式,见图 13-1。

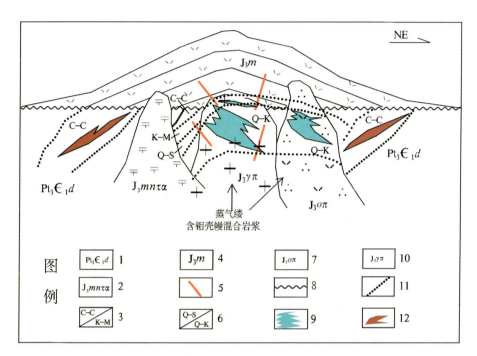

图 13-1 岔路口式斑岩型钼矿典型矿床成矿模式

1. 新元古界—下寒武统倭勒根群大网子组砂板岩;2. 玛尼吐组次粗安岩;3. 青磐岩化带、泥化带;4. 中生界上侏罗统满克头鄂博组中酸性火山岩;5. 断裂构造;6. 石英-绢云母花岗带、石英-钾化带;7. 主成矿前期石英斑岩;8. 不整合界线;9. 细脉浸染状钼矿体;10. 主成矿期花岗斑岩;11. 蚀变带界线;12. 脉状铅锌矿体

二、典型矿床地球物理特征

(一)矿床磁性、电性特征

在 1:25 万航磁图上,矿区处在负磁异常边上,矿区周围是大面积不规则正磁异常。在 1:5 万航磁图上,表现为磁场相对较平稳区域,正、负磁场分布较规律,基本反映了中酸性火山岩和侵入岩体的分布。矿区处在场值为-120nT 左右的负磁场上。矿区北侧为北西向负磁异常,反映了热蚀变退磁效应。

在 1:5 万航磁图上,表现为磁场相对较平稳区域,正、负磁场分布较规律,基本反映了中酸性火山岩和侵入岩体的分布。本区附近为低缓正磁背景上发育了正、负相伴的强磁异常区,外侧呈环状围绕的负磁异常,反映了1029火山穹隆及环状、放射状断裂系统。其中矿区位置的负磁异常,明显地反映了热蚀变退磁效应。

线性异常表现有:一种为正负相伴串珠状的磁异常;另一种为线性磁场梯度带。反映了北东向、北西向、南北向和近东西向发育的断裂构造。

极化率异常:岩石的极化率值都不高,均小于2%,没有明显的差异;有矿化时极化率明显增高。电阻率异常:岩石的电阻率值差异不大,一般在1500~2200Ω·m 之间,属中高阻;蚀变矿化的岩石,电阻率明显降低,一般小于300Ω·m,具低阻高极化特点。视极化率背景较高,异常下限经计算为4%,圈定激电异常1处,编号JD-Ⅰ,属典型低阻高极化异常。异常规模较大,长度大于2000m,宽度大于1000m,视极化率极大值10.3%;对应JD-Ⅰ激电异常,有明显的低阻异常,视电阻率极小值32Ω·m,推断为矿化所致。

磁化率异常:在本区花岗岩具最强磁性,变化范围不大,能引起平稳的正磁异常。流纹岩磁性最弱,能引起负异常;隐爆角砾岩、变粒岩磁性中等,构成矿区的背景磁场。磁场比较平稳,以负磁异常为主,正、负异常场差不大,相对变化在$-100\sim100$nT之间。参数测定表明,除粗安岩磁性略强外,其他岩石磁性差异不大。正异常场反映了粗安岩体,负磁异常大致反映了热液蚀变范围,热蚀变退磁作用使得磁性降低。低负磁异常为本区找矿的地球物理标志之一。

(二)矿床所在区域重力特征

岔路口钼多金属矿处在布格重力高值区与低值区过渡的北东向重力等值线梯度带上,Δg为$(-70.00\sim68.00)\times10^{-5}$m/s^2。在剩余重力异常图上,岔路口钼多金属矿位于负异常靠近零等值线处,剩余重力负异常值在$(-6\sim0)\times10^{-5}$m/s^{2}之间。结合地质资料和物性资料,地表大面积出露中生代酸性岩体,推断重力异常是酸性岩体侵入引起的。说明岔路口钼多金属矿在成因上与酸性岩体有关。矿区南部椭圆状剩余重力正异常对应于元古宙地层。推断该梯度带是断裂构造引起的,走向北东。矿区磁场为低缓正磁背景上发育了正、负伴随的强磁异常区,正负相伴串珠状的磁异常与线性磁场梯度带都反映了北东向、北西向、南北向和近东西向断裂构造。

三、典型矿床地球化学特征

(一)河东区Ht-D-01异常

异常主体发育在光华组中酸性火山岩地层中,部分延伸到大网子组变质砂岩、片理化安山岩等中。异常呈北东向带状分布,以Mo、Zn、Ag为主,伴生Cu、Pb、Au、As、Sb、Bi,面积约0.64km^2,以Ag、Zn面积最大。Cu、Zn、Au、Ag、As、Sb、Bi元素异常北侧未封闭;Mo异常南西侧未封闭。各异常元素套合好,浓集中心明显,浓度分带Mo、Pb、Zn、Au具内带,其他元素具中带。各元素峰值钼254.00×10^{-6}、铅865.43×10^{-6}、锌$2\,822.31\times10^{-6}$、银5.86×10^{-6}、金140.20×10^{-9}、铜189.36×10^{-6}、砷64.55×10^{-6}、锑2.94×10^{-6}、铋6.66×10^{-6}(图13-2)。

(二)河西区Ht-X-01号异常

异常区出露倭勒根群大网子组、光华组火山岩,二长花岗岩以及花岗斑岩。异常以Mo、Zn、Ag为主,伴生Cu、Pb、Au、As、Sb、Bi,呈面状分布,面积约4km^2,以Mo面积最大,Mo、Au异常北东侧未封闭,Cu、Ag、Zn异常南西侧未封闭。Pb、Zn、Ag、Mo元素相互套合较好,浓集中心明显,浓度分带Mo、Zn具内带,其他元素具中带。各元素峰值钼254.00×10^{-6}、铅217.37×10^{-6}、锌$2\,018.99\times10^{-6}$、银4.50×10^{-6}、金30.30×10^{-9}、铜62.05×10^{-6}、砷10.50×10^{-6}、锑1.21×10^{-6}、铋5.94×10^{-6}。Cu、Ag、Zn具有向南西测富集的趋势。

四、典型矿床预测模型

根据典型矿床成矿要素和矿区地磁、化探资料以及区域重力资料,确定典型矿床预测要素,编制典型矿床预测要素图。矿床所在地区的系列图表达典型矿床预测模型。总结典型矿床综合信息特征,编制典型矿床预测要素表(表13-1)及地质-物探(化探)剖析图(图13-2、图13-3)。

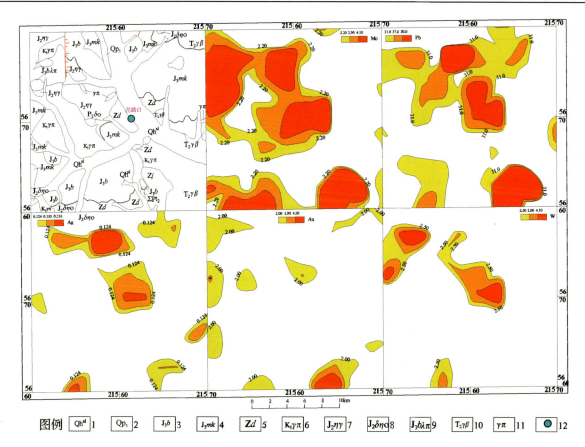

图 13-2 岔路口典型矿床所在区域地质-化探剖析图

1. 第四系冲积层；2. 上更新统黄土；3. 上侏罗统白音高老组；4. 上侏罗统满克头鄂博组；5. 震旦系大网子组；6. 早白垩世花岗斑岩；7. 二长花岗岩；8. 石英二长闪长岩；9. 石英斑岩；10. 黑云母花岗岩；11. 花岗斑岩；12. 钼矿

表 13-1 岔路口式斑岩型钼矿典型矿床预测要素表

预测要素		描述内容			要素类别
储量		钼：1 124 780t；银：2773.280t；锌：253 299t；铅：10 336t	平均品位	钼：0.09%；银：2.222×10^{-6}；锌：0.69%；铅：0.28%	
特征描述		斑岩型钼多金属矿床			
地质环境	构造背景	天山兴蒙造山系大兴安岭弧盆系Ⅰ-1-3海拉尔-呼玛弧后盆地；中生代属环太平洋火山活动带、大兴安岭火山岩带、陈巴尔虎旗-根河火山喷发带、阿里河晚侏罗世—早白垩世火山盆地			必要
	成矿环境	Ⅰ-4滨太平洋成矿域（叠加在古亚洲成矿域之上），Ⅱ-12大兴安岭成矿省，Ⅲ-5新巴尔虎右旗Cu-Mn-Pb-Zn-Au-萤石-煤(铀)成矿带，Ⅲ-6-②陈巴尔虎旗-根河Au-Fe-Zn-萤石成矿亚带，Ⅴ岔路口钼成矿远景区			必要
	成矿时代	燕山晚期			必要
矿床特征	矿体形态	钼矿体以穹状为主，局部为层状、似层状、透镜状，局部有膨胀及收缩。铅锌银矿体呈脉状产出			重要
	岩石类型	变质砂岩、泥质粉砂岩、流纹岩、流纹质晶屑岩屑凝灰熔岩、流纹质角砾凝灰熔岩、英安岩、英安质凝灰熔岩及少量杏仁安山岩			必要
	岩石结构	砂状结构、泥质粉石状结构、熔岩结构等			次要

续表 13-1

预测要素		描述内容		要素类别
储量		钼：1 124 780t；银：2 773.280t；锌：253 299t；铅：10 336t	平均品位　钼：0.09%；银：2.222×10⁻⁶；锌：0.69%；铅：0.28%	
特征描述		斑岩型钼多金属矿床		
矿床特征	矿物组合	矿石矿物为黄铁矿、闪锌矿、磁黄铁矿、方铅矿，少量黄铜矿、辉钼矿等。闪锌矿和磁黄铁矿是最主要的金属硫化物。脉石矿物为石英、钾长石、绢云母、萤石、碳酸盐（方解石）、高岭土、蒙脱石、绿泥石、绿帘石等		次要
	结构构造	结构：鳞片状自形—半自形晶结构、自形至半自形晶粒状结构、他形晶粒状结构、碎裂结构、乳浊状结构、交代包含结构；构造：块状结构、浸染状构造、条带状构造、角砾状构造		次要
	蚀变特征	主要有石英化、钾化、绢云母化、萤石化、碳酸盐化、高岭土化，次有高岭石化、蒙脱石化、绿泥石化、绿帘石化、硬石膏化等		重要
	控矿条件	早白垩世中酸性火山穹隆边部断隆区，影响矿区主要构造有北西向、北东向和近南北向发育的断裂，以及火山机构的环状、放射状断裂系统；矿体主要赋存在燕山晚期的流纹岩、流纹质晶屑岩屑凝灰岩、熔岩、流纹质角砾凝灰熔岩、英安岩、英安质凝灰熔岩及少量含杏仁安山岩等中		必要

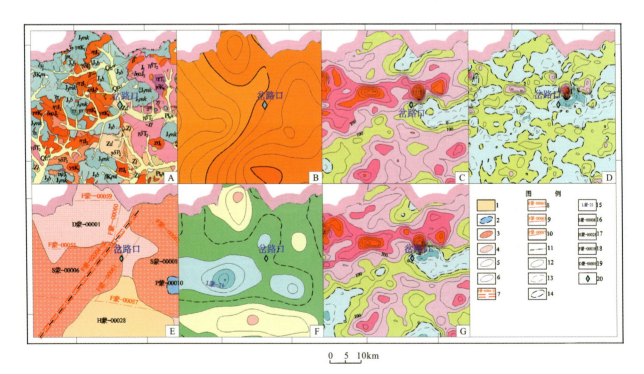

图 13-3　岔路口典型矿床所在区域地质-物探剖析图

A. 地质矿产图；B. 布格重力异常图；C. 航磁 ΔT 等值线平面图；D. 航磁 ΔT 化极垂向一阶导数等值线平面图；E. 重力推断地质构造图；F. 剩余重力异常图；G. 航磁 ΔT 化极等值线平面图；1. 古生代地层；2. 盆地及边界；3. 酸性—中酸性岩体；4. 酸性—中酸性岩浆岩带；5. 出露岩体边界；6. 半隐伏岩浆岩带边界；7. 半隐伏重力推断一级构造及编号；8. 重力推断三级构造及编号；9. 隐伏重力推断三级构造及编号；10. 半隐伏重力推断三级构造及编号；11. 三级构造单元线；12. 航磁正等值线；13. 航磁负等值线；14. 零等值线；15. 剩余异常编号；16. 布格重力异常编号；17. 酸性—中酸性岩体编号；18. 地层编号；19. 盆地编号；20. 钼矿点

第二节 预测工作区研究

一、区域地质特征

（一）成矿地质背景

所处大地构造单元古生代属天山-兴蒙造山系大兴安岭弧盆系,海拉尔-呼玛弧后盆地(Pz);中生代属环太平洋巨型火山活动带、大兴安岭火山岩带、陈巴尔虎旗-根河火山喷发带、阿里河晚侏罗世—早白垩世火山盆地。

该区地处西伯利亚古陆东南侧,内蒙-兴安造山系北东段,额尔古纳地块区外缘,兴隆被动陆缘西侧,大兴安岭中生代火山岩带边部隆起处。该区地壳发展经历了早加里东期、海西期、燕山期等数次大的构造运动,陆壳多次裂解沉陷、褶皱回返、上升剥蚀等复杂的演化过程;特别是中生代中晚期受滨太平洋陆缘活动影响,再次发生强烈构造-岩浆活动,并伴随有较广泛的围岩蚀变和成矿作用。区域上呈北东东(近东西)向展布的伊勒呼里山隆起带,矿(化)点分布密集,是大兴安岭成矿带上资源潜力巨大的多金属成矿集中区。

区域地层发育较齐全,从元古宇至新生界都有出露。中生界分布最广泛,古生界、元古宇多出露于测区东南的环宇—那都里河、长青村一带,呈北东走向带状或呈捕房体零星分布,新生界仅于沟谷中发育。本区出露的基底地层为古元古界新华渡口群黑云母角闪斜长片麻岩、黑云母斜长片岩、黑云斜长变粒岩;新元古界—下寒武统倭勒根群吉祥沟组为一套海相沉积-火山岩建造;新元古界—下寒武统倭勒根群大网子组为变角斑岩、变玄武岩、变酸性熔岩;下石炭统红水泉组生物碎屑灰岩、泥质粉砂岩、长石岩屑砂岩;上石炭统新伊根河组绢云母板岩、变粉砂岩;下白垩统光华组流纹岩、酸性火山碎屑岩、碎屑熔岩;下白垩统甘河组灰色、灰绿色、灰黑色致密块状、杏仁状或气孔状玄武岩及第四系灰黑色腐殖土、细砂、中砂、卵石、砾石等。

本预测区内与岔路口钼矿关系密切的地层主要为新元古界—下寒武统倭勒根群大网子组,呈北东向展布,为浅变质沉积岩及变质海相中基性火山岩,主要岩性有变质砂岩、泥质粉砂岩,夹薄层硅质大理岩、暗绿色片理化安山质角斑岩等。下白垩统光华组分布于伊勒呼里山南北两侧,主要岩性有流纹岩、流纹质晶屑岩屑凝灰熔岩、流纹质角砾凝灰熔岩、英安岩、英安质凝灰熔岩及少量含杏仁安山岩等,厚度大于1000m,是本区主要赋矿地层。

区内岩浆活动频繁,岩浆侵入活动显示出多期次、继承性、持续活动的特点,自加里东期至燕山晚期均有表现,分布广泛。加里东期为超基性岩侵入,仅见零星出露的橄榄岩;海西晚期为石英闪长岩、花岗闪长岩、二长花岗岩等侵入活动;燕山早期有黑云母二长花岗岩、钾长花岗岩、花岗斑岩的中深成侵入,燕山晚期广泛发育有石英斑岩、花岗斑岩、闪长玢岩等超浅成次火山侵入活动。

本区地处内蒙-兴安造山系北段,大兴安岭火山岩带边部隆起处。元古宙以来,本区经历了大陆基底(硅铝壳)形成阶段、古亚洲洋陆缘增生演化(西伯利亚板块南部边缘发展)阶段、滨太平洋大陆边缘活动(板内发展)阶段三大发展阶段。

构造形迹以断裂为主,褶皱主要发育于基底构造层,紧密且复杂。中生代构造层只表现宽缓隆起或凹陷,在中生代火山岩发育地区,常发育有中心式火山机构、火山穹隆、破火山口等。总体上呈现以北东为主构造线方向,叠加发育了一系列北西向、北东东向及北北东向构造。受北东—北北东向深大断裂的控制及影响,常沿断裂两侧及与次级断裂交叉部位发育有成批、成群的火山构造,为有色贵金属提供了良好的成矿空间。

(二)区域成矿模式

根据区域地质背景及成矿特征总结其成矿模式,见图13-4。

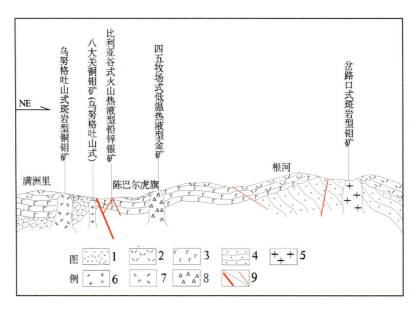

图13-4 岔路口式斑岩型钼矿区域成矿模式

1.第四系;2.中生代酸性火山岩;3.中生代基性火山岩;4.元古宙—古生代变质地层;5.燕山期花岗斑岩;6.燕山期花岗闪长岩;7.燕山期二长斑岩;8.引爆角砾岩;9.深大断裂/次级断裂

二、区域地球物理特征

(一)磁异常特征

根河市金河镇-鄂伦春自治旗劲松镇地区岔路口式斑岩型钼矿预测工作区范围为东经121°00′—124°15′,北纬50°40′—51°40′。在1:10万航磁 ΔT 等值线平面图上,预测工作区磁异常幅值范围为 $-1250\sim625$ nT,以正磁场为主,背景值为 $-100\sim100$ nT,预测区磁异常形态杂乱,多为不规则带状、片状及团状,中部区域磁异常正负相间,幅值低,周围以正异常为主,幅值较高。纵观预测工作区磁异常轴向及 ΔT 等值线延伸方向,以北东向为主。

预测工作区磁法推断断裂构造以北东向为主,磁场标志多为不同磁场区分界线及磁异常梯度带。预测区中部正负相间的杂乱异常推断主要为火山岩地层引起,东部杂乱高值异常推断为侵入岩体引起。

预测工作区磁法共推断断裂22条,中酸性岩体38个,火山岩地层28个,变质岩地层5个,中基性岩体2个,火山构造2条。

(二)重力异常特征

预测工作区位于大兴安岭主脊重力低值带的北部。区域重力场最低值 $\Delta g_{min}=-101.40\times10^{-5}$ m/s^2,最高值 $\Delta g_{max}=-55.45\times10^{-5}$ m/s^2。预测工作区剩余重力正、负异常多呈条带状、椭圆状、等轴状杂乱分布。

预测工作区西北部、东南部编号为G蒙-10、G蒙-15、G蒙-16、G蒙-31的剩余正异常区,结合地质资料,地表局部出露震旦纪地层,推断为元古宇基底隆起引起的。预测工作区中部及西南部的近东西向条带状剩余正异常,地表大范围出露白垩系、侏罗系,零星出露古生界,推断该区域剩余正异常均为隐伏的古生代地层引起。预测工作区东部、西部的面积较大的面状负异常区,地表大面积出露古生代—中生代花岗岩体,推断为酸性岩体侵入引起的。预测工作区中部面积较小的椭圆状、条带状负异常区,地表被第四系、侏罗系覆盖,推断为中新生代盆地引起。

从布格重力异常图上来看,预测工作区西北部,为一明显的北北东向等值线密集带,重力异常水平一阶导数(275°)图上,存在一明显的狭长线性异常带,带内局部异常呈串珠状排列,推断为得尔布干断裂,编号为 F 蒙-02002。预测工作区东南部,布格重力异常等值线密集且同向扭曲,西北部与东南部重力异常形态、幅值发生变化,故推断为鄂伦春-伊列克得断裂,编号为 F 蒙-02004。

预测工作区内推断解释断裂构造 51 条,中-酸性岩体 7 个,基性—超基性岩体 1 个,地层单元 18 个,中-新生界盆地 11 个。

三、区域地球化学特征

区域上分布有 Mo、Pb、Zn、Ag、Au、W、U 等元素组成的高背景区带,在高背景区带中有以 Mo、Pb、Zn、Ag、Au、W、U、Cu、Sb、As 为主的多元素局部异常。预测区内共有 55 个 Mo 异常,87 个 Ag 异常,30 个 As 异常,77 个 Au 异常,46 个 Cu 异常,83 个 Pb 异常,23 个 Sb 异常,72 个 U 异常,67 个 W 异常,95 个 Zn 异常。

Mo、U 异常面积很大,几乎占满整个预测区,异常强度高,浓度分带和浓集中心明显,Pb、Zn 异常分布广泛,面积较大,强度高,浓度分带和浓集中心明显;Cu 异常主要集中在西部和东部,异常面积较小,但浓度分带和浓集中心明显;As、Pb 异常较少,面积较小,零星分布,中等强度为主;Ag 异常主要分布在东部和南部,面积较大,浓度分带和浓集中心明显;W 异常较多,中等异常为主,面积一般不大,少数异常浓度分带和浓集中心明显。岔路口典型矿床与 Mo、Cu、Pb、Zn、Ag、W、U 异常吻合较好。

预测区内规模较大的 Mo 局部异常上,Cu、Pb、Zn、Ag、Au、W、U 等主要成矿元素及伴生元素在空间上相互重叠或套合,其中元素异常套合较好的编号为 Z-1、Z-2。Z-1 内 Mo 异常有多处浓集中心,Pb、Zn、Ag、W 在其中两处较大的浓集中心上呈同心环状套合,U 呈条带状包围在外部,Au 异常较小,处于 Mo 异常内、中带;Z-2 内 Mo 异常也有多处浓集中心,与必鲁甘干典型矿床吻合的异常处,Mo、Cu、Pb、Zn、Ag、W、U 相互重叠或套合,Mo、Cu、Zn、Ag、W 呈同心环状,Pb、U 呈条带状,Au 位于 Mo 异常内、中带上。

四、区域遥感影像及解译特征

预测工作区内解译出巨型断裂带即额尔齐斯-得尔布干断裂带和伊列克得-加格达奇断裂带共 3 段,其中:额尔齐斯-得尔布干断裂带共 2 段,位于预测区西部金河镇和得耳布尔镇附近,该断裂带为北东走向,线性影像,负地形,沿沟谷、凹地延伸;伊列克得-加格达奇断裂带 1 段,位于图幅的东南部,该断裂带为北东走向,线性影像,直线状水系分布,负地形,沿沟谷、凹地延伸。

本工作区内共解译出大型构造即源江林场构造和大兴安岭-太行山断裂带共 3 条,分布在预测区的中部。源江林场构造为北北西走向,遥感影像上线性影像明显,表现为山前断层三角面呈线性展布,在山区冲沟、洼地呈线性分布;大兴安岭-太行山断裂为北北东走向,断裂带较宽,且多表现为张性特征,带内有糜棱岩带及韧性剪切带,表现为先张后压的多期活动特点。

本预测区内共解译出中型构造 18 条,主要分布在预测区的西部,东南部有零星构造。主要走向为北东东和北西西,断层主要发育于侏罗系和白垩系中,断层线清晰并有微曲线状色异常。

本预测区内共解译出小型构造 98 条,主要分布在金河镇的西部和东部,主要走向为北北东,断层主要发育于侏罗系、石炭系和白垩系中,影像中有较明显的弧线状纹理。

本预测工作区共解译出环形构造20处,其成因为:中生代花岗岩类引起的环形构造、与隐伏岩体有关的环形构造和断裂构造圈闭的环形构造。环形构造在空间分布上有明显的规律:南部地区较少,大部分环形构造集中在西部地区,且西部地区的环形构造大部分集中在额尔齐斯-得尔布干断裂带西北两侧。

五、区域预测模型

根据预测工作区区域成矿要素、化探、航磁、重力及遥感资料,建立了本预测区的区域预测要素,并编制预测工作区预测要素图和预测模型图。

区域预测要素图以区域成矿要素图为基础,综合研究重力、航磁、化探、遥感、自然重砂等综合致矿信息,并将综合信息各专题异常曲线或区全部叠加在成矿要素图上,在表达时可以作出单独预测要素如航磁的预测要素图。

预测模型图的编制,以地质剖面图为基础,叠加区域化探、航磁及重力剖面图而形成,简要表示预测要素内容及其相互关系,以及时空展布特征(图13-5)。

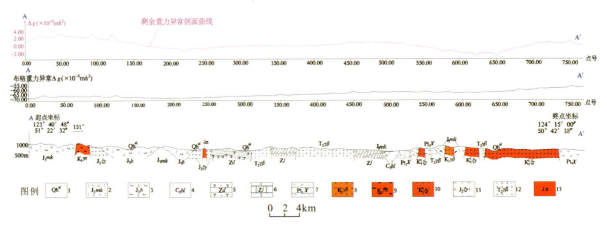

图13-5 岔路口式斑岩型钼矿金河-劲松镇预测工作区预测模型图

1. 第四系;2. 中生代酸性火山岩;3. 中生代基性火山岩;4. 元古宙—古生代变质地层;5. 燕山期花岗斑岩;6. 燕山期花岗闪长岩;7. 燕山期二长斑岩;8. 引爆角砾岩;9. 深大断裂/次级断裂

第三节 矿产预测

一、综合地质信息定位预测

(一)变量提取及优选

根据典型矿床及预测工作区研究成果,进行综合信息预测要素提取,本次选择网格单元法作为预测单元,本次预测底图比例尺为1:10万,利用规则网格单元作为预测单元,网格单元大小为1.0km×1.0km。

对地质体、断层、遥感环要素进行单元赋值,并求区的存在标志;依据典型矿床含矿地质体主要为侵位于下白垩统光华组(相当于内蒙古自治区上侏罗统满克头鄂博组、玛尼吐组和白音高老组)地层以及燕山中期—晚期超浅成相侵入体石英斑岩、花岗斑岩等,将以上地层和岩体均作为预测要素。化探、剩余重力、航磁化极则求起始值的加权平均值,在变量二值化时利用异常范围值人工输入变化区间。

(二)最小预测区圈定及优选

本次利用证据权重法,采用1.0km×1.0km规则网格单元,在MRAS2.0下进行预测区圈定与优选,根据预测区内有1个已知矿床,采用少预测模型工程进行定位预测(图13-6)。

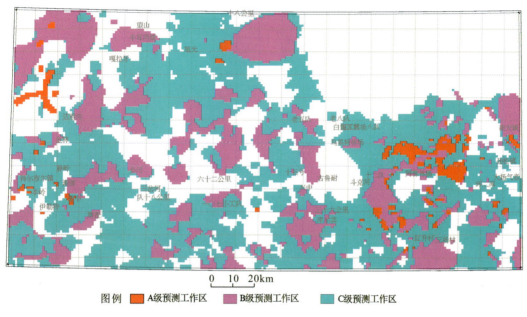

图13-6　金河镇-劲松镇预测工作区预测单元图

(三)最小预测区圈定结果

本次工作共圈定12个最小预测区,其中A级区1个,B级区4个,C级区7个(图13-7,表13-2)。

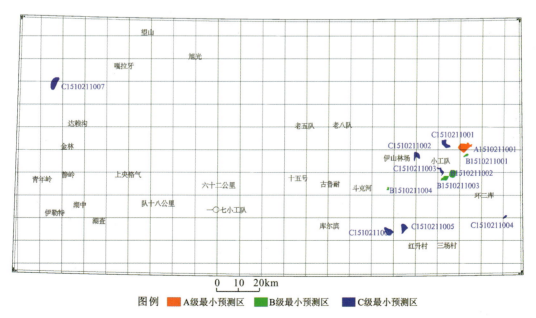

图13-7　岔路口钼矿金河镇-劲松镇预测工作区最小预测区圈定结果

表 13 - 2　岔路口式侵入岩体型钼矿最小预测区圈定及资源量估算结果表

最小预测区编号	最小预测区名称	$S_{预}$ (km^2)	$H_{预}$ (m)	K_s	K (t/m^3)	α	$Z_{预}$ (t)	资源量级别
A1510211001	岔路口	16.24	1875	1		1	806 059.9	334 - 1
B1510211001	岔路口南	1.79	1540	1		0.85	148 592.3	334 - 2
B1510211002	多布尔河东	8.73	1160	1		0.8	513 332	334 - 2
B1510211003	多布尔河西	5.03	920	1		0.85	249 116.2	334 - 2
B1510211004	阿源林场	1.11	860	1		0.78	47 200.85	334 - 2
C1510211001	岔路口西	7.79	530	1	6.34×10^{-5}	0.4	104 635.2	334 - 3
C1510211002	伊山林场	6.77	320	1		0.45	61 758.44	334 - 3
C1510211003	小工队东	3.69	420	1		0.5	49 108.51	334 - 3
C1510211004	大扬气者南	1.44	450	1		0.43	17 663.31	334 - 3
C1510211005	红升村北	7.97	630	1		0.52	165 543.1	334 - 3
C1510211006	斗克河南	8.96	580	1		0.65	214 180.1	334 - 3
C1510211007	达赖沟	13.64	260	1		0.3	67 427.35	334 - 3

（四）最小预测区地质评价

岔路口钼矿预测成果中各级别面积分布合理,说明预测区优选分级原则较为合理;最小预测区圈定结果表明,预测区总体与区域成矿地质背景和高磁异常、剩余重力、化探异常等吻合程度较好(表 13 - 3)。

表 13 - 3　岔路口式钼矿金河镇-劲松镇预测工作区最小预测区综合信息特征一览表

最小预测区编号	最小预测区名称	综合信息特征
A1510211001	岔路口	该最小预测区出露的地层为倭勒根群大网子组变角斑岩、变玄武岩、变酸性熔岩、变砂岩、石英片岩、板岩夹薄层条带状硅质大理岩及第四系。区内有侵入岩型钼超大矿床1个,岔路口钼铅锌银矿位于该区,共生钼矿资源量约 1 124 780t。钼异常三级浓度分带明显,钼元素化探异常值$(4.1\sim236)\times10^{-6}$。区内航磁化极为低背景下的高正磁异常,异常值$-15\sim125$nT;剩余重力异常为重力低,异常值$(-1\sim0)\times10^{-5}m/s^2$;遥感解译本区有北东向断裂 1 条
B1510211001	岔路口南	该最小预测区出露的地层为倭勒根群大网子组变角斑岩、变玄武岩、变酸性熔岩、变砂岩、石英片岩、板岩夹薄层条带状硅质大理岩及第四系;区内航磁化极为低背景下的正磁异常,异常值 $125\sim500$nT;剩余重力异常为重力低,异常值$(-1\sim0)\times10^{-5}m/s^2$;钼异常三级浓度分带明显,钼元素化探异常值$(2.2\sim2.9)\times10^{-6}$
B1510211002	多布尔河东	该最小预测区出露的地层为倭勒根群大网子组变角斑岩、变玄武岩、变酸性熔岩、变砂岩、石英片岩、板岩夹薄层条带状硅质大理岩及第四系。区内航磁化极为低背景下的正磁异常,异常值 $125\sim500$nT;位于重力异常梯度带上,剩余重力异常为重力低,异常值$(-1\sim0)\times10^{-5}m/s^2$;钼异常三级浓度分带明显,钼元素化探异常值$(2.2\sim236)\times10^{-6}$

续表 13-3

最小预测区编号	最小预测区名称	综合信息特征
B1510211003	多布尔河西	该最小预测区出露的地层为倭勒根群大网子组变角斑岩、变玄武岩、变酸性熔岩、变砂岩、石英片岩、板岩夹薄层条带状硅质大理岩及第四系；区内航磁化极为低背景下的高正磁异常，异常值375~625nT；位于重力异常梯度带上，剩余重力异常为重力低，异常值$(-1\sim 0)\times 10^{-5} m/s^2$；钼异常三级浓度分带明显，钼元素化探异常值$(2.2\sim 236)\times 10^{-6}$
B1510211004	阿源林场	该最小预测区出露的地层为倭勒根群大网子组变角斑岩、变玄武岩、变酸性熔岩、变砂岩、石英片岩、板岩夹薄层条带状硅质大理岩及第四系。区内有北北西向断层1条。区内航磁化极为正磁异常，异常值25~100nT；剩余重力异常为重力低，异常值$(0\sim 1)\times 10^{-5} m/s^2$；无化探钼异常显示
C1510211001	岔路口西	该最小预测区出露的地质体为早白垩世花岗斑岩；区内航磁化极为低正负磁异常，异常值75~625nT；剩余重力异常为重力低，异常值$(-2\sim 0)\times 10^{-5} m/s^2$；钼异常三级浓度分带明显，钼元素化探异常值$(2.2\sim 236)\times 10^{-6}$
C1510211002	伊山林场	该最小预测区出露的地质体为早白垩世花岗斑岩；区内航磁化极为低背景下的正磁异常，异常值125~375nT；位于重力异常梯度带上，剩余重力异常为重力低，异常值$(-2\sim -1)\times 10^{-5} m/s^2$；钼异常三级浓度分带明显，钼元素化探异常值$(4.1\sim 236)\times 10^{-6}$
C1510211003	小工队东	该最小预测区出露的地质体为早白垩世花岗斑岩；区内航磁化极为低背景下的正磁异常，异常值125~375nT；位于重力异常梯度带上，剩余重力异常为重力低，异常值$(-3\sim -1)\times 10^{-5} m/s^2$；钼异常三级浓度分带明显，钼元素化探异常值$(2.2\sim 7.6)\times 10^{-6}$
C1510211004	大扬气者南	该最小预测区出露的地质体为早白垩世花岗斑岩；区内航磁化极为低背景下的正磁异常，异常值125~375nT；剩余重力异常为重力低，异常值$(-2\sim -1)\times 10^{-5} m/s^2$；钼异常三级浓度分带明显，钼元素化探异常值$(2.9\sim 7.6)\times 10^{-6}$
C1510211005	红升村北	该最小预测区出露的地质体为早白垩世花岗斑岩；区内航磁化极为低背景下的正磁异常，异常值10~250nT；剩余重力异常为重力高，异常值$(-2\sim -1)\times 10^{-5} m/s^2$；钼异常三级浓度分带明显，钼元素化探异常值$(2.2\sim 7.6)\times 10^{-6}$
C1510211006	斗克河南	该最小预测区出露的地质体为早白垩世花岗斑岩；区内航磁化极为低背景下的正磁异常，异常值50~250nT；剩余重力异常为重力低，异常值$(-3\sim -1)\times 10^{-5} m/s^2$；钼异常三级浓度分带明显，钼元素化探异常值$(2.2\sim 4.1)\times 10^{-6}$
C1510211007	达赖沟	该最小预测区出露的地层为塔木兰沟组粗安岩、玄武岩、橄榄玄武岩、粗安质晶屑凝灰岩。区内有北西向断层1条。区内航磁化极为低背景下的正磁异常，异常值250~500nT；剩余重力异常为重力低，异常值$(0\sim 1)\times 10^{-5} m/s^2$；钼异常三级浓度分带明显，钼元素化探异常值$(2.2\sim 236)\times 10^{-6}$

二、综合信息地质体积法估算资源量

(一)典型矿床深部及外围资源量估算

查明资源量、体重及钼平均品位、延深及依据均来源于黑龙江省有色金属地质勘查706队于2010

年11月编写的《黑龙江省大兴安岭地区岔路口钼铅锌矿详查报告》及内蒙古自治区国土资源厅于2010年5月编制的《内蒙古自治区矿产资源储量表》。矿床面积为该矿床各矿体、矿脉区边界范围的面积,面积的确定是根据1∶1万内蒙古自治区大兴安岭地区岔路口侵入岩型钼矿典型矿床成矿要素图,各个矿体组成的包络面面积(图13-8)在MapsGIS软件下读取面积数据换算得出;该矿区矿体绝大多数为地下隐伏矿,矿体延深依据控制矿体最深的14勘探线剖面图确定(图13-9),具体数据见表13-4。

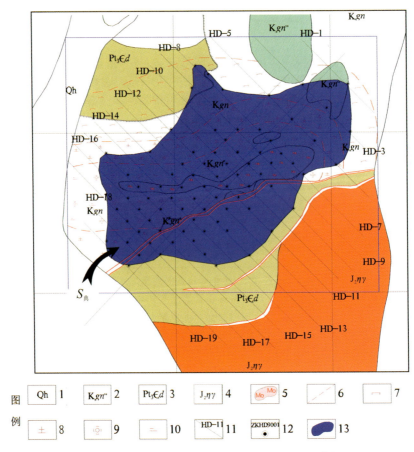

图13-8 岔路口钼矿典型矿床总面积圈定方法及依据图

1.河床及河漫滩堆积;2.光华组粗安岩;3.大网子组砂板岩;4.侏罗纪二长花岗岩;5.钼矿化带;6.蚀变带界线;7.青磐岩化;8.泥化;9.硅化;10.绢云母化;11.勘探线位置及编号;12.钻孔位置及编号;13.矿体聚集区段边界范围

表13-4 岔路口斑岩型钼矿深部及外围资源量估算一览表

典型矿床		深部及外围		
已查明钼资源量(t)	1 124 780	深部	面积(m^2)	1 276 933.9
面积(m^2)	1 276 933.9		深度(m)	436
深度(m)	1412	外围	面积(m^2)	392 201.96
品位(%)	0.09%		深度(m)	1875
密度(t/m^3)	2.79	预测资源量(t)		806 061.06
体积含矿率(t/m^3)	0.000 623 827	典型矿床资源总量(t)		1 930 841.06

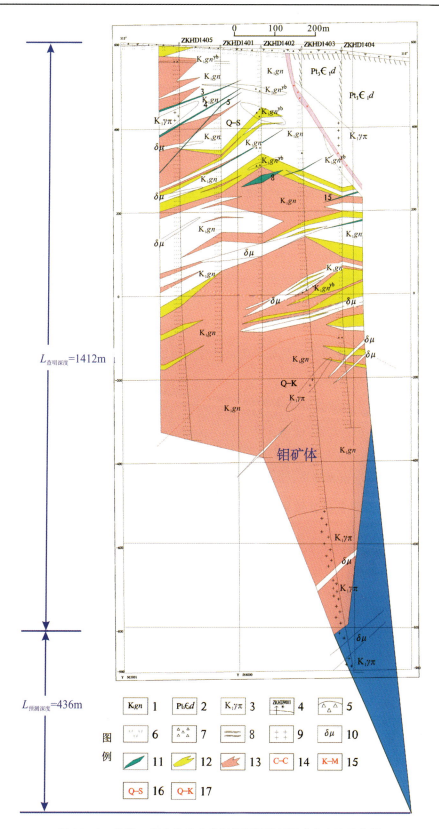

图13-9 岔路口钼矿典型矿床深部资源量延深确定方法及依据

1.光华组;2.大网子组;3.早白垩世花岗斑岩;4.钻孔位置及编号;5.第四系残坡积;6.英安岩、流纹质凝灰岩;7.引爆角砾岩;8.酸性熔岩;9.花岗斑岩;10.闪长玢岩;11.铅锌矿体;12.低品位钼工业矿体;13.高品位钼工业矿体;14.青磐岩化带;15.泥化带;16.石英绢云母化带;17.石英钾长石化带

(二)模型区的确定、资源量及估算参数

模型区为典型矿床所在的最小预测区。岔路口典型矿床查明资源量 1 124 780t，按本次预测技术要求计算模型区资源总量为 1 930 841.06t。模型区内无其他已知矿点存在，则模型区总资源量等于典型矿床总资源量，模型区面积为依托 MRAS 软件采用有模型工程神经网络法优选后圈定，延深根据典型矿床最大预测深度确定。模型区圈定时参照了含矿建造地质体，因此含矿地质体面积参数为 1。由此计算含矿地质体含矿系数，见表 13-5。

表 13-5 岔路口钼矿模型区预测资源量及其估算参数表

编号	名称	模型区总资源量(t)	模型区面积(km^2)	延深(m)	含矿地质体面积(km^2)	含矿地质体面积参数	含矿地质体含矿系数
A1510211001	岔路口	1 930 841.06	16.24	1875	16.24	1	6.34×10^{-5}

(三)最小预测区预测资源量

岔路口钼矿预测工作区最小预测区资源量定量估算采用地质体积法进行。

1. 估算参数的确定

最小预测区面积是依据综合地质信息定位优选的结果；延深的确定是在研究最小预测区含矿地质体地质特征、含矿地质体的形成深度、断裂特征、矿化类型的基础上，并对比典型矿床特征的基础上综合确定的；相似系数的确定，主要依据 MRAS 生成的成矿概率及与模型区的比值，参照最小预测区地质体出露情况、化探及重砂异常规模及分布、物探解译隐伏岩体分布信息等进行修正。

2. 最小预测区预测资源量估算结果

本次预测资源总量为 2 444 000t，其中，不包括预测工作区已查明资源总量 1 124 780t，详见表 13-6。

表 13-6 岔路口钼矿预测工作区最小预测区估算成果表

最小预测区编号	最小预测区名称	$S_{预}$(km^2)	$H_{预}$(m)	K_s	K(t/m^3)	α	$Z_{预}$(t)	资源量级别
A1510211001	岔路口	16.24	1875	1		1	806 059.9	334-1
B1510211001	岔路口南	1.79	1540	1		0.85	148 592.3	334-2
B1510211002	多布尔河东	8.73	1160	1		0.8	513 332	334-2
B1510211003	多布尔河西	5.03	920	1		0.85	249 116.2	334-2
B1510211004	阿源林场	1.11	860	1		0.78	47 200.85	334-2
C1510211001	岔路口西	7.79	530	1	6.34×10^{-5}	0.4	104 635.2	334-3
C1510211002	伊山林场	6.77	320	1		0.45	61 758.44	334-3
C1510211003	小工队东	3.69	420	1		0.5	49 108.51	334-3
C1510211004	大扬气者南	1.44	450	1		0.43	17 663.31	334-3
C1510211005	红升村北	7.97	630	1		0.52	165 543.1	334-3
C1510211006	斗克河南	8.96	580	1		0.65	214 180.1	334-3
C1510211007	达赖沟	13.64	260	1		0.3	67 427.35	334-3

(四)预测工作区资源总量成果汇总

岔路口钼矿预测工作区地质体积法预测资源量,依据资源量级别划分标准,根据现有资料的精度,可划分为334-1、334-2和334-3三个资源量精度级别;根据各最小预测区内含矿地质体、物化探异常及相似系数特征,预测延深参数均在2000m以浅。

根据矿产潜力评价预测资源量汇总标准,岔路口钼矿预测工作区按精度、预测深度、可利用性、可信度统计分析结果见表13-7。

表13-7 岔路口钼矿预测工作区预测资源量估算汇总算表(单位:t)

按深度			按精度		
500m以浅	1000m以浅	2000m以浅	334-1	334-2	334-3
1 160 000	1 748 000	2 444 000	806 000	958 000	680 000
按可利用性			按可信度		
可利用	暂不可利用		$\geqslant 0.75$	$\geqslant 0.5$	$\geqslant 0.25$
1 813 100	630 900		1 421 259	2 046 231	2 353 868

第十四章　梨子山式复合内生型钼矿预测成果

第一节　典型矿床特征

一、典型矿床及成矿模式

(一)典型矿床特征

梨子山铁钼矿床位于内蒙古自治区呼伦贝尔市鄂温克自治旗，地理坐标为东经$120°49'27''$，北纬$48°22'05''$，大地构造分区属扎兰屯-多宝山岛弧。

1. 矿区地质

出露地层主要有奥陶系多宝山组、石炭系—二叠系宝力高庙组、侏罗系满克头鄂博组及第四系。与矿床关系密切的为奥陶系多宝山组，呈近东西向条带状断续出露于矿区中东部，倾向南偏东，为倾角65°左右的单斜构造层，自下而上分为5层。①角岩化片岩、云母石英片岩夹变质砂岩、灰黑色—灰白色条带状大理岩，厚约40m；②黄绿色、褐灰色含砾变质砂岩夹灰白色石英角岩，厚约39m；③灰白色—灰色、黑色条带状大理岩，发育于1、2号矿体北侧，常伴有磁铁矿化、镜铁矿化和黄铁矿化现象，厚200m；④黑云母石英角岩夹黄绿色角岩，发育在矿体上盘，矿体附近普遍发育有黄铁矿化现象，厚约260m；⑤绢云母绿泥石石英片岩夹黑云母石英片岩及薄层条带状大理岩，局部相变为透闪石片岩，厚48m(图14-1)。

侵入岩出露广泛，北西部和南东部为黑云母花岗岩，北东部与南西部为白岗质花岗岩。酸性脉岩为花岗斑岩、石英斑岩、霏细斑岩、细晶岩等；中基性脉岩为闪长玢岩、安山玢岩等。该岩浆岩均属海西晚期的产物，分为两个侵入阶段，白岗质花岗岩与矿化活动有着密切的成因联系。脉岩中酸性脉岩在成矿前形成，中基性脉岩形成于成矿后。

矿区以断裂构造为主。断裂对成矿控制作用十分明显。北东东向和转北东向的张扭-压扭性层间断裂带是矿区的控矿构造带。1、2号钼矿体赋存其中。北西340°～360°张性正断层在成矿前已被霏细斑岩贯入，沿断层面上盘有规模不大的磁铁矿体和矽卡岩生成。

2. 矿床特征

本矿床以脉状钼矿为主体。

主要由1、2号两个矿体组成，分布在东西长1100m，南北宽20～70m的狭长矽卡岩带内。矿体分布与矿区构造方向一致。1号矿体呈弧顶向北的新月形分布。1、2号矿体深部被花岗岩隔断，地表由矽卡岩相连。钼矿体平面上呈透镜状、脉状、似薄层状；剖面上呈楔状、镰刀状(图14-2)。

1号矿体主要赋存在花岗岩与矽卡岩接触带附近矽卡岩一侧，2号矿体则主要赋存于角岩与大理岩的层间裂隙带内。1号矿体位于0—5线间，地表长265m，最厚20.20m，一般介于7.7～13.1m之间，最大延深186m。2号矿体位于6—22线间，全长约770m，最厚20.95m，一般介于3.35～15.09m之间，

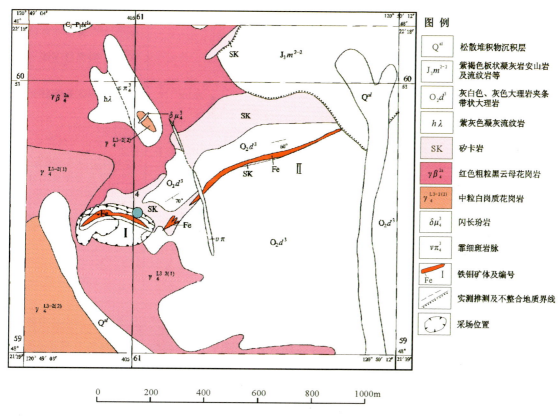

图 14-1　鄂温克自治旗梨子山矽卡岩型铁钼矿区地质图

大延深 350m。

钼矿体：主要分布在 1 号矿体 0—5 线，2 号矿体 10—18 线间。1 号矿体钼主要赋存于 960~1040m 标高范围内，矿体顶、底板围岩及铁矿体内，尤以顶板围岩中钼矿体规模相对较大，最大延长 290m，最大水平厚度 19.60m，最高品位 0.562%，底板围岩及铁矿体内的钼矿体规模较小。2 号矿体钼主要赋存在 950~1080m 标高范围内，矿体顶板围岩中钼矿体规模最大，铁矿体次之，底板则少见，矿体最大延长 440m，最大水平厚度 4.51m，最高品位 0.270%。

矿体存在垂直分带，地表为低硫富铁矿，深部为高硫富铁矿，钼矿标高最低。

矿石工业类型：富磁铁矿石、贫磁铁矿石、铁钼矿石。

矿石自然类型：致密块状矿石、非致密块状矿石。

矿石矿物：磁铁矿、赤铁矿、辉钼矿、黄铁矿、闪锌矿、镜铁矿、褐铁矿、针铁矿、黄铜矿、方铅矿等。

脉石矿物：透辉石、石榴石、方解石、石英、金云母、绿帘石、绿泥石、符山石等。

结构：他形—半自形粒状结构、他形晶粒状结构、细脉填充结构、交代残余结构、乳滴状结构、斑状角砾结构。

构造：块状构造、条带状构造、浸染状构造、细脉状构造、窝状构造、土状构造。

广泛发育矽卡岩化，从南西向北东矽卡岩化变弱，随之矿化减弱。本区矽卡岩属于简单钙质矽卡岩，当出现石榴石矽卡岩与透辉石矽卡岩，磁铁矿化随之出现，出现符山石石榴石矽卡岩时，有色金属钼、铅、锌等发生矿化。

1 号矿体低硫富矿品位 0.023%~0.785%，高硫富矿平均品位 0.332%。

2 号矿体低硫富矿品位 0.013%~0.252%，高硫富矿平均品位 0.092%。

钼：铁矿石中钼的含量一般为 0.001%~0.022%，最高 0.64%；矽卡岩中钼含量一般为 0.05%~0.16%，最高 0.785%；近矿蚀变花岗岩中的钼含量一般为 0.008%~0.032%，最高 0.66%。

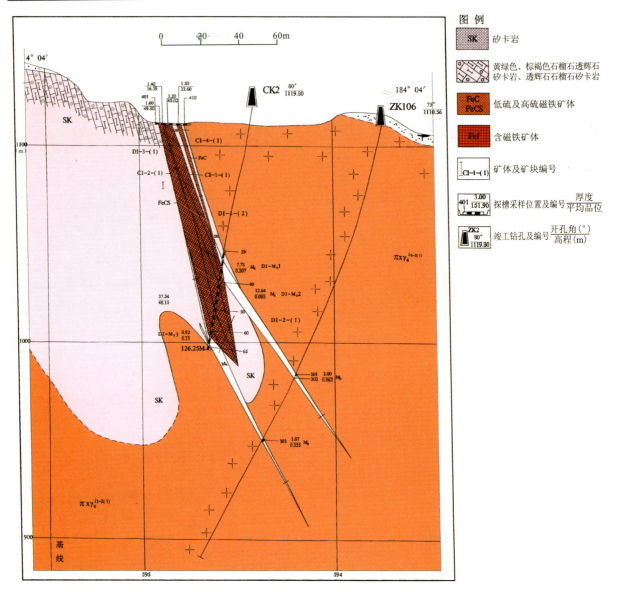

图 14-2 梨子山矽卡岩型铁钼矿第 4 勘探线地质剖面图

有害组分：砷、磷、铜、铅、钛等均低于允许含量，只有硫和锌含量较高。硫含量一般不超过 0.1%，深部逐渐增高，在 0.5%～3% 之间，最高达 22.03%。锌的主要赋存状态为闪锌矿，含量变化较大，一般为 0.03%～0.35%，最高达 0.71%。

成矿作用与成矿期次：①矽卡岩阶段。是成矿作用的前奏，开始含矿熔岩处在较高温的气成阶段，钼的浓度很小，主要沿黑云母花岗岩与大理岩以及大理岩和角岩的接触构造带活动，并主要交代了大理岩，形成了简单的矽卡岩。②磁铁矿阶段。随着矽卡岩的形成，进入了气成热液阶段，来自深部的含矿溶液的浓度不断加大，沿着北东东向转北东向张扭-压扭性层间裂隙控矿带交代贯入，形成本矿床的 1、2 号钼矿体。③热液硫化物阶段。该阶段与磁铁矿阶段没有明显的时间间隔，仅是在磁铁矿沉淀之后，含硫化物开始沉淀，此阶段开始因温度较高，先有含辉钼矿的热液广泛活动并沉淀成辉钼矿，继之有其他金属硫化物沉淀。④石英-方解石阶段。此阶段矿化作用基本结束，仅有残余热液活动，已固结的矽卡岩及矿石又经构造破裂，广泛为石英-方解石充填，同时有镜铁矿和更晚期的水赤铁矿沉淀。⑤绢云母-碳酸盐阶段。矿化作用已接近尾声。处在低温阶段，残余溶液继续活动，主要表现为矿带下盘的黑云母花岗岩广泛绢云母、碳酸盐化以及绿泥石化、黄铁矿化，远离矿带的高岭土-碳酸盐-绿泥石化等，再后即进入表生作用的氧化阶段。

3. 矿床成因类型及成矿时代

矿床成因类型为矽卡岩型（接触交代型），受古生代构造岩浆活动带控制，成矿期为海西晚期。

（二）矿床成矿模式

海西晚期花岗岩，包括白岗岩、黑云母花岗岩、钾长花岗岩、花岗闪长岩及石英二长闪长岩等，由下地壳岩浆分异或地壳重熔上升，侵入到含碳酸盐岩建造的地层中（奥陶系多宝山组），在与碳酸盐岩接触处形成矽卡岩，随后含铁矿液沿接触面或裂隙贯入到矽卡岩内或围岩中形成铁矿体，随着温度的降低进入到硫化物沉淀阶段，形成辉钼矿等。成矿模式见图 14-3。

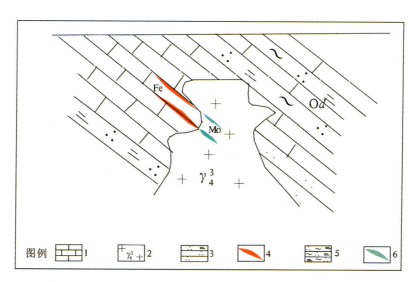

图 14-3 梨子山矽卡岩型铁钼矿典型矿床成矿模式

1.多宝山组灰岩；2.海西晚期花岗岩；3.绢云母石英砂岩；4.铁矿体；5.绢云母绿泥石英砂岩；6.钼矿体

二、典型矿床地球物理特征

（一）矿床磁性特征

区域航磁等值线平面图显示，矿区位于平稳的 $-200\sim0nT$ 的负磁场区。根据重磁特征，推断矿区附近有北东向断裂存在。

梨子山钼矿区磁异常位于梨子山的南部，异常长 1100m，平均宽 30~40m，最宽达 80m，东西走向，倾向南。此区钼矿异常峰值很高，梯度变化很大且很陡，与围岩异常有极明显的区别，同时在异常的伴生之下也有很大的负值出现，其负值产生的原因认为是由于矿体向下延伸不深，磁场受到钼矿另一极的影响所致。整个异常可分为东西两部分，西边异常高达 10 000nT 以上，平均宽 50m，梯度变化大，异常反映明显。东边异常较低，但异常规律反映也很明显，异常一般高达 6000nT，平均宽 30m。

根据选择剖面进行磁法剖面工作，1 号矿体磁测异常曲线较陡，异常极大值无法测定（均为无穷大），极小值分别为 $-14\,485nT$、$-160nT$；2 号矿体异常曲线极大值为 1237nT、4567nT，极小值分别为 $-1779nT$、$-793nT$。曲线梯度较陡与地表矿体厚度不大、倾角较陡是吻合的，根据异常曲线形态来看矿体分别向南和南东倾斜，这与地表及深部验证工作是一致的。黑云母角岩、矽卡岩、白岗质花岗岩、大理岩磁参数测定为零，只有磁铁矿体能引起异常。

（二）矿床所在区域重力特征

梨子山钼矿在布格重力异常图上，位于不规则局部重力低异常 L128-2 北部边部，此处重力异常等值线宽缓，布格重力异常值 Δg 变化范围为 $(-101.13 \sim -99.25) \times 10^{-5}\mathrm{m/s^2}$。梨子山钼矿位于剩余重力负异常区，形态不规则，由多个异常中心组成，结合地质资料，地表大面积出露古生代花岗岩，推断由酸性岩体侵入引起。说明梨子山钼矿在成因上与酸性岩体有关。

三、矿区遥感矿产地质特征

该矿为一典型的岩浆期后矽卡岩型矿床。其形成在海西晚期黑云母花岗岩与白岗质花岗岩活动凝固之后，与白岗质花岗岩有关的含矿其他溶液继续活动，形成了本区的矽卡岩、各种矿化和蚀变作用。

遥感影像上本区发育北北东向及北西向断裂，环形影像发育与线性断裂切交。

四、典型矿床预测模型

根据典型矿床成矿要素、矿区地磁资料以及区域重力资料，确定典型矿床预测要素，编制典型矿床预测要素图。矿床所在地区的系列图表达典型矿床预测模型。总结典型矿床综合信息特征，编制典型矿床预测要素表（表 14-1）及地质-物探剖析图（图 14-4）。

表 14-1 梨子山式矽卡岩型钼矿典型矿床预测要素表

成矿要素		描述内容			要素类别
储量		钼：2357t	平均品位	钼：0.112%	
特征描述		矽卡岩型钼矿			
地质环境	构造背景	位于兴蒙造山带大兴安岭弧盆系的海拉尔-呼玛弧后盆地与扎兰屯-多宝山岛弧结合部位			必要
	成矿环境	Ⅰ滨太平洋成矿域（叠加在古亚洲成矿域之上）、Ⅱ大兴安岭成矿省、Ⅲ多宝山-黑河 Cu-Au-Mo-W 成矿亚带			必要
	成矿时代	海西中期			必要
矿床特征	矿体形态	平面上呈透镜状、脉状、似薄层状；剖面上呈楔状、镰刀状			重要
	岩石类型	多宝山组为一套片岩、变质砂岩、大理岩及角岩等，与成矿关系密切的为海西晚期黑云母花岗岩和白岗质花岗岩			重要
	岩石结构	沉积岩为碎屑结构和变晶结构，侵入岩为中细粒结构			次要
	矿物组合	金属矿物为磁铁矿、赤铁矿、辉钼矿、黄铁矿、闪锌矿、镜铁矿、褐铁矿、针铁矿、黄铜矿、方铅矿等；脉石矿物主要为透辉石、石榴石、方解石、石英			主要
	结构构造	结构：他形—半自形粒状结构、他形晶状结构、细脉填充结构、交代残余结构、乳滴状结构、斑状角砾结构；构造：块状构造、条带状构造、侵染状构造、细脉状构造、窝状构造、土状构造			次要
	围岩蚀变	矽卡岩化			
	控矿条件	北东东转北东方向的扭张-压扭性层间裂隙控矿构造带			必要
地球物理特征	重力异常	布格重力异常相对低值区，Δg 为 $-102.41 \times 10^{-5}\mathrm{m/s^2}$			重要
	磁法异常	磁场为低缓负磁场背景			重要
地球化学特征		Mo 具明显的浓度分带和浓集中心，呈同心环状			重要

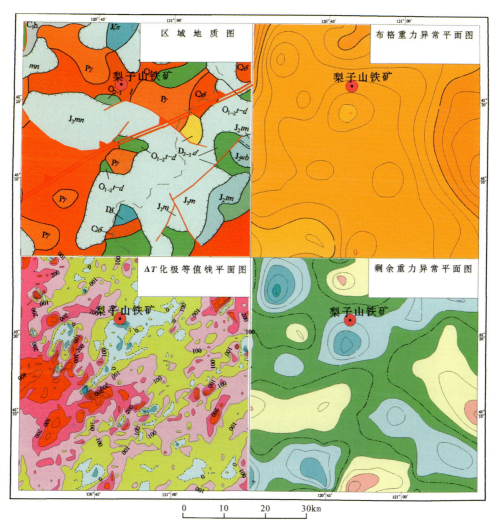

图 14-4 梨子山典型矿床所在区域地质-物探剖析图

第二节 预测工作区研究

一、区域地质特征

(一)成矿地质背景

所处大地构造单元古生代属天山-兴蒙造山系大兴安岭弧盆系,海拉尔-呼玛弧后盆地(Pz)和扎兰屯-多宝山岛弧(Pz_2);中生代属环太平洋巨型火山活动带、大兴安岭火山岩带。

区内地层从震旦系到中新生界均有不同程度的出露。与梨子山式矽卡岩型钼矿关系密切的地层主要为奥陶系多宝山组和裸河组,次为泥盆系大民山组及震旦系额尔古纳河组。侵入岩比较发育,以海西期和燕山期为主。海西期尤其是石炭纪花岗岩(白岗岩、钾长花岗岩、花岗闪长岩等)和二长闪长岩与梨子山式复合内生型钼矿关系密切,多呈大的岩基出露。燕山期侵入岩多以小岩株或次火山岩产出。

(二)区域成矿模式

在海拉尔-呼玛弧后盆地闭合的构造背景下,石炭纪白岗质花岗岩、花岗闪长岩、二长闪长岩等侵位到石炭纪以前的地质体中,在夹有碳酸盐的地层中,在接触带形成矽卡岩型铁钼矿,并伴有铜的矿化。预测工作区根据区域地质背景及成矿特征总结其成矿模式,见图14-5。

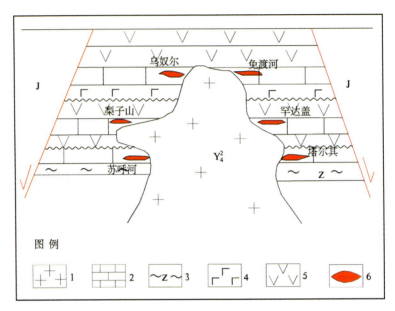

图14-5 大兴安岭弧盆系与海西期侵入岩有关的矽卡岩型钼矿区域成矿模式
1.花岗岩类;2.灰岩;3.斜长绿泥片岩;4.玄武岩;5.安山岩;6.钼矿体

二、区域地球物理特征

(一)磁异常特征

鄂温克族自治旗梨子山地区梨子山式热液型钼矿预测工作区范围为东经119°30′—121°45′,北纬46°40′—48°40′。在1:10万航磁 ΔT 等值线平面图上,预测工作区磁异常幅值范围为-1250~3125nT,背景值为-100~100nT。预测区磁异常形态杂乱,预测区北部、东部磁异常幅值较南部、西部高,多为大面积片状;南部磁异常分布零散,正负相间,多为不规则带状。纵观预测工作区磁异常轴向及 ΔT 等值线延伸方向,以北东向为主。梨子山式热液型钼矿床位于预测区北部,以低缓负磁异常为背景,异常值在-100nT附近。其东南侧有一北东向100nT以上圈闭的小椭圆形正磁异常。

预测工作区磁法推断断裂构造以北东向为主,磁场标志多为不同磁场区分界线及磁异常梯度带。预测区北部大面积的杂乱异常推断为火山岩地层和侵入岩体引起,南部磁异常推断主要由火山岩地层引起。

预测工作区磁法共推断断裂19条,中酸性岩体60个,火山岩地层53个,火山构造1个,变质岩地层2个。与成矿有关的构造1条,位于预测工作区北部,走向为北东向。

(二)重力异常特征

预测工作区位于大兴安岭主脊重力低值带中部。预测工作区东南部为大兴安岭重力梯级带边缘,布格重力异常等值线密集,重力异常值高;中部为大兴安岭主脊低值带,布格重力异常平稳,重力异常值低;西北部布格重力异常多为椭圆状,重力异常值相对较高。区域重力场最低值 $\Delta g_{min} = -121.91 \times 10^{-5} \text{m/s}^2$,最高值 $\Delta g_{max} = -40 \times 10^{-5} \text{m/s}^2$。预测工作区的剩余重力正、负异常多呈椭圆状、等轴状、条带状分布,且剩余重力负异常等值线较宽缓。

预测工作区中部平稳的布格重力异常低值区,在剩余重力异常图上表现为正、负异常多呈等轴状、条带状分布。地表大面积出露古生代、中生代酸性岩,推断为酸性岩浆岩带(编号 D蒙-00001)。预测工作区中部近东西走向条带状的正异常(编号 G蒙-146),地表零星出露震旦纪地层,故推断为元古宙基底隆起所致;其余正异常对应古生代地层。预测工作区南部等轴状、椭圆状的剩余重力负异常,地表被第四系、第三系覆盖,局部出露火山岩,推断为火山盆地。

预测工作区西北部,布格重力等值线密集且同向扭曲,推断是走向为北北东的一级断裂(鄂伦春-伊列克得断裂)所致。

预测工作区内推断解释断裂构造 69 条,中-酸性岩体 9 个,基性—超基性岩体 1 个,地层单元 16 个,中-新生代盆地 23 个。

三、区域地球化学特征

区域上分布有 Mo、Pb、Zn、Ag、W、U 等元素组成的高背景区带,在高背景区带中有以 Mo、Pb、Zn、Ag、W、U、Cu、Au、Sb、As 为主的多元素局部异常。预测区内共有 51 个 Mo 异常,70 个 Ag 异常,33 个 As 异常,39 个 Au 异常,26 个 Cu 异常,65 个 Pb 异常,23 个 Sb 异常,20 个 U 异常,42 个 W 异常,44 个 Zn 异常。

预测区北半部化探无数据,有数据区域分布在巴日浩日高斯太-浩绕山以南片区,梨子山典型矿床未在数据区域内。在有数据区域 Mo、U 异常大面积连续分布,异常强度高,具明显的浓度分带和浓集中心;Cu、Au、As、W 异常主要集中在西部,面积较大,多数异常浓度分带和浓集中心较为明显;Pb、Zn、Ag 异常较多,面积一般较大,强度较高,具明显的浓度分带和浓集中心;Sb 异常主要集中在西北部,面积不大,多数异常具明显的浓度分带和浓集中心。

预测区内规模较大的 Mo 局部异常上,Cu、Pb、Zn、Ag、As、Sb、W 等主要成矿元素及伴生元素在空间上相互重叠或套合,其中元素异常套合较好的编号为 Z-1、Z-2、Z-3。Z-1 内 Mo 异常与 Au、Sb、Pb、W 呈同心环状套合,与 Cu、Zn、Ag、As 呈条带状套合;Z-2 内 Mo 异常与 Cu、Zn、As、U 呈同心环状套合,与 Au、Sb、Pb 呈条带状套合,Ag 位于 Mo 异常外带上。Z-2 内 Pb、Zn、As、Sb、W、U 与 Mo 异常浓集中心相互套合,另 Pb、Zn、Ag、W 呈同心环状与 Mo 异常外带相交。

四、区域遥感影像及解译特征

预测工作区内解译出巨型断裂带,即二连-贺根山断裂带和伊列克得-加格达奇断裂带共 4 段。其中:

伊列克得-加格达奇断裂带共 2 段,位于预测区西北部,为北东走向,该断裂段西南端自蒙古境内延入本区,向北东经头道桥、伊利克得、鄂伦春自治旗,再向北东延入黑龙江省。该断裂是由数条北东向展布的逆断层组成的断裂带。线性影像,直线状水系分布,负地形,沿沟谷、凹地延伸。

二连-贺根山断裂带共 2 段,位于预测区南部,在明水镇附近,为北东走向,该断裂带西端由蒙古境内延入本区,向东经苏尼特左旗北、贺根山,再向东直抵大兴安岭附近。断裂带岩石破碎,糜棱岩发育。

本工作区内共解译出大型构造即博克图-乌鲁布铁镇北东大断裂 2 条,位于图幅北东部的绰源镇附近,为北东走向,沿线性影像山前断层三角面一线展布,在山区、冲沟、洼地中。

本预测区内共解译出中小型构造 440 条,其中中型构造 26 条,小型构造 414 条。均匀分布整图幅,构造走向以北北西向和北西西向为主,断层发育主要在石炭纪花岗岩、二叠纪花岗岩与侏罗系、白垩系和侏罗系满克头鄂博组中。

本预测工作区内的环形构造比较发育,共解译出环形构造 93 个,其成因为:断裂构造圈闭的环形构造、古生代花岗岩类引起的环形构造、与隐伏岩体有关的环形构造、中生代花岗岩类引起的环形构造、火山机构或通道和火山口。环形构造分布均匀,其中有 7 条巨型断裂构造圈闭的环形构造,环内发育有侏罗纪花岗岩、侏罗纪正长斑岩、二叠纪花岗岩、更新世玄武岩。影像中环形特征明显,地貌的圈闭特征显著,构造规模很大。

与本预测区中的羟基异常和铁染异常基本吻合的有阿尔山镇小炮台沟钼矿、鄂温克旗梨子山铁钼矿和阿尔山镇伊尔施西钼矿。

五、区域预测模型

根据预测工作区区域成矿要素、化探、航磁、重力、遥感及自然重砂,建立了本预测区的区域预测要素,并编制预测工作区预测要素图和预测模型图。

区域预测要素图以区域成矿要素图为基础,综合研究重力、航磁、化探、遥感、自然重砂等综合致矿信息,并将综合信息各专题异常曲线或区全部叠加在成矿要素图上,在表达时可以作出单独预测要素如航磁的预测要素图。

预测模型图的编制,以地质剖面图为基础,叠加航磁及重力剖面图而形成,简要表示预测要素内容及其相互关系和时空展布特征(图 14-6)。

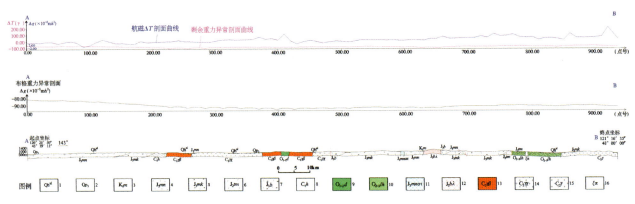

图 14-6 梨子山式矽卡岩型钼矿预测工作区预测模型图

1. 冲积层;2. 上更新统;3. 梅勒组;4. 玛尼吐组;5. 满克头鄂博组;6. 塔木兰沟组;7. 白音高老组;8. 红水泉组;9. 多宝山组;10. 裸河组;11. 次粗面安山岩;12. 流纹岩;13. 黑云母花岗岩;14. 碱长花岗岩;15. 花岗岩;16. 正长斑岩

第三节 矿产预测

一、综合地质信息定位预测

(一)变量提取及优选

根据典型矿床及预测工作区研究成果,进行综合信息预测要素提取,本次选择网格单元法作为预测单元,本次预测底图比例尺为1:10万,利用规则网格单元作为预测单元,网格单元大小为1.0km×1.0km。

地质体、断层、遥感环要素进行单元赋值时求区的存在标志;根据梨山子矽卡岩型铁钼矿矿区特征,含矿地质体为奥陶系多宝山组、裸河组及石炭纪黑云母花岗岩、花岗闪长岩、二长闪长岩,故选取上述地质体作为预测地质要素。矿床位于北东东向转北东方向的扭张-压扭性层间裂隙控矿构造带,因此,选取该主断裂构造作为构造预测要素。将以上均作为预测要素。剩余重力、航磁化极则求起始值的加权平均值,在变量二值化时利用异常范围值人工输入变化区间。

(二)最小预测区圈定及优选

本次利用证据权重法,采用1.0km×1.0km规则网格单元,在MRAS2.0下进行预测区圈定与优选,根据预测区内有多个已知矿床及矿点,采用有预测模型工程进行定位预测(图14-7)。

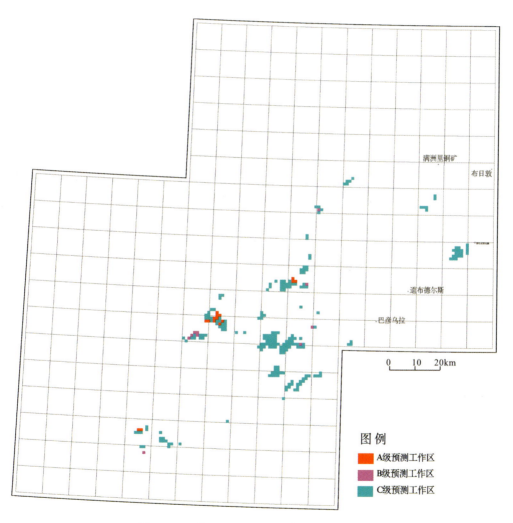

图14-7 梨子山钼矿预测工作区预测单元图

(三)最小预测区圈定结果

本次工作共圈定43个最小预测区,其中A级区3个,B级区9个,C级区31个(图14-8,表14-2)。

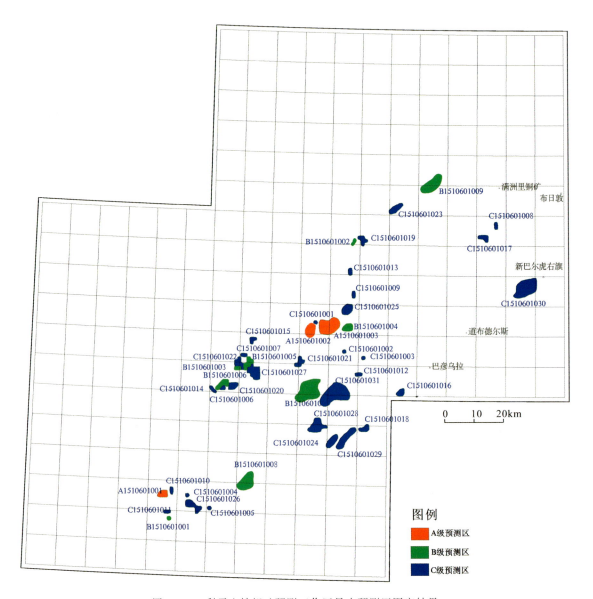

图 14-8 梨子山铁钼矿预测工作区最小预测区圈定结果

(四)最小预测区地质评价

梨子山预测工作区位于内蒙古东部区,行政区划主要属于呼伦贝尔市,预测区面积约 $6.6 \times 10^4 km^2$。地理上主要位于大兴安岭主脊林区,大部分为无人区,居民点较少,交通极为不便。虽然钼矿的成矿地质条件较好,资源潜力较大,但由于对原始森林的保护及交通条件限制,近期勘查开发可能性不大。

梨子山钼矿预测成果中各级别面积分布合理,说明预测区优选分级原则较为合理;最小预测区圈定结果表明,预测区总体与区域成矿地质背景和高磁异常、剩余重力等吻合程度较好(表 14-3)。

表 14-2 梨子山式复合内生型钼矿最小预测区圈定及资源量估算结果表

最小预测区编号	最小预测区名称	$S_{预}$ (m²)	$H_{预}$ (m)	K_s	K (t/m³)	α	$Z_{预}$ (t)	资源量级别
A1510601001	罕达盖林场	26 962 216	1000	1		0.75	5 209.10	334-2
A1510601002	梨子山模型区	42 233 029	350	1		1	1451	334-1
A1510601003	绰源局一队	109 986 299	350	1		0.75	7 437.27	334-3
B1510601001	朝古拉干特音那尔斯	6 247 041	350	1		0.65	366.10	334-3
B1510601002	乌奴尔镇西	9 025 238	350	1		0.65	528.92	334-3
B1510601003	大牛圈西南	9 967 657	350	1		0.65	584.14	334-3
B1510601004	绰源局一队东	27 188 619	350	1		0.65	1 593.36	334-3
B1510601005	大牛圈西南	30 481 639	350	1		0.95	2 610.81	334-2
B1510601006	1065 高地	32 020 742	500	1		0.75	3 093.20	334-2
B1510601007	全胜林场北	248 385 347	350	0.8		0.65	11 645.10	334-2
B1510601008	苏河屯	93 771 135	350	1		0.65	5 495.36	334-3
B1510601009	三根河林场	84 349 069	350	1		0.65	4 943.19	334-3
C1510601001	1205 高地西	5 227 627	350	1		0.6	282.79	334-3
C1510601002	松树沟青年点北	5 362 096	1000	1		0.6	828.77	334-3
C1510601003	苏格河北	5 859 037	1000	1		0.6	905.57	334-3
C1510601004	伊尔施林场北	5 939 896	350	1		0.6	321.32	334-3
C1510601005	伊尔施林场东	6 286 351	350	1		0.6	340.07	334-3
C1510601006	983 高地东	8 350 029	350	1		0.6	451.70	334-3
C1510601007	1012 高地北	10 032 913	500	1		0.6	775.34	334-3
C1510601008	1168 高地	10 225 266	350	1		0.6	553.15	334-3
C1510601009	玉镇山林场南	10 324 372	350	1		0.6	558.51	334-3
C1510601010	署秋牧场北	10 640 679	300	1	2.58×10^{-7}	0.6	493.39	334-3
C1510601011	署秋青年农牧场	10 839 452	300	1		0.6	502.60	334-3
C1510601012	苏格河南	10 911 673	350	1		0.6	590.28	334-3
C1510601013	高吉山林场南	11 387 229	1000	1		0.6	1 760.01	334-3
C1510601014	983 高地西	12 569 673	500	1		0.6	971.38	334-3
C1510601015	986 高地	15 264 759	350	1		0.6	825.76	334-3
C1510601016	古营河林场 10 队东	19 884 312	300	1		0.6	921.99	334-3
C1510601017	905 高地	21 156 637	350	1		0.6	1 144.49	334-3
C1510601018	南木	22 187 348	350	1		0.6	1 200.25	334-3
C1510601019	乌奴尔镇	24 390 038	350	1		0.75	1 319.40	334-3
C1510601020	1004 高地	24 756 716	300	1		0.6	1 147.92	334-3
C1510601021	1250 高地西	27 860 317	350	1		0.6	1 507.13	334-3
C1510601022	大牛圈西南	29 057 295	500	1		0.6	2 245.55	334-3
C1510601023	四十八公里西南	33 302 589	1000	1		0.6	5 147.25	334-3
C1510601024	河中林场东南	37 590 218	350	1		0.6	2 033.48	334-3
C1510601025	密林林场南	38 204 155	350	1		0.6	2 066.69	334-3
C1510601026	伊尔施林场北	44 269 138	350	1		0.6	2 394.78	334-3
C1510601027	三道桥西	58 138 598	350	1		0.6	3 145.07	334-3
C1510601028	河中林场	65 695 029	300	1		0.6	3 046.15	334-3
C1510601029	二支沟林场西	66 627 183	350	1		0.6	1 147.92	334-3
C1510601030	腰站鹿场西	128 767 433	350	1		0.6	6 965.80	334-3
C1510601031	塔尔气镇西	173 007 341	350	1		0.6	9 359.01	334-3

表 14-3 梨子山钼矿预测工作区最小预测区综合信息一览表

最小预测区编号	最小预测区名称	综合信息
A1510601001	罕达盖林场	出露石炭纪花岗闪长岩、奥陶系多宝山组和裸河组。位于剩余重力高值区。航磁化极值不高,整体处于负值区。区内发现小型铁钼矿床1处。找矿潜力巨大
A1510601002	梨子山	出露石炭纪白岗岩、黑云母花岗岩、奥陶系多宝山组。位于剩余重力梯度带。有航磁甲类异常3处。铁钼矿床1处。找矿潜力巨大
A1510601003	绰源局一队	出露石炭纪白岗岩、黑云母花岗岩、奥陶系多宝山组。位于剩余重力梯度带。有航磁乙类异常2处,铁钼矿床、矿点2处。找矿潜力巨大
B1510601001	朝古拉干特音那尔斯	出露奥陶系裸河组、泥盆系泥鳅河组及石炭纪黑云母花岗岩,在侵入岩和奥陶系接触带附近发育矽卡岩化。位于剩余重力低值区。区内见矿点1处。有较好的找矿潜力
B1510601002	乌奴尔镇西	出露奥陶系多宝山组和石炭纪黑云母花岗岩、花岗闪长岩。位于剩余重力梯度带,航磁异常正值区。有矿点1处。有较好的找矿潜力
B1510601003	大牛圈西南	出露奥陶系多宝山组、石炭纪黑云母花岗岩和白岗岩。接触带附近见云英岩化。见1个航磁乙类异常。剩余重力梯度带。有较好的找矿潜力
B1510601004	绰源局一队东	出露奥陶系多宝山组,石炭纪钾长花岗岩、花岗闪长岩、白岗岩。位于剩余重力梯度带,航磁高值区。有矿点1处
B1510601005	大牛圈西南	出露奥陶系多宝山组、石炭纪黑云母花岗岩和白岗岩。有1个航磁甲类异常。剩余重力梯度带。有较好的找矿潜力
B1510601006	1065 高地	出露震旦系额尔古纳河组、石炭纪白岗岩和黑云母花岗岩。位于剩余重力梯度带。区内见航磁甲类异常1处。有较好的找矿潜力
B1510601007	全胜林场北(塔尔其)	出露震旦系额尔古纳河组、石炭纪黑云母花岗岩。有2个航磁丙类异常。剩余重力高值区。有小型铁钼矿床1处。有较好的找矿潜力
B1510601008	苏河屯	出露奥陶系裸河组、石炭系泥鳅河组。位于航磁极高值区、剩余重力梯度带。区内见4处航磁乙类异常和1处丙类异常。已发现小型矿床1处。有较好的找矿潜力
B1510601009	三根河林场	出露泥盆系大民山组、石炭纪钾长花岗岩和花岗闪长岩。位于重力梯度带、航磁高值区。有2个航磁甲类异常、矿点1处。有较好的找矿潜力
C1510601001	1205 高地西	出露奥陶系多宝山组、石炭纪黑云母花岗岩。位于剩余重力梯度带。找矿潜力一般
C1510601002	松树沟青年点北	出露奥陶系多宝山组、石炭纪花岗岩。位于剩余重力高值区,航磁正值区。找矿潜力一般
C1510601003	苏格河北	出露奥陶系多宝山组、石炭纪花岗岩。位于剩余重力高值区,航磁正值区。找矿潜力一般
C1510601004	伊尔施林场北	出露裸河组、石炭纪黑云母花岗岩。位于剩余重力高值区,航磁负值区。找矿潜力一般
C1510601005	伊尔施林场东	出露奥陶系多宝山组。位于剩余重力高值区,航磁负值区。附近分布有航磁乙类及丙类异常。找矿潜力一般
C1510601006	983 高地东	出露震旦系额尔古纳河组、石炭纪白岗岩和黑云母花岗岩。位于剩余重力梯度带。区内见航磁甲类异常1处。找矿潜力一般
C1510601007	1012 高地北	出露奥陶系多宝山组、石炭纪黑云母花岗岩和白岗岩。剩余重力高值区。航磁正值区。找矿潜力一般

续表 14-3

最小预测区编号	最小预测区名称	综合信息
C1510601008	1168 高地	出露奥陶系裸河组、石炭纪黑云母花岗岩。位于剩余重力高值区。航磁正值区。找矿潜力一般
C1510601009	玉镇山林场南	出露奥陶系多宝山组、石炭纪花岗岩。位于剩余重力梯度带，航磁正值区。找矿潜力一般
C1510601010	署秋牧场北	出露奥陶系多宝山组、石炭纪花岗闪长岩及燕山期侵入岩。位于剩余重力高值区、航磁负值区。找矿潜力一般
C1510601011	署秋青年农牧场	出露奥陶系裸河组、石炭纪黑云母花岗岩。位于剩余重力梯度带。找矿潜力一般
C1510601012	苏格河南	出露奥陶系裸河组、石炭纪白岗岩。位于剩余重力梯度带。航磁高值区。找矿潜力一般
C1510601013	高吉山林场南	出露奥陶系裸河组、泥盆系大民山组，石炭纪花岗岩。位于重力高值区、航磁高值区。找矿潜力一般
C1510601014	983 高地西	出露奥陶系裸河组、震旦系额尔古纳河组、石炭纪白岗岩。位于剩余重力过渡带。航磁负值区。找矿潜力一般
C1510601015	986 高地	出露奥陶系裸河组、石炭纪黑云花岗岩、白岗岩。位于重力高值区，航磁正值区。找矿潜力一般
C1510601016	古营河林场 10 队东	出露奥陶系裸河组、石炭纪黑云母花岗岩。位于剩余重力过渡带。航磁正值区。找矿潜力一般
C1510601017	905 高地	出露奥陶系裸河组、石炭纪黑云母花岗岩。位于剩余重力过渡带。航磁正值区。找矿潜力一般
C1510601018	南木	出露奥陶纪裸河组、多宝山组。位于重力高值区、航磁高值区。找矿潜力一般
C1510601019	乌奴尔镇	出露奥陶纪裸河组、泥盆系大民山组，石炭纪花岗岩。位于剩余重力高值区，航磁正值区。找矿潜力一般
C1510601020	1004 高地	出露震旦系额尔古纳河组、石炭纪白岗岩和黑云母花岗岩。位于剩余重力梯度带。航磁正值区。找矿潜力一般
C1510601021	1250 高地西	出露奥陶系裸河组、石炭纪白岗岩。位于剩余重力高值区，航磁高值区。找矿潜力一般
C1510601022	大牛圈西南	出露奥陶系多宝山组、石炭纪黑云母花岗岩和白岗岩。剩余重力梯度带。航磁正值区。找矿潜力一般
C1510601023	四十八公里西南	出露奥陶系裸河组、泥盆系大民山组，石炭系钾长花岗岩。位于剩余重力高值区、航磁正值区。找矿潜力一般
C1510601024	河中林场东南	出露奥陶纪裸河组、多宝山组。位于重力梯度带、航磁高值区。找矿潜力一般
C1510601025	密林林场南	出露奥陶系多宝山组、石炭纪黑云母花岗岩、花岗闪长岩。位于剩余重力梯度带，航磁正值区。找矿潜力一般
C1510601026	伊尔施林场北	出露奥陶系裸河组、泥盆系泥鳅河组，石炭纪黑云母花岗岩。位于剩余重力梯度带，航磁低值区。见航磁乙类异常 1 处。找矿潜力一般
C1510601027	三道桥西	出露奥陶系多宝山组、石炭纪黑云母花岗岩和白岗岩。位于剩余重力梯度带，航磁高值区。找矿潜力一般
C1510601028	河中林场	出露奥陶系多宝山组、石炭纪花岗岩。剩余重力梯度带。航磁正值区。找矿潜力一般
C1510601029	二支沟林场西	出露奥陶纪裸河组、多宝山组。位于重力高值区、航磁正值区。找矿潜力一般
C1510601030	腰站鹿场西	出露奥陶系多宝山组、石炭纪黑云母二长花岗岩。位于剩余重力梯度带。航磁正值区。找矿潜力一般
C1510601031	塔尔气镇西	出露震旦系额尔古纳河组、石炭纪花岗岩。有航磁丙类异常 1 处。剩余重力过渡带。找矿潜力一般

续表 14-3

最小预测区编号	最小预测区名称	综合信息

二、综合信息地质体积法估算资源量

(一)典型矿床深部及外围资源量估算

资源量、体重及钼品位依据均来源于内蒙古自治区第六地质矿产勘查开发院 2006 年 6 月提交的《内蒙古自治区鄂温克族自治旗梨子山矿区 I 号矿体铁钼矿资源储量核实报告》。矿床面积($S_{总}$)是根据 1:1 万矿区综合地质图(图 14-9),在 MapGIS 软件下读取数据;矿体延深($L_{查}$)依据控制矿体最深的第 4 勘探线剖面图确定(图 14-10),具体数据见表 14-4。

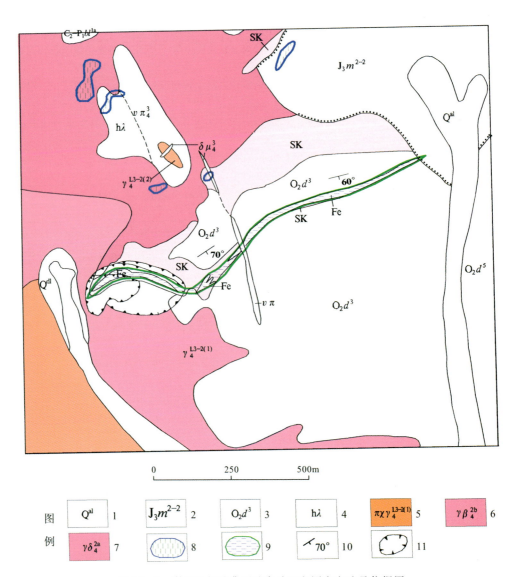

图 14-9 梨子山钼矿典型矿床总面积圈定方法及依据图

1. 松散堆积物沉积层;2. 紫褐色板状凝灰岩安山岩及流纹岩等;3. 灰白色大理岩夹条带状大理岩;4. 紫灰色凝灰流纹岩;5. 细粒似斑状白岗质花岗岩;6. 花岗闪长岩;7. 红色中粒黑云母花岗岩;8. 典型矿床外围预测范围;9. 矿体聚集区段边界范围;10. 倾斜岩层倾向及倾角;11. 采场位置(绿线圈定区块即为矿区矿体聚集区)

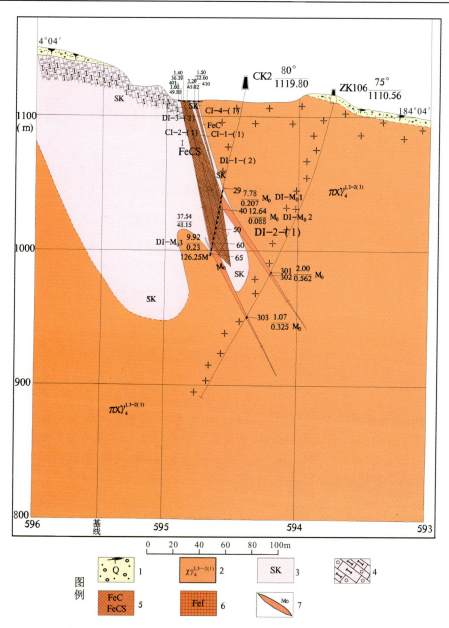

图 14-10　梨子山钼矿典型矿床 4 勘探线剖面图

1. 松散堆积物沉积层；2. 细粒似斑状白岗质花岗岩；3. 矽卡岩；4. 黄绿色、棕褐色石榴石透辉石矽卡岩；5. 低硫及高硫铁矿体；6. 含磁铁矿体；7. 钼矿（延深按 350m 计算）

表 14-4　梨子山矽卡岩型钼矿深部及外围资源量估算一览表

典型矿床		深部及外围		
已查明钼资源量(t)	2357	深部	面积(m^2)	23 608
面积(m^2)	23 608		深度(m)	50
深度(m)	300	外围	面积(m^2)	9075
品位(%)	0.112		深度(m)	350
密度(t/m^3)	4.29	预测资源量(t)		1451
体积含矿率(t/m^3)	0.000 333	典型矿床资源总量(t)		3808

(二)模型区的确定、资源量及估算参数

模型区为典型矿床所在的最小预测区。梨子山钼矿床查明资源量2357t,按本次预测技术要求计算模型区资源总量为3808t。模型区内无其他已知矿点存在,则模型区总资源量等于典型矿床总资源量,模型区面积为依托MRAS软件采用有模型工程神经网络法优选后圈定,延深根据典型矿床最大预测深度确定。模型区圈定时参照了含矿建造地质体,因此含矿地质体面积参数为1。由此计算含矿地质体含矿系数(表14-5)。

表14-5 梨子山钼矿模型区预测资源量及其估算参数表

编号	名称	模型区总资源量(t)	模型区面积(m^2)	延深(m)	含矿地质体面积(m^2)	含矿地质体面积参数	含矿地质体含矿系数
A1510601002	梨子山	3808	42 233 029	350	42 233 029	1	2.58×10^{-7}

(三)最小预测区预测资源量

梨子山钼矿预测工作区最小预测区资源量定量估算采用地质体积法进行。

1. 估算参数的确定

最小预测区面积是依据综合地质信息定位优选的结果;延深的确定是在研究最小预测区含矿地质体地质特征、含矿地质体的形成深度、断裂特征、矿化类型的基础上,并对比典型矿床特征的基础上综合确定的;相似系数的确定,主要依据MRAS生成的成矿概率及与模型区的比值,参照最小预测区地质体出露情况、化探和重砂异常规模及分布、物探解译隐伏岩体分布信息等进行修正。

2. 最小预测区预测资源量估算结果

本次预测资源总量为99 911.07t,不包括预测工作区已查明资源总量2357t,见表14-2。

(四)预测工作区资源总量成果汇总

梨子山钼矿预测工作区地质体积法预测资源量,依据资源量级别划分标准,根据现有资料的精度,可划分为334-1、334-2和334-3三个资源量精度级别;根据各最小预测区内含矿地质体、物化探异常及相似系数特征,预测延深参数均在2000m以浅。

根据潜力评价预测资源量汇总标准,梨子山钼矿预测工作区按精度、预测深度、可利用性、可信度统计分析结果见表14-6。

表14-6 梨子山钼矿预测工作区预测资源量估算汇总表(单位:t)

按深度			按精度		
500m以浅	1000m以浅	2000m以浅	334-1	334-2	334-3
92 985.73	99 911.07	99 911.07	1451	10 913.11	87 546.96
按可利用性			按可信度		
可利用		暂不可利用	≥0.75	≥0.5	≥0.25
12 364.11		87 546.96	14 592.28	44 373.24	99 911.07

第十五章　元山子式沉积(变质)型钼矿预测成果

第一节　典型矿床特征

一、典型矿床及成矿模式

（一）典型矿床特征

元山子钼矿位于内蒙古自治区阿拉善盟阿拉善左旗巴润别立镇境内，地理坐标为东经 105°35′30″—105°39′00″，北纬 38°11′00″—38°13′00″。

1. 矿区地质背景

矿区寒武系—奥陶系中度蚀变、矿化比较普遍，但多集中在寒武系—奥陶系的下部。石英脉与黄铁矿、黄铜矿、方铅矿等矿化关系密切。其表现有碳酸盐化、硅化、绿泥石化、绢云母化、赤铁矿化、磁黄铁矿化、黄铜矿化等。

矿区地表基本被第四系覆盖，只有小面积的第三系零星出露，根据钻孔及斜井工程揭露，下部见寒武系香山群($\in_2 X$)地层，其中含矿层为香山群含碳石英绢云母千枚岩、黑色(含镍、钼等元素)含碳石英绢云母千枚岩，顶底板围岩均为浅灰色石英绢云母千枚岩。岩浆岩以花岗岩脉为主，地表未见出露。

断层有两组，其中，近东西向逆断层延长及断距较大；近南北向的正断层比较发育，一般倾角较大，多陡立，断距小，破碎带较宽。节理以走向东北(30°～60°)，倾向南东，倾角 60°～90°为主。根据钻探资料，第三系构造简单，地层产状总体是北西倾，倾角 7°左右。第三系之下寒武系揉皱及断裂构造比较发育，在钻孔中就可遇到数条小断层。较大的断层可分为两组，一组走向为北东-南西向，另一组走向为北西-南东向，前者为后者所截。

2. 矿床地质

矿体赋存于香山群含碳石英绢云母千枚岩、黑色(含镍、钼等元素)含碳石英绢云母千枚岩地层之中。顶底板围岩均为浅灰色石英绢云母千枚岩，矿体与围岩产状一致。

含碳镍、钼矿化层呈层状，层位比较稳定，埋深为 180～300m(顶板)，厚 0～62m。小揉皱、断裂破坏比较明显，矿化层总的走向为北西向，倾向 42°，倾角 11°。

矿化层中含镍、钼较富的地段形成了工业矿层。矿区内圈定两个矿(体)层，分别为 1、2 号矿(体)层。

1 号矿(体)层：以 80m 的间距由 0、2、4、6、8 号勘探线，以及 ZK1、ZK-2、ZK5、ZK6、ZK-7 新、ZK8、ZK10、ZK-11 新、ZK-13 新、ZK16 共 10 个钻孔和 15 个探井控制。控制长 425m，宽 80～160m；镍、钼基本同体共生；最大厚度镍矿体 9.70m，最小厚度 1.08m，平均厚度 5.45m；厚度变化系数为 45.81%。钼矿体最大厚度 10.54m，最小 1.01m，平均 6.85m；厚度变化系数为 55.20%。镍最高品位 1.61%，最低品位 0.20%，平均品位 0.37%，变化系数为 47.57%。钼最高品位 0.564%，最低品位

0.011%,平均 0.097%,变化系数为 52.52%。

2号矿(体)层:2号矿(体)层位于1号矿层下部,相距3~55m,仅在0号勘探线,由ZK1和ZK8号两个钻孔控制,相距350m,钼矿体最大厚度2.69m,最小厚度2.53m,平均2.61m,厚度变化不大,较稳定,钼平均品位0.079%。镍达不到工业品位,属于单钼矿层(体)。

矿石特征:矿石矿物以粒状结构为主,同时具交代结构、胶状结构、生长结构等。矿石构造有细脉浸染状构造、浸染状构造。矿石矿物主要为辉钼矿(含量0.06%)、辉砷镍矿(含量0.29%)、针镍矿(0.02%)、辉铁镍矿(0.03%),其他矿物含量甚微,有黄铁矿、辉铜矿、闪锌矿、黄铜矿、褐铁矿、毒砂、蓝铜等。非金属矿物主要由石英、绢云母及碳质物组成。辉钼矿呈细粒星散状分布,碳质物呈鳞片状分布,与镍、钼关系较密切,碳质含量较高时镍、钼含量相应也变高。

矿石自然类型为黑色含碳质页岩型辉钼矿、硫化镍(镍黄铁矿、辉铁镍矿、二硫镍矿)矿石。矿石工业类型为硫化钼镍贫矿石。

3. 成矿时代及矿床成因类型

元山子镍钼矿成因类型为沉积(变质)型。赋存于含碳石英绢云母千枚岩、黑色(含镍、钼等元素)石英碳质绢云母千枚岩地层之中。矿体的产出受地层控制,呈层状受后期的构造及热液活动的影响,矿(化)层在局部地段富集而成,因此断裂构造及热液通道附近是成矿的有利地段。成矿时代为寒武纪。

(二)矿床成矿模式

元山子式沉积(变质)型钼矿成矿模式见图15-1。

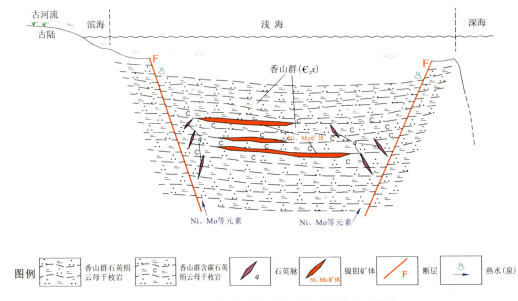

图15-1 元山子沉积变质型钼矿典型矿床成矿模式

二、典型矿床地球物理特征

(一)矿区磁异常特征

据1:25万航磁图显示,矿区处在场值-80nT左右的负磁场背景上。据1:5万航磁图显示,矿区处在场值0nT左右的平稳磁场上。

矿层主要在低阻体岩层或更深,位于高阻体下,其视电阻率估计为18～24Ω·m,局部矿层处于高阻体与低阻体的接触部位。

磁场强度较弱,异常为正异常,强度30～80γ;磁异常走向为北西向,呈椭圆状;寒武系—奥陶系是产生磁异常的主要地层,主要矿层埋深250～290m,其中含有较高的磁黄铁矿等矿物,并以脉状、团块状、星点状附存于岩石裂隙中。

(二)矿床所在区域重力特征

元山子镍钼矿在布格重力异常图上,位于局部重力低异常东北边部的梯度带上,低异常区呈椭圆状北东向展布,布格重力异常值Δg变化范围为$(-204.36 \sim -184.00) \times 10^{-5} m/s^2$。在剩余重力异常图上,元山子镍钼矿处在北东向椭圆状负异常L蒙-723东北边部靠近中心一侧,异常区地表被第四系、第三系覆盖,推断为中新生代盆地引起。矿区北部与东南部的正异常区对应于古生代地层。区域航磁等值线平面图显示,矿区位于平稳的负磁场区。

重力梯度带推断由次级断裂构造引起,走向与等值线走向一致。

三、典型矿床预测模型

根据典型矿床成矿要素和矿区航磁资料以及区域重力资料,确定典型矿床预测要素,编制典型矿床预测要素图。总结典型矿床综合信息特征,编制典型矿床预测要素表(表15-1)。

表15-1 元山子式沉积变质型镍钼矿典型矿床预测要素表

典型矿床成矿要素		内容描述			要素类别
储量		小型钼金属量:1401.41t	平均品位	钼:0.091%	
特征描述		沉积变质型镍钼矿床			
地质环境	构造背景	本区大地构造位置属阴山-天山巨型纬向构造体系,阴山纬向构造带南缘,阿拉善弧形构造带东翼,祁-吕-贺山字构造的脊柱-贺兰褶带,为多构造体系的复合地区			必要
	成矿环境	寒武系香山群($\in_2 X$)地层,其中含矿层为香山群($\in_2 X$)含碳或夹石英绢云母千枚岩、黑色(含镍、钼等元素)含碳石英绢云母千枚岩			重要
	成矿时代	寒武纪			必要
矿床特征	矿体形态	含碳镍、钼矿化层呈层状,层位比较稳定			重要
	岩石类型	灰绿色绢云千枚岩、绢云石英千枚岩、绢云石英板岩及灰黑色含石墨绢云石英千枚岩夹玄武岩,辉绿岩及矿层;花岗闪长岩脉、花岗伟晶岩脉、闪长玢岩脉、片理化钠长玢岩脉、石英斑岩脉、细小石英脉及方解石脉			必要
	矿物组合	矿石矿物主要为辉钼矿、辉砷镍矿、针镍矿、辉铁镍矿;非金属矿物主要由石英、绢云母及碳质物组成			重要
	结构构造	结构:以粒状结构为主,同时具交代结构、胶状结构、生长结构等;构造:细脉浸染状构造、浸染状构造			次要
	蚀变特征	石英千枚岩化			次要
	控矿条件	①寒武系香山群千枚岩含矿建造;②北东及北西向断裂;③石英脉与磁黄铁矿、镍钼矿、黄铜矿等矿化关系密切			必要
物化探特征	地球物理特征	重力	矿床位于布格重力高和重力低的交界处,梯级带较密集,Δg为$(-240.36 \sim -170.55) \times 10^{-5} m/s^2$,异常幅度约$70 \times 10^{-5} m/s^2$,剩余重力异常图中矿床位于椭圆状负异常的边缘		次要
		航磁	航磁正异常区,异常梯度带附近		次要
	地球化学特征	钼异常三级浓度分带,异常值为$(18 \sim 278.8) \times 10^{-6}$			次要

第二节　预测工作区研究

一、区域地质特征

（一）成矿地质背景

元山子-营盘水预测工作区大地构造分区属Ⅳ秦祁昆造山系，Ⅳ-1北祁连弧盆系，Ⅳ-1-1走廊弧后盆地（O—S）。

走廊弧后盆地最早沉积始于中寒武世，沉积的香山组为一套巨厚的滨海相长石砂岩建造、泥页岩建造、碳酸盐岩建造。其上连续沉积了中下奥陶统米钵山组，为滨海相的长石石英砂岩建造、泥-页岩建造。奥陶纪之后弧后盆地闭合，其上不整合沉积了泥盆纪山麓相-河湖相的砂砾岩建造、石英砂岩建造、粉砂岩建造。此后，本区进入同华北陆块区大致同步发展的地质历史阶段。

预测工作区地层跨华北、祁连（大部分）两个地层区，主体位于祁连地层区内的北祁连地层分区下的贺兰山地层小区（表 15-2）。区内地层从老至新出露有中寒武统徐家圈组、上寒武统—下奥陶统磨盘井组（$\in_3$—O_1m）、中下奥陶统天景山组（$O_{1-2}t$）、中下奥陶统米钵山组（$O_{1-2}mb$）、中泥盆统石峡沟组（D_2s）、上泥盆统老君山组（D_3l）、下石炭统前黑山组（C_1q）、下石炭统臭牛沟组（C_1c）、上石炭统羊虎沟组（C_2y）、下二叠统大黄沟组（P_1dh）、下三叠统刘家沟组（T_1l）、下三叠统和尚沟组（T_1h）、上三叠统延长组（T_3yc）、中侏罗统龙凤山组（J_2l）、上侏罗统沙枣河组（J_3s）、下白垩统庙沟组（K_1mg）、古近系渐新统清水营组（N_3q）、新近系中新统红柳沟组（N_1hl）、新近系上新统苦泉组（N_2k）。其中香山岩群徐家圈组为元山子式沉积（变质）型钼镍多金属成矿的赋矿岩石。

岩浆岩：区内岩浆活动主要发生在五台期、吕梁期和加里东期，主要以脉岩为主，地表于骆驼山及黑脑沟等地见绢云母化石英斑岩岩脉数条。于钻孔中见有花岗闪长岩脉、花岗伟晶岩脉、闪长玢岩脉、片理化钠长玢岩脉、石英斑岩脉、细小石英脉及方解石脉分布较普遍。部分岩脉对矿体造成一定的切割，但错动不大。

构造上区内构造复杂，预测区大部分是被中、新生代地层充填的洼地，根据钻孔资料区内岩矿层为总的走向北西，倾向北东、倾角11°的单斜构造。勘查区外以西，科学山—元山子间是一东西向展布的背斜，岩性为侏罗系芬芳河组灰绿色长石砂岩及粉砂质泥岩，倾向相反，倾角一般为18°~41°。预测区以北寒武系总的走向北西西，倾向北北东，倾角40°左右，向元山子山脊状逐渐变陡，约为50°~60°，局部受断层影响有挠曲或倒转。预测区内断裂构造十分发育，呈北东向及北西向展布，对矿区的地层及矿层有一定的控制和破坏作用，尤其是北东及北西向断裂严格地控制了矿（体）层的边界。区内断层可分为：近东西向逆断层，延长及断距较大；近南北向的正断层比较发育，一般倾角较大，多陡立，断距小，破碎带较宽。节理以走向北东（30°~60°）、倾向南东、倾角60°~90°为主。

本区寒武系—奥陶系中度蚀变、矿化比较普遍，但多集中在寒武系—奥陶系的下部。石英脉与黄铁矿、黄铜矿、方铅矿等矿化关系密切。蚀变表现有碳酸盐化、硅化、绿泥石化、绢云母化、赤铁矿化、磁黄铁矿化、黄铜矿化等。

本预测区内与元山子式沉积（变质）型钼矿有关的地层为香山群徐家圈组，总体上上部为灰绿色、灰褐色变质长石石英砂岩-板岩；下部为灰绿色、浅蓝灰色板岩-灰岩。

徐家圈组包括一、二、三3个岩段。一段岩性组合为灰绿色、浅蓝灰色千枚状板岩，灰色灰岩，结晶灰岩及条带状结晶灰岩夹变质长石石英砂岩。二段岩性组合为灰绿色绢云千枚岩、绢云石英千枚岩、绢云石英板岩及灰黑色含石墨绢云石英千枚岩夹玄武岩、辉绿岩及矿层。三段岩性组合为褐黄色硅质白云岩、硅质灰岩及灰黑色硅质岩。与成矿关系最为密切的是二段。

表 15-2　元山子-营盘水北预测区区域地层一览表

界	系	统	群	组	符号	厚度(m)	岩性描述
新生界	新近系	上新统		苦泉组	N_2k	10~50	灰色砾岩、灰黄色含砾砂土
		中新统		红柳沟组	N_1hl	262~1256	灰红色砾岩、灰白色长石石英砂岩及砂质黏土
	古近系	渐新统		清水营组	N_3q	>707	红棕色砾岩、砂砾岩、含砾砂岩、砂质泥岩
中生界	白垩系	下统		庙沟组	K_1mg	1187.6	砖红色砾岩、泥质砂岩夹含砾砂岩及砂质泥岩
	侏罗系	上统		沙枣河组	J_3s	1688.9	紫红色硬砂质石英砂岩、砾岩、砂砾岩
		中统		龙凤山组	J_2l	710.9	灰白色砾岩、含砾砂岩、灰绿色长石砂岩、粉砂岩
	三叠系	上统		延长组	T_3yc	1034	灰白色、黄绿色长石石英砂岩、石英砂岩夹粉砂质页岩、粉砂质泥岩
		下统	石千峰群	和尚沟组	T_1h	652	灰白色含砂质长石石英粗砂岩,含砾砂岩、含锆石细砂岩
				刘家沟组	T_1l	311	灰白色、淡绿色长石石英粗砂岩、含砾粗砂岩夹暗紫色泥质细砂岩
古生界	二叠系	下统		大黄沟组	P_1dh	148.8	灰绿色石英砂岩、含砾石英砂岩、粗砂岩、泥岩
	石炭系	上统		羊虎沟组	C_2y	2247.7	砖灰色页岩、泥质石英砂岩、泥质粉砂岩及长石石英砂岩、下部夹灰岩及煤层
		下统		臭牛沟组	C_1c	492.7	灰黑色钙质粉砂岩、石英砂岩夹灰岩、页岩及煤层、底部砾岩
				前黑山组	C_1q	99.62	灰色灰岩、生物灰岩夹白云质灰岩、粉、细砂岩及砂砾岩
	泥盆系	上统		老君山组	D_3l	1086.2	紫红色砾岩夹粉砂岩,硬砂质石英砂岩
		中统		石峡沟组	D_2s	248.1	灰白色石英砂岩,紫红色粉砂岩夹长石石英砂岩
	奥陶系	中统		米钵山组	$O_{1-2}mb$	1945.5	灰色、灰绿色石英砂岩、长石石英砂岩夹灰岩及板岩
		下统		天景山组	$O_{1-2}t$	1175.1	褐红色、灰红色厚层结晶灰岩、鲕状结晶灰岩,泥质条带结晶灰岩夹千枚岩、白云岩
	寒武系	上统		磨盘井组	ϵ_3-O_1m	872.3	灰绿色、灰褐色变质长石砂岩、褐红色变质长石石英砂岩夹板岩及灰岩透镜体
		中统		徐家圈组	$\epsilon_{2-3}x$	110.8	褐黄色硅质白云岩,硅质灰岩及灰黑色硅质岩
						358.77	灰绿色绢云千枚岩、绢云石英千枚岩、绢云石英板岩及灰黑色含石墨绢云石英千枚岩夹玄武岩、辉绿岩及矿层
						1178	灰绿色、浅蓝灰色千枚状板岩,灰色灰岩,结晶灰岩及条带状结晶灰岩夹变质长石石英砂岩

(二)区域成矿模式

根据预测工作区成矿规律研究成果,确定预测区成矿要素,总结成矿模式,见图15-2。

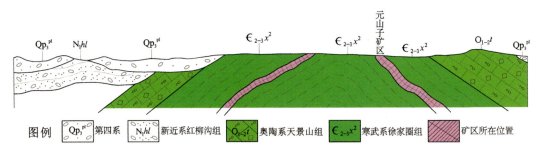

图15-2 元山子沉积(变质)型镍钼矿预测工作区成矿模式

二、区域地球物理特征

(一)磁法

1. 元山子预测工作区

阿拉善左旗元山子地区元山子式沉积型镍钼矿预测工作区范围为东经105°30′—105°55′,北纬37°45′—38°20′。在1:5万航磁ΔT等值线平面图上,预测工作区磁异常幅值范围为-100～225nT,背景值为0～25nT,除中部西端有一椭圆形异常,北部伴生负异常,梯度变化大外,预测区整体磁异常平缓,梯度变化小,形态杂乱。纵观预测工作区磁异常轴向及ΔT等值线延伸方向,以北东向为主。元山子式沉积型镍钼矿床位于预测区北部,以低缓磁异常为背景,零等值线附近。

预测工作区磁法推断断裂构造以北东向为主,磁场标志多为磁异常梯度带。预测区中部西端的磁异常推断由酸性侵入岩体引起,东部磁异常推断由深部基底变质地层引起。

预测工作区磁法共推断断裂2条,中酸性岩体1个,火山岩地层3个。

2. 营盘水北预测工作区

阿拉善左旗营盘水北地区元山子式沉积型镍钼矿预测工作区范围为东经104°00′—105°00′,北纬37°35′—38°10′。在1:10万航磁ΔT等值线平面图上,预测工作区磁异常幅值范围为-460～400nT,背景值为0～25nT,预测区整体磁异常平缓,梯度变化小,形态杂乱,东北部有一不规则形磁异常,梯度变化大,中间为负异常,异常外侧为正磁异常。纵观预测工作区磁异常轴向及ΔT等值线延伸方向,以北东向为主。

预测工作区磁法推断断裂构造以北东向为主,磁场标志多为磁异常梯度带和不同磁场区分界线。预测区东部磁异常推断为火山岩引起,南部有一孤立椭圆形磁异常,推断由酸性侵入岩体引起。

本预测工作区磁法共推断断裂8条,中酸性岩体4个,基底变质地层2个。

(二)重力

1. 元山子预测工作区

预测工作区位于红柳大泉-阿拉善右旗-温都尔勒图重力低值带。预测工作区范围较小,布格重力异常值变化幅度小。区重力场最低值 $\Delta g_{min}=-198\times10^{-5}\mathrm{m/s^2}$，最高值 $\Delta g_{max}=-170.11\times10^{-5}\mathrm{m/s^2}$。

预测工作区大部分地区的布格重力异常值在$(-190\sim-170)\times10^{-5}\mathrm{m/s^2}$之间，为相对高值区。在元山子镍钼矿西南部的重力异常值相对较低，是一个不完整的局部重力低异常，向西南延伸出区，布格重力值在$(-200\sim-190)\times10^{-5}\mathrm{m/s^2}$之间，走向为北东方向。区内剩余重力正、负异常形态多为椭圆状、带状。从北向南，正、负异常交替出现。

元山子镍钼矿西侧为布格重力低异常，在剩余重力异常图上表现为负异常（编号为 L 蒙-723），这一带地表被第四系覆盖，外围有石炭纪、奥陶纪、泥盆纪地层出露，推断为中新生代沉积盆地。预测工作区北部和南部的剩余重力正异常区，地表局部出露奥陶纪、泥盆纪及石炭纪地层，推断为古生代基底隆起所致。

预测工作区中部偏南布格重力等值线密集，且同向扭曲，结合全区地质图推断该处展布一条北西走向的断裂。元山子镍钼矿东侧异常等值线形态发生变化，推断为一次级断裂。

2. 营盘水北预测工作区

该预测工作区亦位于红柳大泉-阿拉善右旗-温都尔勒图重力低值带。预测工作区区域重力场总体呈现东北部重力高、西南部重力低的特点。其重力场总体走向为北西向，反映了预测工作区的总体构造格架特征。区域重力场最低值 $\Delta g_{min}=-232.32\times10^{-5}\mathrm{m/s^2}$，最高值 $\Delta g_{max}=-192.08\times10^{-5}\mathrm{m/s^2}$。预测工作区剩余重力正、负异常形态多为宽缓的条带状，由 1~3 个异常中心组成。北部剩余重力最高值为 $8.65\times10^{-5}\mathrm{m/s^2}$。

预测工作区的剩余重力负异常区，结合地质、物性资料，地表被第四系、第三系覆盖，周围出露石炭纪地层，推断为中新生代坳陷盆地。南部剩余重力正异常区位于贺兰山地层小区，推断为古生代基底隆起引起。

预测工作区中部的布格重力等值线梯度带，推断为一断裂。总体来说，预测工作区的断裂大多为北西走向。

三、区域遥感影像及解译特征

1. 元山子预测工作区

预测工作区内解译出线形构造共 90 余条。其中包括几条中型断层以及 80 余条小型断层，在预测区内东部分布密集，在西北部零星分布但无明显特征。

本预测工作区内解译出 1 处环形构造，其成因为中生代花岗岩类引起的环形构造。

本预测区含矿地层即遥感带状要素主要为寒武系香山群徐家圈组与寒武系磨盘井组，该地层在本区的南部分布，带状要素集中在阿日格布拉格-阿门哈沙构造周边，该区含矿地层的形成与构造运动有很大的关系，尤其是深断裂活动为成矿物质从深部向浅部运移和富集提供了可能的通道。

2. 营盘水预测工作区

预测工作区内解译出 20 余条断层，其中有 3 条中型断层和 20 余条小型断层，主要分布在预测区内东南部。

本预测区含矿地层即遥感带状要素主要为寒武系香山群磨盘井组，该地层在本区的东南部、西南部与北部地区集中分布，其中东南部地区的带状要素集中在卡格图构造断裂带和腾格里额里斯苏木构造 F_{14} 断裂带之间的狭长区域；西南部地区的带要素主要分布在温都尔勒图镇断裂构造 F_1 的北方。北部地区的带状要素分布在卡格图构造与平塘以南构造之间。该区含矿地层的形成与构造运动有很大的关系，尤其是深断裂活动为成矿物质从深部向浅部运移和富集提供了可能的通道。

四、区域预测模型

根据预测工作区区域成矿要素、化探、航磁、重力、遥感及自然重砂,建立了本预测区的区域预测要素,并编制预测工作区预测要素图和预测模型图。

区域预测要素图以区域成矿要素图为基础,综合研究重力、航磁、化探、遥感、自然重砂等综合致矿信息,总结区域预测要素表(表15-3、表15-4),并将综合信息各专题异常曲线或区全部叠加在成矿要素图上。

表15-3 元山子沉积变质型镍钼矿元山子预测工作区预测要素表

区域成矿要素		描述内容	要素级别
区域成矿地质环境	大地构造单元	华北陆块区阴山-天山巨型纬向构造体系(贺兰褶带)	重要
	主要控矿构造	北东向及北西向断裂带	次要
	主要赋矿地层	寒武系香山群徐家圈组	重要
	控矿沉积建造	滨海浅海相黑色石英石墨绢云母千枚岩建造	重要
	区域变质作用及建造	绿片岩相区域变质作用,千枚岩建造	次要
区域成矿特征	区域成矿类型及成矿期	寒武纪海相沉积(变质)型(Ni、Mo、硫铁)	重要
	含矿建造	含碳石英绢云母千枚岩建造;黑色(含镍、钼等元素)含碳石英绢云母千枚岩建造	重要
	含矿构造	层内细脉浸染构造、浸染状构造	次要
	矿石建造	辉钼矿、辉砷镍矿、针镍矿、辉铁镍矿建造	次要
	围岩蚀变	硅化、绢云母化、透闪石化、钠长石化	重要
	矿床式	元山子式沉积(变质)型	重要
	矿点	同类型钼矿(化)点1个	重要
地球物理、化学、遥感特征	化探	钼异常三级浓度分带,异常值为$(18\sim278.8)\times10^{-6}$	重要
	重力	重力异常低背景区,剩余重力异常值为$-12\times10^{-5}\,\mathrm{m/s^2}$,重力异常梯级带,剩余重力异常值为$(7\sim9)\times10^{-5}\,\mathrm{m/s^2}$	次要
	航磁	低缓负磁异常中的局部正磁异常区,异常值$30\sim80\gamma$,走向北西向	次要
	遥感	一级遥感铁染及羟基异常	次要

表15-4 元山子沉积(变质)型钼矿床营盘水北预测工作区区域预测要素

区域成矿要素		描述内容	要素级别
区域成矿地质环境	大地构造单元	华北陆块区阴山-天山巨型纬向构造体系(贺兰褶带)	重要
	主要控矿构造	北东向及北西向断裂带	次要
	主要赋矿地层	寒武系香山群徐家圈组	重要
	控矿沉积建造	滨海浅海相黑色石英石墨绢云母千枚岩建造	重要
	区域变质作用及建造	绿片岩相区域变质作用,千枚岩建造	次要

续表 15-4

区域成矿要素		描述内容	要素级别
区域成矿特征	区域成矿类型及成矿期	寒武纪海相沉积(变质)型(Ni、Mo、硫铁)	重要
	含矿建造	含碳石英绢云母千枚岩建造;黑色(含镍、钼等元素)含碳石英绢云母千枚岩建造	重要
	含矿构造	层内细脉浸染构造、浸染状构造	次要
	矿石建造	辉钼矿、辉砷镍矿、针镍矿、辉铁镍矿建造	次要
	围岩蚀变	硅化、绢云母化、透闪石化、钠长石化	重要
	矿床式	元山子式沉积(变质)型	重要
	矿点	无	重要
地球物理化遥特征	化探	钼异常三级浓度分带,异常值为$(18\sim278.8)\times10^{-6}$	重要
	重力	预测工作区区域重力场总体呈现东北部重力高、西南部重力低的特点。其重力场总体走向为北西向,区域重力场最低值$\Delta g_{min}=-237.65\times10^{-5}\,m/s^2$,最高值$\Delta g_{max}=-191.11\times10^{-5}\,m/s^2$	次要
	航磁	低缓负磁异常中的局部正磁异常区,异常值$30\sim80\gamma$,走向北西向	次要
	遥感	一级遥感铁染及羟基异常	次要

预测模型图的编制,以地质剖面图为基础,叠加区域化探、航磁及重力剖面图而形成,简要表示预测要素内容及其相互关系,以及时空展布特征(图 15-3)。

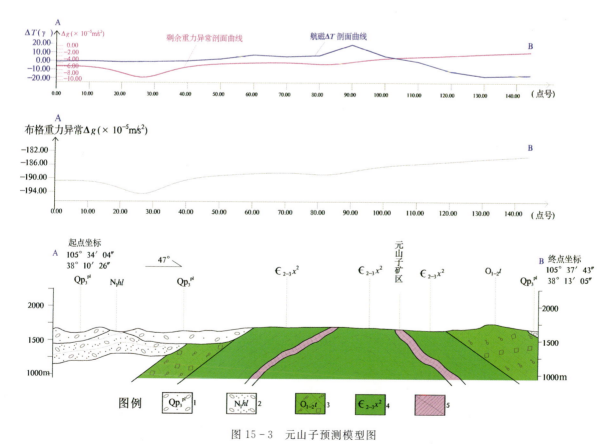

图 15-3 元山子预测模型图

1. 第四系;2. 新近系红柳沟组;3. 奥陶系天景山组;4. 寒武系徐家圈组;5. 矿区所在位置

第三节 矿产预测

一、综合地质信息定位预测

（一）变量提取及优选

根据典型矿床及预测工作区研究成果,进行综合信息预测要素提取,本次选择网格单元法作为预测单元。本次预测底图比例尺为1:10万,利用规则网格单元作为预测单元,网格单元大小为1.0km×1.0km。

地质体、断层、遥感环要素进行单元赋值时采用求区的存在标志;依据典型矿床含矿岩体为寒武系香山群徐家圈组,对控矿有关的断裂进行缓冲区处理,本次将1:10万预测底图上寒武统香山群徐家圈组提取作为含矿层。化探、剩余重力、航磁化极则求起始值的加权平均值,在变量二值化时利用异常范围值人工输入变化区间。

（二）最小预测区圈定及优选

本次利用证据权重法,采用1.0km×1.0km规则网格单元,在MRAS2.0下进行预测区的圈定与优选,根据元山子预测区内有1个已知矿床(点)及营盘水北预测区无已知矿床(矿点),采用少预测模型工程进行定位预测。

（三）最小预测区圈定结果

本次预测在元山子预测工作区共圈定最小预测区11个,其中A级4个,B级3个,C级4个。在营盘水北预测工作区共圈定最小预测区6个,其中B级3个,C级3个,见表15-5、图15-4、图15-5。

表15-5 元山子及营盘水北预测工作区最小预测区圈定结果及资源量估算成果表

最小预测区编号	最小预测区名称	$S_{预}$（km²）	$H_{预}$（m）	K_s	K（t/m³）	α	$Z_{预}$(t)	资源量级别
元山子预测工作区									
A1510602001	元山子	11.42	500	1	6.192×10^{-6}	1	2 135.007	334-1
A1510602002	木头子门1	0.72	200	1		0.7	62.457	334-2
A1510602003	木头子门2	0.35	200	1		0.7	30.327	334-2
A1510602004	木头子门3	0.14	150	1		0.7	9.329	334-2
元山子预测工作区									
B1510602001	白崖子	5.47	500	1	6.192×10^{-6}	0.5	846.862	334-2
B1510602002	后石盆子梁	0.17	150	1		0.5	7.797	334-2
B1510602003	木头子门	1.88	450	1		0.5	261.631	334-2
营盘水预测工作区									
B1510602004	大黑梁北	6.29	500	1	6.192×10^{-6}	0.8	500	334-2
B1510602005	营盘水北南	0.94	670	1		0.8	670	334-2
B1510602006	瑞家圈	1.01	630	1		0.8	630	334-2

续表 15-5

最小预测区编号	最小预测区名称	$S_{预}$ (km²)	$H_{预}$ (m)	K_s	K (t/m³)	α	$Z_{预}$(t)	资源量级别
元山子预测工作区									
C1510602001	大战场	2.84	450	1	6.192×10^{-6}	0.4	316.834	334-2
C1510602002	前古城子	2.10	450	1		0.4	234.589	334-2
C1510602003	巴兴图嘎查	3.92	450	1		0.4	436.940	334-2
C1510602004	前石盆子梁	9.73	500	1		0.4	1 204.814	334-2
营盘水预测工作区									
C1510602005	黑疙瘩北	2.24	190	1	6.192×10^{-6}	0.5	190	334-3
C1510602006	獐子湖北	3.49	170	1		0.5	170	334-3
C1510602007	黑疙瘩北东	8.71	340	1		0.5	340	334-3

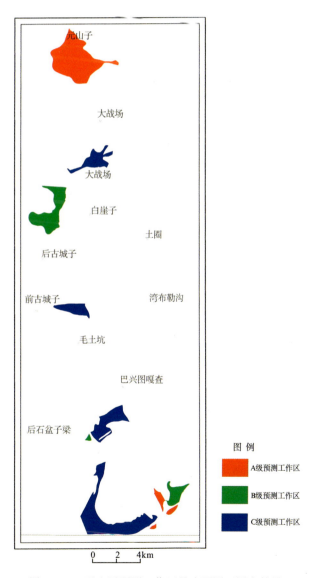

图 15-4 元山子预测工作区最小预测区圈定结果

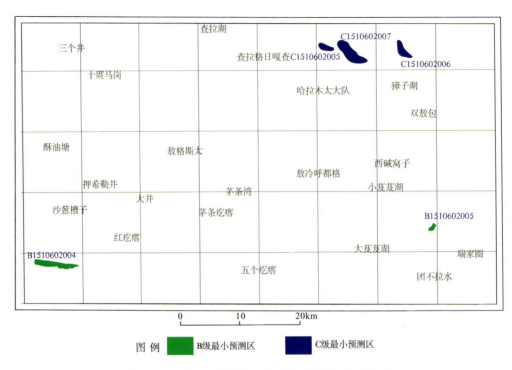

图 15-5 营盘水北预测工作区最小预测区圈定结果

（四）最小预测区地质评价

预测成果中最小预测区面积最大为 11.42km²，面积最小为 0.14km²。各级别面积分布合理，且已知矿床分布在 A 级预测区内，说明预测区优选分级原则较为合理；最小预测区圈定结果表明，预测区总体与区域成矿地质背景和化探异常、剩余重力异常吻合程度较好。因此，所圈定的最小预测区，特别是 A 级最小预测区具有较好的找矿潜力。

二、综合信息地质体积法估算资源量

（一）典型矿床深部及外围资源量估算

查明资源量、体重及钼品位数据均来源于阿拉善盟千中元矿产品有限责任公司于 2007 年 12 月编写的《内蒙古自治区阿拉善左旗元山子矿区钼钼矿详查报告》及内蒙古自治区国土资源厅于 2010 年 5 月编制的《内蒙古自治区矿产资源储量表》。矿床面积的确定是根据 1:2 万元山子钼矿矿区地形地质图，各个矿体组成的包络面面积（图 15-6）在 MapGIS 软件下读取面积数据换算得出；该矿区矿体绝大多数为地下隐伏矿，典型矿床延深依据最深 P_0—P_0' 勘探线剖面图（图 15-7），具体数据见表 15-6。

（二）模型区的确定、资源量及估算参数

模型区为典型矿床所在的最小预测区。元山子钼矿典型矿床查明资源量 1401.41t，按本次预测技术要求计算模型区资源总量为 3536.42t。模型区内无其他已知矿点存在，则模型区总资源量等于典型矿床总资源量，模型区面积为依托 MRAS 软件采用少模型工程神经网络法优选后圈定，延深根据典型矿床最大预测深度确定。模型区圈定时参照了含矿建造地质体，因此含矿地质体面积参数为 1。由此计算含矿地质体含矿系数，见表 15-7。

第十五章 元山子式沉积(变质)型钼矿预测成果

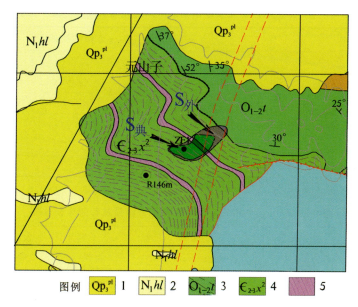

图 15-6 元山子钼矿典型矿床总面积及含矿地质体面积参数圈(确)定方法和依据
1. 第四系；2. 新近系红柳沟组；3. 奥陶系天景山组；4. 寒武系徐家圈组；5. 矿区所在位置

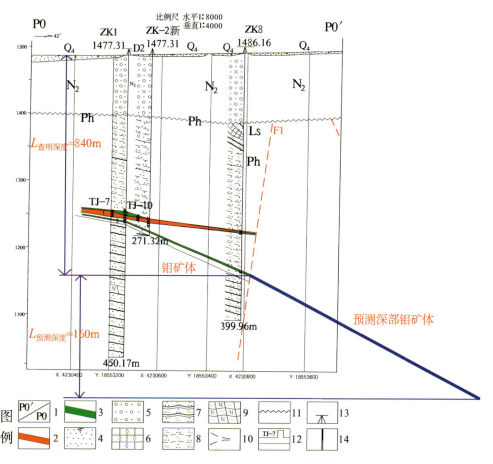

图 15-7 元山子钼矿矿体延深确定方法及依据

1. 勘探线剖面位置及编号；2. 镍钼共生矿层及编号；3. 钼矿层及编号；4. 第四纪风成砂；5. 第三纪砂砾岩；6. 结晶灰岩；
7. 石英绢云母板岩；8. 石英绢云母千枚岩；9. 黑云母钠长角岩；10. 矿体延伸线；11. 地质不整合线；12. 岩脉、天井位置及编号；13. 钻孔剖面位置及孔口标高；14. 取样位置及标号

表 15-6 元山子沉积变质型铜钼矿深部及外围资源量估算一览表

典型矿床		深部及外围		
已查明钼资源量(t)	1 401.41	深部	面积(m^2)	344 926.86
面积(m^2)	344 926.86		深度(m)	340
深度(m)	340	外围	面积(m^2)	246 953.83
品位(%)	0.097		深度(m)	500
密度(t/m^3)	2.35	预测资源量(t)		2135.01
体积含矿率(t/m^3)	$1.19×10^{-5}$	典型矿床资源总量(t)		3536.42

表 15-7 元山子镍钼矿模型区预测资源量及其估算参数表

编号	名称	模型区总资源量(t)	模型区面积(m^2)	延深(m)	含矿地质体面积(m^2)	含矿地质体面积参数	含矿地质体含矿系数
A1510602001	元山子	3 536.42	11 421 830.92	500	11 421 830.92	1	$6.192\,38×10^{-7}$

(三)最小预测区预测资源量

预测工作区最小预测区资源量定量估算采用地质体积法进行估算。

1. 估算参数的确定

最小预测区面积是依据综合地质信息定位优选的结果;延深的确定是在研究最小预测区含矿地质体地质特征、含矿地质体的形成深度、断裂特征、矿化类型的基础上,并对比典型矿床特征的基础上综合确定的;相似系数的确定,主要依据 MRAS 生成的成矿概率及与模型区的比值,参照最小预测区地质体出露情况、化探及重砂异常规模及分布、物探解译隐伏岩体分布信息等进行修正。

2. 最小预测区预测资源量估算结果

本次元山子预测工作区预测资源总量为 5546.59t,其中不包括预测工作区已查明资源总量 1401.41t,营盘水北预测工作区预测资源总量为 2500t,详见表 15-8、表 15-9。

表 15-8 元山子预测工作区最小预测区估算成果表

最小预测区编号	最小预测区名称	$S_{预}$(km^2)	$H_{预}$(m)	K_s	K(t/m^3)	α	$Z_{预}$(t)	资源量级别
A1510602001	元山子	11.42	500	1		1	2 135.007	334-1
A1510602002	木头子门1	0.72	200	1		0.7	62.457	334-2
A1510602003	木头子门2	0.35	200	1		0.7	30.327	334-2
A1510602004	木头子门3	0.14	150	1		0.7	9.329	334-2
B1510602001	白崖子	5.47	500	1		0.5	846.862	334-2
B1510602002	后石盆子梁	0.17	150	1	0.000 000 619 2	0.5	7.797	334-2
B1510602003	木头子门	1.88	450	1		0.5	261.631	334-2
C1510602001	大战场	2.84	450	1		0.4	316.834	334-2
C1510602002	前古城子	2.10	450	1		0.4	234.589	334-2
C1510602003	巴兴图嘎查	3.92	450	1		0.4	436.940	334-2
C1510602004	前石盆子梁	9.73	500	1		0.4	1 204.814	334-2

表 15-9 营盘水北预测工作区最小预测区估算成果表

最小预测区编号	最小预测区名称	$S_{预}$ (km²)	$H_{预}$ (m)	K_s	K (t/m³)	α	$Z_{预}$ (t)	资源量级别
B1510602004	大黑梁北	6.29	500	1	0.000 000 619 2	0.8	500	334-2
B1510602005	营盘水北南	0.94	670	1		0.8	670	334-2
B1510602006	瑞家圈	1.01	630	1		0.8	630	334-2
C1510602005	黑疙瘩北	2.24	190	1		0.5	190	334-3
C1510602006	獐子湖北	3.49	170	1		0.5	170	334-3
C1510602007	黑疙瘩北东	8.71	340	1		0.5	340	334-3

(四)预测工作区资源总量成果汇总

元山子-营盘水北钼矿预测工作区地质体积法预测资源量,依据资源量级别划分标准,根据现有资料的精度,可划分为334-1、334-2和334-3三个资源量精度级别;根据各最小预测区内含矿地质体、物化探异常及相似系数特征,预测延深参数均在2000m以浅。

根据矿产潜力评价预测资源量汇总标准,元山子-营盘水北钼矿预测工作区按精度、预测深度、可利用性、可信度统计分析结果见表15-10。

表 15-10 元山子-营盘水北钼矿预测工作区预测资源量估算汇总表(单位:t)

元山子预测工作区					
按深度			按精度		
500m以浅	1000m以浅	2000m以浅	334-1	334-2	334-3
77 448.40	87 020.02	87 020.02	37 044.71	126.64	49 848.67
合计:87 020.02			合计:87 020.02		
按可利用性			按可信度		
可利用		暂不可利用	≥0.75	≥0.5	≥0.25
37 044.71		49 975.31	37 044.71	74 619.37	87 020.02
合计:87 020.02			合计:87 020.02		
营盘水北预测工作区					
按深度			按精度		
500m以浅	1000m以浅	2000m以浅	334-1	334-2	334-3
31 857	31 857	31 857	0	0	31 857
合计:31 857			合计:31 857		
按可利用性			按可信度		
可利用		暂不可利用	≥0.75	≥0.5	≥0.25
31 857		0	2533.43	3104.10	31 857
合计:31 857			合计:31 857		

第十六章 白乃庙式沉积(变质)型铜矿伴生钼矿预测成果

第一节 典型矿床特征

一、典型矿床及成矿模式

(一)典型矿床特征

白乃庙铜钼矿床位于内蒙古自治区乌兰察布市四子王旗白音朝克图镇境内,矿区北东距集(宁)—二(连)铁路线朱日和车站45km,有简易公路相通,交通便利。矿区范围地理坐标为东经112°18′15″—112°37′00″,北纬42°10′30″—42°18′00″。

1. 矿区地质特征

地层:矿区出露地层主要有奥陶系白乃庙组、上志留统西别河组、下二叠统三面井组、上侏罗统大青山组和第四系。在矿区东北部零星出露一些变质较深的地层,岩性主要为长英变粒岩、黑云斜长片麻岩、条带状混合岩等。

白乃庙组底部绿片岩段主要分布于矿区中部,呈东西向展布,为一套中浅变质的绿片岩、长英片岩,其原岩为海底喷发的基性—中酸性火山熔岩、凝灰岩夹正常沉积的碎屑岩和碳酸盐岩。其中,第五岩段大面积出露在矿区南部,岩性为绿泥斜长片岩、阳起绿泥斜长片岩夹大理岩透镜体,是白乃庙铜矿的主要赋矿层位,厚1251m。第三岩段分布在矿区中部和西部,岩性主要为斜长角闪岩、绿泥斜长片岩夹角闪片岩,是北矿带的主要赋矿层位。

岩浆岩:区内岩浆活动频繁,侵入岩主要有加里东晚期的石英闪长岩、花岗闪长斑岩及海西晚期白云母花岗岩等。中酸性脉岩十分发育,主要有花岗斑岩、闪长玢岩、正长斑岩、花岗细晶岩、霏细岩、石英脉,多为海西期侵入岩的派生产物。

构造:白乃庙矿区为大致东西走向的单斜构造,区内以断裂为主,褶皱不发育。东西向断裂为主要的构造,不易受其他构造的影响,具有长期性、阶段性和继承性,它控制加里东早期的海底基性-中酸性火山喷发,是主要的控矿构造。

水勒楚鲁断裂带也是一条较大的构造带,具强烈的硅化及多次活动的特点,普遍有金矿化,局部富集具有工业价值。

北东向构造也较发育,形成于海西晚期或燕山早期,以断裂构造为主。对矿体有不同程度的破坏。

2. 矿床特征

白乃庙铜钼矿断续分布在东西长10km,南北宽1.5km的狭长地带内,按矿床的产出部位与地层特征的不同,分南、北两个矿带12个矿段。

南矿带包括Ⅱ、Ⅲ、Ⅳ、Ⅴ、Ⅵ、Ⅶ、Ⅹ、Ⅺ 8个矿段;北矿带包括Ⅷ、Ⅸ、Ⅻ、ⅩⅢ 4个矿段。

1)矿体特征

Ⅱ矿段位于南矿带的东部,主要有Ⅱ-1、Ⅱ-2两个大矿体,矿体呈似层状较稳定产出,一般走向为东西向,倾向南,倾角一般为45°~65°。Ⅱ-1矿体长160m,厚0.87~18.41m,矿体最大控制斜深760m,垂深570m,还有延伸趋势。Ⅱ-2矿体长520m,厚0.87~29.23m,矿体控制最大斜深950m(2.5线ZK9107,矿体真厚16.35m,铜平均品位0.68%,伴生钼0.02%~0.06%),矿化未见减弱,仍有延伸趋势。

Ⅲ矿段位于南矿带,在Ⅱ矿段的西部。主要有Ⅲ-1、Ⅲ-2两个矿体,矿体呈似层状较稳定产出,一般走向北西西向,倾向南南西,倾角45°~65°。Ⅲ-1矿体长240m,厚0.82~14.34m,矿体最大控制斜深675m,垂深530m,矿体尚未减弱,仍有延深趋势。Ⅲ-2矿体长240m,厚0.87~12.84m,矿体最大控制斜深441m,垂深315m,矿体尚未减弱,仍有延深趋势。

Ⅴ矿段共圈定出40个铜矿体,其中绿片岩型矿体39个,规模较大的为Ⅴ-11矿体,其氧化矿体长294m,硫化矿体长429m,沿走向和倾斜矿体变化较大,有膨胀、收缩、分叉等现象,最大控制斜深734m,厚度收敛,但未尖灭,厚0.95~34.27m,铜平均品位0.57%,伴生钼0.02%~0.06%。矿体产状:走向270°~320°,倾角36°~65°。

Ⅵ矿段为全区矿体较多的一个矿段,共圈定出95个铜矿体,规模较大的为Ⅵ-20矿体,其氧化矿体长710m,硫化矿体长780m,矿体沿倾斜延深720m,厚0.82~44.53m,铜平均品位0.60%,伴生钼0.02%~0.06%,矿体产状:走向308°(东段)~327°(西段),倾向南西,倾角25°~56°,一般30°~40°。

2)矿石类型

工业类型:根据脉石矿物成分不同分为花岗闪长斑岩型铜矿石(钼矿石)、绿片岩型铜矿石(钼矿石)。

自然类型:硫化矿石(10%以下)、混合矿石(10%~30%)、氧化矿石(30%以上)。

3)矿石结构构造

绿片岩型硫化铜矿石:主要结构有晶粒状结构、交代溶蚀结构,其次是固溶体分解结构、压碎结构、胶状结构;矿石构造主要是条带状构造、浸染状构造、脉状构造,其次为网状构造、风化胶状构造。

花岗闪长斑岩型矿石:主要结构为半自形晶粒状、他形晶粒结构、包含结构、交代结构、压碎结构;主要构造有浸染状、细脉浸染状、脉状、片状等构造。

总之,绿片岩型以条带状为主,而花岗闪长斑岩以浸染状及细脉浸染状为主,二者普遍有交代结构及压碎结构。

4)矿石矿物成分

绿片岩型硫化铜矿石:主要金属矿物为黄铁矿、黄铜矿、辉钼矿、磁铁矿,次要矿物有磁黄铁矿、白钨矿、闪锌矿、方铅矿、斑铜矿、辉铜矿、辉钴矿、自然金;脉石矿物有石英、方解石、黑云母、绢云母、绿泥石。

绿片岩型氧化铜矿石:主要金属矿物为孔雀石、褐铁矿、磁铁矿、赤铁矿、斑铜矿,次要矿物有黄铜矿、辉铜矿、黄铁矿、磁黄铁矿、辉钼矿、自然铜、自然金。

主要金属矿物为黄铜矿、黄铁矿、辉钼矿,次要矿物有磁铁矿、白钨矿、胶黄铁矿、镜铁矿;脉石矿物有中长石、更长石、微斜长石、条纹长石、角闪石、黑云母、绢云母、阳起石、绿泥石。

5)主要伴生有用组分

白乃庙铜矿是一个以铜为主,伴生有钼、金、银、硫等元素的多金属矿床,普查时工作对象主要是铜,由于钼在矿床中与铜共生,为综合利用矿产资源。

6)围岩蚀变特征

(1)蚀变类型。主要蚀变有钾长石化、黑云母化、硅化、绢云母化、绿泥石化、绿帘石化、碳酸盐化,前3种蚀变与成矿关系最为密切。

(2)蚀变分带。以矿体为中心向两侧可大致分为石英-黑云母化带、绿泥石化带、绿帘石化带。黑云母化发育空间不仅限于矿体顶底板,铜矿体本身也很发育,矿体富集程度与蚀变程度呈正相关。

3. 矿床成因类型及成矿时代

矿床成因为沉积(变质)型及斑岩型,属于岩浆成矿系列组合中的"与海相火山-侵入活动有关的浅变质成矿系列"中与海底火山作用有关的黄铁矿型铜矿床、与中酸性浅成侵入岩有关的斑岩型铜钼矿床,北矿带属于斑岩型铜钼矿床,南矿带属于沉积(变质)型铜矿床,成矿物质多来源,以斑岩为主,为构造斑岩控矿的斑岩型铜钼矿体,海相火山沉积(变质)热液叠加(富集)复成因矿床。成矿时代为奥陶纪—泥盆纪(辉钼矿 Re-Os 等时线年龄 445±6Ma,侵入白乃庙组花岗闪长斑岩侵位年龄 430±6Ma)(据陈衍景,2011)。

（二）矿床成矿模式

根据区域成矿地质背景及典型矿床成矿特征,其成矿模式见图 16-1。

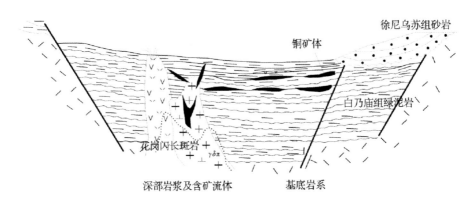

图 16-1 白乃庙沉积(变质)+斑岩型铜(钼)矿典型矿床成矿模式

二、典型矿床地球物理特征

（一）矿床磁性特征

据 1:5 万航磁等值线图显示,磁场整体表现为弱正磁场,有两个长条带弱正磁异常,走向为北西西向,据垂向一阶导数等值线图显示零等值线延伸方向为东西方向。重磁场特征表明矿区附近有近东西向断裂通过。

（二）矿床所在区域重力特征

白乃庙式沉积型铜多金属矿在布格重力异常图上位于重力高背景区,矿区位于布格重力极大值北部的重力梯度带上,重力高值 Δg 为 -140.68×10^{-5} m/s^2,编号为 L426,其北侧有一相邻的局部重力低。矿区在剩余重力异常图上位于 G 蒙-543 正异常区,该正异常区推测为元古宙地层的反映。其西侧的负异常带是中-酸性岩体与盆地的综合反映。重磁异常等值线均反映该区域构造方向以近东西向为主,有近东西向和北东向断裂通过该区域。

综上所述可见,白乃庙铜矿主要成矿地层为古生界白乃庙组、温都尔庙群,其重力场特征为,布格重力相对较高异常区,剩余重力正异常区,且铜矿位于异常较中心部位。铜矿位于铜化探异常区。

据 1:50 万重力异常图显示,矿区处在相对重力高异常区,重力异常走向为北东向,据剩余重力异常图显示:矿区处在北东向椭圆形的重力高异常,北侧为椭圆形的重力低异常。据 1:50 万航磁平面等值线图显示,磁场表现为零值附近的低缓异常,异常特征不明显。

三、典型矿床地球化学特征

白乃庙式沉积型铜多金属矿区周围存在 Cu、Au、Ag、As、Cd、Sb、Mo 高背景值,Cu、Mo 为主成矿元素,Au、Ag、As、Cd、Sb 为主要的伴生元素,Cu、Mo、Ag、Au 为内带组合异常,有明显的浓集中心,浓集中心明显,强度高;As、Cd、Sb 为外带组合异常,成高背景分布,但浓集中心不明显。

四、典型矿床预测模型

根据典型矿床成矿要素和矿区地磁资料、化探以及区域重力资料,确定典型矿床预测要素,编制典型矿床预测要素图。矿床所在地区的系列图表达典型矿床预测模型。总结典型矿床综合信息特征,编制典型矿床预测要素表(表 16-1),地质-化探剖析图(图 16-2)及地质-物探剖析图(图 16-3)。

表 16-1 白乃庙沉积变质型铜钼矿典型矿床预测要素表

储量		铜:60 640.73t 钼:3476.50t	平均品位	铜:0.2%～0.6% 钼:0.02%～0.06%	
成矿要素		描述内容			
地质环境	岩石类型	白乃庙组主要为绿泥斜长片岩、阳起绿泥斜长片岩及大理岩			必要
	岩石结构	微细粒状变晶结构、鳞片变晶结构,片状构造			次要
	成矿时代	奥陶纪—泥盆纪			必要
	地质背景	温都尔庙俯冲增生杂岩带,形成于温都尔庙岩浆弧与华北克拉通陆弧碰撞造山过程			必要
	构造环境	阿巴嘎-霍林河 Cr-Cu(Au)-Ge 煤天然碱芒硝成矿带;白乃庙-哈达庙铜、金、萤石成矿亚带,赋矿地层为白乃庙组下部绿片岩			必要
矿床特征	矿物组合	金属矿物为斑铜矿、黄铜矿、辉钼矿、黄铁矿、磁铁矿;脉石矿物主要为石英、钾长石、黑云母、绢云母、绿帘石、绿泥石、碳酸盐			重要
	结构构造	结构:粒状结构、交代溶蚀结构、固溶体分解结构、压碎结构、胶状结构、包含结构、交代结构、压碎结构、半自形晶粒状、他形晶粒结构;构造:条带状构造、浸染状构造、脉状构造、网状构造、风化胶状构造			次要
	蚀变	钾长石化、黑云母化、硅化、绢云母化、绿泥石化、绿帘石化、碳酸盐化			次要
	控矿条件	严格受花岗斑岩体及近岩体围岩地层中的构造破碎带控制			重要
地球物理特征	重力特征	白乃庙式沉积型铜多金属矿在布格重力异常图上位于重力高背景区,矿区位于布格重力极大值北部的重力梯度带上,重力高值 Δg 为 -140.68×10^{-5} m/s²,编号为 L426,其北侧有一相邻的局部重力低。矿区在剩余重力异常图上位于 G 蒙-543 正异常区,该正异常区推测为元古宇的反映			重要
	地磁特征	据 1:5 万航磁等值线图显示,磁场整体表现为弱正磁场,据垂向一阶导数等值线剖面图显示异常轴向及等值线延伸方向为东西方向			次要
	地球化学特征	矿区周围存在 Cu、Au、Ag、As、Cd、Sb、Mo 高背景值,Cu、Mo 为主成矿元素,Au、Ag、As、Cd、Sb 为主要的伴生元素。Cu、Mo、Ag、Au 为内带组合异常,浓集中心明显,强度高;As、Cd、Sb 为外带组合异常,成高背景分布,但浓集中心不明显			重要

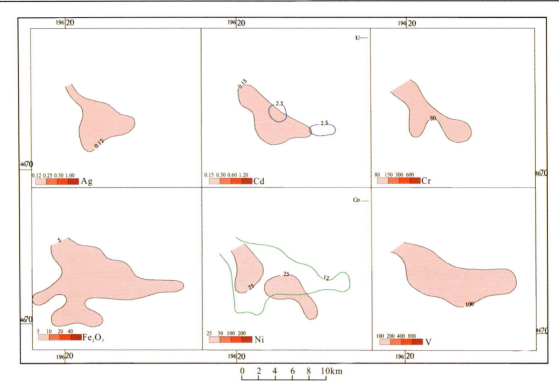

图 16-2 白乃庙典型矿床所在区域地质-化探剖析图

(Fe_2O_3 单位为%,其余为 $×10^{-6}$)

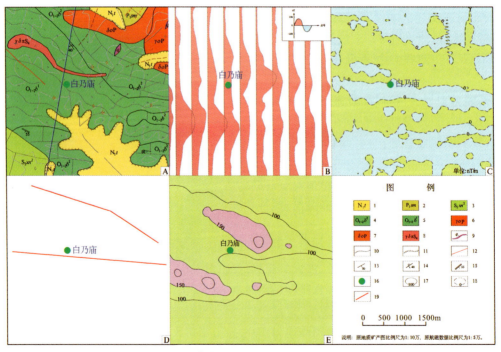

图 16-3 白乃庙典型矿床所在区域地质-物探剖析图

A.地质矿产图;B.航磁 ΔT 剖面平面图;C.航磁 ΔT 化极垂向一阶导数等值线平面图;D.推断地质构造图;E.航磁 ΔT 化极等值线平面图;1.新生代通古尔组:砖红色、黄红色泥岩夹灰白色砂砾岩;2.二叠系三面井组:灰色生物屑泥晶灰岩、厚层生物灰岩;3.中志留统徐尼乌苏组:绢云母石英片岩、绢云片岩;4.奥陶系白乃庙组:变质砂岩、千枚岩、绢云母石英片岩;5.奥陶系白乃庙组:绿片岩-绿泥斜长片岩;6.二叠纪:灰白色中粗粒斜长花岗岩、花岗闪长岩;7.二叠纪:灰白色中粗粒石英闪长岩;8.志留纪:浅肉红色花岗闪长斑岩、闪长玢岩;9.石英脉;10.地质界线;11.角度不整合界线;12.实测性质不明断层;13.地层倾向及倾角;14.倒转地层倾向及倾角;15.片理倾向及倾角;16.矿床所在位置;17.正等值线及注记;18.零等值线及注记;19.磁法推断三级断裂

第二节 预测工作区研究

一、区域地质特征

(一)成矿地质背景

大地构造位置属华北板块北缘增生带加里东期俯冲增生杂岩带。

位于阴山东西向复杂构造带中段,东界被大兴安岭新华夏系隆起带所截,表现为北东向的隆起和坳陷等距排列,形成了白乃庙-多伦的多字形构造。加里东期和海西期构造运动表现最为强烈,表现为在区域上南北向应力的挤压作用下,形成一系列东西向的褶皱、挤压破碎带、逆冲断层、片理化带。

区内出露的地层有中新元古界温都尔庙群、下古生界白乃庙组、上志留统西别河组、上石炭统阿木山组、上侏罗统大青山组及第三系、第四系。温都尔庙群为一套变质的海相火山-沉积岩系,组成一个洋壳层,构成较为典型的蛇绿岩套,温都尔庙铁矿就赋存在其上部;白乃庙组主要分布在白乃庙及谷那乌苏一带,为一套中浅变质的绿片岩,其原岩为一套海底喷发的基性-中酸性火山熔岩、凝灰岩夹少量正常沉积的碎屑岩及碳酸盐,为浅海沉积建造,有岛弧岩系特征,产有与火山沉积变质-热液活动有关的白乃庙式铜矿。

区内岩浆活动频繁,加里东早期,在东西向海槽里爆发了大规模的基性-中酸性火山喷发。形成岩性主要为黑云母花岗岩及花岗闪长岩体,见有铜钨矿化。此外在白乃庙、图林凯呈北东向展布,岩性主要为石英闪长岩,次之为花岗闪长岩、花岗闪长斑岩的岩体,见铜钼矿化。

(二)区域成矿模式

根据预测区研究成矿规律研究,总结成矿模式,见图 16-4。

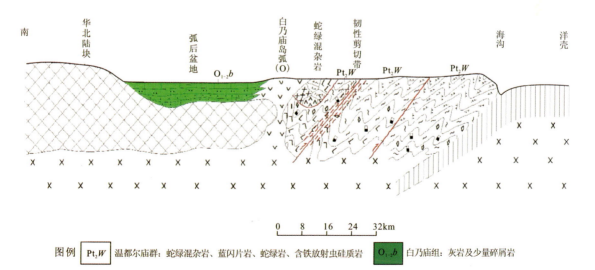

图 16-4 白乃庙式沉积型铜钼矿白乃庙预测工作区成矿模式图

二、区域地球物理特征

(一)磁异常特征

白乃庙地区白乃庙式沉积型铜矿预测工作区范围为东经112°15′—113°30′,北纬42°00′—42°20′,大部分与别鲁乌图预测区南部重叠。在航磁 ΔT 等值线平面图上白乃庙预测区磁异常幅值变化范围为 $-1200\sim800\mathrm{nT}$,预测区磁异常以异常值 $0\sim100\mathrm{nT}$ 为背景,异常轴为东西向和北西向,异常幅值较小,正异常值有一定梯度变化,一般呈带状分布。东南部有一正负伴生异常,梯度变化大,负异常值达 $-1200\mathrm{nT}$,周围正异常呈环状包围此负异常。白乃庙铜矿区位于预测区西部,处在 $0\sim100\mathrm{nT}$ 低缓异常背景上。

预测工作区磁法推断地质构造图显示(图略),磁法断裂构造走向分别为北西向、东西向、北东向,磁场标志为不同磁场区分界线。根据地质情况综合分析,区内磁异常多为大面积分布的侵入岩体引起,预测区东南部环状磁异常区磁法推断为火山构造。

预测工作区磁法共推断断裂3条,侵入岩体6个,火山岩地层1个,火山构造1个。

(二)重力异常特征

白乃庙式沉积型铜多金属矿预测区位宝音图-白云鄂博-商都重力低值带以北,预测区重力场特征是:总体趋势为北高南低,区内有一北东向的高值区, $\Delta g_{max}=-119.65\times10^{-5}\mathrm{m/s^2}$ 。预测区南部东西向展布的宝音图-白云鄂博-商都重力低值带, $\Delta g_{min}=-159.68\times10^{-5}\mathrm{m/s^2}$ 。

预测区北部的局部高值区,走向为北东向,异常幅值约为 $40\times10^{-5}\mathrm{m/s^2}$,根据物性资料和地质出露情况,推测是温都尔庙俯冲增生杂岩带的反映;其东侧等值线密集带推断为温都尔庙-西拉木伦一级断裂。预测区南部是重力场过渡带,并且局部形成重力低异常,推断是中-酸性岩体与前寒武纪地层的接触带反映。

白乃庙式沉积型铜多金属矿位于南部重力高上,表明该类矿床与元古宙地层有关。

预测工作区内推断解释断裂构造24条,中-酸性岩体4个,地层单元6个,中-新生代盆地2个。

三、区域地球化学特征

区域上分布有 Ag、As、Au、Cd、Cu、Mo、Sb、W 等元素组成的高背景区带,在高背景区带中有以 Ag、As、Au、Cd、Cu、Mo、Sb、W 为主的多元素局部异常。区内各元素西北部多异常,东南部多呈背景及低背景分布。预测区内共有13个 Ag 异常,9个 As 异常,19个 Au 异常,11个 Cd 异常,10个 Cu 异常,12个 Mo 异常,7个 Pb 异常,9个 Sb 异常,13个 W 异常,7个 Zn 异常。

区域上 Ag 呈高背景分布,预测区西部白乃庙—西尼乌苏—查汗胡特拉一带、呼来哈布其勒—巴彦朱日和苏木一带存在规模较大的 Ag 局部异常,有明显的浓度分带和浓集中心;区内西北部 As、Au 元素呈高背景分布,东南部呈背景及低背景分布,西北部存在3处规模较大的 As、Au 组合异常,具有明显的浓度分带和浓集中心,分别位于讷格海勒斯—西尼乌苏—古尔班巴彦一带呈北东向条带状高背景分布,贡淖尔以北和毛盖图西南方;区内西北部 Cd、Cu 为高背景,东南部呈背景及低背景分布,在 Cd 的高背景区带中存在两处规模较大的局部异常,分别位于查汗胡特拉—古尔班巴彦一带、巴彦朱日和苏木以西10km 左右,Cu 存在4处明显异常,分为位于白乃庙、讷格海勒斯和贡淖尔西北、捷报村西部;Mo 元素仅在白乃庙及其西南部存在规模较大的异常,在预测区西南部八股地乡、郭朋村、大喇嘛堂、太古生庙等地存在规模较大的低异常;Pb、Zn 在区内呈背景及低背景分布;Sb 在区内呈大面积高背景分布,北部从贡淖尔到乌兰哈达嘎查异常呈串珠状分布,中部呼来哈布其勒到毛盖图异常呈条带状分布,西部从讷格海勒斯到乌兰陶勒盖异常大面积分布;W 在区内呈高背景,在白乃庙、乌兰陶勒盖以及包格德敖包以西10km、大喇嘛堂西北6km处分布有大规模的W异常。

预测区上元素异常套合较好的编号为AS1、AS2。AS1中Cu、Pb、Zn套合较好,Cu呈高背景分布,Pb、Zn呈同心环状分布;AS2中Cu、Pb、Ag、Cd套合较好,Cu、Pb呈椭圆形状分布,Ag、Cd分布在外围,呈环状分布。

四、区域遥感影像及解译特征

预测区处在狼山-白云鄂博裂谷带贵金属、铜、铅、锌、硫多金属、稀土、稀有金属矿产聚集区的西端北侧,该聚集区西起额济纳旗清河口,东至阿左旗苏红图,长约600km,宽约150km。形成一系列具有层控特点的大型—特大型矿床,矿区受狼山-白云鄂博裂谷带控制。已发现的主要矿床和矿产地有阿左旗朱拉扎嘎大型金矿、乌拉特后旗炭窑口大型硫铁矿、乌拉特后旗霍各气大型铜矿、乌拉特前旗甲生盘大型铅锌矿、包头市白云鄂博特大型稀土、稀有金属矿。

预测区内解译的环形构造较为零星,主要是认为与矿关系不大的环形体未作标志性解译。从整个预测区的环状特征来看,大多数为基性岩浆底侵作用而成,而矿产多分布在环状外围的次级小构造中。所以针对遥感从线、环构造预测区的选择分析,认为是线性构造控制了矿产空间分布状态,环形构造的形成有提供热液及热源可能,在环形构造外围及线性主构造的次级小构造中给予关注。

预测工作区位于内蒙古自治区白乃庙地区,区内主要出露有奥陶系白乃庙组、二叠系三面井组、志留系西别河组和侏罗系大青山组。奥陶系白乃庙组上部:变质砂岩、千枚岩、绢云母石英片岩、绿泥绢云石英片岩、绿泥方解片岩、灰色薄层状砂质结晶灰岩、硅质结晶灰岩夹结晶灰岩透镜体。二叠系三面井组:生物碎屑灰岩、长石砂岩夹泥板岩、凝灰岩等。

已知矿点与本预测区中羟基异常吻合的有白乃庙铜、金矿和谷那乌苏铜矿。

五、区域预测模型

根据预测工作区区域成矿要素、化探、航磁、重力、遥感及自然重砂,建立了本预测区的区域预测要素(表16-2),并编制预测工作区预测要素图和预测模型图。

表16-2 内蒙古白乃庙沉积型铜钼矿床预测工作区区域预测要素表

区域成矿要素		描述内容	要素类别
地质环境	大地构造位置	温都尔庙俯冲增生杂岩带,形成于温都尔庙岩浆弧与华北克拉通陆弧碰撞造山过程	必要
	成矿区(带)	滨太平洋成矿域(叠加在古亚洲成矿区域之上)(Ⅰ级);华北成矿省(Ⅱ级);阿巴嘎-霍林河Cr-Cu(Au)-Ge煤天然碱芒硝成矿带(Ⅲ级);白乃庙-哈达庙铜、金、萤石成矿亚带(Ⅳ级)	必要
	区域成矿类型及成矿期	奥陶纪—泥盆纪,沉积(变质)型+斑岩型	必要
控矿地质条件	赋矿地质体	奥陶系白乃庙组	重要
	控矿侵入岩	花岗斑岩	重要
	主要控矿构造	东西向断裂为主要的构造,不易受其他构造的影响,具有长期性及阶段性和继承性,强烈时期为加里东期和海西期两个时期,它控制加里东早期的海底基性—中酸性火山喷发,是主要的控矿构造	必要

续表 16-2

区域成矿要素		描述内容	要素类别
区内相同类型矿产		成矿区带内 2 个矿点、1 个矿化点	必要
地球物理特征	重力异常	预测区区域重力场总体趋势为重力值由南向北逐渐增大。南部重力值区域相对稳定,表现为重力值北高南低、东西走向的重力梯度带;北部有北东向展布的局部高、低重力异常相间排列,形态呈条带或椭圆状。中北部区域在预测区中重力值最高,达-120×10^{-5} m/s^2。预测区南部正、负剩余重力异常为长椭圆状,近东西走向,异常较平缓,异常之间有较大面积的零值区。剩余重力负异常值一般在$(-6\sim0)\times10^{-5}$ m/s^2 之间,剩余重力正异常多在$(0\sim6)\times10^{-5}$ m/s^2 之间。北部剩余重力异常为北东向展布,形态均为长椭圆状,异常边缘等值线较密集,剩余重力负异常值一般在$(-6\sim0)\times10^{-5}$ m/s^2 之间,剩余重力正异常则在$(0\sim4)\times10^{-5}$ m/s^2 之间	必要
	磁法异常	在航磁 ΔT 等值线平面图上白乃庙预测区磁异常幅值变化范围为 $-1200\sim 800$ nT,预测区磁异常以异常值 $0\sim100$ nT 为背景,异常轴为东西向和北西向,异常幅值较小,正异常值有一定梯度变化,一般呈带状分布。东南部有一正负伴生异常,梯度变化大,负异常值达 -1200 nT,周围正异常呈环状包围此负异常。白乃庙铜矿区位于预测区西部,处在 $0\sim100$ nT 低缓异常背景上	必要
地球化学特征		预测区上主要分布有 Au、As、Sb、Cu、Pb、Zn、Ag、Cd、W、Mo 等元素异常,Mo、Cu 元素浓集中心明显,异常强度高	重要
遥感特征		从线、环构造预测区的选择分析,认为是线性构造控制了矿产空间分布状态,环形构造的形成有提供热液及热源可能,在环形构造外围及线性主构造的次级小构造中给予关注	次要

区域预测要素图以区域成矿要素图为基础,综合研究重力、航磁、化探、遥感、自然重砂等综合致矿信息,并将综合信息各专题异常曲线或区全部叠加在成矿要素图上,在表达时可以作出单独预测要素如航磁的预测要素图。

预测模型图的编制,以地质剖面图为基础,叠加化探及重力剖面图而形成,简要表示预测要素内容及其相互关系,以及时空展布特征(图 16-5)。

第三节 矿产预测

一、综合地质信息定位预测

(一)变量提取及优选

根据典型矿床及预测工作区研究成果,进行综合信息预测要素提取,本次选择网格单元法作为预测单元,本次预测底图比例尺为 1∶10 万,利用规则网格单元作为预测单元,网格单元大小为 1.0km×1.0km。

地质体、断层、遥感线性要素进行单元赋值时采用区的存在标志;根据白乃庙沉积型铜钼矿矿区特

第十六章　白乃庙式沉积(变质)型铜矿伴生钼矿预测成果

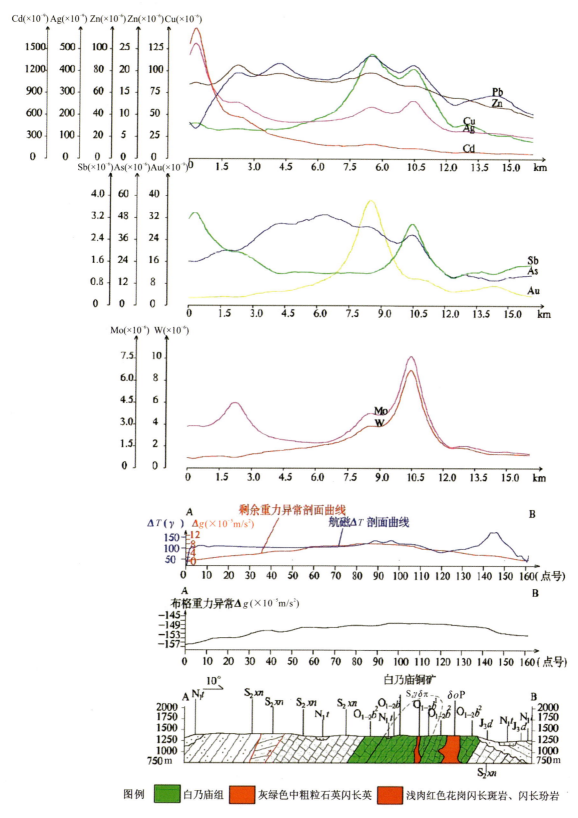

图 16-5　白乃庙沉积型钼矿预测工作区预测模型图

征,含矿地质体为白乃庙组,故选取上述地质体作为预测地质要素。将以上均作为预测要素。化探、剩余重力、航磁化极则求起始值的加权平均值,在变量二值化时利用异常范围值人工输入变化区间。

(二)最小预测区圈定及优选

本次利用证据权重法,采用 1.0km×1.0km 规则网格单元,在 MRAS2.0 下进行预测区圈定与优选,根据预测区内有 3 个已知矿床及矿点,采用有预测模型工程进行定位预测。

(三)最小预测区圈定结果

本次工作要根据主矿种 Cu 预测成果共圈定 18 个最小预测区,其中 A 级区 5 个,B 级区 4 个,C 级区 7 个(表 16-3)。

表 16-3 白乃庙式沉积型钼矿最小预测区圈定及资源量估算结果表

最小预测区编号	最小预测区名称	最小预测区面积(km²)	预测深度(m)	预测铜资源量(t)	伴生钼含矿率	伴生钼(t)	级别
A1504103001	白音朝克图苏木	35.61	1431	885 400		18 995.37	334-1
A1504103002	白音朝克图嘎查南	2.23	700	21 400		459.12	334-1
A1504103003	汗盖	1.00	500	9900		212.39	334-1
A1504103004	呼特勒	0.77	200	3100		66.51	334-1
A1504103005	呼特勒东	0.77	200	3100		66.51	334-1
B1504103001	新尼乌斯	32.26	200	17 700		379.74	334-3
B1504103002	阿玛乌素南东	0.77	200	3300		70.80	334-3
B1504103003	三滩	0.77	200	400	0.021 454	8.58	334-3
B1504103004	乌兰陶勒盖北西	0.77	200	4000		85.82	334-3
C1504103001	毛盖图北	2.73	200	1700		36.47	334-3
C1504103002	巴彦红格尔嘎查北	0.77	200	2800		60.07	334-3
C1504103003	巴润哈日其盖东	0.77	200	1700		36.47	334-3
C1504103004	一卜树村西	0.77	200	2800		60.07	334-3
C1504103005	前青达门东	0.77	200	2800		60.07	334-3
C1504103006	那日图嘎查南	0.77	200	2200		47.20	334-3
C1504103007	乌兰哈达嘎查北东	0.77	200	1700		36.47	334-3

(四)最小预测区地质评价

本次所圈定的 16 个最小预测区,在含矿建造的基础上,最小预测区面积在 0.77~35.61km² 之间,最小预测区均小于 50km²。A 级区绝大多数分布于已知矿床外围或化探铜铅锌三级浓度分带区且有已知矿点,存在或可能发现铜矿产地的可能性高,具有一定的可信度。

二、共伴生钼矿估算资源量

（一）典型矿床伴生资源量及共伴生含矿率估算

据截至2006年初储量表，白乃庙铜矿铜金属量为547 533t。据截至2009年初储量表，伴生钼资源量为11 747t，伴生钼含矿率＝伴生钼÷铜＝11 747t÷547 533t＝0.021 454。

（二）最小预测区共伴生矿预测资源量估算参数

最小预测区伴生钼资源量＝最小预测区预测铜资源量×伴生金含矿率。本次预测共预测伴生钼资源量为20 681.66t，不含已探明的11 747t。各最小预测区伴生钼资源量见表16-3。

（三）最小预测区共伴生矿种预测资源量估算结果

白乃庙沉积型铜钼矿预测工作区地质体积法预测资源量，依据资源量级别划分标准，根据现有资料的精度，可划分为334-1、334-2和334-3三个资源量精度级别；根据各最小预测区内含矿地质体、物化探异常及相似系数特征，预测延深参数均在2000m以浅。

根据矿产潜力评价预测资源量汇总标准，白乃庙沉积型钼矿预测工作区按精度、预测深度、可利用性、可信度统计分析结果见表16-4。

表16-4 白乃庙沉积型铜钼矿预测工作区伴生钼预测资源量估算汇总表（单位：t）

按深度			按精度		
500m以浅	1000m以浅	2000m以浅	334-1	334-2	334-3
7929.4	9 755.13	20 681.66	19 799.90	—	881.76
按可利用性			按可信度		
可利用	暂不可利用		≥0.75	≥0.5	≥0.25
19 799.90	—		—	19 799.90	20 681.66

第十七章　内蒙古自治区钼单矿种资源总量潜力分析

第一节　钼单矿种估算资源量与资源现状对比

至2010年底,全区钼矿上表单元为52个,其中单一和以钼为主矿产的钼矿产地有21处,共生钼上表单元18个,伴生钼上表单元13个。全区累计查明铜金属资源储量为113.42×10⁴t,其中基础储量75.25×10⁴t,资源量38.17×10⁴t,基础储量和资源量分别占全区查明资源总量的66.4%和33.6%。截至2010年底,全区保有资源量Mo 111.46t。根据对全区的钼矿床(点)综合研究,划分为13个矿产预测类型,共有3种预测方法类型:沉积(变质)型、复合内生型和侵入岩体型。

预测资源总量8 230 125.07t,已探明储量3 293 077t,预测资源量与已探明资源量比率为2.5∶1。各预测方法类型的已查明资源量、预测资源量及可利用性见表17-1。

表17-1　内蒙古自治区钼矿种资源现状统计表

预测方法类型	已探明		预测资源量(t)	预测可利用性	
	储量(t)	与预测资源量对比		资源量(t)	占预测资源量比重(%)
复合内生型	2357	1∶42.39	99 911.07	12 364.11	12.37
侵入岩体型	3 277 572	1∶2.47	8 100 567.57	5 958 542.74	73.55
沉积(变质)型	1401	1∶6.40	8964.77	7105.5	79.26
共伴生钼矿	11 747	1∶1.76	20 681.66	19 799.9	95.73
合计	3 293 077	1∶2.50	8 230 125.07	5 997 812.25	72.87

第二节　预测资源量潜力分析

全区钼原生矿种共划分为15个预测工作区,预测工作区总面积约6 112.35km²,总计圈定出305个最小预测区,钼预测资源量为823.012 5×10⁴t,15个预测工作区内已查明资源量为329.307×10⁴t(含正在勘探或详查的曹四夭及岔路口钼多金属矿),预测资源量约为查明资源量的2.5倍(该查明量包括目前正在勘探尚未提交评审的量)。全区铜伴生钼划分为1个预测工作区,预测工作区面积为82.3km²,圈定了16个最小预测区,钼预测资源量为2.068×10⁴t,预测资源量约为查明资源量的2倍。

查明资源量与预测资源量数量比较合理,可信程度较高。

本次预测典型矿床深部和外围预测资源量约 132.9×10^4 t,说明在老矿区随勘查深度增加和技术装备的发展,推断外围及深矿仍然有查明资源储量 0.5～1 倍的资源潜力。

全区钼矿预测资源量按照深度、精度、可利用性及资源量可信度统计结果见表 17-2 及图 17-1～图 17-5。

表 17-2　内蒙古自治区钼矿预测资源量综合分类统计表(单位:t)

深度	精度	可利用性		可信度			合计
		可利用	暂不可利用	≥0.75	≥0.5	≥0.25	
500m以浅	334-1	716 306.9693	303 030.7807	666 923.3	699 391.3	746 322.3	1 019 337.75
	334-2	783 146.0932	1 240 074.907	304 140.5	612 815.3	505 518.3	2 023 221
	334-3	206 012.9897	1 513 631.26	90 218.02	285 281.5	493 258.3	1 719 644.25
1000m以浅	334-1	1 432 613.939	266 682.061	1 333 847	1 398 783	1 492 645	1 699 296
	334-2	1 566 292.186	1 341 575.814	608 281	1 225 631	1 011 037	2 907 868
	334-3	412 025.9794	1 727 778.021	180 436	570 563	986 516.5	2 139 804
2000m以浅	334-1	2 865 227.877	0	2 667 693.11	2 797 565	2 985 289	2 865 227.88
	334-2	3 132 584.373	9418.737	1 216 562	2 451 261	2 022 073	3 142 003.11
	334-3	824 051.9588	1 398 842.121	360 872.07	1 141 126	1 973 033	2 222 894.08
合计:8 230 125.07							

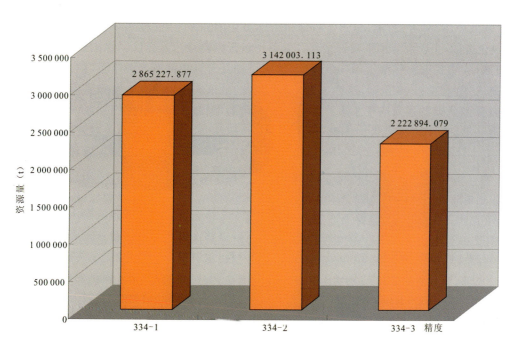

图 17-1　全区原生＋伴生钼矿预测资源量按精度统计图

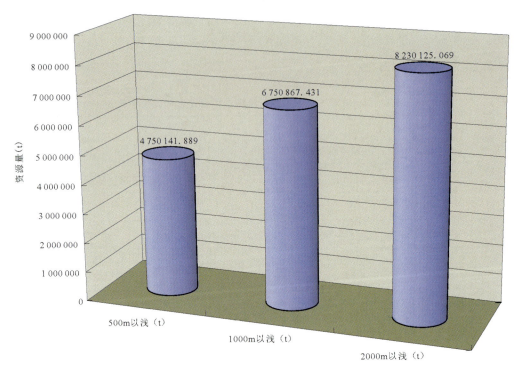

图 17-2　全区原生+伴生钼矿预测资源量按深度统计图

图 17-3　全区原生+伴生钼矿预测
资源量按可利用性统计图

图 17-4　全区原生+伴生钼矿预测资源量
按预测方法类型统计图

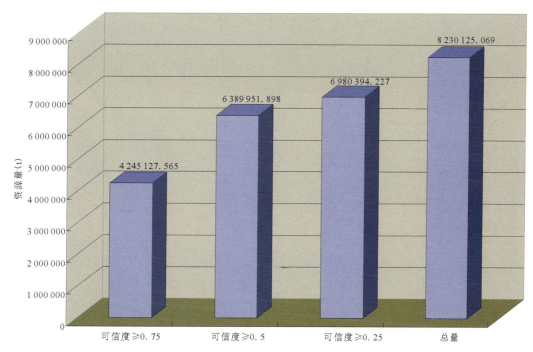

图17-5 内蒙古自治区原生+伴生钼矿预测资源量按可信度分类统计图

第三节 内蒙古自治区钼矿勘查工作部署建议

一、部署原则

以 Mo 为主,兼顾 Cu、Pb、Zn、Ag 等共、伴生金属,以探求新的矿产地及新增资源储量为目标,开展区域矿产资源预测综合研究、重要找矿远景区矿产普查工作。

(1) 开展矿产预测综合研究。以本次钼矿预测成果为基础,进一步综合区域地球化学、区域地球物理和区域遥感资料,应用成矿系列理论,进行成矿规律、矿产预测等综合研究,圈定一批找矿远景区,为矿产勘查部署提供依据。

(2) 开展矿产勘查工作。依据本次钼矿预测结果,结合已发现钼矿床,进行矿产勘查工作部署。在已知矿区的外围及深部部署矿产勘探工作,在矿点和本次预测成果中的 A、B 级优选区相对集中的地区部署矿产详查工作,在找矿远景区内部署矿产普查工作。

二、找矿远景区工作部署建议

根据钼矿最小预测区的圈定及资源量估算结果,结合主攻矿床类型,共圈定14个找矿远景区(图17-6)。

1. 乌努格吐山-额仁陶勒盖钼找矿远景区

地质背景:大地构造位置属大兴安岭弧盆系额尔古纳岛弧。成矿带区划属大兴安岭成矿省(Ⅱ),新巴尔虎右旗 Cu-Mo-Pb-Zn-Au-萤石-煤(铀)成矿带(Ⅲ级),额尔古纳 Cu-Mo-Pb-Zn-Ag-Au-

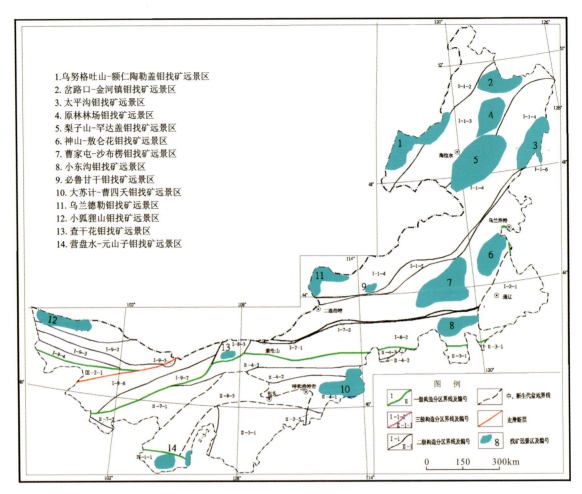

图 17-6 内蒙古自治区钼矿找矿远景区（勘查部署建议）分布图

萤石成矿亚带（Ⅳ）。区内出露地层有青白口系佳疙瘩组、震旦系额尔古纳河组，下古生界乌宾敖包组、卧都河组，上古生界红水泉组、莫尔根河组及中侏罗统万宝组、塔木兰沟组，上侏罗统满克头鄂博组、玛尼吐组及白音高老组。侵入岩为主要为侏罗纪—白垩纪中酸性侵入岩。

区域成矿特点：远景区内有钼矿床或矿点 5 处，呈北北东向分布。钼矿赋矿地质体为中侏罗世黑云母花岗岩及二长花岗斑岩，成矿期为中侏罗世，成因类型为斑岩型。

勘查工作部署建议：根据本区成矿地质条件、物化探异常和已知矿床矿点的分布特征综合分析，本区有较好的找矿前景，寻找斑岩型钼矿床应部署矿产勘查工作。

2. 岔路口-金河镇钼找矿远景区

成矿地质背景：所处大地构造单元古生代属天山-兴蒙造山系大兴安岭弧盆系，海拉尔-呼玛弧后盆地；中生代属环太平洋巨型火山活动带、大兴安岭火山岩带、陈巴尔虎旗-根河火山喷发带、阿里河晚侏罗世—早白垩世火山盆地。成矿带区划属滨太平洋成矿域（叠加在古亚洲成矿域之上），大兴安岭成矿省，新巴尔虎右旗（拉张区）Cu-Mo-Pb-Zn-Au-萤石-煤（铀）成矿带，陈巴尔虎旗-根河 Au-Fe-Zn-萤石成矿亚带，岔路口钼成矿远景区。

出露地层有新元古界—下寒武统倭勒根群大网子组浅变质沉积岩、变质海相中基性火山岩及下白垩统光华组流纹岩、流纹质晶屑岩屑凝灰熔岩、流纹质角砾凝灰熔岩、英安岩、英安质凝灰熔岩及少量含杏仁安山岩等。燕山期石英斑岩、花岗斑岩及隐爆角砾岩是本区主要赋矿地层。侵入岩主要为古生代及中生代中-酸性侵入岩,岩体受控于区域构造,呈北东向展布。区内北东—北东东向深大断裂发育,主要有伊列克得-鄂伦春深断裂。

区域成矿特征:远景区内有钼矿床及矿点2个,呈北东东向分布。赋矿地质体为燕山期花岗斑岩及石英斑岩。成矿期为燕山期。矿床成因类型为斑岩型。

勘查工作部署建议:根据本区成矿地质条件、物化探异常和已知矿床矿点的分布特征综合分析,结合矿产预测成果及已有勘查程度,本区建议部署矿产勘查项目,包括勘探、详查及普查。普查区工作量以1∶1万地质物化探工作、地表槽探、浅井及少量钻探工作为主,详查区以1∶2000地质物化探工作、浅井及大量钻探工作为主,勘探区以钻探工作为主。

3. 太平沟钼找矿远景区

成矿地质背景:所处大地构造单元古生代属天山-兴蒙造山系大兴安岭弧盆系扎兰屯-多宝山岛弧;中生代属环太平洋巨型火山活动带、大兴安岭火山岩带、阿荣旗-大杨树火山喷发带、阿荣旗晚侏罗世—早白垩世火山断陷盆地。成矿带区划属滨太平洋成矿域(叠加在古亚洲成矿域之上),大兴安岭成矿省,东乌珠穆沁旗-嫩江(中强挤压区)Cu-Mo-Pb-Zn-Au-W-Sn-Cr成矿带,朝不楞-博克图W-Fe-Zn-Pb成矿亚带,太平沟-甘河镇钼成矿远景区。

区内出露地层有上志留统—下泥盆统卧都河组,奥陶系多宝山组,上侏罗统满克头鄂博组、玛尼吐组、白音高老组及下白垩统梅勒图组等,上侏罗统满克头鄂博组主要为流纹岩、凝灰质砾岩、流纹质凝灰岩、砂岩、火山角砾岩等。侵入岩主要为燕山期及二叠纪中酸性侵入岩,早白垩世花岗斑岩与铜钼矿化关系密切,为主要控矿因素和赋矿地质体。构造主要表现为北东向断裂构造及中生代火山构造,其中,北东向挤压破碎带对岩浆的侵位及矿液的运移富集起到了控制作用,是主要的控矿构造。

区域成矿特点:区内有矿床1个,与成矿关系密切的地层为上侏罗统满克头鄂博组酸性火山岩及燕山期花岗斑岩。岔路口钼矿成矿期为燕山期,成因类型为斑岩型。

勘查工作部署建议:根据本区优越的成矿地质条件、良好的物化探异常和已知矿床矿点的分布特征综合分析,本区有较好的找矿前景,应部署矿产勘查项目。

4. 原林林场钼找矿远景区

成矿地质背景:所处大地构造单元古生代属天山-兴蒙造山系大兴安岭弧盆系,海拉尔-呼玛弧后盆地,中生代属环太平洋巨型火山活动带、大兴安岭火山岩带、陈巴尔虎旗-根河火山喷发带、阿里河晚侏罗世—早白垩世火山盆地。成矿区带划属滨太平洋成矿域(叠加在古亚洲成矿域之上),大兴安岭成矿省,新巴尔虎右旗(拉张区)Cu-Mo-Pb-Zn-Au萤石-煤(铀)成矿带,陈巴尔虎旗-根河Au-Fe-Zn-萤石成矿亚带。

出露地层有古元古界兴华渡口岩群、中上泥盆统大民山组、石炭系莫尔根河组、上侏罗统满克头鄂博组、玛尼吐组、白音高老组中酸性火山岩及早白垩世中基性火山岩。侵入岩主要为古生代及中生代中-酸性侵入岩,岩体受控于区域构造,呈北东向展布。区内北东—北东东向深大断裂发育,主要有伊列克得-鄂伦春深断裂。

区域成矿特点:远景区内有钼矿床或矿点3个,呈北北东向分布。钼矿床及矿点有斑岩型及热液型,主要与中生代火山岩及侵入岩有关,成因类型主要为斑岩型,成矿期为晚侏罗世—早白垩世。

勘查工作部署建议:根据本区成矿地质条件、物化探异常和已知矿床矿点的分布特征综合分析,本区有较好的找矿前景,但工作程度相对较低,为寻找斑岩型钼矿床应部署矿产预查项目。

5. 梨子山-罕达盖钼找矿远景区

成矿地质背景:大地构造位置属天山-兴蒙造山系、大兴安岭弧盆系扎兰屯-多宝山岛弧及海拉尔-呼玛弧后盆地。成矿区带划属滨太平洋成矿域(叠加在古亚洲成矿域之上)(Ⅰ级),大兴安岭成矿省(Ⅱ

级),东乌珠穆沁旗-嫩江(中强挤压区)Cu-Mo-Pb-Zn-Au-W-Sn-Cr成矿带(Ⅲ级),朝不楞-博克图W-Fe-Cu-Zn-Pb成矿亚带(Ⅳ级)。

出露地层有南华系佳疙瘩组、奥陶系哈拉哈河组、多宝山组和裸河组,中-下泥盆统泥鳅河组、中-上泥盆统大民山组、塔尔巴格特组,下石炭统红水泉组(C_1h)、莫尔根河组(C_1m)及中生代陆相火山岩。侵入岩主要为古生代及中生代中-酸性侵入岩,岩体受控于区域构造,呈北东向展布。区内北东—北东东向深大断裂发育,除二连-贺根山深断裂从该区南部通过外,北部有查干敖包-五叉沟大断裂从复背斜南翼通过。

区域成矿特征:远景区内有钼矿床及矿点6个,呈北东东向分布。成矿期为泥盆纪—石炭纪。矿床成因类型为矽卡岩型及热液型。

勘查工作部署建议:根据本区成矿地质条件、物化探异常和已知矿床矿点的分布特征综合分析,结合矿产预测成果及已有勘查程度,本区建议部署矿产勘查工作,包括勘探、详查及普查。

6. 神山-敖仑花钼找矿远景区

成矿地质背景:本区大地构造位置属天山-兴蒙造山系大兴安岭弧盆系锡林浩特岩浆弧。成矿带区划属大兴安岭成矿省(Ⅱ级),林西-孙吴Pb-Zn-Cu-Mo-Au成矿带,(Ⅲ级)莲花山-大井子铜、银、铅、锌成矿亚带(Ⅳ级)。

区内出露地层主要为奥陶系包尔汗图群,石炭系本巴图组,二叠系寿山沟组、大石寨组、哲斯组及林西组,中生代为中侏罗统万宝组及塔木兰沟组,上侏罗统为陆相中酸性火山岩,白垩系有梅勒图组。侵入岩主要有海西晚期中酸性侵入岩、三叠纪二长花岗岩、晚侏罗世中酸性侵入岩及浅成斑岩体。

区域成矿特点:远景区内有钼矿床及矿点3处,沿北东向断裂分布,赋矿地质体主要为二叠系大石寨组、寿山沟组、哲斯组及晚侏罗世浅成斑岩体。成矿期为晚侏罗世,矿床成因类型为斑岩型及热液型。

勘查工作部署建议:根据本区成矿地质条件、物化探异常和已知矿床矿点的分布特征综合分析,本区有较好的找矿前景,建议部署以下矿产勘查项目。普查区工作量以1:1万地质物化探工作、地表槽探、浅井及少量钻探工作为主,详查区以1:2000地质物化探工作、浅井及大量钻探工作为主,勘探区以钻探工作为主。

7. 曹家屯-沙布楞钼找矿远景区

成矿地质背景:大地构造位置属天山-兴蒙造山系大兴安岭弧盆系锡林浩特岩浆弧。成矿带区划属大兴安岭成矿省(Ⅱ级),林西-孙吴Pb-Zn-Cu-Mo-Au成矿带(Ⅲ级),索伦镇-黄岗铁(锡)、铜、锌成矿亚带(Ⅳ级)和神山-白音诺尔铜、铅、锌、铁、铌(钽)成矿亚带(Ⅳ级)。

区内出露地层主要为古元古界宝音图岩群,志留系西别河组,石炭系阿木山组、本巴图组,二叠系寿山沟组、大石寨组、哲斯组及林西组,中生代为中下侏罗统万宝组及塔木兰沟组,上侏罗统为陆相中酸性火山岩,白垩系有梅勒图组及大磨拐河组。侵入岩主要有海西晚期基性-中酸性侵入岩、三叠纪酸性侵入岩、晚侏罗世中酸性侵入岩及浅成斑岩体。

区域成矿特征:远景区内有钼矿床及矿点8处,赋矿地质体为二叠系寿山沟组、林西组及印支期、燕山期花岗岩。曹家屯式钼矿成矿期为燕山期,矿床成因类型为热液型。

勘查工作部署建议:该远景区是内蒙古重要的有色金属基地,根据本区优越的成矿地质条件,良好的物化探异常和已知矿床矿点的分布特征综合分析,本区有较好的找矿前景,应部署矿产勘查项目。普查区工作量以1:1万地质物化探工作、地表槽探、浅井及少量钻探工作为主,详查区以1:2000地质物化探工作、浅井及大量钻探工作为主,勘探区以钻探工作为主。

8. 小东沟钼找矿远景区

成矿地质背景:大地构造位置天山-兴蒙造山系包尔汗图-温都尔庙弧盆系温都尔庙俯冲增生杂岩

带。成矿区带分属吉黑成矿省（Ⅱ级），松辽盆地油气铀成矿区（Ⅲ级），库里吐-汤家杖子钼、铜、锌成矿亚带（Ⅳ级）和大兴安岭成矿省（Ⅱ级），林西-孙吴 Pb－Zn－Cu－Mo－Au 成矿带（Ⅲ级），小东沟-小营子钼、铅、锌、铜成矿亚带（Ⅳ级）。

区内出露地层主要有石炭系朝吐沟组、白家店组、石咀子组和酒局子组，二叠系三面井组、额里图及于家北沟组。中生代为陆相中酸性火山岩。侵入岩主要为海西晚期、印支期及燕山期中酸性侵入岩。

区域成矿特征：远景区内有钼矿床及矿点11个，呈北东向分布，赋矿地质体为燕山期二长花岗岩。成矿期为燕山期，矿床成因类型为斑岩型。

勘查工作部署建议：根据远景区成矿地质条件物化探异常和已知矿床矿点的分布特征综合分析，本区有较好的找矿前景，应部署矿产勘查项目。普查区工作量以1∶1万地质物化探工作、地表槽探、浅井及少量钻探工作为主，详查区以1∶2000地质物化探工作、浅井及大量钻探工作为主，勘探区以钻探工作为主。

9. 必鲁甘干钼找矿远景区

成矿地质背景：所处大地构造单元古生代属天山 兴蒙造山系、大兴安岭弧盆系、扎兰屯-多宝山岛弧；中生代属环太平洋巨型火山活动带、大兴安岭火山岩带、二连-阿巴嘎旗火山喷发带、阿巴嘎旗晚白垩世—更新世陆相火山-沉积盆地。

成矿带区划属滨太平洋成矿域（叠加在古亚洲成矿域之上），大兴安岭成矿省，阿巴嘎-霍林河 Cr－Cu（Au）－Ge 煤-天然碱-芒硝成矿带，温都尔庙-红格尔庙铁、金、铜、钼成矿亚带，阿巴嘎旗铜钼成矿远景区。

区域内出露的地层主要有上石炭统阿木山组厚层状生物碎屑灰岩夹砂岩，中二叠统大石寨组变中酸性火山岩夹砂砾岩、杂砂岩，中二叠统哲斯组砂板岩夹灰岩，上二叠统林西组砂砾岩及粉砂质板岩。新生代地层为新近系上新统宝格达乌拉组砂泥岩、第四系更新统阿巴嘎组橄榄拉斑玄武岩及第四系全新统。

侵入岩主要有晚古生代及中生代侵入岩，活动期较长，但规模较小。主要有二叠纪超基性岩、辉绿岩、石英闪长岩、斜长花岗岩、花岗闪长岩及二长花岗岩，三叠纪二长花岗岩、角闪正长花岗岩及黑云母花岗斑岩。侏罗纪为浅成斑岩体，有花岗斑岩、石英斑岩及流纹斑岩。

构造上本区位于二连-贺根山蛇绿岩带南侧，温都尔庙-西拉木伦河断裂以北阿巴嘎旗晚海西褶皱带朝克温都尔复向斜构造，断裂构造表现为北北东向张性断裂构造带及北西向平移断层。古生代地层、古生代基性-中酸性侵入岩及中生代侵入岩均受控于北东向断裂构造呈北东向带状展布。

区域成矿特征：远景区内有钼矿床1个，含矿地质体为印支期黑云母花岗岩。成矿期为印支期，矿床成因类型为斑岩型。

勘查工作部署建议：根据本区成矿地质条件、物化遥异常和已知矿床矿点的分布特征综合分析，本区应部署矿产勘查项目。对必鲁甘干外围进行详查，在塔日音浑迪一带开展矿产普查工作。普查区工作量以1∶1万地质物化探工作、地表槽探、浅井及少量钻探工作为主，详查区以1∶2000地质物化探工作、浅井及大量钻探工作为主。

10. 大苏计-曹四夭钼找矿远景区

成矿地质背景：所处大地构造单元属华北陆块区狼山-阴山陆块（大陆边缘岩浆弧 Pz_2）固阳-兴和陆核；中生代属环太平洋巨型火山活动带、大兴安岭火山岩带、李清地-明星沟火山喷发带、明星沟晚侏罗世—早白垩世火山断陷盆地。成矿带区划属滨太平洋成矿域（叠加在古亚洲成矿域之上），华北成矿省，华北地台北缘西段 Au－Fe－Nb－REE－Cu－Pb－Zn－Ag－Ni－Pt－W－Mo－石墨-白云母成矿带，乌拉山-集宁 Au－Ag－Fe－Cu－Pb－Zn－Mo－石墨-白云母成矿亚带，沙德盖-大苏计成矿远景区。

区域内出露地层有古太古界兴和岩群麻粒岩组、中太古界集宁岩群片麻岩组、大理岩组矽线榴石片麻岩、浅粒岩、变粒岩、长石石英岩、透辉橄榄大理岩及石墨片麻岩,古生代为石炭系栓马桩组湖相砂砾岩-泥岩建造,中生代为上侏罗统大青山组、满克头鄂博组、玛尼吐组、白音高老组及白垩系李山沟组、固阳组及左云组。区内侵入岩主要为中新太古代陆壳改造型榴石花岗岩、角闪辉长岩及紫苏麻粒岩类和印支期二长花岗岩、正长花岗岩、浅成石英斑岩、花岗斑岩、正长斑岩、石英脉及花岗伟晶岩脉等。区内褶皱构造主要表现为中太古界集宁岩群及片麻状榴石花岗岩类区域性片麻理构造、早期固态流变褶皱、片内无根褶皱及后期片麻理褶皱。断裂构造主要有北东向凉城-黄旗海断裂带、大榆树断裂破碎带及后期北西向断裂构造。区内变质岩以麻粒岩相区域变质岩为主,其次为动力变质岩。

区域成矿特点:远景区内有钼矿床及矿点3个,赋矿地质体为印支期—燕山期流纹斑岩、石英斑岩及花岗斑岩。

勘查工作部署建议:根据本区成矿地质条件、物探异常和已知矿床矿点的分布特征综合分析,本区有较好的找矿前景,应部署矿产勘查项目。普查区工作量以1∶1万地质物化探工作、地表槽探、浅井及少量钻探工作为主,勘探区以钻探工作为主。

11. 乌兰德勒钼找矿远景区

成矿地质背景:所处大地构造单元古生代属天山-兴蒙造山系大兴安岭弧盆系扎兰屯-多宝山岛弧;中生代属环太平洋巨型火山活动带、大兴安岭火山岩带、乌日尼图-查干敖包火山喷发带、查干敖包晚侏罗世火山盆地。成矿带区划属滨太平洋成矿域(叠加在古亚洲成矿域之上),大兴安岭成矿省,东乌珠穆沁旗-嫩江(中强挤压区)Cu-Mo-Pb-Zn-Au-W-Sn-Cr成矿带,朝不楞-博克图W-Fe-Zn-Pb成矿亚带,乌日尼图-乌兰德勒铜钼钨成矿远景区。

区域内出露的地层主要有上石炭统—下二叠统宝力高庙组陆相正常碎屑沉积岩及第四系全新统。区内岩浆活动频繁,受北东向断裂构造控制,主要为晚古生代及中生代侵入岩,主要有二叠纪黑云母花岗岩、正长花岗岩、花岗闪长岩及石英闪长岩。黑云母花岗岩,其U-Pb同位素年龄测定结果$^{206}Pb/^{238}U$表面年龄加权平均值为292.6±0.5Ma。钻孔中花岗闪长岩单颗粒锆石U-Pb同位素年龄299.3±2.4Ma(内蒙古自治区地质调查院,2008),因此,成岩时代为晚石炭世—早二叠世。构造上本区位于二连-贺根山蛇绿岩带北侧,区域上北部有查干敖包-东乌旗大断裂,这些大断裂均属区域控岩、控矿断裂,与之对应的北西向次级断裂为该区的主要储矿空间,本区多数矿化与之相关。

区域成矿特征:区内有钼矿床及矿点4个,矿床成因类型为斑岩型(中型),成矿母岩为灰白色—浅紫色细粒二长花岗岩,岩石中辉钼矿的Re-Os同位素等时线年龄值为134.1±3.3Ma,成矿时代为燕山晚期(白垩纪早期)。

勘查工作部署建议:根据本区的成矿地质条件,物探、遥感及重砂异常和已知矿床矿点的分布特征综合分析,本区有较好的找矿前景,应部署矿产勘查项目。在乌兰德勒钼矿外围进行勘探,在其他地区开展矿产普查工作。普查区工作量以1∶1万地质物化探工作、地表槽探、浅井及少量钻探工作为主,勘探区以钻探工作为主。

12. 小狐狸山钼找矿远景区

成矿地质背景:大地构造分区属天山-兴蒙造山系大兴安岭弧盆系红石山裂谷。成矿带区划分属古亚洲成矿域,准噶尔成矿省,觉罗塔格-黑鹰山Cu-Ni-Fe-Au-Ag-Mo-W-石膏成矿带,黑鹰山-雅干Fe-Au-Cu-Mo成矿亚带,小狐狸山钼铅锌矿远景区。

区域出露地层有下奥陶统罗雅楚山组(海相陆源碎屑岩建造)、中统咸水湖组(中酸性火山岩建造)及白云山组(陆源碎屑岩-碳酸盐岩建造),下志留统圆包山组及中志留统公婆泉组(陆源碎屑岩夹火山岩建造),下泥盆统雀儿山群(碎屑岩夹火山岩建造),石炭系绿条山组(陆源碎屑岩建造)及白山组(海相火山岩建造),白垩系赤金堡组(陆相砂泥岩建造)及第四系全新统。岩浆活动从古生代至中生代,既有深成侵入岩也有浅成侵入岩及火山岩。深成岩有辉长岩、闪长岩、石英闪长岩、英云闪长岩、二长花岗岩、花岗岩和正长花岗岩。火山活动从古生代开始直至晚石炭世，其岩石类型包括玄武岩、安山岩、英安岩、流纹岩及其火山碎屑岩。超浅成侵入岩及其脉岩相对集中于大狐狸山一带，岩石类型有闪长玢岩、花岗斑岩和石英斑岩。区内褶皱及断裂构造发育，主构造线受控于黑鹰山-雅干深断裂和依赫尔包-苏吉诺尔大断裂，次级构造为两断裂之间的北西向、北东向和近东西向断裂以及大狐狸山破火山及其周边的放射状断裂，其中北西向和北东向断裂是区内的主要控矿构造。

区域成矿特点：远景区内有钼矿床及矿点4处，赋矿地质体为三叠纪中细粒似斑状花岗岩和中粗粒似斑状黑云母花岗岩。成矿期为三叠纪，矿床成因类型为斑岩型。

勘查工作部署建议：根据本区成矿地质条件、物化遥异常和已知矿床矿点的分布特征综合分析，本区有较好的找矿前景，应部署矿产勘查项目。普查区工作量以1∶1万地质物化探工作、地表槽探、浅井及少量钻探工作为主，详查区以1∶2000地质物化探工作、浅井及大量钻探工作为主，勘探区以钻探工作为主。

13. 查干花钼找矿远景区

成矿地质背景：所处大地构造单元古生代属天山 兴蒙造山系、包尔汗图-温都尔庙弧盆系、宝音图岩浆弧。成矿带区划属滨太平洋成矿域（叠加在古亚洲成矿域之上），大兴安岭成矿省，阿巴嘎-霍林河 Cr-Cu(Au)-Ge-煤-天然碱芒硝成矿带，查干此老-巴音杭盖金成矿亚带、敖仑花-巴音杭盖钼-铜-金成矿远景区。

区域内出露的地层有：古元古界宝音图岩群二云石英片岩、榴石绢云石英片岩、石英岩、变粒岩及阳起片岩；中新元古界书记沟组石英砂岩、砾岩及变质砂岩，增龙昌组结晶灰岩夹变质砂岩及板岩，阿古鲁沟组碳质粉砂质板岩夹结晶灰岩，刘鸿湾组石英砂岩夹板岩及少量绿片岩；中生界有中下侏罗统石拐群灰绿色砂岩、粉砂岩，下白垩统李三沟组紫红色砂砾岩夹泥岩和固阳组灰黄绿色砂岩夹煤层，上白垩统二连组紫红色砂砾岩及泥岩；古近系渐新统清水营组橘黄色砂砾岩；第四系全新统及更新统。区内岩浆活动频繁，从古元古代到中生代均有出露，古元古代为变质深成体，为黑云角闪斜长片麻岩、黑云斜长片麻岩、黑云钾长片麻岩及片麻状花岗闪长岩。晚古生代有辉长岩、闪长岩、石英闪长岩、花岗闪长岩、二长花岗岩及黑云母花岗岩。三叠纪为花岗岩及二长花岗岩。侏罗纪为肉红色二长花岗岩及花岗岩。区内构造主要为华北板块北部大陆边缘、狼山裂谷北西侧的宗乃山-沙拉扎山构造带内，夹持于恩格尔乌苏断裂带与阿拉善北缘断裂带两条北东向区域性断裂带之间。区内以变质深成岩及宝音图岩群绿片岩相区域变质岩为主，局部为低角闪岩相变质岩，其次为动力变质岩和热接触变质岩。

区域成矿特征：远景区内有钼矿床1处，赋矿地质体为三叠纪中细粒二长花岗岩。成矿期为印支期，矿床成因类型为斑岩型。

勘查工作部署建议：根据本区成矿地质条件、物化探异常和已知矿床矿点的分布特征综合分析，结合查干花外围正在开展的集中勘查工作。普查区工作量以1∶1万地质物化探工作、地表槽探、浅井及少量钻探工作为主，勘探区以钻探工作为主。

14. 营盘水-元山子钼找矿远景区

成矿地质背景：主要分布在秦祁昆造山带北祁连弧盆系内。矿区位于昆仑-秦岭地槽走廊过渡带与中朝地台鄂尔多斯西缘坳陷带接壤的走廊过渡带一侧，地层区划属祁连-北秦岭地层分区的北祁连地层小区。加里东早期所沉积的巨厚的中寒武统香山群碎屑岩及碳酸盐岩，具海相类复理石建造特征。含矿岩系为中寒武统香山群黑色含碳石英绢云母千枚岩。

区域成矿特征：远景区内有钼矿床1处，赋矿地质体为寒武纪香山群。成矿期为寒武纪，矿床成因类型为沉积（变质）型。

勘查工作部署建议：根据本区优越的成矿地质条件、物化探异常和已知矿床矿点的分布特征综合分析，本区有较好的找矿前景，应部署矿产勘查项目。普查区工作量以1∶1万地质物化探工作、地表槽探、浅井及少量钻探工作为主,详查区以 1:2000 地质物化探工作、浅井及大量钻探工作为主,勘探区以钻探工作为主。

三、开发基地的划分

根据全区矿产资源特点、地质工作程度及环境承载能力,统筹考虑全区经济、技术、安全、环境等因素,结合本次矿产资源预测结果,在综合考虑当前矿产资源分布和预测成果等因素的基础上,对内蒙古境内共划分了 8 个钼矿资源开发基地(图 17-7)。

1. 乌兰德勒-乌日尼图钼矿资源开发基地

本区地处内蒙古自治区中部二连浩特市北部地区,行政区划属锡林郭勒盟苏尼特左旗管辖。本区位于内蒙古高原北部,属中低山丘陵草原区,海拔一般在 1000～1364m 之间,总地势北西高、南东低。山脉走向北东向,一般南陡北缓。本区气候干旱,地广人稀,公路多为低等级公路,交通较为便利。

本区所处构造位置主体为西伯利亚板块南东陆缘,古生代—中生代构造岩浆活动非常强烈。区内地层多,由老到新:古生代地层主要有奥陶系乌宾敖包组、巴彦呼舒组,泥盆系泥鳅河组、塔尔巴格特组、安格尔音乌拉组,上石炭统—下二叠统格根敖包组、宝力高庙组;中生代地层主要为侏罗系红旗组、满克头鄂博组、玛尼吐组及白音高老组,白垩系大磨拐河组及二连组。区内古生代及中生代岩浆活动强烈,石炭纪及二叠纪花岗岩广泛分布,侏罗纪侵入岩亦较发育。

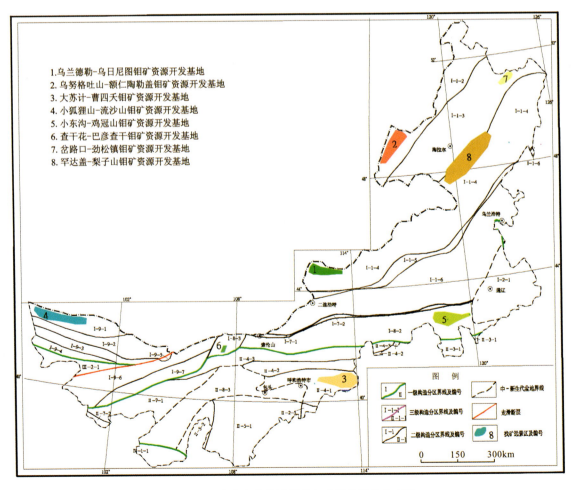

图 17-7 内蒙古自治区钼矿未来开发基地分布图

本区的基础地质勘查程度总体较低、矿产地质勘查程度相对较低。

区内已知斑岩型及热液型钼矿床（点）4处，矿床规模以中型为主。探明钼矿总储量约 $10\times10^4 t$。本次钼矿预测（2000m以浅），在该区及外围共预测A级资源量 $4.5\times10^4 t$，B级资源量 $4.5\times10^4 t$，C级资源量 $4.2\times10^4 t$。钼矿资源潜力较大。

2. 乌努格吐山-额仁陶勒盖钼矿资源开发基地

本区地处内蒙古自治区东北部草原，中俄边境地区，行政区划属呼伦贝尔市管辖。本区位于海拉尔盆地西北部，为低山丘陵区，海拔一般在770~1008m之间，总地势北西高、南东低。山脉走向北北东向，一般南陡北缓，沟谷宽缓。本区地广人稀，海拉尔—满洲里铁路从本区中部通过，公路纵横，交通方便。

本区大地构造位置属古生代大兴安岭弧盆系额尔古纳岛弧，中生代属满洲里侏罗纪—白垩纪火山喷发盆地。

区内出露地层有青白口系佳疙瘩组，震旦系额尔古纳河组，下古生界乌宾敖包组、卧都河组，上古生界红水泉组、莫尔根河组及中生代中下侏罗统万宝组、塔木兰沟组、上侏罗统满克头鄂博组、玛尼吐组及白音高老组。侵入岩为主要为侏罗纪—白垩纪中酸性侵入岩。

本区地质矿产勘查程度较低。

区内已知斑岩型钼矿床及矿点5处，矿床规模以大型为主，其中大型1处，小型2处。探明钼矿总储量接近 $50\times10^4 t$。本次钼矿预测（2000m以浅），在该区内共预测A级资源量 $7\times10^4 t$，B级资源量 $29\times10^4 t$，C级资源量 $26\times10^4 t$。钼矿资源潜力巨大。

3. 大苏计-曹四夭钼矿资源开发基地

本区地处内蒙古自治区东北部森林覆盖区，中蒙边境以东，行政区划属呼伦贝尔市和兴安盟管辖。本区位于海拉尔盆地东南部，为中低山区，海拔一般在741~1572m之间，总地势北西低、南东高。山脉走向北北东向，一般南陡北缓，沟谷切割较深。本区地广人稀，海拉尔-阿尔山公路从本区中西部通过，其余均为土路，交通不方便。

本区大地构造位置属古生代大兴安岭弧盆系扎兰屯-多宝山岛弧，中生代属阿尔山-柴河源火山盆地。出露地层有古元古界兴华渡口岩群，南华系佳疙瘩组，奥陶系哈拉哈河组、多宝山组和裸河组，中-下泥盆统泥鳅河组，中-上泥盆统大民山组、塔尔巴格特组，下石炭统红水泉组、莫尔根河组，上石炭统宝力高庙组，中二叠统大石寨组，上二叠统林西组及中生代陆相火山岩。侵入岩主要为古生代及中生代中-酸性侵入岩，岩体受控于区域构造，呈北东向展布。区内北东—北东东向深大断裂发育，除二连-贺根山深断裂从该区南部通过外，北部有查干敖包-五叉沟大断裂从复背斜南翼通过。

本区地质矿产勘查程度较低。

区内已知矽卡岩型钼矿床及矿点3处，矿床规模均为大型和中型。探明及正在勘探钼矿总储量约 $110\times10^4 t$。本次钼矿预测（2000m以浅），在该区内共预测A级资源量 $121\times10^4 t$，B级资源量 $77\times10^4 t$，C级资源量 $51\times10^4 t$。该区成矿地质条件优越，钼矿资源潜力巨大。

4. 小狐狸山-流沙山钼矿资源开发基地

本区地处内蒙古自治区西部，行政区划属阿拉善盟额济纳旗管辖。为戈壁及低山丘陵区，海拔一般在1000~1400m之间，总地势南高、北低。山脉走向近东西向，沟谷宽缓。区内交通仅有额济纳旗黑鹰山铁矿公路及边防公路从本区中部东西向通过，总体交通条件差。本区地广人稀，水系不发育，植被稀少，冬季寒冷，夏季干旱炎热，气候属典型干旱大陆性气候。总之，自然环境条件恶劣。

大地构造位置属于额济纳-北山弧盆系红石山裂谷。区内出露的地层主要有中元古界古硐井组，新元古界园藻山组，寒武系结晶灰岩-硅质条带灰岩-硅质岩，中奥陶世中酸性火山岩建造，志留系、泥盆系砂砾岩-碳酸盐岩建造。上古生界：早石炭世杂砂岩-石英砂岩-粉砂岩-泥岩-灰岩建造，晚石炭世基性-中酸性熔岩-火山碎屑岩建造。早二叠世杂砂岩-长石砂岩-粉砂岩-泥岩-复成分砾岩-灰岩、生物碎屑灰岩，中二叠世中基性火山岩-凝灰岩-砂岩-粉砂岩-泥岩建造，晚二叠世粉砂岩-泥岩-砂岩-砾岩建造。侵入岩主要为海西中期闪长花岗岩、斜长花岗岩及海西晚期二长花岗岩侵入岩。

本区地质矿产工作程度总体较低。

区内已知热液型铜矿床及矿点 4 处，矿床规模以小型为主，有中型矿床 1 处，小型 2 处。探明钼矿总储量约 5×10^4 t。本次钼矿预测（2000m 以浅），在该区内共预测 A 级资源量 9.2×10^4 t，B 级资源量 11×10^4 t，C 级资源量 4×10^4 t。

目前，虽然本区保有钼资源量较低，由于地处内蒙古自治区西部边远地区，地质矿产工作程度低，但是，本区区域成矿地质条件优越、化探异常强度高、范围大，钼矿资源潜力较大，完全可以作为中长期钼矿开发基地。

5. 小东沟-鸡冠山钼矿资源开发基地

本区地处内蒙古自治区东部。行政区划隶属于赤峰市。区内交通条件较为便利，集通铁路、赤大高速和内蒙古省际大通道及多条国道从本区通过。

本区位于内蒙古高原东部，属大兴安岭中南段，地势较高，海拔一般在 1000～1900m 之间，为中高山区；切割深度为 100～600m。总的地势为西北低、南东高。

本区大地构造位置属大兴安岭弧盆系锡林浩特岩浆弧。区内出露地层主要有中下二叠统大石寨组、中二叠统哲斯组、上二叠统林西组及晚侏罗世中酸性陆相火山岩。侵入岩为印支期及燕山期中酸性深成侵入岩及浅成斑岩体。本区地质矿产勘查程度较高。

区内已知斑岩型及热液型钼矿床及矿点 11 处，矿床规模以中型为主，中型钼矿床 2 处，小型 3 处，探明钼矿总储量约 35×10^4 t（包括共、伴生钼矿）。本次钼矿预测（2000m 以浅），在该区内共预测 A 级资源量 15×10^4 t，B 级资源量 28×10^4 t，C 级资源量 7×10^4 t。该区为内蒙古自治区东部重要钼及铅锌矿有色金属基地，成矿地质条件优越，钼矿资源潜力较大。

6. 查干花-巴彦查干钼矿资源开发基地

本区位于霍各乞铜矿东北部，地处内蒙古中西部巴音前达门苏木及巴彦查干地区，行政区划属巴彦淖尔市乌拉特后旗管辖。海拔一般在 1100～1214m 之间，总的地势为北西低、南东高。山脉走向北东向，一般南陡北缓，剥蚀较深，地形切割较浅。本区气候干旱、地广人稀，陕坝至乌力吉公路从本区南部通过，公路多为低等级公路，交通较为便利。

本区所处构造位置主体为天山兴蒙造山系额济纳旗-北山弧盆系，自古元古代—中生代构造岩浆活动非常强烈。区内地层由老到新有：古元古界宝音图岩群，古生代地层主要有上石炭统阿木山组、本巴图组，中生代地层主要为白垩系乌兰苏海组、巴音戈壁组及苏红图组。区内古生代岩浆活动强烈，二叠纪花岗岩广泛分布，石炭纪侵入岩亦较发育。

本区的基础地质勘查程度较低、矿产地质勘查程度相对较高。

区内已知斑岩型钼矿 1 处，矿床规模为大型。探明钼矿总储量约 26×10^4 t。本次钼矿预测（2000m 以浅），在该区及外围共预测 A 级资源量 12×10^4 t，B 级资源量 65×10^4 t，C 级资源量 7.1×10^4 t。钼矿资源潜力巨大。

7. 岔路口-劲松镇钼矿资源开发基地

工作区地处内蒙古自治区大兴安岭北段的伊勒呼里山脉南坡，多布库尔河上游，行政区划隶属大兴安岭地区松岭区管辖。本区有运材支线与铁路和公路相通，交通较为方便。本区属大兴安岭中高山区，海拔标高 600～900m，最高山峰 1520m，相对高差 200～500m。工作区最高山峰 809.80m，最低

542.10m，距本区最近山峰为北东侧的1029高地。区内水系发育，多布库尔河在工作区通过，次级溪流遍布全区，水资源充沛。为大陆寒温带气候，冬季漫长，干燥寒冷，无霜期短，在100天左右，冻土层深度一般在3.5m左右；年均气温-5℃，1月份平均气温-25℃，最低达-40℃以下，7月份平均气温21℃，最高气温37℃；夏季温湿多雨，年均降雨量400～600mm，多集中于7～8月份；区内植被茂盛，岩石露头少，近几十年未见滑坡、泥石流等地质灾害现象发生。总之，自然环境条件恶劣。

该区所处大地构造单元古生代属天山-兴蒙造山系大兴安岭弧盆系，海拉尔-呼玛弧后盆地(Pz)；中生代属环太平洋巨型火山活动带、大兴安岭火山岩带、陈巴尔虎旗-根河火山喷发带、阿里河晚侏罗世—早白垩世火山盆地。本区地质矿产工作程度总体较低。

区内已知热液型钼矿床及矿点2个，矿床规模为特大型，目前初步探明钼矿总储量约120×10^4t。本次钼矿预测(2000m以浅)，在该区内共预测A级资源量80×10^4t，B级资源量36×10^4t，C级资源量127×10^4t。

目前，虽然本区保有钼资源量较高，由于地处内蒙古自治区东北部林区，地质矿产工作程度低，外界客观条件严重地制约了矿业勘查和开发，但是本区区域成矿地质条件优越、化探异常强度高、范围大，有巨大的钼矿资源潜力较大，完全可以作为中长期钼矿开发基地。

8. 罕达盖-梨子山钼矿资源开发基地

本区地处内蒙古自治区东北部森林覆盖区，中蒙边境以东，行政区划属呼伦贝尔市和兴安盟管辖。本区位于海拉尔盆地东南部，为中低山区，海拔一般在741～1572m之间，总的地势为北西低、南东高。山脉走向北北东向，一般南陡北缓，沟谷切割较深。本区地广人稀，海拉尔—阿尔山公路从本区中西部通过，其余均为土路，交通不方便。

本区大地构造位置属古生代大兴安岭弧盆系扎兰屯-多宝山岛弧，中生代属阿尔山-柴河源火山盆地。出露地层有古元古界兴华渡口岩群，南华系佳疙瘩组，奥陶系哈拉哈河组、多宝山组和裸河组，中-下泥盆统泥鳅河组，中-上泥盆统大民山组、塔尔巴格特组，下石炭统红水泉组、莫尔根河组，上石炭统宝力高庙组，中二叠统大石寨组海、上二叠统林西组及中生代陆相火山岩。侵入岩主要为古生代及中生代中-酸性侵入岩，岩体受控于区域构造，呈北东向展布。区内北东—北东东向深大断裂发育，除二连-贺根山深断裂从该区南部通过外，北部有查干敖包-五叉沟大断裂从复背斜南翼通过。

本区地质矿产勘查程度较低。区内已知矽卡岩型钼矿床及矿点6处，矿床规模均为小型。探明钼矿总储量约2×10^4t。本次钼矿预测(2000m以浅)，在该区内共预测A级资源量1.4×10^4t，B级资源量3.1×10^4t，C级资源量5.5×10^4t。该区目前虽查明资源量较少，但成矿地质条件优越，与多宝山地区完全可以类比，钼铜矿资源潜力较大。

第十八章 结 论

一、主要成果

(1) 通过全自治区范围内钼矿资源潜力评价工作,使参加本项目的全体技术人员对技术要求的理解掌握和实际运用等有了较大程度的提高,为各矿种潜力评价的顺利开展打下了基础。

(2) 开展了成矿地质背景的综合研究,编制了预测工作区的地质构造专题底图。

(3) 开展了钼矿成矿规律研究工作,进行了矿产预测类型、预测方法类型的划分,圈定了预测工作区的范围。填写了典型矿床卡片,编制了典型矿床成矿要素图、成矿模式图、预测要素图和预测模型图。进行了预测工作区的成矿规律研究,编制了预测工作区的区域成矿要素图、区域成矿模式图、区域预测要素图和区域预测模型图。

(4) 对全区的物探、遥感资料进行了全面系统的收集整理,并在前人资料的基础上通过重新分析和地质、物探、化探、遥感综合研究,进行了较细致的解释推断工作。

(5) 对15个钼矿预测工作区进行了预测靶区的圈定和优选工作,使用了体积法,对每个预测区钼矿的资源量进行了计算。

(6) 物探重、磁专题完成了15个钼矿预测工作区各类成果图件的编制,包括磁法工作程度图、航磁 ΔT 剖面平面图、ΔT 等值线平面图、ΔT 化极等值线平面图、推断地质构造图、磁异常点分布图、地磁剖面平面图、地磁等值线平面图、推断磁性矿体预测类型预测成果图、布格重力异常平面等值线图、剩余重力异常平面等值线图、重力推断地质构造图等,并完成了以上各类成果图件的数据库建设。

(7) 物探重、磁专题完成了钼13个典型矿床所在位置地磁剖面平面图、等值线平面图、典型矿床所在地区航磁 ΔT 化极等值线平面图、ΔT 化极垂向一阶导数等值线平面图、典型矿床所在区域地质矿产及物探剖析图、典型矿床概念模型图。

(8) 通过对重、磁资料的综合研究,总结了内蒙古自治区的重磁场分布特征,对全区重磁异常进行了重新筛选、编号和解释推断。

(9) 总结了钼矿预测区重磁场分布特征,推断了预测区地质构造,包括断裂、地层、岩体、岩浆岩带、盆地等地质体,并指出了找矿靶区或成矿有利地区。

(10) 遥感专题组对钼矿预测工作区分别进行了遥感影像图制作,遥感矿产地质特征与近矿找矿标志解译,遥感羟基异常、遥感铁染异常提取,并圈定了成矿预测区。

(11) 遥感专题完成了15个钼矿预测工作区的各类基础图件编制和数据库建设,包括遥感影像图、遥感地质特征及近矿找矿标志解译图、遥感羟基异常分布图、遥感铁染异常分布图,并完成了相应区域1:25万标准分幅的影像图、解译图、羟基异常图、铁染异常图4类图件。

(12) 开展了基础数据库维护工作和成果数据库建库工作。

(13) 在全自治区矿政管理和地质找矿中发挥了重要作用。

(14) 重新对全区钼矿成矿地质条件和找矿潜力进行了新一轮梳理及评价,为国家资源政策、资源战略制定和今后矿产勘查选区提供了科学依据。

二、质量评述

(1)所有的研究工作都基本遵循相应的技术要求和技术流程,符合全国矿产资源潜力评价项目总体要求。

(2)项目组、课题组均设立了质量检查体系,所有的图件等均经过自检、互检和抽检,并有相应的质量记录,保证了项目的整体质量。

三、存在问题

(1)内蒙古自治区地域广,面积大,成矿地质背景复杂,地质工作程度低,编图难度高,工作量巨大。

(2)内蒙古中西部原始资料少,本次钼矿预测工作区编图使用的是1:20万成果地质资料。

(3)本项目属开拓性、探索性极强的综合研究项目,涉及到的专业范围宽、资料多,参加的单位多,且时间紧,因此在资料的研究程度和使用上存在较多问题。项目组人员多为第一次参加此类工作,理解认识上也不太统一。

(4)项目组全体人员,连续加班,超负荷工作。尤其专业技术人员,年龄较大,脑力体力严重透支。

主要参考文献

蔡明海,张志刚,屈文俊,等.内蒙古乌拉特后旗查干花钼矿床地质特征及 Re-Os 测年[J].地球学报,2011,32(1):64-68.

陈殿芬,艾永德,李荫清.乌努格吐山斑岩铜钼矿床中金属矿物的特征[J].岩石矿物学杂志,1995,15(4):346-355.

陈毓川,裴荣富,王登红.三论矿床的成矿系列问题[J].地质学报,2006,80(10):1501-1508.

陈郑辉,陈毓川,王登红,等.矿产资源潜力评价示范研究——以南岭东段钨矿资源潜力评价为例[M].北京:地质出版社,2009.

崔广振,张臣,徐克明.贺兰山裂堑的垮塌堆积,中国北方板块构造论文集,第1集[C].北京:地质出版社,1986.

贺会邦,杨绍祥.湖南张家界市三岔镍钼矿成矿地质特征[J].中国矿业,2011,20(7):69-73.

黑龙江省地质局.大兴安岭区域地层[M].北京:地质出版社,1959.

黑龙江省地质矿产局.黑龙江省区域地质志[M].北京:地质出版社,1993.

吉林省地质矿产局.吉林省区域地质志[M].北京:地质出版社,1990.

金力夫,孙凤兴.内蒙乌努格吐山斑岩铜铂矿床地质及深部预测[J].长春地质学院院报,1990,20(1):161-67.

金力夫,孙凤兴.内蒙乌努格吐山斑岩铜铂矿床地质及深部预测[J].吉林大学学报(地球科学版),1990(1):61-68.

李诺,孙亚莉,李晶,等.内蒙古乌努格吐山斑岩铜钼矿床辉钼矿铼锇等时线年龄及其成矿地球动力学背景[J].岩石学报,2007,23(11):2881-2888.

刘伟,潘小菲,谢烈文,等.大兴安岭南段林西地区花岗岩类的源岩、地壳生长的时代和方式[J].岩石学报,2007,23(2):441-460.

马星华,陈斌,赖勇,等.斑岩型铜钼矿床成矿流体的出溶-演化与成矿——以大兴安岭南段敖仑花矿床为例[J].岩石学报,2010,26(5):1397-1410.

马星华,陈斌.内蒙古敖仑花钼矿床地质特征、含矿斑岩地球化学及锆石 Hf 同位素研究[J].矿物学报,2009,29(1):19-20.

孟祥化.沉积建造及其共生矿床分析[M].北京:地质出版社,1979.

内蒙古自治区地质矿产局.内蒙古自治区区域地质志[M].北京:地质出版社,1991.

内蒙古自治区地质矿产局.内蒙古自治区岩石地层[M].武汉:中国地质大学出版社,1996.

聂凤军,孙振江,李超,等.黑龙江岔路口钼多金属矿床辉钼矿铼-锇同位素年龄及地质意义[J].矿床地质,2011,30(5):828-836.

聂凤军,张万益,杜安道,等.内蒙古小东沟斑岩型钼矿床辉钼矿铼-锇同位素年龄及地质意义[J].地质学报,2007,81(7):898-905.

聂凤军,张万益,江思宏,等.内蒙古小东沟斑岩钼矿床地质特征及成因探讨[J].矿床地质,2007,26(6):609-620.

宁奇生,唐克东,曹从周,等.大兴安岭区域地层,黑龙江省地质局编,大兴安岭及其邻区区域地质与成矿规律[M].北京:地质出版社,1959.

宁夏回族自治区地质矿产局.宁夏回族自治区区域地质志[M].北京:地质出版社,1990.

宁夏回族自治区地质矿产局.宁夏回族自治区岩石地层[M].武汉:中国地质大学出版社,1994.

彭振安,李红红,屈文俊,等.内蒙古北山地区小狐狸山钼矿床辉钼矿 Re-Os 同位素年龄及其地质意义[J].地质与勘探,2010,29(3)3:510-516.

彭振安,李红红,张诗启,等.内蒙古北山地区小狐狸山钼矿成矿岩体地球化学特征研究[J].地质与勘探,2010,46(2):291-298.

秦克章,李惠民,李伟实,等.内蒙古乌努格吐山斑岩铜钼矿床的成岩、成矿时代[J].地质论评,1999,45(2):180-186.

秦克章,王之田,潘龙驹.满洲里-新巴尔虎右旗铜、钼、铅、锌、银带成矿条件与斑岩体含矿性评价标志[J].地质论评,1990(6):479-489.

秦克章,王之田.内蒙古乌努格吐山铜-钼矿床稀土元素的行为及意义[J].地质学报,1993,67(4):323-336.

邵济安,张履桥,肖庆辉,等.中生代大兴安岭的隆起——一种可能的陆内造山机制[J].岩石学报,2005,21(3):789-794.

邵济安,唐克东.蛇绿岩与古蒙古洋的演化[M]//张旗.蛇绿岩与地球动力学.北京:地质出版社,1990.

邵济安,张履桥,牟保磊.大兴安岭中南段中生代的构造热演化[J].中国科学(D辑),1998,28(3):193-201.

邵济安,张履桥,牟保磊.大兴安岭中生代伸展造山过程中的岩浆作用[J].地学前缘,1999,6(4):339-347.

邵济安,赵国龙,王忠,等.大兴安岭中生代火山活动构造背景[J].地质论评,1999,45(增刊):422-430.

盛继福,等.大兴安岭中段成矿环境与铜多金属矿床地质特征[M].北京:地震出版社,1999.

舒启海,蒋林,赖勇,等.内蒙古阿鲁科尔沁旗敖仑花斑岩铜钼矿床成矿时代和流体包裹体研究[J].岩石学报,2009,25(10):293-306.

覃锋,刘建明,曾庆栋,等.内蒙古小东沟斑岩型钼矿床的成矿时代及成矿物质来源[J].现代地质,2008,22(2):173-181.

陶继雄,王弢,陈郑辉,等.内蒙古苏尼特左旗乌兰德勒钼铜多金属矿床辉钼矿铼-锇同位素定年及其地质特征[J].岩矿测试,2009,28(3):249-253.

陶继雄,钟仁,赵月明,等.内蒙古苏尼特左旗乌兰德勒钼(铜)矿床地质特征及找矿标志[J].地球学报,2010,31(3):413-422.

王鸿祯,刘本培,李思田.中国及邻区大地构造划分和构造发展阶段[C]//中国及邻区构造古地理和生物古地理.武汉:中国地质大学出版社,1990.

王建国,张静,王圣文,等.内蒙古太平沟钼矿床流体包裹体特征及成矿动力学背景[J].岩石学报,2009,25(10):313-322.

王荃,刘雪亚,李锦轶.中国华夏与安加拉古陆间的板块构造[M].北京:北京大学出版社,1991.

王荃.内蒙古东部中朝与西伯利亚古板块间缝合线的确定[J].地质学报,1986,60(2):33-45.

王圣文,王建国,张达,等.大兴安岭太平沟钼矿床成矿年代学研究[J].岩石学报,2009,25(11):2913-2923.

王莹.大兴安岭侏罗、白垩系研究新进展[J].地层学杂志,1985,9(3):203-210.

王忠,朱洪森.大兴安岭中南段中生代火山岩特征及演化[J].中国区域地质,1999,18(4):351-359.

魏家庸,卢金明,等.沉积岩区1:5万区域地质填图方法指南[M].武汉:中国地质大学出版社,1991.

吴福元,孙德有,林强.东北地区显生宙花岗岩的成因与地壳增生[J].岩石学报,1999,15(2):181-190.

席忠,张志刚,贾立炯,等.内蒙古马尼图-查干花大型钼-铋-钨矿化区的发现及地质意义[J].地球学报,2010,31(3):466-468.

谢从瑞,校培喜,由伟丰,等.香山群的解体及地层时代的重新厘定[J].地层学杂志,2010,34(4):410-415.

徐巧,付水兴,袁继明,等.赤峰敖仑花钼铜矿床地质特征及找矿标志[J].地质与勘探,2010,46(6):1019-1027.

于玺卿,陈旺,李伟.内蒙古大苏计斑岩型钼矿床地质特征及其找矿意义[J].地质与勘探,2008,44(2):29-38.

翟德高,刘家军,王建平,等.内蒙古太平沟斑岩型钼矿床Re-Os等时线年龄及其地质意义[J].现代地质,2009,23(2):262-268.

张彤,陈志勇,许立权,等.内蒙古卓资县大苏计钼矿辉钼矿铼-锇同位素定年及其地质意义[J].岩矿测试,2009,28(3):279-282.

张振法.内蒙古东部区地壳结构及大兴安岭和松辽大型移置板块中生代构造演化的地球动力学环境[J].内蒙古地质,1993(2):54-71.

赵国龙,等.大兴安岭中南部中生代火山岩[M].北京:北京科学技术出版社,1989.

赵明玉,王大平,田世良.得尔布干成矿带中段八大关-新峰山成矿地质条件分析[J].矿产与地质,2002,16(2):70-73.

赵重远.鄂尔多斯地块西缘构造演化及板块应力机制初探,华北克拉通沉积盆地形成与演化及其油气赋存[M].西安:西北大学出版社,1990.

朱裕生,肖克炎,等.预测远景区的优选和勘查靶区定位[G]."十五"地质行业重大找矿成果资料汇编,2006:23.

邹滔,王京彬,王玉往,等.内蒙古敖仑花斑岩铜钼矿床花岗岩类地质地球化学特征[J].地质学报,2011,85(2):213-223.

主要内部资料

阿拉善盟千中元矿产品有限责任公司.内蒙古自治区阿拉善左旗元山子矿区镍钼矿详查报告[R].2007.

赤峰敖仑花矿业有限公司、北京中色地科矿产勘查研究院有限公司.内蒙古自治区阿鲁科尔沁旗敖仑花矿区铜钼矿详查报告[R].2007.

大兴安岭金欣矿业有限公司,黑龙江省有色金属地质勘查706队.黑龙江省大兴安岭地区岔路口钼铅锌矿详查报告[R].2010.

林西县红林矿业有限责任公司,内蒙古天信地质勘查开发有限责任公司.内蒙古自治区林西县曹家屯矿区钼矿生产详查报告[R].2008.

内蒙古、黑龙江、吉林省地质矿产局.内蒙古大兴安岭铜多金属成矿带成矿远景区划——内蒙古大兴安岭铜多金属成矿带成矿地质条件、成矿规律及找矿方向总结(下册)[R].1983.

内蒙古阿巴嘎旗金地矿业公司、山东省地质矿产勘查开发局第六地质大队.内蒙古自治区阿巴嘎旗必鲁甘干矿区32—56线钼矿详查及外围普查报告[R].2009.

内蒙古地质矿产勘查院.内蒙古自治区额济纳旗小狐狸山矿区钼矿普查报告[R].2007.

内蒙古地质矿产勘查院.内蒙古自治区额济纳旗小狐狸山矿区铅锌钼矿详查报告[R].2008.

内蒙古第七地质矿产勘查院.内蒙古自治区乌兰德勒铜钼矿详查报告[R].2009.

内蒙古有色地质勘查局综合普查队.内蒙古自治区卓资县大苏计矿区钼矿Ⅰ号矿体3—17线补充详查报告[R].2009.

内蒙古有色地质勘查局综合普查队.内蒙古自治区卓资县大苏计矿区钼矿Ⅰ号矿体详查报告[R].2007.

内蒙古有色地质勘探公司七队.内蒙古鄂温克旗梨子山铁矿床补充工作地质报告[R].1988.

内蒙古自治区第一地质矿产勘查开发院.内蒙古自治区乌拉特后旗马尼图-查干花钼多金属成矿区整装勘查地质设计[R].2010.

宁夏回族自治区地质局区域地质调查队.1:20万巴伦别立幅(J-48-ⅩⅥ)区域地质测量报告[R].1978.

宁夏综合地质大队.内蒙古元山子矿化区普查评价报告[R].1966.

孙振江,张福江,赵向东,等.内蒙古自治区陈巴尔虎旗八八一金铜多金属矿普查报告[R].黑龙江省有色金属勘查局706队,2008.

王建平,李继洪,孙振江,等.内蒙古自治区陈巴尔虎旗八大关矿区铜钼矿资源储量核实报告[R].黑龙江省有色金属勘查局706队,2005.

银川高新区石金矿业有限公司.内蒙古自治区阿拉善左旗元山子地区镍矿普查报告[R].2003.

张鹏程,卢树东,付友山,等.内蒙古自治区新巴尔虎右旗乌努格吐山矿区铜钼矿勘探报告[R].内蒙古金予矿业有限公司,2003.